教育部　财政部中等职业学校教师素质提高计划成果
制冷和空调设备运用与维修专业师资培训包开发项目（LBZD020）

家用冰箱、空调安装与维修

Jiayong Bingxiang、Kongtiao Anzhuang Yu Weixiu

教育部　财政部　组编
刘炽辉　主编

机 械 工 业 出 版 社

本书包括电冰箱的组装、调试与维修，空调器的安装、调试与维修，“四新”知识与安全讲座三个模块，其中电冰箱的组装、调试与维修，空调器的安装、调试与维修两个模块又包含若干任务，每个任务又分任务描述、任务目标、任务准备、任务实施等几步。“四新”知识与安全讲座模块分为：现代制冷新技术的发展与应用、新型制冷剂、制冷新技术与新工艺、安全防护四个讲座。尝试通过三个模块的完成来构建家用冰箱、空调安装与维修所必备的知识和技能。为便于教学，本书配有电子课件、学生技能竞赛试题与评分标准等，选择本书作为教材的教师可来电（010-88379193）索取，或登录www.cmpedu.com网站，注册、免费下载。

本书突出了职业教育强调培养学员动手实践能力的特点，具有可操作性，可作为中等职业学校师资培训教材、职业院校制冷与空调专业及其他相关专业教材、技能大赛指导教材，同时还可以作为制冷空调行业技术人员的参考用书。

图书在版编目(CIP)数据

家用冰箱、空调安装与维修/刘炽辉主编．—北京：机械工业出版社，2011.12（2021.8重印）
教育部　财政部中等职业学校教师素质提高计划成果
ISBN 978-7-111-36071-1

Ⅰ.①家…　Ⅱ.①刘…　Ⅲ.①冰箱-安装-中等专业学校-教材②冰箱-维修-中等专业学校-教材③空气调节器-安装-中等专业学校-教材④空气调节器-维修-中等专业学校-教材　Ⅳ.①TM925

中国版本图书馆CIP数据核字（2011）第207724号

机械工业出版社（北京市百万庄大街22号　邮政编码100037）
策划编辑：汪光灿　责任编辑：汪光灿　王　琪　韩　静
版式设计：霍永明　责任校对：张　媛
责任印制：常天培
北京机工印刷厂印刷
2021年8月第1版第5次印刷
184mm×260mm · 20.5印张 · 505千字
标准书号：ISBN 978-7-111-36071-1
定价：59.80元

电话服务　　网络服务
客服电话：010-88361066　机　工　官　网：www.cmpbook.com
010-88379833　机　工　官　博：weibo.com/cmp1952
010-68326294　金　书　网：www.golden-book.com
封底无防伪标均为盗版　机工教育服务网：www.cmpedu.com

教育部　财政部中等职业学校教师素质提高计划成果

系列丛书

编写委员会

主　任　鲁　昕

副主任　葛道凯　赵　路　王继平　孙光奇

成　员　郭春鸣　胡成玉　张禹钦　包华影　王继平（同济大学）

　　　　刘宏杰　王　征　王克杰　李新发

专家指导委员会

主　任　刘来泉

副主任　王宪成　石伟平

成　员　翟海魂　史国栋　周耕夫　俞启定　姜大源

　　　　邓泽民　杨铭铎　周志刚　夏金星　沈　希

　　　　徐肇杰　卢双盈　曹　晔　陈吉红　和　震

　　　　韩亚兰

教育部　财政部中等职业学校教师素质提高计划成果

系列丛书

制冷和空调设备运用与维修专业师资培训包开发项目（LBZD020）

项目牵头单位　广东技术师范学院

项 目 负 责 人　刘炽辉

主　　　　编　刘炽辉

出版说明

根据2005年全国职业教育工作会议精神和《国务院关于大力发展职业教育的决定》（国发［2005］35号），教育部、财政部2006年12月印发了《关于实施中等职业学校教师素质提高计划的意见》（教职成［2006］13号），决定“十一五”期间中央财政投入5亿元用于实施中等职业学校师资队伍建设相关项目。其中，安排4 000万元，支持39个培训工作基础好、相关学科优势明显的全国重点建设职教师资培养培训基地牵头，联合有关高等学校、职业学校、行业企业，共同开发中等职业学校重点专业师资培训方案、课程和教材（以下简称“培训包项目”）。

经过四年多的努力，培训包项目取得了丰富成果。一是开发了中等职业学校70个专业的教师培训包，内容包括专业教师的教学能力标准、培训方案、专业核心课程教材、专业教学法教材和培训质量评价指标体系5方面成果。二是开发了中等职业学校校长资格培训、提高培训和高级研修3个校长培训包，内容包括校长岗位职责和能力标准、培训方案、培训教材、培训质量评价指标体系4方面成果。三是取得了7项职教师资公共基础研究成果，内容包括中等职业学校德育课教师、职业指导和心理健康教育教师培训方案、培训教材，教师培训项目体系、教师资格制度、教师培训教育类公共课程、职业教育教学法和现代教育技术、教师培训网站建设等课程教材、政策研究、制度设计和信息平台等。上述成果，共整理汇编出300多本正式出版物。

培训包项目的实施具有如下特点：一是系统设计框架。项目成果涵盖了从标准、方案到教材、评价的一整套内容，成果之间紧密衔接。同时，针对职教师资队伍建设的基础性问题，设计了专门的公共基础研究课题。二是坚持调研先行。项目承担单位进行了3 000多次调研，深度访谈2 000多次，发放问卷200多万份，调研范围覆盖了70多个行业和全国所有省（区、市），收集了大量翔实的一手数据和材料，为提高成果的科学性奠定了坚实基础。三是多方广泛参与。在39个项目牵头单位组织下，另有110多所国内外高等学校和科研机构、260多个行业企业、36个政府管理部门、277所职业院校参加了开发工作，参与研发人员2 100多人，形成了政府、学校、行业、企业和科研机构共同参与的研发模式。四是突出职教特色。项目成果打破学科体系，根据职业学校教学特点，结合产业发展实际，将行动导向、工作过程系统化、任务驱动等理念应用到项目开发中，体现了职教师资培训内容和方式方法的特殊性。五是研究实践并进。几年来，项目承担单位在职业学校进行了 1 000 多次成果试验。阶段性成果形成后，在中等职业学校专业骨干教师国家级培训、省级培训、企业实践等活动中先行试用，不断总结经验、修改完善，提高了项目成果的针对性、应用性。六是严格过程管理。两部成立了专家指导委员会和项目管理办公室，在项目实施过程中先后组织研讨、培训和推进会近 30 次，来自职业教育办学、研究和管理一线的数十位领导、专家和实践工作者对成果进行了严格把关，确保了项目开发的正确方向。

作为“十一五”期间教育部、财政部实施的中等职业学校教师素质提高计划的重要内容，培训包项目的实施及所取得的成果，对于进一步完善职业教育师资培养培训体系，推动职教师资培训工作的科学化、规范化具有基础性和开创性意义。这一系列成果，既是职教师资培养培训机构开展教师培训活动的专门教材，也是职业学校教师在职自学的重要读物，同时也将为各级职业教育管理部门加强和改进职教教师管理和培训工作提供有益借鉴。希望各级教育行政部门、职教师资培训机构和职业学校要充分利用好这些成果。

为了高质量完成项目开发任务，全体项目承担单位和项目开发人员付出了巨大努力，中等职业学校教师素质提高计划专家指导委员会、项目管理办公室及相关方面的专家和同志投入了大量心血，承担出版任务的 11 家出版社开展了富有成效的工作。在此，我们一并表示衷心的感谢！

编写委员会

2011 年 10 月

前　言

本教材以《国务院关于大力发展职业教育的决定》以及教育部《中等职业学校教师素质提高计划》为指导，以显著提高骨干教师的业务能力、学术水平，努力建设一支高素质的教师队伍为目标，融理论和实操于一体。通过本教材的学习，能够使受训教师在职业道德水准、专业知识、专业技能、学术水平、教育教学能力及科研能力等方面的综合素质得到提高，使之成为具有终身学习能力和教育创新能力，能在教学实践中发挥示范作用的高素质、高水平中等职业学校“技能型”专业骨干教师。

本教材的编写打破了传统的知识传授方式，以行动为导向，以情景教学为基础，以工作任务为载体，具有鲜明的职业教育特色及一定的独创性。它具有如下特点：

1. 充分体现任务引领、实践导向的课程设计思想，按照职业岗位的要求设计培训项目，紧扣本专业教师教学能力标准要求和培训方案内容设计教材的逻辑架构和课程内容，按照以操作性、技能性知识为主，以陈述性知识为辅的原则设计课程的知识结构。

2. 通过校企合作开发教材。本教材突出应用性，避免把职业能力简单地理解为单纯的技能操作；同时具有前瞻性，将制冷和空调设备运用与维修专业领域的发展趋势及实际业务操作中的新知识、新技能和新方法也纳入了其中。

3. 内容丰富、图文并茂、资料性强，类似实训但却不同于实训类教材。制冷设备中的家用冰箱、家用空调器的各个实用知识点在相应的章节都有所介绍，介绍的内容包括结构特征、型号命名、功能、应用场合、典型应用、检测方法，在电路分析方面也以分立电路的形式列出，并给出常见故障现象和检修方法。读者可以根据需要进行查询，这种查询不是简单的数据查询，而是技能学习型查询。

4. 模块化设计、一体化教学。在模块内容的组织安排上，本教材根据制冷装置控制系统的特点，并按照职业技术及技能等级的要求，相对独立地构成了一个知识体系，以便分层次学习，形成不同的知识和能力结构，教材中的活动设计针对参加培训的教师具有落实教学能力的可操作性，实现“教、学、做”一体化，突出了职业能力的培养。

5. 与教学设备配套，可操作性强。本教材将项目教学纳入其中，专门研发制作了空调器与冰箱控制系统实训台。该实训台在真实再现制冷装置控制系统控制原理的基础上，还具有仿真运行、故障设置与排除、电信号测量与分析、电路维修等多种功能。实训台的使用加快了读者理解速度，提高了学习质量和效果。

6. 编者为来自著名制冷企业和一线教学的双师型教师，学科知识深厚，实践经验丰富，使得书中内容的贴合性、准确性、实用性、可读性更强。

7. 内容详略得当、通俗易懂，考虑到内容的篇幅，本着以够用就行的原则编写。

本教材分为电冰箱的组装、调试与维修，空调器的安装、调试与维修，“四新”知识与安全讲座三个模块。其中，电冰箱组装、调试与维修模块分为基本操作技能训练、电冰箱主要部件的安装和管路连接、电冰箱控制系统的安装、电冰箱制冷系统的检漏及制冷剂的充注、电冰箱的调试与运行，以及家用电冰箱故障检修等六个任务；空调器的安装、调试与维修模块分为空调器主要部件的安装与管路连接、空调器电气控制系统的安装、空调器的调试与运行、家用空调器故障检修、变频空调器控制电路的维修、空调器的安装，以及电冰箱、空调器综合考核七个任务。除模块二的任务七外，上述的每个任务又分任务描述、任务目标、任务准备、任务实施等几部分。“四新”知识与安全讲座模块分为现代制冷新技术的发展与应用、新型制冷剂、制冷新技术与新工艺、安全防护四个讲座。本教材尝试通过三个模块的完成来构建家用冰箱、空调安装与维修所必备的知识和技能。

需要说明的是，本书采用了部分产品电路图，其中存在不符合国家标准之处，为便于读者阅读和实际工作中参考，本书未按标准进行规范。

本教材由广东技术师范学院刘炽辉任主编，广州市番禺农业学校李宗凡和广东技术师范学院马传珍任副主编，参加本书编写的还有广州市公用事业高级技工学校彭金莉，杭州电子科技大学顾四方，广州工贸职业技术学校周琦，番禺农业学校周体育，广东交通职业技术学院王启祥，韶关市职业高级中学张洁，天津渤海职业技术学院徐红升，河南鹤壁机电中等专业学校董惠敏，珠海斗门第三中等职业学校卢叶宁，汕头市澄海职业技术学校林放依，常州化校制冷设备中心戈兴中，常州工程职业技术学院傅璞，常州纺织服装职业技术学院董必辉，哈尔滨市第二职业中学李国玲，海洋工程职业技术学校卢清华，北京电气工程学校赵继洪，上海市工业技术学校浦云霞，美的电器有限公司马军、曹新鹏，江门市新会冈州职业技术学校邓锦棠，广西机电职业技术学院梁庆东，增城市职业技术学校的魏虹，中山市南朗理工学校邓明，太原铁路机械学校翟秀珍，河南中原工学院杨瑞梁，湛江机电学校周全等。

本教材在编写过程中，得到了教育部专家刘来泉司长、王宪成书记、陈吉红教授、韩亚兰校长、孙玉华教授、李全利教授、戴国洪教授的大力支持，他们提出了许多宝贵意见。另外，浙江天煌教仪公司、浙江亚龙教育装备股份有限公司、美的电器有限公司、格力电器有限公司、广州万宝电器有限公司、南海志高空调科技有限公司、科龙电器股份有限公司提供了大量的教学资料，特别是浙江天煌教仪公司黄华圣董事长和浙江亚龙教育装备股份有限公司陈传周总经理的支持，使得教材内容更加丰富、详实，在此向他们表示衷心的感谢！

由于受理论水平、专业能力和知识面的限制，加之时间短促，教材中的错误和缺点难免，恳请阅读和使用本教材的广大读者批评指正，以便再版时修订、补充，不断完善和提高。编者联系方式：lchh1964@163.com。

编　者

目录

附录

模块一　电冰箱的组装、调试与维修

任务一　基本操作技能训练

任务描述

1）制冷设备维修专用工具的使用。

2）完成制冷系统管道的喇叭口、U 形管的制作及铜管的套接。

任务目标

1）了解制冷系统维修专用工具的结构和工作原理。

2）掌握制冷系统维修专用工具的基本操作方法。

3）熟练使用工具对系统管道进行胀口、扩口、封口及弯制加工。

4）掌握检漏设备的操作方法。

5）掌握真空泵和修理阀的操作方法。

任务准备

1. 工具器材

1）钳工类通用工具。

2）制冷设备维修中常用的材料。

3）制冷设备的维修工具，包括割管器、倒角器、扩管器、冲头、弯管器、三通修理阀和五通修理阀、封口钳、卤素检漏灯和电子检漏仪、温度计、压力表、真空压力表、真空泵与多功能便携式焊炬。

2. 实施规划

1）知识准备。

2）维修工具的讲解。

3）基本操作讲解。

4）工作页的完成。

3. 注意事项

1）切管时每次进刀不宜过深，用力不宜过猛，否则会出现毛刺或将铜管压扁。

2）扩管时扩成的喇叭口以压紧螺母能灵活转动而不卡住为宜。

3）用弯管器弯管时，铜管的弯曲半径不小于铜管直径的3倍。

任务实施

知识准备

一、制冷设备维修专用工具与仪器的认识

（一）切管器

切管器是安装维修过程中专门切割铜管和铝管的工具，也称割管器，一般由支架、手柄、刀片和导轮组成，如图1-1所示。常用切管器的切割范围为$\phi3 \sim \phi45$mm。

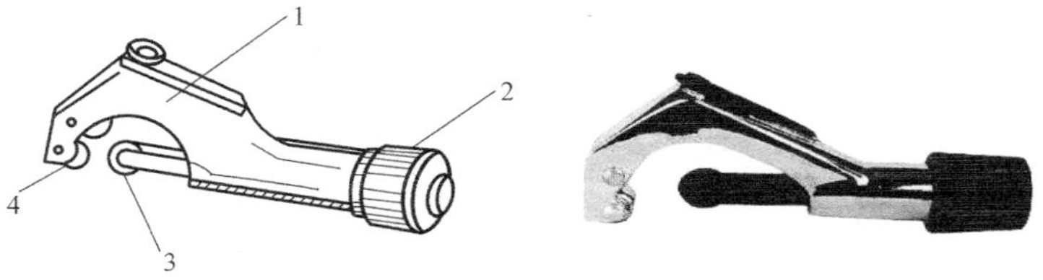

图1-1　切管器

1—支架　2—手柄　3—刀片　4—导轮

（二）倒角器

铜管在切割加工过程中，易产生收口和毛刺现象。倒角器主要用于去除切割加工过程中所产生的毛刺，消除铜管收口现象。倒角器的外形结构如图1-2所示。

（三）扩管器

扩管器又称胀管器，是把铜管制成喇叭口或圆柱口的专用工具，如图1-3和图1-4所示。

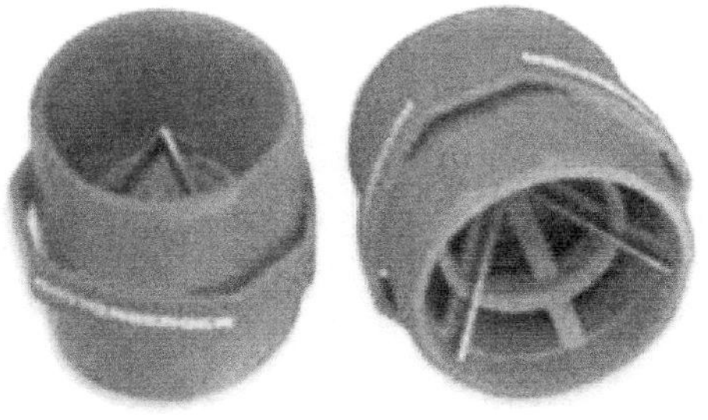

图1-2　倒角器的外形结构

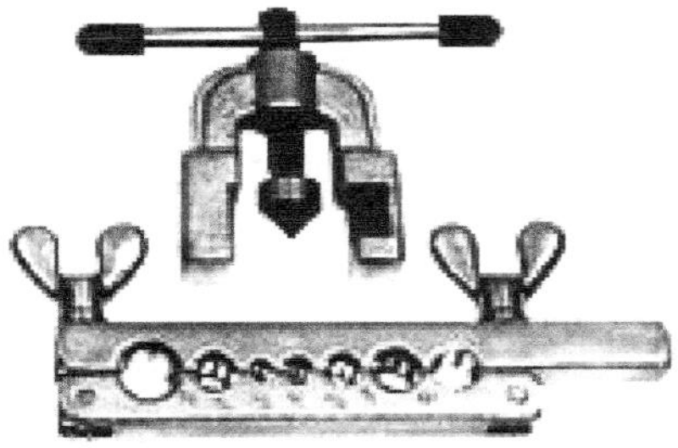

图1-3　扩管器实物

（四）冲头

冲头是把铜管冲胀成为杯形口的专用工具，如图1-5所示。

（五）弯管器

弯管器主要用于弯曲小管径（小于20mm）的铜管，如图1-6和图1-7所示。

（六）三通修理阀

当对制冷系统抽真空或充注制冷剂时，需要用三通修理阀，其结构如图1-8所示。

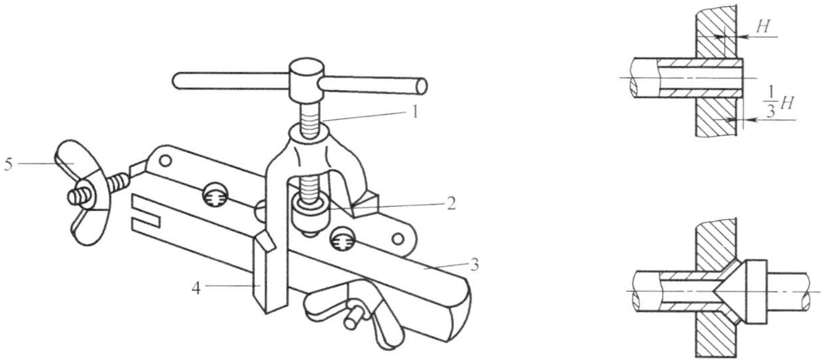

图 1-4　扩管器的结构

1—螺杆　2—锥形支头　3—扩口夹具　4—弓架　5—元宝螺母

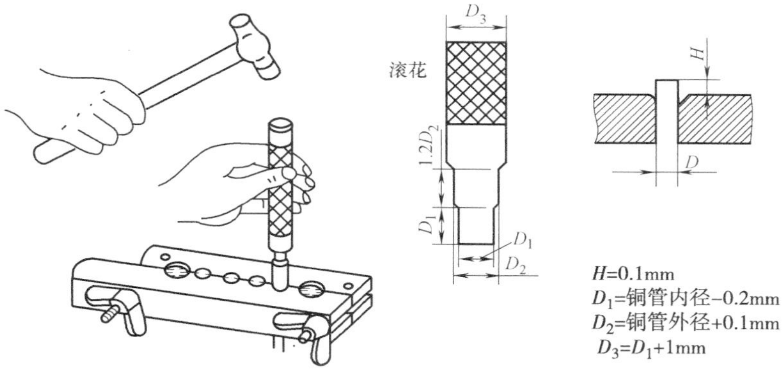

图 1-5　冲头的结构

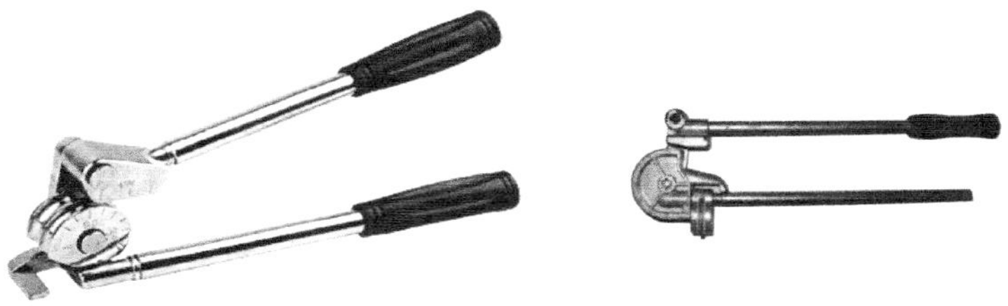

图 1-6　弯管器实物

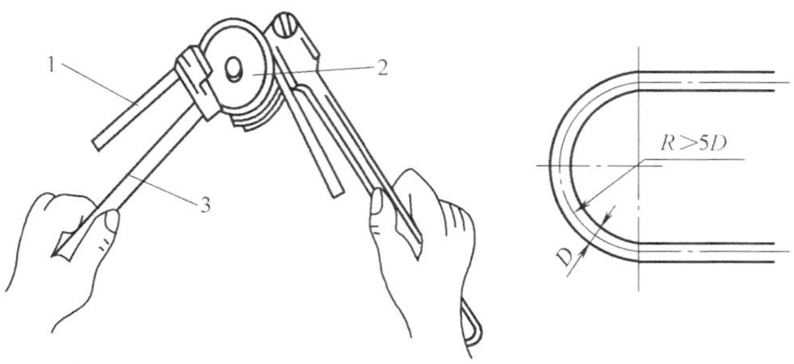

图 1-7　弯管器的结构

1—铜管　2—弯管角度盘　3—手柄

（七）封口钳

封口钳用于封闭修理工艺管，如图 1-9 所示。

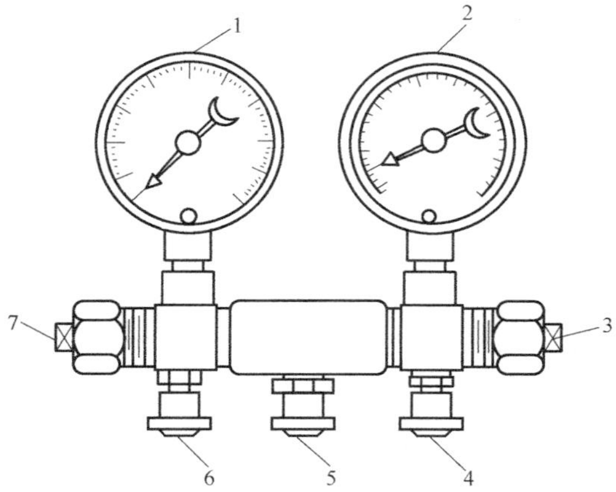

图 1-8　三通修理阀结构图

1—压力表　2—真空表　3、7—阀开关
4—真空泵接口　5—压缩机接口　6—制冷剂钢瓶接口

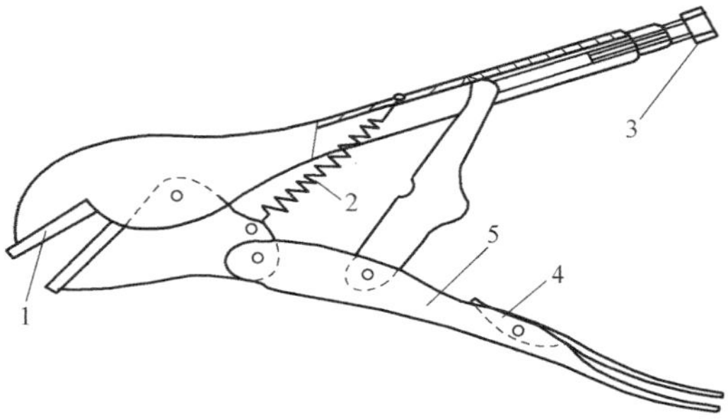

图 1-9　封口钳的结构

1—钳口　2—钳口开启弹簧　3—钳口调整螺钉
4—钳口开启手柄　5—封口手柄

（八）检漏仪器

1. 卤素检漏灯　卤素检漏灯是一种丙烷（或酒精）气燃烧喷灯，利用制冷剂气体进入喷灯的吸入管内会使喷灯的火焰颜色改变这一特性来判断系统的泄漏部位和泄漏程度，其结构如图 1-10 所示。当喷灯的吸入管从系统泄漏处吸入制冷剂时，火焰颜色会发生变化：泄漏量少时，火焰呈浅绿色；泄漏量较多时，火焰呈浅蓝色；泄漏量很多时，火焰呈紫色。

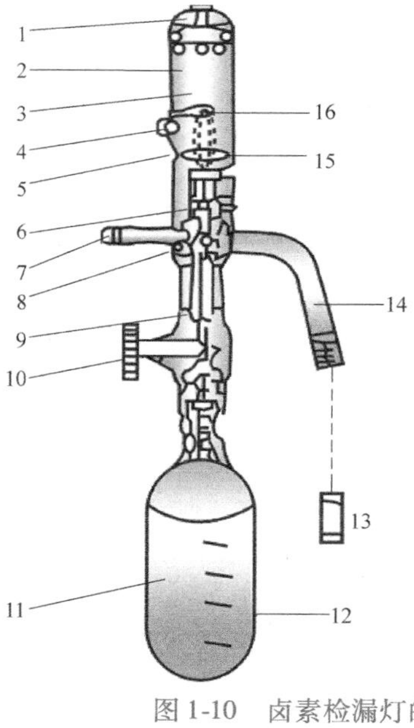
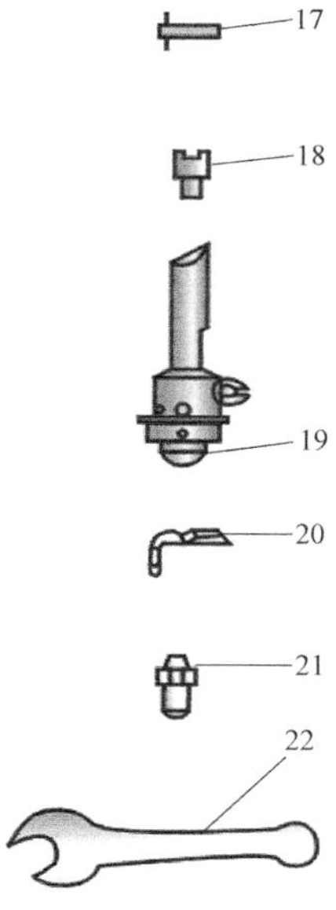

图 1-10　卤素检漏灯的结构

1—燃烧筒盖　2—燃烧筒　3—反应板　4—反应板螺钉　5—点火孔　6—火焰分离器　7—燃烧筒支架　8—喷嘴
9—检漏灯主体　10—调节把手　11—检漏灯储气瓶　12—气罐　13—滤清器　14—吸气管　15—火焰长度（下限）
16—火焰长度（上限）　17—喷嘴清洁器　18—专用扳手　19—栓盖　20—反应板　21—喷嘴　22—呆扳手

2. 电子检漏仪　常用的电子检漏仪有手握式和箱式两种。在使用中需注意的一点是，由于制冷剂不同，各电子检漏仪只能单一地检测某一型号的制冷剂泄漏，而不能检测其他品种的制冷剂，所以，在使用前要先阅读相关使用说明书。电子检漏仪的外形与结构如图 1-11 所示。

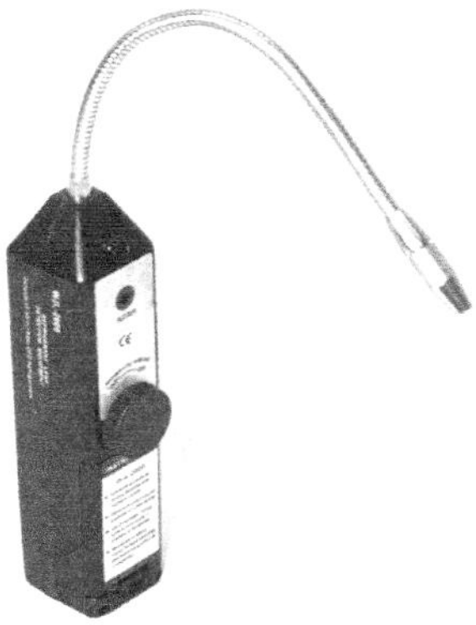

a) 外形

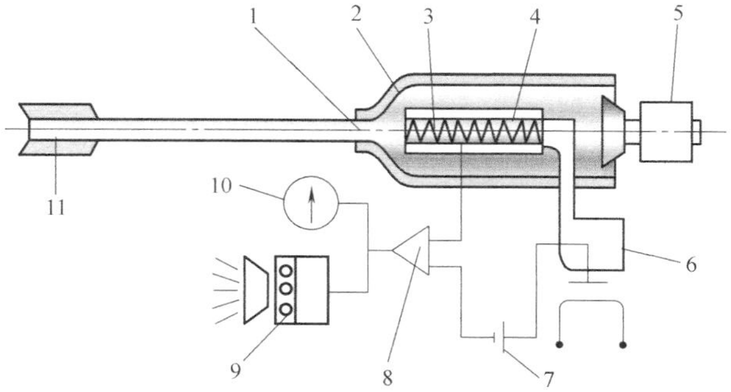

b) 结构

图 1-11　电子检漏仪的外形与结构

1—电热器　2—外壳　3—阴极　4—阳极　5—风扇　6—变压器　7—阳极电源　8—放大器　9—音程振荡器　10—电流计　11—吸嘴

（九）温度计

温度计分为玻璃式和压力式两种。玻璃式温度计的结构如图 1-12a 所示；压力式温度计的结构如图 1-12b 所示。

（十）压力表

常用的压力表有 Y 型压力表（指示高压压力）和 YZ 型真空压力表（指示低压压力和润滑油压力），其结构如图 1-13 所示。

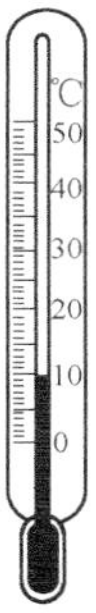

a) 玻璃式温度计

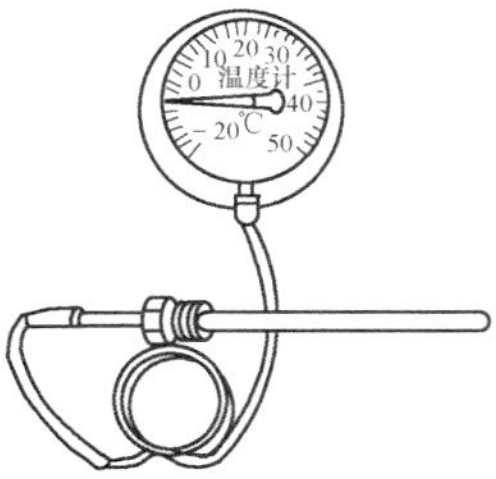

b) 压力式温度计

图 1-12　温度计的结构

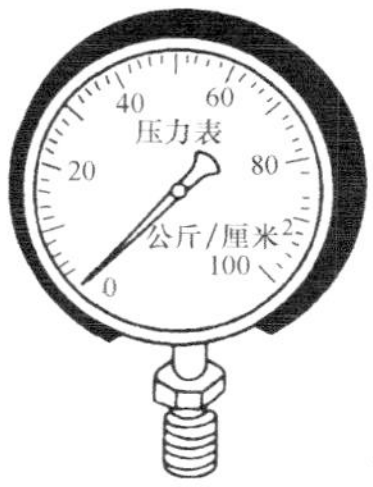

a) 压力表

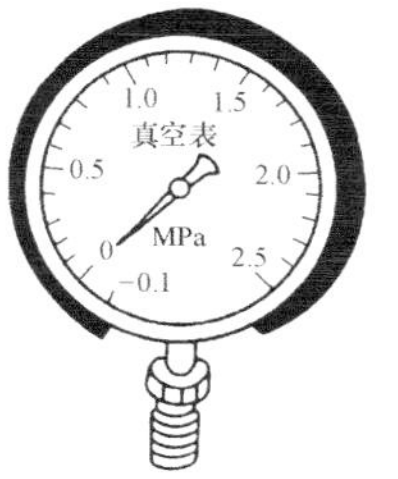

b) 真空压力表

图 1-13　压力表与真空压力表

（十一）真空泵

在安装、检修或更换空调制冷系统的零部件后，会有空气进入制冷系统，空气中含有一定量的水蒸气，这会使制冷系统的膨胀阀或毛细管冰堵、冷凝压力升高、系统零部件发生腐蚀。因此，对制冷系统进行安装或检修之后，在未加入制冷剂之前，都必须对制冷系统进行抽真空，否则将影响制冷系统正常工作。抽真空是否彻底，将直接影响系统运行的效果。

真空泵用于制冷系统抽真空，排除系统内的空气和水分。抽真空并不能将水抽出系统，而是产生真空后降低了水的沸点，水在较低温度下沸腾，以蒸汽的形式从系统抽出。

常用的真空泵，有用油密封和用水密封的两种。用油密封的真空泵分滑阀式和刮片式两种，用水密封的真空泵有水环式等。图 1-14 为常见真空泵的外形。

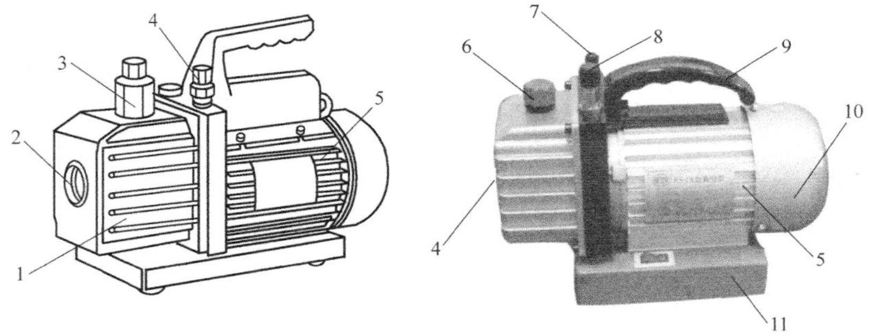

图 1-14 常见真空泵的外形

1—油箱 2—油液镜 3—排气口 4—吸气口 5—电动机 6—油气分离器 7—加油阀 8—进气阀 9—手柄 10—风叶罩 11—底板

（十二）多功能型便携式焊炬

1. 适用范围 本工具广泛适用于机械、车辆、通信、仪表、首饰、医疗器械、冰箱、空调等行业的组装焊接与维修补焊。

2. 产品的分类、技术参数与结构 本工具按使用功能分为单焊型、焊割两用型两类，按包装型式分为塑箱型和车架型两类。

1）氧气瓶技术参数见表 1-1。

表 1-1 氧气瓶技术参数

公称工作压力	14.7MPa
容积	2～4L
流量调节	1～20L/min
压力调节范围	0～0.5MPa
连续工作时间	2～6h

2）燃气贮气罐技术参数见表 1-2。

表 1-2 燃气贮气罐技术参数

公称工作压力	0.5MPa
容积	0.6L
流量调节	0～0.5L/min
连续工作时间	2～6h

3）焊接技术参数见表 1-3。

表 1-3　焊接技术参数

焊嘴型号	焊嘴孔径/mm	焰心长度/mm	焊接厚度（钢板）/mm	其他焊接内容
HPC—Ⅳ	2	10	0.8～1.2	ϕ15mm～ϕ30mm 各类金属管材硬钎焊
HPGT—Ⅲ	1.5	7	0.5～0.8	ϕ6mm～ϕ15mm 各类金属管材硬钎焊
HPJ—Ⅱ	1	5	0.2～0.5	ϕ3mm～ϕ6mm 各类金属管材硬钎焊

4）焊炬的燃料为液化气、液化丁烷气，采用氧气助燃，火焰温度 2500℃。

5）结构示意图如图 1-15 所示。

3. 操作程序

1）根据工件大小选择适当型号的焊炬。

2）将焊炬的两根胶管分别接在对应的氧气瓶出气口和燃气瓶出气口上，切勿接错。

3）分别打开液化气开关、氧气瓶高压开关，调整氧气调节旋钮至 0.05～0.15MPa。

4）先将焊接燃气旋钮打开，点燃焊炬，再轻轻打开氧气旋钮，调整燃气和氧气直至火焰到最佳状态，即可焊接。

5）焊接完毕后，先关闭焊炬的氧气旋钮，再关闭燃气旋钮，最后关闭氧气瓶和燃气瓶的总开关。

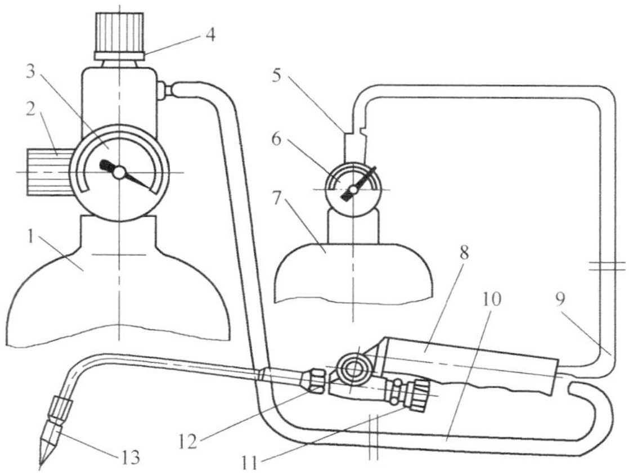

图 1-15　多功能型便携式焊炬

1—氧气瓶　2—高压开关　3—高压表　4—低压开关　5—回火防止器　6—燃气指示表　7—燃气贮气罐　8—焊炬　9—燃气胶管（黑）　10—氧气胶管（红）　11—焊炬氧气开关　12—焊炬燃气开关　13—焊嘴

6）本焊炬内装有系统安全装置。操作时如发现异常现象，应立即关闭焊炬氧气旋钮和燃气旋钮，消除异常现象后按操作程序重新点火即可。

7）使用焊割两用炬焊接时，严禁在高压氧阀开启的状态下使用。

4. 充氧

1）用合适的氧桥（氧气减压阀）连接大氧瓶（氧源）和小氧瓶，扣紧螺母。氧桥内一般都配有压力缓冲装置。

2）先关闭小氧瓶的低压旋钮，打开小氧瓶的高压开关。

3）缓慢地打开大氧气瓶的开关，充气时有丝丝轻微响声，响声消失后，表明两瓶压力平衡，充氧完毕。

4）关闭大氧气瓶和小氧气瓶的开关，卸下氧桥。

注：氧源压力不得高于小氧气瓶的工作压力；充氧时小氧气瓶的温度会略有升高，这属于正常物理现象。

5. 燃气瓶充气

1）丁烷气充气方法：将丁烷气瓶摇动后，垂直插入丁烷气专用充气接口，指针显示充满后直接拔出丁烷气瓶即可。

2）充燃气时，先卸下燃气瓶上的回火装置，安装原配煤桥（煤气减压阀），在煤桥的另一端拧上燃气瓶源头，分别打开两个瓶的开关进行对充，小燃气瓶表指针升至3MPa时，表示充满，分别关紧再卸下。

注：第一次使用燃气瓶，因瓶内有空气，少量（1MPa）充入燃气后应将燃气瓶直立放置，打开开关释放内部空气，再将燃气充入（升至3MPa）。

3）注意事项：

① 操作人员必须持有国家劳动部门核发的焊工操作证，无证操作产生不良后果，责任自负。

② 氧气瓶三年安检一次，燃气瓶每年检查一次，由用户所在地专职检验单位负责检验。

③ 燃气瓶、氧气瓶要远离火源，避免高温日照，周围温度不得超过50℃。严禁用硬物、重物敲击、撞击氧气瓶和燃气瓶，避热贮存，小心轻放。

④ 燃气瓶充气量不得超过燃气瓶容积的2/3。

⑤ 氧气瓶中的氧气不能全部用尽，必须保留0.5MPa的剩余压力。

⑥ 氧气表出现故障须由专业人员修理更换，他人不得擅自拆卸。

⑦ 燃气瓶、氧气瓶不得混装其他气体，严禁沾上油污。

⑧ 焊炬、干式回火防止器等相关主件，每次使用前必须仔细检查功能、性能是否完好。

二、空调与制冷设备用无缝铜管

（一）产品分类

1. 牌号、状态、规格　铜材的牌号、状态、规格应符合表1-4中的规定。

表1-4　空调与制冷设备用无缝铜管的牌号、状态、规格

牌　号	状　态	种　类	规格		
			外径/mm	壁厚/mm	长度/mm
TU1 TU2 T2 TP1 TP2	软（M） 轻软①（M2） 半硬（Y2） 硬（Y）	直管	3～30	0.25～2.0	400～10 000
		盘管②	3～30	0.25～2.0	—

① 为满足产品力学性能及名义平均晶粒度轻微退火所获得的状态，用M2标识。

② 绕成一系列相邻圈的整根管子。

2. 盘卷的内外直径　盘管内外直径应符合表1-5的规定。

表1-5　盘卷内外直径表　（单位：mm）

类　型	最小内径	最大外径	卷　高	外　径
水平盘管①	360	1150	≥200	—
蚊香形盘管②	—	—	—	≤1100

① 水平盘管：管子缠绕时，各圈绕成与盘管轴线平行的层次，使任意层次中的相邻各圈彼此紧挨。

② 蚊香形盘管：螺旋缠绕成单层或双层盘状的整根管子，形成蚊香盘。

3. 标记举例

例 1：用 TP2 制的、半硬状态的、外径为 10mm、壁厚为 0.3mm 的盘管标记为“盘管 TP2Y210×0.3”（遵照 2007 年相关国家标准）。

例 2：用 T2 制的、硬状态的、外径为 12mm、壁厚为 0.5mm、长度为 800mm 的直管标记为“直管 T2Y12×0.5×800”（遵照 2007 年相关国家标准）。

（二）管材的尺寸及允许偏差

1）管材的尺寸及允许偏差应符合表 1-6 的规定。

表 1-6 管材的尺寸及允许偏差 （单位：mm）

平均外径		壁厚				
尺寸范围	允许偏差	看不到	>0.4~0.6	>0.6~0.8	>0.8~1.5	>1.5~2.0
		允许偏差				
3~15	±0.05	±0.03	±0.4	±0.05	±0.06	±0.07
>15~20	±0.5	±0.04	±0.05	±0.06	±0.07	±0.09
>20~30	±0.7	—	±0.05	±0.07	±0.09	±0.10

2）管材端部应锯切平整，允许有轻微的毛刺，直管切斜不大于 2mm。

（三）工艺性能

1. 扩口试验 轻软状态、软状态的管材进行扩口试验时，应从管材的端口切取适当的长度做试样，采用冲锥 60°，其结果应符合表 1-7 的规定，其他状态的管材进行该项试验时，试样应按软件状态工艺进行退火后再测试。

表 1-7 扩口试验

外径/mm	扩口率（%）	结果
>19	30	试样不应产生肉眼可见的裂纹和裂口
≤19	40	

2. 压扁试验 轻软状态、软状态的管材应进行压扁试验，压扁后两壁间的距离应等于壁厚，试样不应产生肉眼可见的裂纹和裂口。

3. 表面质量 管材的内外表面质量应清洁、光亮，不应存在影响使用的有害缺陷。铜管质量的判定如图 1-16 所示。

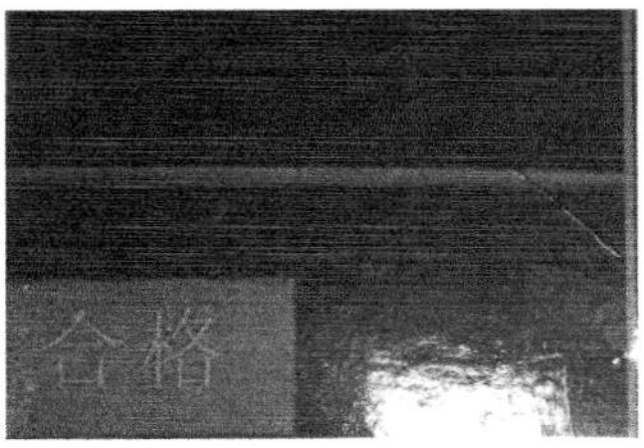

铜管内外表面应光洁平整，无油污、针孔、起皮、气泡、刮伤、绿锈和严重的氧化膜

a）合格

铜管外表面墨料严重发黑、氧化

b）不合格

图 1-16 铜管质量的判定

三、管道加工技术

（一）切管操作

1. 切管　操作时，先将铜管夹在切管器滚子与刀轮之间，旋动转柄至刀口顶住管子，将切管刀绕铜管旋转，并不断旋紧转柄。当割到接近管壁厚度时，停止旋转，轻轻一折铜管，管子即断。

操作时一定要使刀与管轴垂直，并缓缓进刀，以免进刀过猛发生挤扁铜管的情况。割好的管口一般会形成内缩的锐边，一定要用铰刀将锐边倒棱。倒棱时应注意管口要朝下，并倒干净碎屑。

2. 倒角　用倒角器去除切割加工过程中所产生的毛刺，消除铜管收口现象。

（二）弯管操作

常用的弯管工具是弯管器。操作时根据铜管管径，将铜管套入相应的弯管器内，扣牢管端后，按预定的方向旋转杆柄，使管弯曲。操作时要注意切不可用力猛弯，以防压扁铜管。弯管质量的判定如图 1-17 所示。

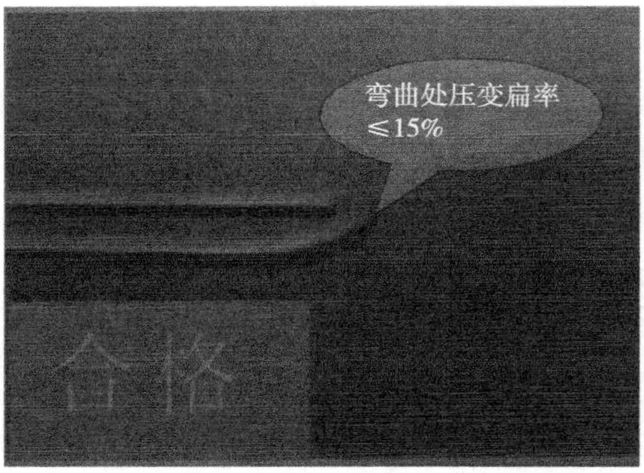

长 U 管（外侧）外观质量：无皱纹、起角、肩管、弯裂、暗裂、凹陷，压扁率＝（铜管弯曲处同一截面上的最大外径－最小外径）/ 铜管标准外径 × 100%

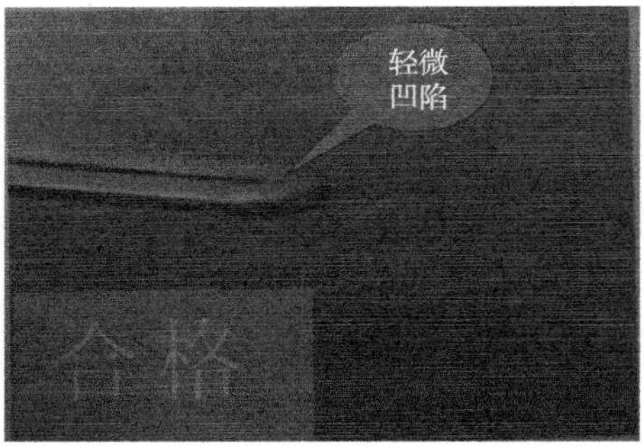

长U管（内侧）凹处为光滑（平滑）过渡，凹陷深度<0.5mm、面积< 5 mm^2。此标准只用于长 U 管，短 U 管凹陷一律更换

图 1-17　弯管质量的判定

对于脱氧铜管，其管径的最小弯曲半径（R）见表 1-8。进行弯管操作时，管子两侧必须保持最小为管径 2 倍（$2R$）的直线部分。若弯曲半径太小，则会引起加工变形，同时，扁平度（椭圆长轴/公称外径）变大，强度降低。所以，应尽量选择比较大的最小弯曲半径（R）。对于在起动、停机和运转中承受因振动产生应力的部分，更应特别注意。

表 1-8　脱氧铜管管径的最小弯曲半径　　（单位：mm）

铜管公称外径	6.35	8.00	9.52	12.7	15.88	19.02	22.22	25.40
机械弯曲半径	9	12	15	18	26	32	36	41
心轴弯曲半径	8	10	13	16	23	28	32	36

（三）扩管操作

扩管操作分扩杯形口和扩喇叭口两种方法，均可以借助扩管器来操作。

扩杯形口操作时，用夹管器夹紧铜管，按需要留出长度，然后用杯形胀管头对准管口，将扩管器卡住夹管器，慢慢用力旋动螺杆，将管口胀压成杯形状。

扩喇叭口的操作与扩杯形口类似。要求：一是喇叭口要扩得均匀，大小要适中，扩小了连接时密封不好，扩大了管口容易开裂，尤其是薄壁铜管，更应精心操作；二是扩完喇叭口，必须仔细检查喇叭口内表面的质量，要求无划伤、坑，不得呈歪斜状。铜管扩喇叭口尺寸如图 1-18 和表 1-9 所示。

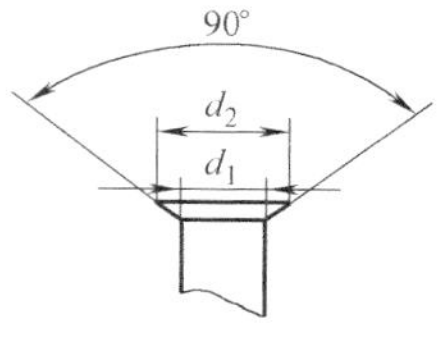

图 1-18　铜管扩喇叭口参数

表 1-9　铜管扩喇叭口尺寸　（单位：mm）

d_1	6.0	9.53	12	16	19
d_2	8.0 ~ 8.4	12.1 ~ 12.4	14.7 ~ 15.1	19.0 ~ 19.4	22.1 ~ 22.5

（四）喇叭口连接

喇叭口连接用于分体式空调器的室内外机组的制冷剂管道连接。一般需要在连接的铜管端部扩制喇叭口，然后借助专用的扭力扳手和呆扳手连接，如图 1-19 所示。

连接时一定要将管子清洗干净（用汽油纱布擦拭），并将两管对正。操作时，一只手用扭力扳手旋转紧固，另一只手用呆扳手将管接头固定。旋转扭力扳手时，当听到咔咔声时即为紧好，不可再用力。不同粗细的管子，应选用不同的扭力扳手，选用时可参照表 1-10。

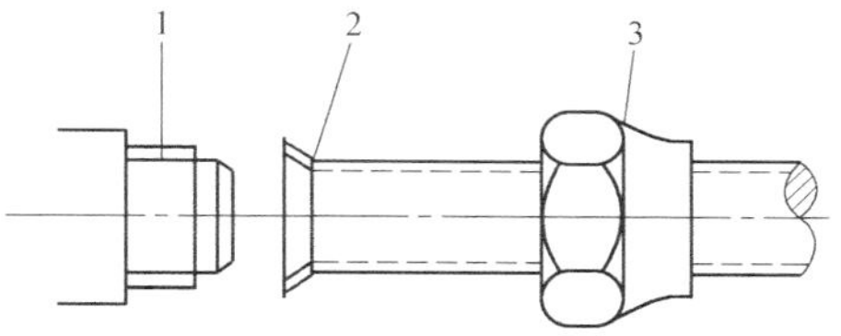

图 1-19　喇叭口连接示意图

1—铜接头　2—铜管喇叭口　3—螺母

表 1-10　扭力扳手的选用

管外径/mm	扳手力矩/N · m	管外径/mm	扳手力矩/N · m
6.35	11.8 ~ 19.6	16	47.0 ~ 60.8
9.52	29.4 ~ 34.3	19.05	67.6 ~ 97.0
12.7	39.2 ~ 44.1		

（五）管道封口

使用封口钳对管道进行封口操作时，首先要根据管壁的厚度调整钳柄尾部的螺钉，使钳口间隙小于铜管壁厚的 2 倍，间隙如过大将造成密封不严，间隙如过小铜管易被夹断。间隙调整好后，将铜管夹于钳口的头部，合掌用力紧握封口钳的两个手柄，钳口便把铜管夹扁，而铜管的内孔也随即被侧壁挤压使管口被封闭。管口被封闭后，拨动开启手柄，在开启弹簧的作用下，钳口自动打开。然后用胶钳剪掉多余的铜管，最后用钎焊焊接。

四、管道焊接技术

电冰箱、空调器制冷系统的管道连接一般采用钎焊焊接。钎焊的方法是利用熔点比所焊接管件金属熔点低的钎料，通过可燃气体和助燃气体在焊炬中混合燃烧时产生的高温火焰加热管件，并使钎料熔化后添加在管道的结合部位，使其与管件金属发生粘润现象，从而使管件得以连接，而又不至于使管件金属熔化。

（一）**钎焊钎料、焊剂的选用**

1. 钎焊钎料的选用　钎焊常用的钎料有银铜钎料、铜磷钎料、铜锌钎料等。为提高焊接质量，在焊接制冷系统管道时，要根据不同的焊件材料选用合适的钎料。如铜管与铜管之间的焊接可以选用铜磷钎料，而且可以不用焊剂。铜管与钢管或者钢管与钢管之间的焊接，可选用银铜或者铜锌钎料。在几种钎料中，银铜钎料具有良好的焊接性能，铜锌钎料次之，但在焊接时需用焊剂。

2. 钎焊焊剂的选用

（1）焊剂的分类。焊剂分为非腐蚀性焊剂和活性化焊剂。非腐蚀性焊剂有硼砂、硼酸、硅酸等；活性化焊剂是在非腐蚀性焊剂中加入一定量的氟化钾、氯化钾、氟化钠和氯化钠等化合物。活性化焊剂比非腐蚀性焊剂具有更强的清除焊件上的金属氧化物和杂质的能力，但它对金属焊件有腐蚀性，焊接完毕后，焊接处残留的焊剂和焊渣要清除干净。

（2）焊剂的作用。焊剂能在钎焊过程中使焊件上的金属氧化物或非金属杂质生成焊渣。同时，钎焊生成的焊渣覆盖在焊接处的表面，使焊接处与空气隔绝，防止焊件在高温下继续氧化。钎焊若不使用焊剂，焊件上的氧化物便会夹杂在焊缝中，使焊接处的强度降低，如果焊件是管道，焊接处可能产生泄漏。

（3）焊剂的选用。焊剂对焊件的焊接质量有很大的影响，因此钎焊时要根据焊件材料、钎料选用不同的焊剂。例如，铜管与铜管的焊接，若使用铜磷钎料可不用焊剂；若用银铜钎料或铜锌钎料，则要选用非腐蚀性的焊剂，如硼砂、硼酸或硼砂与硼酸的混合焊剂；铜管与钢管或钢管与钢管焊接，用银铜钎料或者铜锌钎料，要选用活性化焊剂。

（二）**氧乙炔焊接**

1. 氧乙炔焊接的使用方法　电冰箱、空调器管道的连接和修补主要采用的是氧乙炔焊接方法，氧乙炔的焊接操作方法可按以下步骤进行。

1）首先在氧气和乙炔钢瓶上配置合适的减压阀，减压阀的技术参数见表1-11。

表1-11　氧气和乙炔减压阀技术参数

名　称	进气口最高压力/MPa	最高工作压力/MPa	压力调整范围/MPa	安全阀泄气压力/MPa
氧气减压阀	15	2.5	0.1~2.5	2.7~2.9
乙炔减压阀	2	0.15	0.01~0.15	>0.18

2）用不同颜色的输气管道连接焊炬和氧气、乙炔减压阀，然后关闭焊炬上的调节阀门。

3）分别找到氧气和乙炔钢瓶上的阀门，调节减压阀，使氧气输出压力为0.5MPa左右，乙炔输出压力为0.05MPa左右。

4）钎焊时，首先打开焊炬上乙炔的调节阀，使焊炬的喷嘴中有少量乙炔喷出，然后点火。当喷嘴出现火苗时，慢慢地打开焊炬上的氧气调节阀门，使焊炬喷出火焰，并按需要调节氧气与乙炔的进气量，形成所需的火焰，即可进行焊接。

5）钎焊完毕后，应先关闭焊炬上的氧气调节阀门，再关闭乙炔调节阀门。若先关闭乙炔的调节阀门，后关闭氧气调节阀门，则焊炬的喷嘴会发出爆炸声。

2. 焊接火焰的调节　使用氧乙炔焊焊接管道时，要根据不同材料的焊件选用不同的火焰。氧乙炔焰可分为三类，即碳化焰、中性焰和氧化焰。

（1）碳化焰。氧气与乙炔的体积之比小于1时，其火焰为碳化焰。碳化焰的火焰分为三层，焰芯的轮廓不清，为白色，但焰芯的外围带呈蓝色；内焰为淡白色；外焰特别长，呈橙黄色。碳化焰的温度为2700℃左右，适于钎焊铜管和钢管。由于碳化焰中有过剩的乙炔，它可以分解为碳和氢，在焊接时会使焊件金属渗碳，从而改变金属的力学性能，使其强度增高，塑性降低。

（2）中性焰。氧气与乙炔的体积之比为1～1.2时，其火焰为中性焰。中性焰的火焰也分为三层，焰芯呈尖锥形，色白而明亮；内焰为蓝白色；外焰由里向外逐渐由淡紫色变为橙黄色。中性焰的温度为3100℃左右，适宜钎焊铜管与铜管、钢管与钢管。中性焰是标准火焰，氧乙炔焊时金属应放置在该处进行加热和焊接。

（3）氧化焰。氧气与乙炔的体积之比大于1.2时，其火焰为氧化焰。焰芯短而尖，呈青白色；内焰几乎看不到；外焰也较短，呈蓝色，燃烧时有噪声。氧化焰的温度为3500℃左右。氧化焰由于氧气的含量较多，氧化性很强，容易造成焊件熔化，焊接处会产生气孔、夹渣，不适于铜管与铜管、钢管与钢管的钎焊。

（三）氧气-液化石油气焊接

由于液化石油气价格低廉，又较安全（不易产生回火现象），目前国内外已将液化石油气作为一种新的生产性工业燃料，广泛应用于金属薄板的切割和低熔点有色金属的焊接。液化石油气燃烧时热值较低（氧气-液化石油气的火焰温度约为2200～2800℃），但也正是由于氧气-液化石油气在焊接及切割中燃烧温度较低，使得切割质量容易得到保证，也可减少切口边缘金属受高温过热而降低性能的现象，同时也能提高切口的表面质量和精度，因此乙炔有被液化石油气部分取代的趋势。

在使用氧气-液化石油气进行焊接作业时，必须注意以下几点：

1）液化石油气钢瓶在充装时不得超装，必须留有10%～20%的气体空间，防止液化石油气因随环境温度的升高产生高压气体而导致钢瓶爆炸。

2）在焊接及切割作业现场，液化石油气钢瓶应与氧气瓶保持3m以上的距离，与明火保持10m以上的距离。

3）液化石油气钢瓶和氧气瓶不得在太阳下曝晒。

4）在进行氧气-液化石油气焊接及切割时，液化石油气钢瓶和氧气瓶必须配置专用的回火防止器和减压装置。

5）对氧气-液化石油气焊接及切割作业人员应进行严格培训和考核，并取得相应的资格证书。

氧乙炔气和氧气-液化石油气所使用的焊炬是不相同的，进行氧气-液化石油气焊接时应采用专用的氧气-液化石油气焊炬。此外，操作人员必须提高安全意识，严格遵守操作规程。

（四）焊接安全操作及焊接工艺

1. 安全操作　焊接的安全操作是确保自身安全和他人安全的重要一环，因而必须注意下面几点：

1）焊接前一定要检查设备是否完好，操作人员必须戴上护目镜和手套。

2）乙炔钢瓶不得卧放，开启乙炔针阀时，动作要轻、缓。

3）开启氧气针阀时也要轻、缓，不得同时开启乙炔和氧气针阀，以免发生爆炸。

4）点火时要取正确方向，避免火焰吹向气瓶和气管。点燃乙炔后有黑烟出现时，应将氧气阀慢慢开大，直至火焰合适为止。

5）若发现火焰有双道，则应清理焊炬口。焊炬口的清理必须用专用的清理针进行，不能随意用物体擦拭。

6）不准在未关闭压力调节阀的情况下清理焊炬口；不准用带油的布、棉纱擦拭气瓶及压力调节阀。不准在未关闭阀门和未熄火的情况下离开现场。焊炬及喷嘴不应放在有泥沙的地上，以免堵塞。

7）易燃易爆物品应远离焊接现场，以免发生意外。

8）气瓶不得靠近热源，也不能置于日光下曝晒，应放在阴凉的地方。

9）在使用气焊设备时，如果某一部分出现了故障，不要带故障继续操作，或在不了解其内部结构的情况下盲目拆卸，应请专业维修人员进行修理。

2. 氧乙炔焊接设备的安全使用和维护

（1）氧气瓶

1）氧气瓶应符合国家质检总局颁布的《气瓶安全监察规定》，应定期进行技术检查。使用期满和送检未合格的气瓶，均不准继续使用。

2）操作中氧气瓶距离明火或热源应大于5m。

3）气瓶无防振圈时禁止用转动方式搬运，使用时注意防止被物体碰倒。

4）使用气瓶前，应稍打开瓶阀，吹出瓶阀上粘附的脏污后立即关闭，然后接上减压器再使用。

5）禁止使用氧气代替压缩空气吹净工作服和乙炔管道，或用做试压和气动工具的气源。

6）禁止使用氧气对局部焊接部位通风换气。

7）氧气瓶严禁放空，气瓶内必须留有不小于0.1MPa表压的余气。

（2）乙炔气瓶

1）乙炔气瓶的充装、检验、运输、贮存等应符合国家质检总局颁布的《气瓶安全监察规定》。

2）乙炔气瓶搬运、装卸、使用时都应竖立放稳，严禁在地上卧放并直接使用。

3）开启乙炔气瓶瓶阀时应缓慢，每次不要超过一圈半，一般情况下只开启四分之三圈。

4）禁止在气瓶上放置物件、工具或缠绕悬挂橡皮管及焊、割炬等。

5）必须配合使用符合要求的回火防止器，每一把焊炬或割炬都必须与独立的、合格的岗位回火防止器配用。每月应检查一次并清洗残留在回火防止器内的烟灰、污迹，以保证气流通畅、工作可靠。

6）乙炔气瓶严禁放空，气瓶内必须留有不小于0.05MPa表压的余气。

（3）焊炬和割炬的使用

1）焊炬和割炬应符合焊炬、割炬设备相关标准的要求。

2）焊炬、割炬使用前应检查射吸能力、气密性等技术性能。要求气路畅通、阀门严密、调节灵活，连接部位紧密不泄漏。

3）焊炬、割炬应定期检查维护、修理和更换，严禁带故障使用。

4）发生烧损、磨损后，要用符合标准的合格零件更换。

5）禁止在使用中把焊炬、割炬的喷嘴与地面或其他地方摩擦来清除喷嘴堵塞物，可用通针在焊炬、割炬关闭气源的情况下轻轻疏通。

3. 焊接工艺　在电冰箱、空调器管道的焊接过程中，应注意以下几个问题：

（1）根据焊件材料选用合适的钎料和焊剂。焊剂的使用对焊接的质量有很大影响，一般选用焊剂的温度比钎料温度低50℃为宜。

（2）套插铜管的间隙和深度。电冰箱、空调器中的管道焊接一般都采用套管焊接法，即将细管套入粗管，或者是将焊管做成杯形口，再将另一个管插入杯形口内。无论何种插入焊接法，对插入深度和间隙都有一定的要求。如果插入太短，不但影响强度和密封性，而且钎料容易注入管道口，造成堵塞；如果管道之间的间隙过小，则钎料不能流入，只能焊附在接口外面，造成接口处强度差，很容易开裂而造成泄漏；如果间隙过大，不仅浪费钎料，而且钎料极易流入管内而造成堵塞。

两管插入深度及内外部间隙见表1-12。

表1-12　两管插入深度及内外部间隙　　（单位：mm）

管　外　径	最小插入深度	配合间隙（单边）
5～8	6	0.05～0.035
8～12	7	0.05～0.035
12～16	8	0.05～0.045
16～25	10	0.05～0.055
25～35	12	0.05～0.055

（3）毛细管与干燥过滤器的焊接。毛细管与干燥过滤器的焊接安装位置如图1-20所示。一般插入后毛细管端面（至少带有15°的倾斜角）距过滤器滤网端面间距为5mm，插入深度为15mm左右。若插入过深，会触及过滤器内的滤网，造成制冷量不足，或引起系统啸叫声；若插入过浅，焊接时钎料会流进毛细管端部，易堵塞在毛细管管口或直接进入毛细管而造成脏堵。焊接时，必须掌握火焰对毛细管和干燥过滤器的加热比例，以防止毛细管加热过度而变形或熔化。

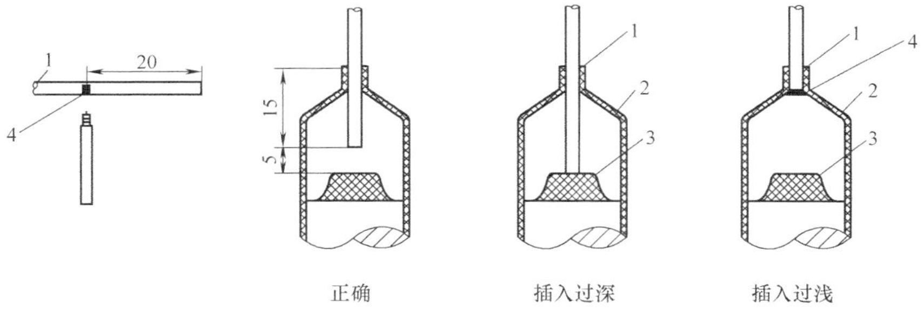

图1-20　毛细管与干燥过滤器的焊接
1—毛细管　2—过滤网　3—过滤器　4—焊点

总之，焊接时最好采用强火焰快速焊接，尽量缩短焊接时间，以防止管路内生成过多的氧化物。氧化物会随制冷剂的流动而导致制冷系统脏堵，严重时还可能使压缩机发生故障。

（4）焊接时的清洁处理。焊接前，要清洁管道和管件的表面，以免水分、油污和灰尘等影响焊接质量。

1）焊接时铜管接头一定要清洁光亮，不可有油污、涂料、氧化层，否则会产生气孔或虚焊。

2）铜管接头不可有毛刺、锈蚀或凹凸不平，否则会影响焊接质量，造成制冷剂的泄漏。

（5）焊接火焰和温度。用气焊进行钎焊时应采用中性焰。焊接火焰如图 1-21 所示。

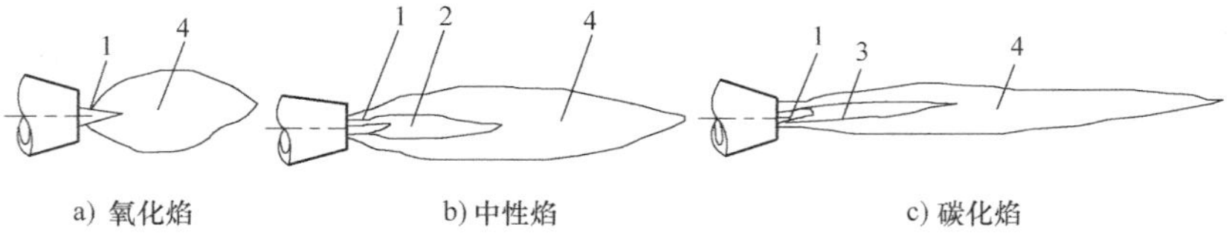

图 1-21 焊接火焰

1—焰芯 2—内焰（暗红色） 3—内焰（淡白色） 4—外焰

焊接温度要比焊件的熔点温度低，一般在 600 ~ 700℃之间，温度过高会造成铜管被氧化烧损或使铜管变形，影响焊接强度；温度过低会使熔点低的金属与熔点高的金属分层，造成焊接不良。

在焊接时，必须对焊件预热。预热时，可通过改变焰芯末梢与焊件之间的距离，使被预热件获得不同的温度。对同一种材料管道，要先加热插入的管道，然后加热扩口管道。焊接处要加热均匀，加热时间不宜过长，以免管道内壁产生氧化层，造成制冷系统毛细管和干燥过滤器堵塞。

（6）充氮保护。钎焊配管时，一定要使氮气流过钎焊接缝处，防止焊管内部氧化，氮气的流量控制在表面上略微能感觉到即可；为防止产生氧化，应在连接部位温度降到 200℃以下之前继续充氮。

（7）焊接缺陷与产生原因。

1）虚焊。

外观判断：焊缝区域形成夹层，部分钎料呈滴状分布在焊缝表面。

产生原因：①操作不熟练或不细心；②焊前没有将管件装配间隙边缘的毛刺或污垢清除干净；③焊时氧气压力不够或不纯造成火焰温度不足；④管件装配间隙过小；⑤温度控制不均匀。

2）过烧。

外观判断：焊缝区域表面出现烧伤痕迹（如出现粗糙的麻点），管件氧化皮严重脱落，纯铜管颜色呈水白色等。

产生原因：①焊接次数过多；②焊接时温度过高；③调节火焰过大；④焊接时间过长。

3）气孔。

外观判断：焊缝表面上分布有孔眼。

产生原因：①钎料和管件装配间隙有脏物；②焊接速度过快或过慢。

4）裂纹。

外观判断：焊缝表面出现裂纹。

产生原因：①钎料中磷的质量分数大于7%；②焊接时中断；③焊后焊缝未完全凝固就搬动焊件。

5）烧穿。

外观判断：焊件靠近焊缝处被烧损穿洞。

产生原因：①操作不熟练，动作慢，不细心；②焊接时未摆动火焰；③火焰调节不当；④氧气压力过大；⑤温度控制不均匀。

6）漏焊。

外观判断：焊缝不完整，部分位置未熔合成整条焊缝。

产生原因：①操作不熟练，不细心；②钎料施加时温度不均匀；③火焰调节不当。

7）咬边。

外观判断：焊缝边缘被火焰烧成腐蚀状，但未完全烧穿，而管壁本身被烧损。

产生原因：①操作不熟练；②火焰预热位置不当；③火焰调节不当；④温度控制不均匀；⑤操作时手不稳定。

8）焊瘤。

外观判断：焊缝处的钎料超出焊缝平面形成眼泪状，如图1-22所示。

产生原因：①温度控制不均匀；②钎料施加量过多或施加位置不当；③ 焊接时焊件摆放位置不平。

图1-22　焊瘤

（8）操作注意事项。焊接部件必须固定牢靠，而且焊接管道最好采用平焊。如需立焊，管道扩管的管口必须朝下，以免焊接时熔化的钎料进入管道而造成堵塞。

焊接时当钎料没有完全凝固时，绝不可使铜管振动，否则焊接部分会产生裂纹，使铜管泄漏。焊接完毕后必须将焊口清除干净，不可有残留氧化物、焊渣等；然后用制冷剂或氮气充入管中，进行检漏。

（五）冷冻蒸发器铜铝接头焊接方法

1. 材料及工具　铜铝焊剂（专用）、铜铝钎料（专用）、焊炬、湿毛巾、600#砂布。

2. 操作工艺

1）准备材料及工具。

2）将焊口用600#砂布打磨干净。

3）将冷藏蒸发器回气管插入冷冻蒸发器连接管内8～10mm，然后将焊剂加入少量水搅拌成糊状（用多少备多少），并均匀抹在铝钎料上。

4）在冷冻室内胆四周火焰可能烤到的地方放置湿毛巾。

5）点燃焊炬，将火焰调至微火，均匀加热焊点处（例如，若是铜铝对焊，不能直接加热焊点，应先加热铜管离焊点3cm处，利用铜管传递的热量对铝管加热，加热至焊点处的铜管微红，即可均匀加钎料；若是铝对铝焊接，应先加热粗铝管端至微白即可加均匀添加钎料）。

6）焊接完毕后，向系统内充入0.8MPa氮气检漏，确认无焊漏后，放掉氮气抽空灌注，检测试机。

3. 注意事项

1）焊炬火焰不能过长，且必须用微火加热，否则铝管极易熔化。

2）内胆必须放置湿毛巾，保护到位，因为焊接空间很狭小，因此务必注意冰箱的保护。

3）钎料不能用焊炬先加热后蘸取焊剂，因为此钎料熔点太低。

4）焊接一次性成功效果更佳，因铝管熔点太低，第二次再加热时，铝管极易变形。

5）焊接时间不能过长，因熔点太低时间过长容易导致铝管管壁熔化或变薄，打压极易泄漏。

6）钎料必须均匀涂抹焊剂，才能确保焊点的质量。

7）焊接完毕，要等二三分钟管子冷却后才能接触，否则焊点易漏。

📖 实施操作

一、制作喇叭口

（一）切管

切取一段规定长度的铜管。操作时，应注意割管器大小与管径的匹配；进刀不可过深和过猛；刀口要与铜管垂直，割管器要多转动、少吃刃。

（二）去毛刺

用倒角器清除加工铜管一端的毛刺，轻轻倒掉清洗下来的碎屑。

（三）退火处理

将胀管加工的铜管一端加热退火，自然冷却至常温。

（四）胀喇叭口

将铜管要胀扩的一端放入与铜管管径相同的夹具扩孔内，铜管露出扩孔一定高度（可参照表1-13），并旋紧夹具，在锥形胀管头顶尖上涂少许润滑油，然后用手旋转手柄，接触到铜管顶端后，先向下旋3/4圈，再退出1/4圈，反复进行，直至扩成为止，如图1-23所示。

图1-23　胀喇叭口

表1-13　铜管露出高度

铜管公称尺寸/mm	露出高度/mm
6.0~8.0	2.5~3.0
9.5~10.0	3.5~4.0
12.0~16.0	4.0~4.5

二、U形管制作

（一）切管

切取一根规定长度的铜管。

（二）退火处理

在需要加工部位进行退火处理，注意退火长度应略大于加工管子部位的长度。

（三）铜管弯曲

将铜管套入弯管器内，扣住管子，然后慢慢旋转手柄，使管子逐渐弯曲到规定角度，其操作如图 1-24 和图 1-25 所示。注意弯管的曲率半径必须符合表 1-8 的要求，否则管子会变形或折扁。

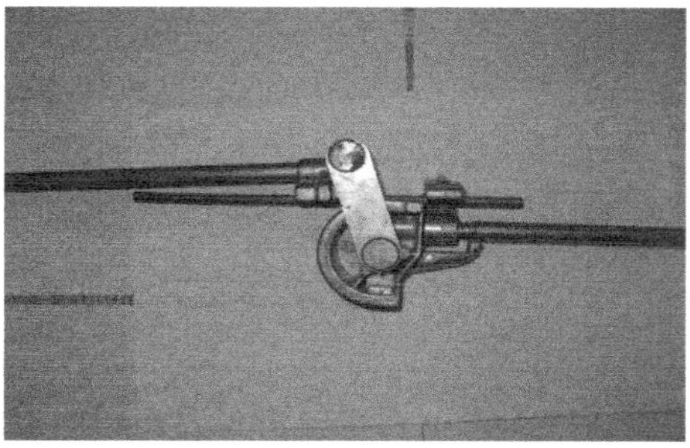

图 1-24　弯管器中放入铜管

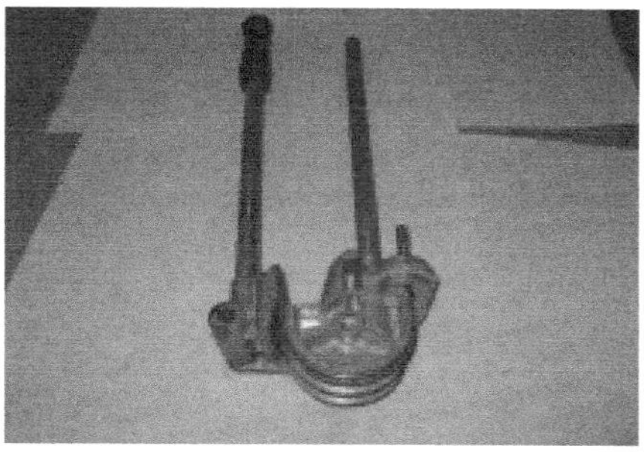

图 1-25　弯管后

（四）清洁

将弯管退出弯管器，并清洁工具。

三、铜管的套接

（一）切管

切取两根规定长度的铜管。

（二）去毛刺

用倒角器对需胀扩铜管的管端去毛刺，并倒掉碎屑。

（三）退火处理

将需胀扩加工的铜管一端进行退火处理。

（四）套管加工制作

用扩管器夹住铜套管，其上部露出约 15mm，慢慢用力旋动丝杆，将管口胀压成杯形，如图 1-26 所示。

（五）去氧化层

用砂纸打磨杯形口和焊接端铜管，并用干布擦净。

（六）铜管套接接焊

把焊接端铜管插入杯形口中，并对正圆心，如图 1-27 所示。

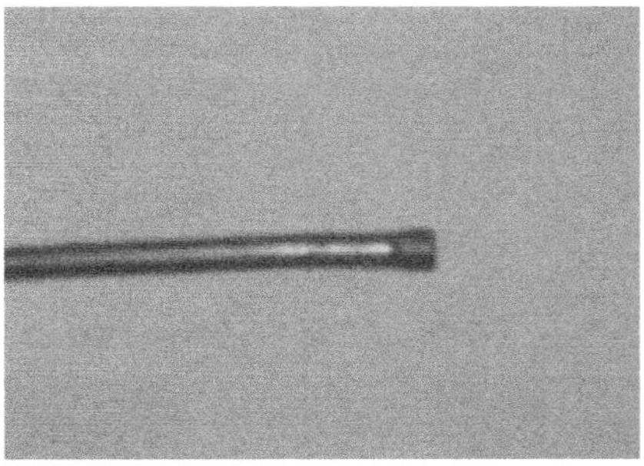

图 1-26　胀管后的铜管

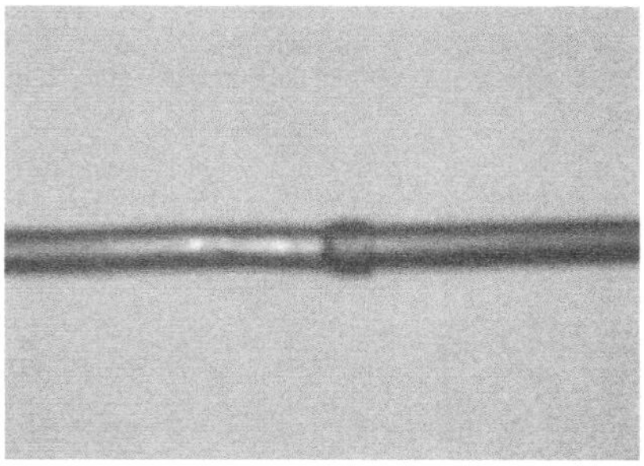

图 1-27　套接后的铜管

（七）铜管焊接

用焊炬火焰来回地烘烤铜管，如图 1-28 所示，加热至铜管为红色时，用钎料轻触两铜管之间的缝隙，如图 1-29 所示。慢慢移开焊炬使钎料保持流动状态，直至套接口缝隙填满钎料时移开火焰，焊好的焊口应圆滑、光亮，无砂眼和气孔。

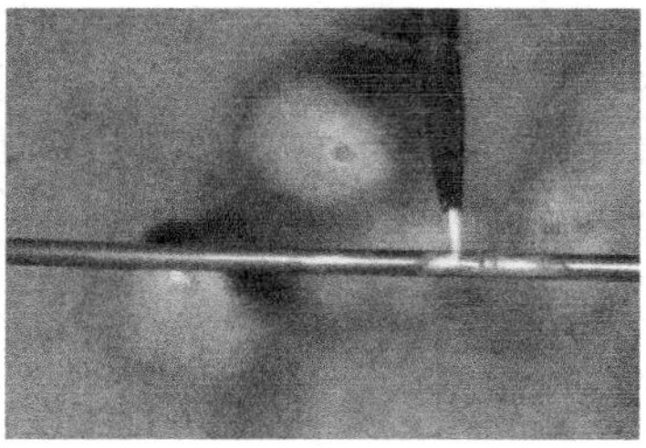

图 1-28　铜管加热

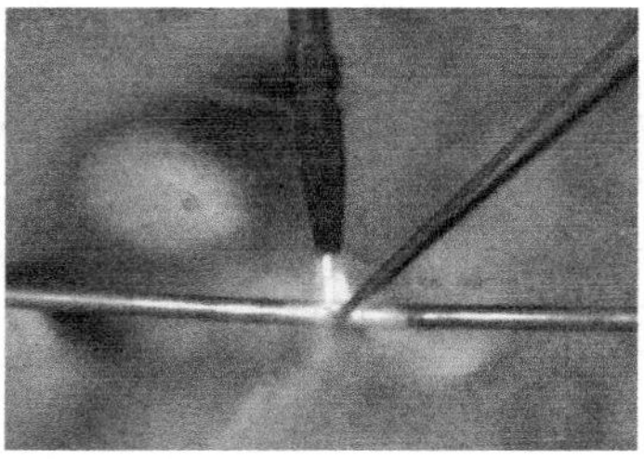

图 1-29　铜管焊接

工作页

基本操作技能训练				工作页编号：DBX 1-1	
一、基本信息					
学习小组		学生姓名		学生学号	
学习时间		指导教师		学习地点	
二、工作任务					
1. 制冷设备维修专用工具的使用。 2. 完成喇叭口的制作、U 形管的制作、钢管的套装。					
三、制定工作计划（包括人员分工、操作步骤、工具选用、完成时间等内容）					
四、安全注意事项（人身及设备安全）					

（续）

五、工作过程记录
六、任务小结
七、教师评价
八、成绩评定

考核评价标准

序号	考核内容	配分	要求及评分标准	评分记录	得分
1	管道加工质量	30	铜管的切割 要求：截取长度误差为±2mm，用倒角器去除铜管两端的收口和毛刺 评分标准：每出现一次扣2分		
			喇叭口管的制作 要求：制作的杯形口、喇叭口无变形、无裂纹、无锐边 评分标准：每出现一次扣2分		
			弯管器的使用 要求：弯成180°的铜管两端长度偏差在5mm以内。U形管外观无皱纹、起角、肩管、弯裂、暗裂、凹陷 评分标准：每出现一次扣2分		
2	专用工具的使用	40	真空泵的使用 评分标准：按规程操作得10分，回答一般得3～5分，回答错误不得分		
			卤素检漏灯的使用 评分标准：按规程操作得10分，回答一般得3～5分，回答错误不得分		
			电子检漏仪的使用 评分标准：按规程操作得10分，回答一般得3～5分，回答错误不得分		
			三通修理阀的使用 评分标准：按规程操作得10分，回答一般得3～5分，回答错误不得分		
3	工作态度及与组员合作的情况	20	1. 积极、认真的工作态度和高涨的工作热情，不一味等待老师安排指派任务 2. 积极思考以求更好地完成工作任务 3. 好强上进而不失团队精神，能准确把握自己在团队中的位置，团结学员，协调共进 4. 在工作中谦虚好学，时时注意自己不足之处，善于取人之长补己之短 评分标准：四点都表现好得20分，一般得10～15分		
4	安全文明生产	10	1. 遵守安全操作规程 2. 正确使用工具 3. 操作现场整洁 4. 安全用电，防火，无人身、设备事故 评分标准：每项扣2.5分，扣完为止。若因违规操作发生人身和设备事故，此项按0分计		

任务二　电冰箱主要部件的安装和管路连接

任务描述

1）按要求装配好电冰箱系统的主要部件。

2）按图样要求制作电冰箱系统的三根制冷管路。

3）连接电冰箱部分的制冷系统。

任务目标

1）知道电冰箱的分类、型号命名与结构。

2）知道电冰箱制冷的工作原理。

3）懂得电冰箱系统各部件的功能。

4）熟练掌握管道加工技术。

任务准备

1. 工具器材

1）十字螺钉旋具、一字螺钉旋具、弯管器、切管器、胀管扩口器、倒角器、氮气、卷尺及铅笔等。

2）天煌 THRHZK—1 型现代制冷与空调系统技能实训装置。

2. 实施规划

1）知识准备。

2）加工管道。

3）部件的安装。

4）工作页的完成。

3. 注意事项

1）切管时每次进刀不宜过深，用力不宜过猛，否则会产生毛刺或将铜管压扁。

2）扩管时扩成的喇叭口以压紧螺母能灵活转动而不卡住为宜。

3）正确使用管道加工工具。

任务实施

知识准备

一、电冰箱的基础知识

（一）电冰箱的分类

1）按冷却方式可分为直冷式、风冷式（W）、混冷式（一般为冷藏直冷，冷冻风冷）三种。

2）按温度控制方式可分为双温单控、双温双控，电子温控（E）三种。

3）按用途可分为冷藏箱（C）、冷藏冷冻箱（CD）、冷冻箱三种（D）。

4）按冷藏冷冻箱使用时的气候环境分为亚温带型（SN，10～32℃）、温带型（N，16～

32℃)、亚热带型(ST,18~38℃)、热带型(T,18~43℃)。

(二)型号命名规则

电冰箱型号命名规则形式是:

[1][2]—[3][4][5]

其中:

1——产品代号,家用电冰箱用 B 表示。

2——用途分类代号,冷藏用 C,冷冻用 D,冷藏冷冻用 CD 表示。

3——规格代号,代表有效容积 *L*,用阿拉伯数字表示。

4——冷却方式代号,风冷无霜电冰箱用 W 表示。

5——改进设计序号,用汉语拼音字母顺序表示。

例如:海尔 BCD—182,该型号的含义为海尔牌家用双门(冷藏、冷冻)电冰箱,箱内总有效容积为 182L。

BD 表示冷冻系列冰箱;BC 表示冷藏系列冰箱;如为无霜型电冰箱,则在容积后用"W"注明,如 BCD—121W;在容积后的字母 A、B、C 等,如 BCD—120A,则表示此冰箱是第几次改进。

(三)常用家用电冰箱的一些术语及解释

1. 家用电冰箱(冰箱)　一个供家用的,具有适当容积和装置的绝热箱体,用消耗电能的手段来制冷,并具有一个或多个间室,它包括冷藏箱、冷藏冷冻箱、冷冻箱。

2. 冷藏冷冻箱　冷藏冷冻箱至少有一个间室为冷藏室,适用于储藏不需冻结的食品,并至少有一个间室为冷冻室,适用于需要在 -18℃或 -18℃以下保存的食品的冷冻和储藏。

3. 单控式冷藏冷冻箱　仅有一个控温装置供调节冷藏室和冷冻室温度的冷藏冷冻箱。

4. 冷冻食品储藏室　用于储藏冻结食品的间室,按其储藏温度可分为:

(1)"一星"级室,按规定的试验条件和方法测得的储藏温度不高于 -6℃。

(2)"二星"级室,按规定的试验条件和方法测得的储藏温度不高于 -12℃。

(3)"三星"级室,按规定的试验条件和方法测得的储藏温度不高于 -18℃。

5. 有效容积　从任一间室的毛容积中减去各部件所占据的容积和那些认定不能用于储藏食品的空间后所余的容积为该室的有效容积(实际测算值不应小于额定有效容积的 97%)。

6. 耗电量　冰箱在稳定运行状态下运行 24h 的耗电量。它是在环境温度为 25℃(SN、N、ST 型)或 32℃(T 型)下按规定的试验方法测定的。

二、家用电冰箱的结构及其主要部件

(一)家用电冰箱的结构及工作原理

1. 家用电冰箱的结构　家用电冰箱主要由箱体、制冷系统、电气控制系统、所需的附件四大部分组成。家用电冰箱的结构及分解图如图 1-30 所示。

2. 家用电冰箱的工作原理　家用电冰箱的制冷系统由制冷压缩机、冷凝器、干燥过滤器、节流毛细管和蒸发器五个部件组成。

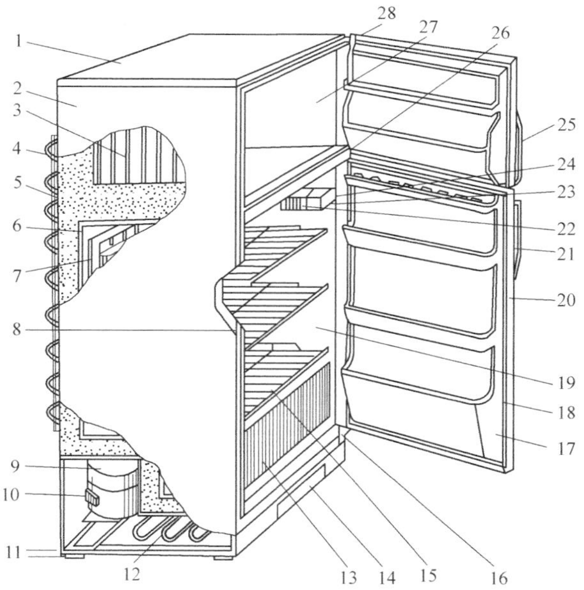

a) 家用电冰箱的结构

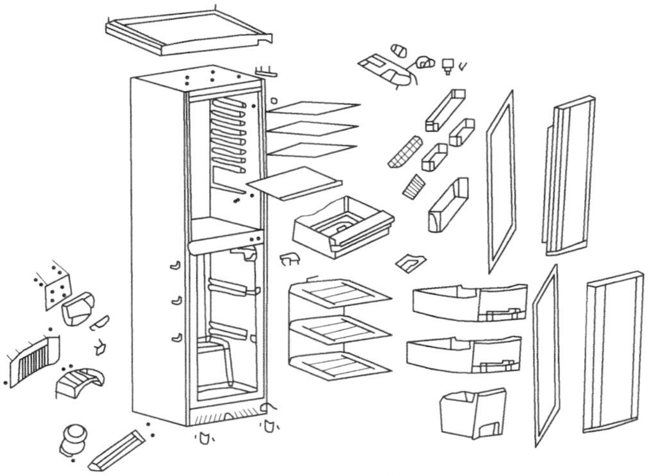

b) 家用电冰箱结构的分解

图 1-30　家用电冰箱的结构及分解图

1—装饰顶板　2—外箱板　3—冷冻室蒸发器　4—冷凝器　5—聚氨酯发泡绝热层　6—塑料内壳　7—冷藏室蒸发器　8—箱门口防露管　9—压缩机　10—启动与过载保护继电器　11—底脚螺钉　12—蒸发水皿加热管　13—蔬菜盒　14—蒸发水皿　15—搁架　16—下折页　17—门内衬　18—磁性门封条　19—磁性门封条　20—箱门（冷藏室）　21—下门柄　22—照明灯　23—灯开关　24—温控器　25—上门柄　26—中轴折页　27—冷冻室　28—上折页

蒸气压缩式电冰箱系统的工作原理如图 1-31 所示。

蒸气压缩式电冰箱制冷循环的工作原理可概括为蒸发、压缩、冷凝、节流四个过程，具体工作过程表现如下。

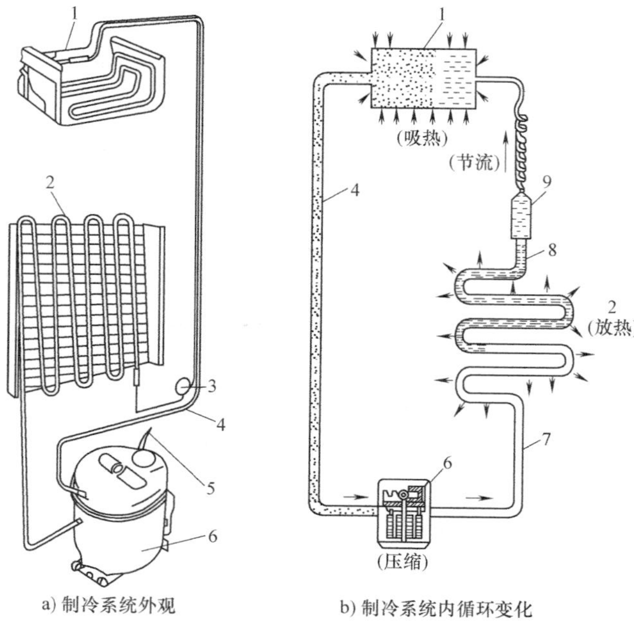

图 1-31　蒸气压缩式电冰箱系统的工作原理

1—蒸发器　2—冷凝器　3—毛细管　4—回气管　5—工艺口　6—压缩机
7—高温高压的气态制冷济　8—液态制冷剂　9—过滤器

蒸发：来自冷凝器的高温高压制冷剂液体，流经干燥过滤器，再流过节流毛细管。在流过细长的节流毛细管时，制冷剂液体受到很大阻力，进入蒸发器后压力骤然下降，形成低压低温沸腾。

制冷剂液体在蒸发器内从低温沸腾的液态变为气态的过程中，吸收冰箱内空间的热量，冷却箱内被贮存的物品。

压缩：制冷剂冷却的同时，已蒸发吸热后的低温低压制冷剂气体被运转着的压缩机吸回，压缩后，成为高温高压的蒸气排至冷凝器。

冷凝：高温高压的蒸气在冷凝器中，把由蒸气在电冰箱内吸收的热量（此热量的温度低于室内温度和压缩机运转消耗电能所形成的热量）散发到空气中后，变为高温高压的制冷剂液体。然后，制冷剂液体又重新流经干燥过滤器，滤除可能携有的污垢或水分，经毛细管降压后再次进入蒸发器，形成制冷循环。如此循环往复，电冰箱内的热量就被移到箱外的空气中，而使箱内温度不断下降。另外，大部分电冰箱还设有温度自动控制系统，可保持箱内一定的温度，以达到人们使用的要求。

根据电冰箱类型的不同，制冷系统的实际布置不同，有多种样式的电冰箱。

（1）直冷式单门电冰箱制冷系统（见图 1-32）。它只有一个蒸发器，靠蒸发器下面的接水盘（图中未画出）将电冰箱分割成冷冻室和冷藏室。由于蒸发器在冷冻室内，所以冷冻室温度较低。蒸发器的一部分冷量由接水盘与箱壁间的缝隙传递至冷藏室，而冷藏室本身没有蒸发器，因此冷藏室的温度相对比较高。在冷藏室，上面的空气离冷源近，温度低，密度大，因此自然地向下流动，并且吸收冷藏物品的热量使温度升高，随着空气温度的升高，密度减小，而又随之上升，上升至蒸发器附近时又放热降温而向下流动。这样，依靠箱内空气自然对流冷却，最终可使冷藏室自上而下温度逐渐升高，并相对稳定。

图1-32中的防露管，是冷凝器管道的一部分。它的作用是利用冷凝器的热量将门框周围外表面的温度提升，以防止门框在湿热的气候条件下结露。而蒸发盘加热器（图中未画出）也是冷凝器管道的一部分，从压缩机排出的高温高压制冷剂气体经过蒸发盘加热器管道，加热位于加热器上的蒸发盘，使蒸发盘中存留的融霜水得以蒸发。

（2）直冷式双门双温电冰箱制冷系统，根据毛细管数量的多少有不同的形式。

1）直冷式双门双温单毛细管制冷系统。该系统如图1-33所示，其特点是冷冻室和冷藏室各有一只蒸发器。制冷剂在该系统中的流向是：压缩机→副冷凝器→主冷凝器→防露管→干燥过滤器→毛细管→冷藏室副蒸发器→冷冻室主蒸发器→压缩机。

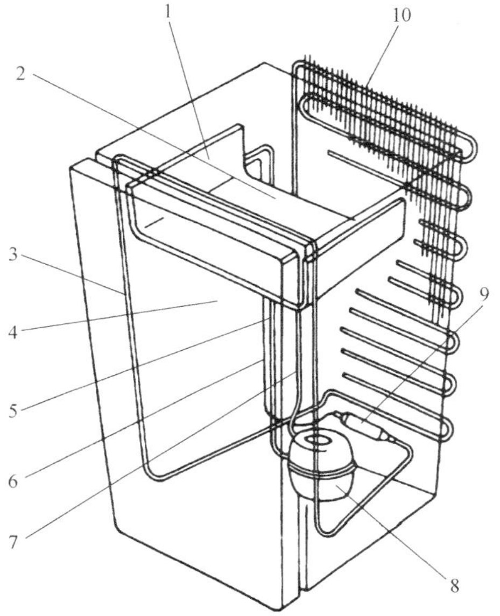

图1-32　直冷式单门电冰箱制冷系统
1—蒸发器　2—冷冻室　3—防露管　4—冷藏室　5—吸气管　6—毛细管　7—排气管　8—压缩机　9—干燥过滤器　10—冷凝器（散热片）

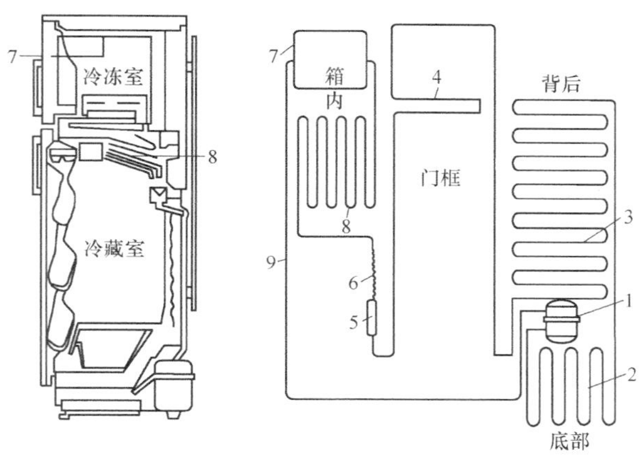

图1-33　直冷式双门双温单毛细管制冷系统
1—封闭式压缩机　2—箱底副冷凝器　3—箱后主冷凝器　4—防露管　5—干燥过滤器　6—毛细管　7—冷冻室副蒸发器　8—冷藏室主蒸发器　9—回气管

2）直冷式双门双温双毛细管制冷系统。该系统如图1-34所示。制冷剂在该系统中的流向是：压缩机→冷凝器→第一毛细管→冷藏室蒸发器→第二毛细管→冷冻室主蒸发器→低压回气管→压缩机。

（3）间冷式双门双温电冰箱制冷系统。图1-35为间冷式双门双温电冰箱制冷系统的实际布置图。

特点：采用翅片盘管式蒸发器，安装在冷冻室和冷藏室之间的夹层里，利用小型电动轴流式风扇使箱内空气强制流过蒸发器。

制冷剂在系统中的流向：压缩机→副冷凝器→主冷凝器→防露管→干燥过滤器→毛细管→翅片盘管式蒸发器→压缩机。

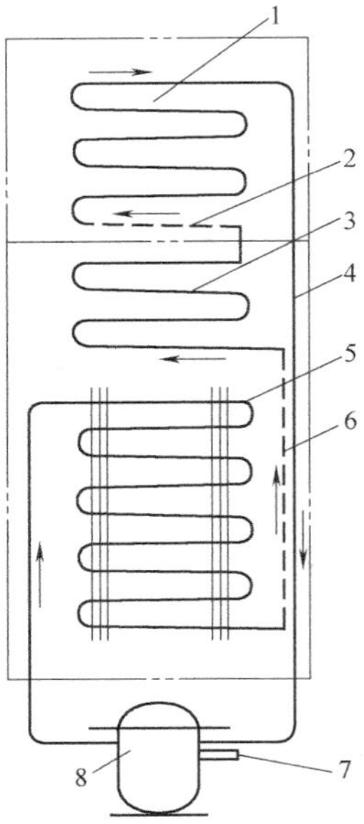

图 1-34 直冷式双门双温双毛细管制冷系统

1—冷冻室主蒸发器 2—第二毛细管 3—冷藏室副蒸发器 4—低压回气管 5—冷凝器 6—第一毛细管 7—工艺管 8—制冷压缩机

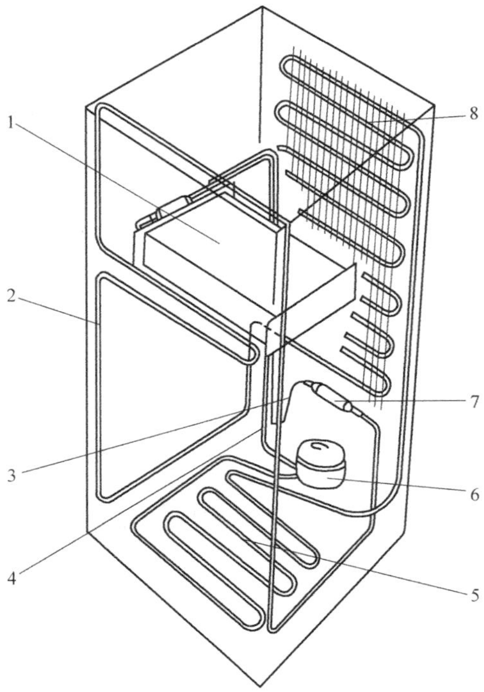

图 1-35 间冷式双门双温电冰箱制冷系统的实际布置图

1—蒸发器 2—防露管 3—毛细管 4—吸气管 5—加热板（副冷凝器） 6—压缩机 7—干燥过滤器 8—冷凝器

（4）风冷式双门无霜电冰箱。这类电冰箱的结构如图 1-36 所示。

无霜电冰箱的控制：

1）冰箱的温度控制。温度控制就是把冰箱内的温度控制在一定的范围内，保持冰箱内的温度恒定的方法，是根据箱内的温度变化来控制压缩机的起停。当箱内温度降到设定值时，压缩机停止运行。当箱内温度升高，并超出设定值一定范围后，压缩机被重新起动，向冰箱供冷，直到箱内温度又一次降到设定值，压缩机再一次被停止运行。如此反复，使箱内的各室温度一直保持在一定范围内。

2）冰箱的化霜。电冰箱内的循环空气与蒸发器进行热交换时，空气内的水分就会凝结在蒸发器的表面上，变成冰或霜。随着空气的不断循环，凝结在蒸发器表面上的霜会不断增厚，如果不及时除掉这层霜，不断增加厚度的霜会最终堵塞蒸发器周围的风道，造成空气无法继续循环，箱内温度会持续升高，造成贮存的食品变质。所以，必须对蒸发器及周围的风道定期化霜（亦称除霜），来保证无霜冰箱的正常运行。

3）制冷压缩机的过载保护。压缩机是制冷系统的动力源，最常见的故障是压缩机的电动机电磁绕组被烧毁，引起绕组被烧毁的最主要原因是流过电动机的电流过高造成的。所以，当压缩机的负载电流过高时，就停止压缩机的运行，这样可以保证其安全、可靠地运行。引起压缩机负载电流过大的原因有很多，如整个制冷系统的压力过大，造成压缩机的负载电流增大。另外，压缩机的起动电容或者起动器的损坏，也会造成压缩机在起动时电流长时间过大而烧毁电磁绕组。

最常见的保护方法是在压缩机的电动机控制回路上串联一个过载保护器。当压缩机的负载电流过大时，负载保护器会自动断开，使压缩机能够及时停止运行。负载保护器会在断开一段时间后自动恢复导通状态。

（二）家用电冰箱的组成及主要部件的功能

1. 压缩机　电冰箱的压缩机有活塞式、旋转式和涡旋式三种，是制冷系统的心脏。压缩机按照制冷量的需要定量吸入制冷剂气体，经过压缩以后按额定的压力输送出去。电动机和压缩机直接耦合，组合在一个紧凑的壳体里，如图 1-37 所示。为了使气缸和活塞得到润滑，壳体底部盛有润滑油，并有专门机构将润滑油吸到缸壁进行润滑。

2. 冷凝器　冷凝器是通过散发热量，使充入其中一定压力的制冷剂气体液化的一种换热器。电冰箱的冷凝器是借助空气自然对流冷却，把气态的制冷剂冷凝为液体。外置冷凝器一般在电冰箱的后部，内置冷凝器一般置于电冰箱箱体两侧。

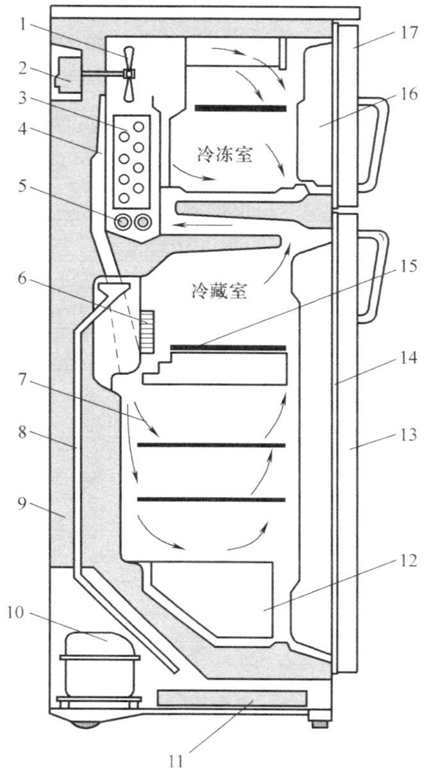

图 1-36　风冷式双门无霜电冰箱的结构
1—风扇　2—风扇电动机　3—蒸发器　4—风道
5—化霜加热器　6—温控器　7—冷气循环
8—排水管　9—冰箱保温层　10—压缩机
11—蒸发盘　12—新鲜蔬菜储藏箱　13—冷藏室门
14—冷藏室门密封条　15—食品货架
16—冷冻室门货架　17—冷冻室门

（1）电冰箱冷凝器的结构特点

1）管板式冷凝器。用直径为 5mm 左右、壁厚为 0.75mm 的铜管或复合管弯曲成蛇形管，紧卡或点焊在厚度为 0.5mm、冲有 700 ~ 1200 个孔的百叶窗形状的散热片上，靠空气的自然对流散热来形成冷凝条件，如图 1-38 所示。

图 1-37　家用电冰箱的压缩机

2）丝管式冷凝器如图 1-39 所示。它是在蛇形复合管的两侧点焊直径为 1.6mm 的碳素钢丝而构成的。

优点：单位尺寸散热面积大、热效率高、工艺简单、成本低等。

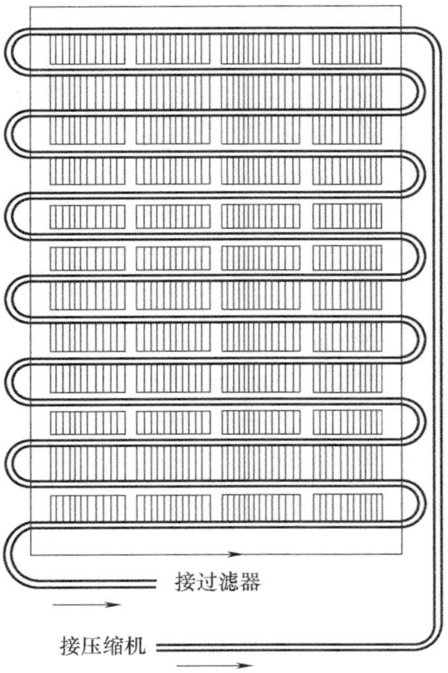

图 1-38　管板式冷凝器

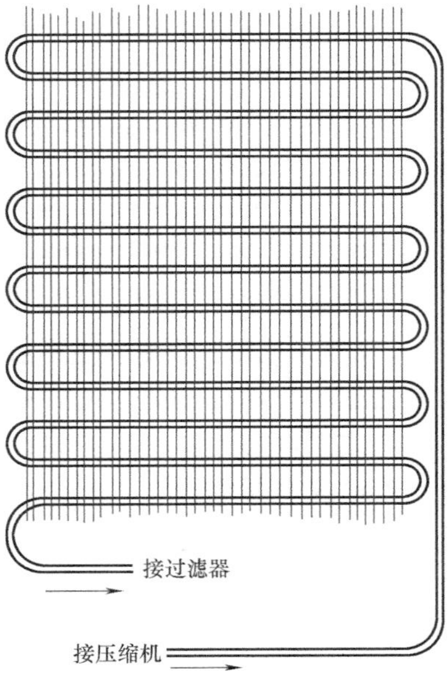

图 1-39　丝管式冷凝器

3）内嵌式冷凝器。冷凝器盘管安装在箱体外壳内侧与绝热材料之间，利用箱体外壳散热来达到管内制冷剂冷凝的目的，如图 1-40 所示。

优点：保证冷凝器有合理的尺寸；对外壳加热，防止结露；工艺简单，成本较低；外观严密、整洁、美观。

缺点：散热性能不如管板式和丝管式，结构特殊而维修不便。

4）翅片式冷凝器。该冷凝器是一种空气强迫对流式冷凝器。

结构：翅片式，如图 1-41 所示。

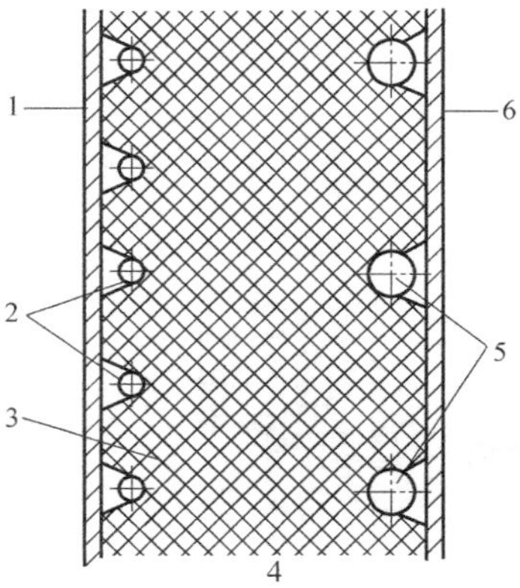

图 1-40　内嵌式冷凝器

1—外壳　2—冷凝器盘管　3—绝热层

4—导热粘胶剂　5—蒸发器盘管　6—内壳

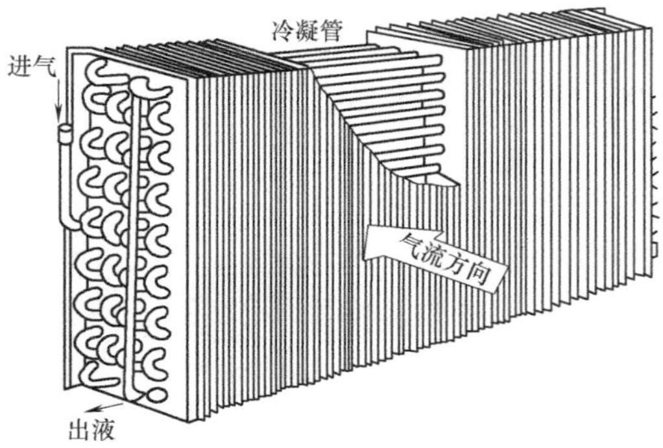

图 1-41　翅片式冷凝器

优点：结构紧凑，散热效率高，冷却能力强。

缺点：翅片密集，空气自然流动时阻力大，通过加装的轴流风机或离心风机来强迫空气的对流。

5）套管式水冷凝器。套管式水冷凝器是将两根不同直径的铜管（内管也可若干个）同心地套在一起盘成椭圆形，如图1-42所示。

(2) 冷凝器的功能：降低从压缩机排出的高温高压过热制冷剂蒸气的温度，冷却成高压的液态制冷剂。冷却过程分为三阶段，如图1-43所示。

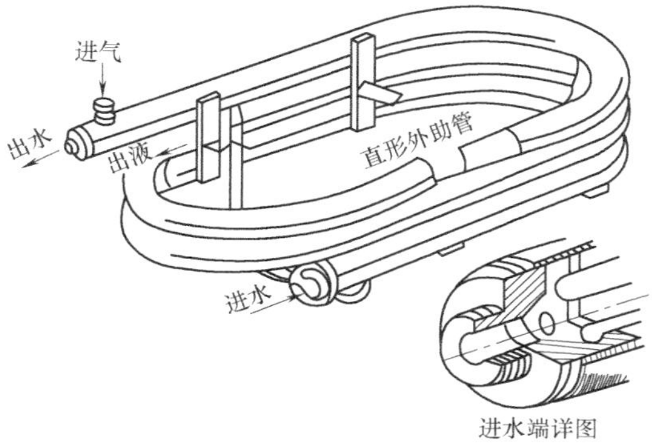

图1-42　套管式水冷凝器

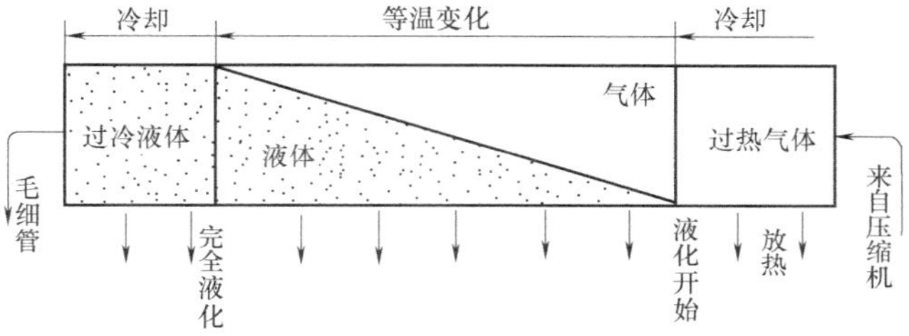

图1-43　冷凝器的冷却过程

第一阶段：过热蒸气冷却为饱和蒸气；

第二阶段：由饱和蒸气冷凝为饱和温度下的液体；

第三阶段：进一步冷却为过冷液体。

(3) 冷凝器的其他作用：一是将压缩机排气口接到副冷凝器，使浸入化霜水注入蒸发皿中，使之蒸发，以免弄湿地面；二是将冷凝管绕箱门四周和箱顶部，防止箱门四周及顶部凝露。

(4) 影响冷凝器传热效率的因素：①空气流速；②管内残留空气；③污垢。

3. 蒸发器　蒸发器是制冷剂液体蒸发产生制冷效应的部件，分为冷藏室蒸发器和冷冻室蒸发器。

(1) 电冰箱蒸发器的结构特点。

1）铝板式蒸发器。这种蒸发器有复合板吹胀型和印刷管路型两种结构，如图1-44所示。

特点：采用自然对流方式使空气进行循环，传热效率高、降温快、结构紧凑、成本低，应用于直冷式单门或双门电冰箱。

2）管板式蒸发器。这种蒸发器由纯铜管或铝管绕在黄铜板或铝板围成的矩形框上焊接或粘接而成，如图1-45所示。

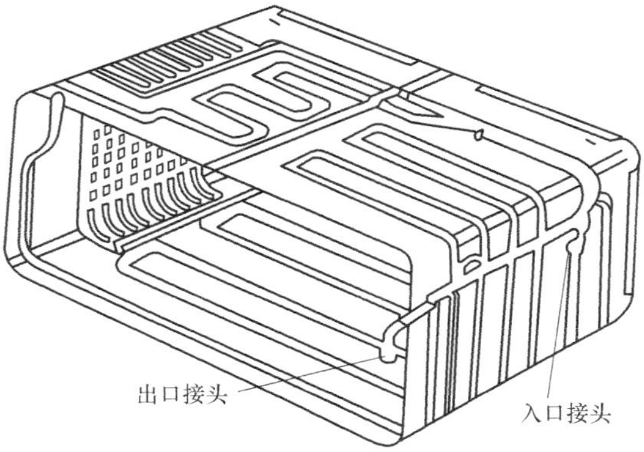

图1-44　铝板式蒸发器

特点：结构牢固可靠、设备简单、规格变化容易、使用寿命长，不需要高压吹胀设备等，但传热性能较差，多用在直冷式双门电冰箱的冷冻室。

3）管式蒸发器。

① 蛇形翼片管式蒸发器（见图1-46）。这种蒸发器是由蛇形盘管和高为15 ~20mm 并经弯曲成形的翼片组成的。多用在小型冷库和直冷式双门电冰箱的冷藏室。

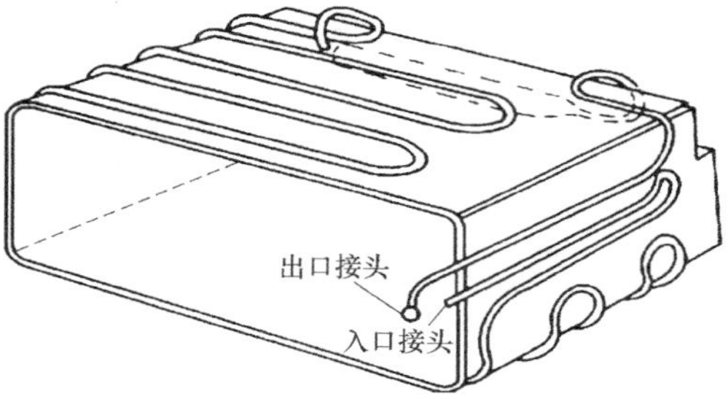

图1-45　管板式蒸发器

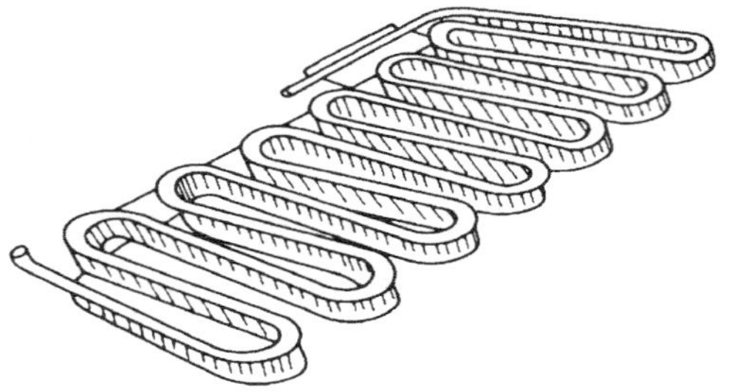

图1-46　蛇形翼片管式蒸发器

特点：结构简单，化霜方便，一般不用修理。

缺点：自然对流时空气流速很慢，因而传热性能较差。

② 层架盘管式蒸发器（见图1-47）。这种蒸发器的盘管既是蒸发器，又是抽屉搁架，制造工艺简单，便于检修，成本较低，而且有利于箱内温度的均匀，冷却速度快。应用于冷冻室下置内抽屉式直冷式冰箱。

4）翅片式蒸发器。这种蒸发器由蒸发管和翅片组成，应用于间冷式双门电冰箱的冷冻室和空调器。具有坚固、可靠性高、体积小、寿命长、散热率高的特点，如图1-48所示。

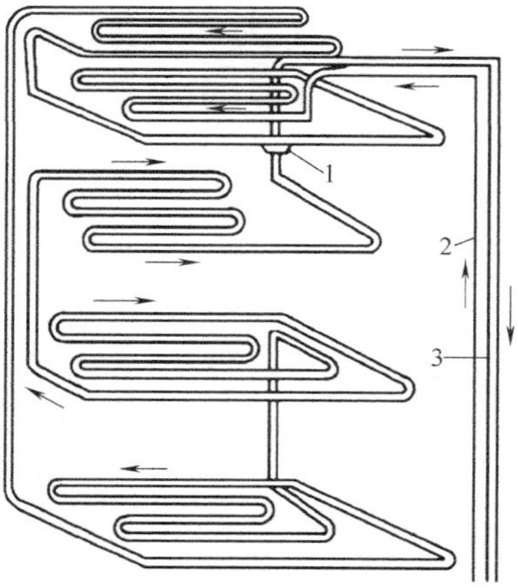

图1-47　层架盘管式蒸发器

1—盘管交汇处　2—制冷剂进气管　3—制冷剂排出管

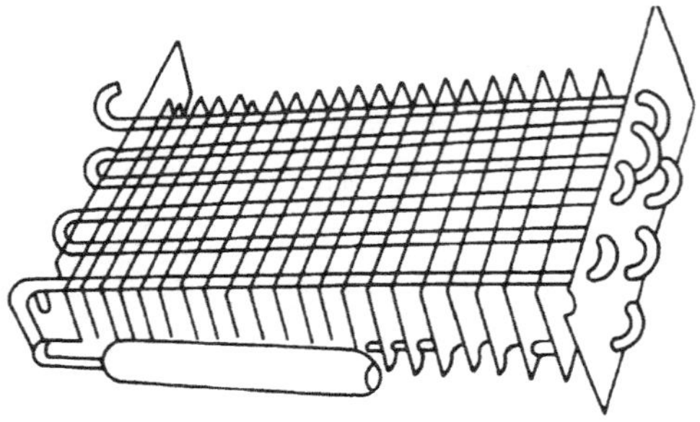

图1-48　翅片式蒸发器

5）角蒸发器。这种蒸发器是海尔冰箱独设的，双面制冷，全方位速冻，冰箱最下面抽屉也能冷冻食品，全面节能保鲜。

液体制冷剂在其中蒸发并吸收被冷却物质热量的热交换器，是制冷系统中主要的换热部件。

（2）蒸发器的功能。将节流降压后的低温低压制冷剂液体，在压力很小的蒸发器内，迅速蒸发成饱和蒸气，大量吸收被冷却物体的热量使之温度下降，从而达到制冷的目的。

蒸发器中制冷剂的吸热过程如图1-49所示。

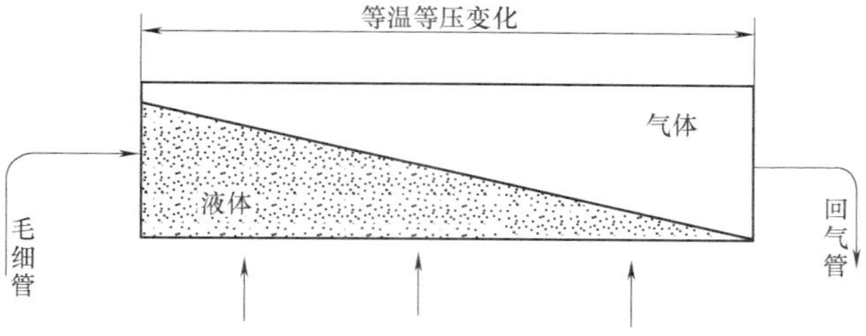

图1-49　蒸发器中制冷剂的吸热过程

（3）影响蒸发器传热效率的因素：①空气对流速度对蒸发器传热的影响；②制冷剂特性对蒸发器传热的影响；③霜层及污垢等对蒸发器传热的影响；④传热平均温差对蒸发器传热的影响。

4. 回气管换热器　一种热交换器，主要使毛细管内的液态制冷剂过冷，蒸发器出来的制冷剂蒸气过热，以提高电冰箱的制冷效果。

5. 毛细管　毛细管是一根细长的铜管，是制冷系统的节流装置。

（1）制冷系统中的节流过程。

1）节流：液体（气体和液体）在流道中流经阀门、孔板或多孔堵塞时，由于局部阻力而使压力降低的现象，如图1-50所示。

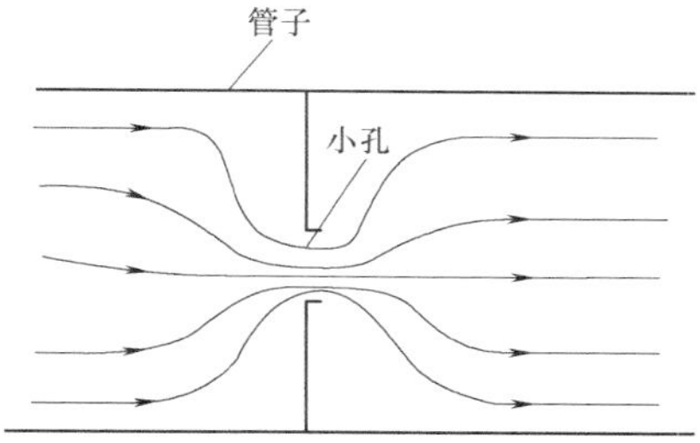

图1-50　节流现象

2）绝热节流：在节流过程中流体与外界无换热，制冷剂流经毛细管或膨胀阀时的节流过程，为绝热节流。

（2）毛细管的结构形式。是一根直径很细的纯铜管，在制冷系统中可产生预定的压力降，一般用做电冰箱、空调器和小型冷库的节流元件。

（3）毛细管的作用：

1）节流降压，将高压液态制冷剂降压为低压液态制冷剂。

2）控制蒸发器的供液量。

图1-51为制冷剂液体在毛细管中的压力及状态变化。

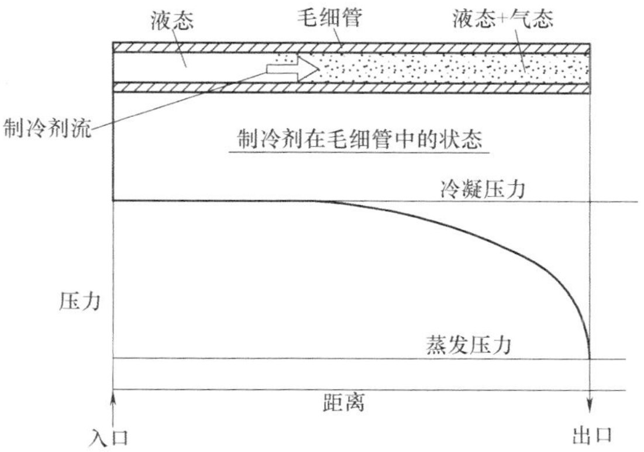

图1-51　制冷剂液体在毛细管中的压力及状态变化

（4）毛细管的节流特点：

1）毛细管由纯铜管拉制而成，结构简单、制造方便、价格低廉。

2）没有运动部件，本身不易产生故障和泄漏。

3）毛细管具有自动补偿性，以适应制

冷负荷变化对制冷流量的要求。这种补偿能力有限，适合在采用全封闭式压缩机的电冰箱、小型空调器、空气降温机以及某些低温设备中使用。

4）增加制冷剂的过冷度，使制冷量增加，提高制冷效果。

5）毛细管本身是常通结构。

6. 管道　电冰箱制冷系统各个部件之间借助管道连接，其中包括压缩机吸气管、排气管和连接配管等。

7. 干燥过滤器　置于冷凝器与毛细管之间，起吸附水分与过滤杂质的作用，以防毛细管冰堵或脏堵。

如图 1-52 所示，干燥过滤器由直径为 14 ~ 16mm、长度为 100 ~180mm 的粗铜管制成。

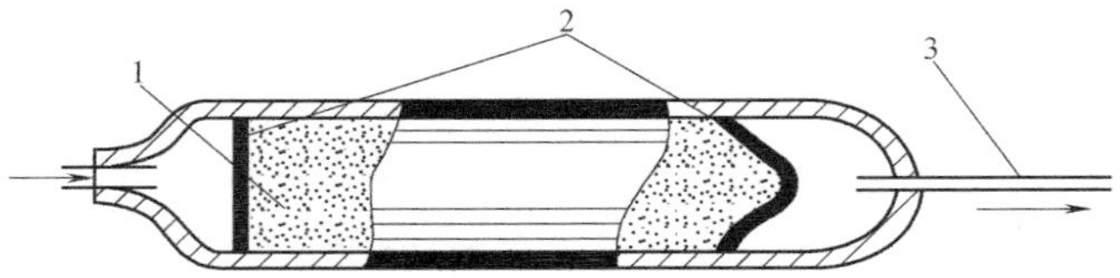

图 1-52　干燥过滤器的结构

1—吸湿剂（分子筛）　2—过滤网　3—毛细管

作用：对制冷剂进行干燥和过滤。将制冷剂流动过程中携带的有形尘屑和制冷系统的残余水分过滤和吸附掉。

8. 集液器　又称气液分离器（见图 1-53），置于回热器前，用于防止液态制冷剂流入压缩机气缸而产生液击。

图 1-54 为氨用气液分离器的结构。

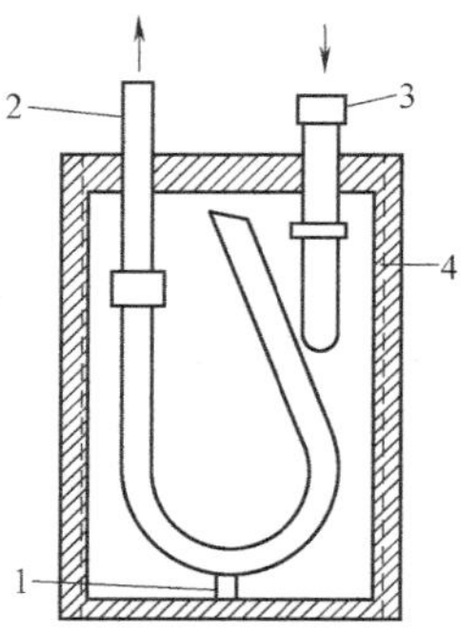

图 1-53　气液分离器的结构

1—液体制冷剂出口　2—至压缩机出口

3—吸入管入口（来自蒸发器）　4—筒体

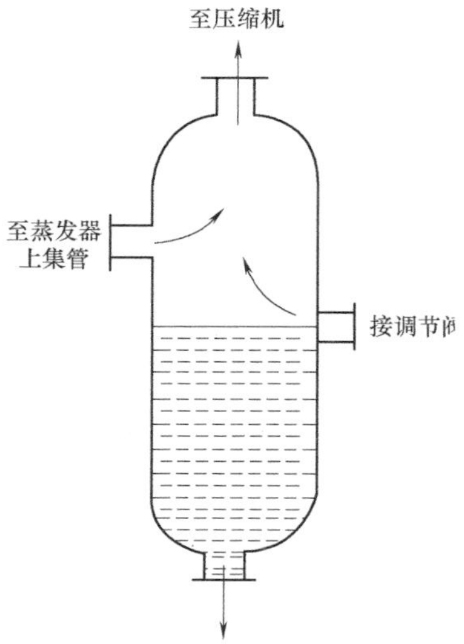

图 1-54　氨用气液分离器的结构

9. 防凝露管　在冰箱冷冻室的箱体门框四周内侧贴敷的管路，管中流过的高温高压的制冷剂可加热门框，防止门框在空气湿度大时结露。

10. 制冷剂　又称制冷工质，常用的有 R12、R134a、R600a，在制冷循环过程中通过相变（如冷凝和蒸发）来放热和吸热而产生制冷效果。

11. 冷冻机油　有矿物油（R12、R600a 用）和酯类油（R134a 用），主要在压缩机的运行部位起润滑和冷却作用。

12. 显示板　显示冷藏室、冷冻室温度、环境温度及冰箱的运行模式和状态，通过操作键可实现运行模式、冷藏（冷冻）室温度的选择、调整及倒计时设定等功能。

13. 主控板　由单片机系统进行各信号输入、输出处理，对压缩机、电磁阀等负载进行控制。

14. 温控器　用来控制压缩机的起停，从而维持冰箱内物品保存所需的温度。机械式温控器主要由毛细管、波纹管、一组常闭触头和一个机械连杆机构等组成。当温度升高时，引起波纹管内压力增大从而使波纹管膨胀伸展，膨胀的波纹管推动连杆结构，使触头得以闭合，接通电源。当温度下降时，波纹管随着压力的减少而收缩，连杆机构瞬时动作而断开触头，切断电源。

15. 电磁阀　多系统管路中，电磁阀起到一个控制制冷剂流向的作用，从而实现冷藏室、冷冻室温度的分开控制。

16. 补偿开关　控制补偿加热器的工作，分手动控制、环境温度自动控制、冷冻室温度自动控制三种方式。

17. 过载保护器　通过感知温度和电流来对压缩机进行保护，由一组常闭触头和双金属元件构成。

18. PTC 起动继电器　又称无触头式起动继电器，它与起动绕组串联。当压缩机通电后，开始时 PTC（热敏电阻）的温度较低，元件呈低阻抗，造成大电流通过，随后元件发热，温度上升，电流大幅度下降，最后达到稳定值，此时通过的电流很小，起动绕组近似断路状态，上述的变化很快，在极短的时间内完成感应压缩机起动。这种起动继电器没有触头，性能可靠、寿命长、结构简单。但是由于 PTC 元件的热惯性，每次起动后，必须间隔 4 ~5min 的时间方可再次起动。

19. 箱体　包括壳体（箱体）、内胆（双层，由 HIPS 材料光亮挤出液体固化型）、发泡保温层、门封条。

20. 附件　有翻转蛋架、水饺托盘、翻转侧酒架、全透明抽屉、抽屉止挡、开门止挡、关门自锁、可倾斜搁架、除味保鲜盒等。

三、典型现代制冷与空调系统技能实训装置介绍

下面介绍本任务所采用的实训装置的基本结构、组成及主要技术参数。

（一）实训装置的结构

天煌 THRHZK—1 型现代制冷与空调系统技能实训装置（下面简称实训装置）由铝合金导轨式安装平台、热泵型空调系统、家用电冰箱系统、电气控制系统等组成，其外形如图 1-55所示。

（二）实训装置的组成

实训装置由实训平台、制冷系统、电气控制系统等组成。

1. 实训平台　实训平台以型材为主框架，钣金板（镀锌铁板）作为辅材，由 10 根

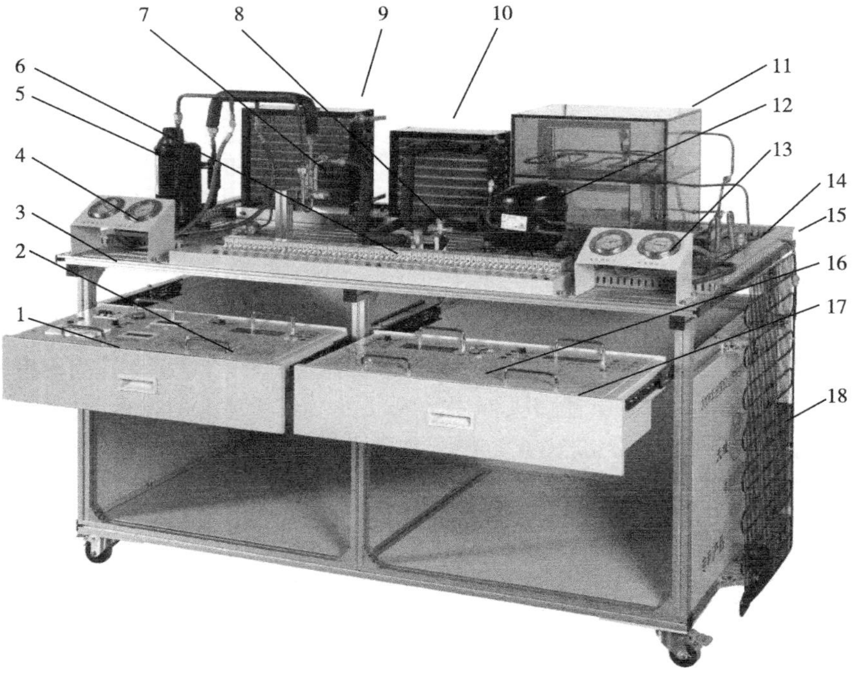

图 1-55　THRHZK—1 型实训装置的外观结构

1—电源及仪表模块挂箱　2—空调电气控制模块挂箱　3—铝型材台面　4、13—真空压力表　5—空调压缩机　6—接线区　7—电磁四通阀　8—通阀空调阀　9—室外热交换器　10—室内热交换器　11—翅片式蒸发器　12—冰箱压缩机　14—毛细管冰箱　15—接线槽　16—电子温控电气控制模块挂箱　17—冰箱智能温控电气控制模块挂箱　18—丝管式冷凝器

20mm×80mm 型材搭建而成，其大小为 150cm×80cm。下设二个抽屉，用来放置实训模块，抽屉下面是一个存放柜，可以放置一些专用工具及制冷剂钢瓶等。底脚采用四个带刹车的小型万向轮，方便设备移动。

2. 制冷系统　实训装置的制冷系统主要分为三大子系统：电子温控电冰箱系统、智能温控电冰箱系统和热泵型空调系统，均由压缩机、热交换器、节流装置及辅助元器件组成；采用可拆卸（组装）式结构，通过管道将各部件连接起来，最终组成一套完整的制冷系统。

以下是三大子系统的各主要组成部件。

（1）电子温控电冰箱系统。由电冰箱压缩机、17 档丝管式冷凝器、毛细管、手阀、铝板吹胀式蒸发器、冷藏式蒸发器、视液镜、耐振压力表、模拟电冰箱箱体（有机玻璃）、电冰箱门灯等组成。

（2）智能温控电冰箱系统。由电冰箱压缩机、17 档丝管式冷凝器、二位三通电磁阀、毛细管（两根）、手阀、铝板吹胀式蒸发器、冷藏式蒸发器、视液镜、耐振压力表、模拟电冰箱箱体（有机玻璃）、电冰箱门灯等组成。

（3）热泵型空调系统。由空调压缩机、室内热交换器（包括翅片式换热器、风机、网罩、温度传感器）、室外热交换器（包括翅片式换热器、风机、网罩）、电磁四通阀、过滤器、毛细管、单向阀、空调阀、视液镜、耐振压力表等组成。

3. 电气控制系统　电气控制系统采用模块式结构，根据功能不同分为电源及仪表模块挂箱、空调电气控制模块挂箱、电冰箱电子温控电气控制模块挂箱、电冰箱智能温控电气控制模块挂箱。同时，在实训平台上设置有接线区，作为电气实训单元箱与被控元器件的连接过渡区。接线区内采用加盖端子排，以提高操作安全系数。

（1）电源及仪表模块挂箱（ZK—01 型挂箱）。由单相电源总开关（带漏电和短路保护）、电源指示灯、数字式交流电压表（测量范围为 0～500V）、数字式交流电流表（测量范围为 0～5A）、双联三芯插座等组成，如图 1-56 所示。

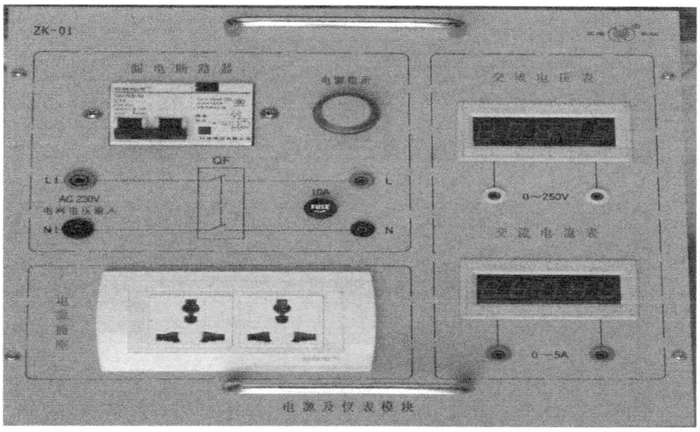

图 1-56　电源及仪表模块挂箱

（2）空调电气控制模块挂箱（ZK—02 型挂箱）。由通用型热泵空调主板、电气控制原理图、接线柱、熔丝座、对应指示灯、复位按钮、1μF/450V CBB 电容器、压缩机起动电容器等组成，如图 1-57 所示。

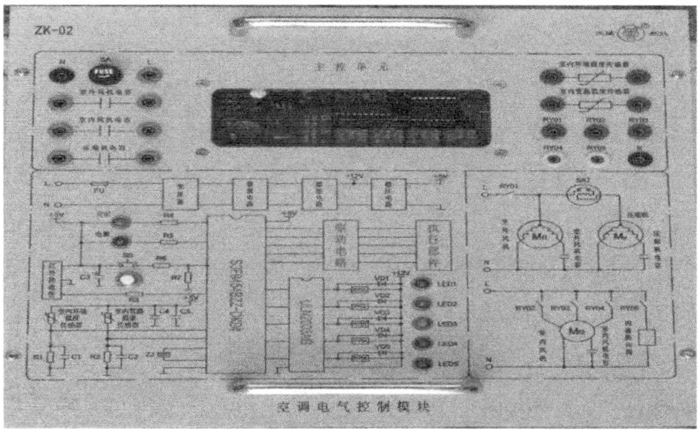

图 1-57　空调电气控制模块挂箱

（3）电冰箱电子温控电气控制模块挂箱（ZK—03 型挂箱）。由电冰箱电子温控主板、控制电路原理图、接线柱、熔丝座、对应指示灯、复位按钮、电位器等组成，如图 1-58 所示。

（4）电冰箱智能温控电气控制模块挂箱（ZK—04 型挂箱）。由智能温控主板、智能温控显示板、智能温控电气原理图、接线柱、熔丝座、对应指示灯、按钮等组成，如图 1-59 所示。

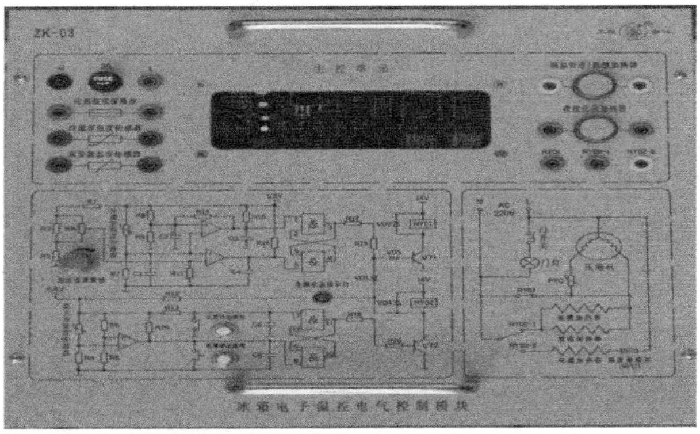

图 1-58　电冰箱电子温控电气控制模块挂箱

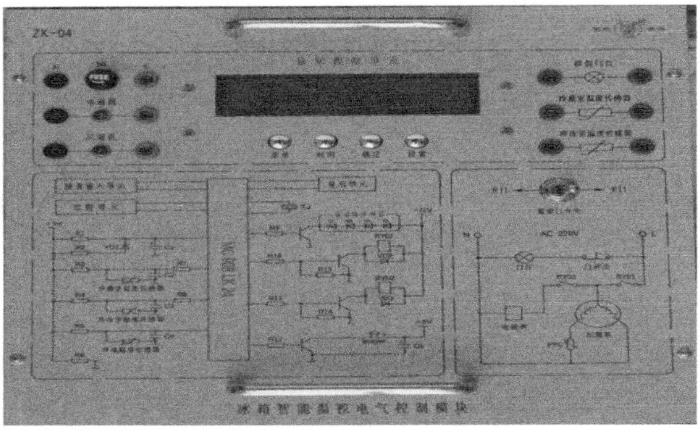

图 1-59　电冰箱智能温控电气控制模块挂箱

（三）实训装置的技术参数

实训装置的主要技术参数如下：

① 输入电源：单相 AC 220V ±10%，50Hz。

② 工作环境：温度为 -10℃ ~40℃，相对湿度不大于 85%（25℃），海拔小于 4000m。

③ 装置容量：≤1.5kV · A。

④ 空调系统压缩机：输入功率为 585W。

⑤ 冰箱系统压缩机：输入功率为 65W。

⑥ 制冷剂类型：空调系统为 R22、冰箱系统为 R600a。

⑦ 外形尺寸：1500mm ×800mm ×1250mm。

⑧ 安全保护：具有漏电压、漏电流保护，符合国家安全标准。

实训装置中的各工作单元均放在实训台上，便于各个部件的拆卸和安装、管路安装及电气布线。其中，为方便电气布线，实训平台周围设置有接线槽。模块之间及模块与实训台之间的连接方式采用安全导线连接，最大限度地满足了综合实训的要求。

四、实训装置电冰箱系统制冷原理

天煌实训装置的电冰箱温控系统包括电子温控和智能温控系统，下面分别介绍其制冷原理。

（一）电子温控电冰箱系统制冷原理

电子温控电冰箱制冷系统主要由压缩机、耐振压力表、丝管式冷凝器、视液镜、干燥过滤器、毛细管、手阀、冷藏式蒸发器、冷冻式蒸发器等组成。电子温控电冰箱制冷系统流程如图 1-60 所示。

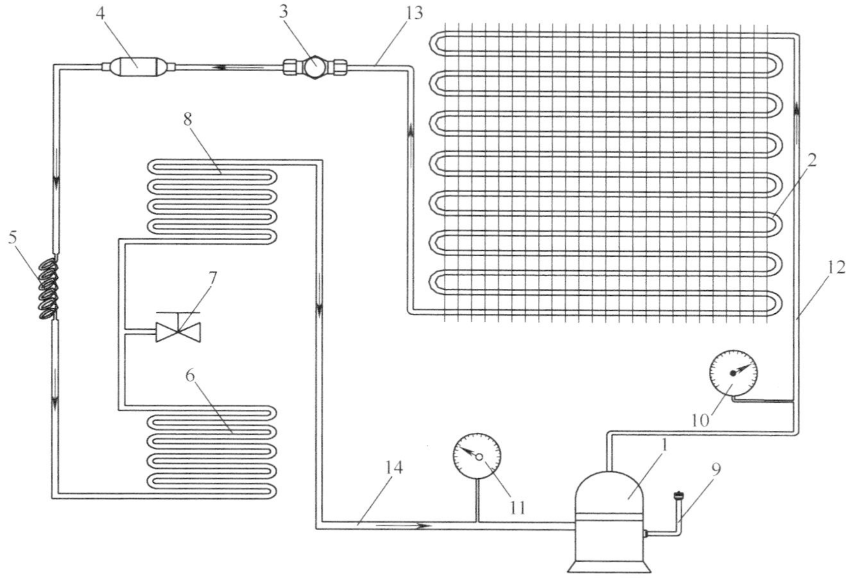

图 1-60　电子温控电冰箱制冷系统的流程图

1—压缩机　2—钢丝式冷凝器　3—视液镜　4—干燥过滤器　5—毛细管　6—冷冻室蒸发器（铝复合板式蒸发器）　7—手阀　8—冷藏室蒸发器（盘管式蒸发器）　9—工艺加液口　10—高压侧真空压力表　11—低压侧真空压力表　12—高压排气管　13—冷凝器出口　14—低压回气管

家用电冰箱制冷系统中所用的制冷剂为 R600a。气态的 R600a 经过压缩机 1 压缩后变成高温高压的气体再经高压排气管 12 到冷凝器 2 中。在自然冷却的情况下，高温高压的气态 R600a 变成高压中（常）温的液体经管路 13 流经视液镜 3、干燥过滤器 4 到毛细管 5 中，经毛细管 5 的降压节流，变成中温低压的液体，先到冷冻室蒸发器 6 经手阀 7（手阀在此系统中处于关闭状态）再进入冷藏室蒸发器 8。R600a 液体吸热膨胀，将冷冻室与冷藏室内物品的热量吸入（冷冻室蒸发器、冷藏室蒸发器在保温效果好的情况下会结霜），然后低温低压的气体 R600a 经低压回气管 14 被压缩机吸入腔内，再经过压缩变成高压高温的气体，如此反复，将冷冻室与冷藏室中的热量交换出去。压力真空表 10 和 11 分别连接在压缩机的高压排气口与低压回气口，用于监测系统的高低侧压力变化情况。

（二）智能温控电冰箱系统制冷原理

智能温控电冰箱制冷系统主要由压缩机、压力表、丝管式冷凝器、视液镜、干燥过滤器、二位三通电磁阀、毛细管、手阀、冷藏式蒸发器、冷冻式蒸发器等组成。智能温控电冰箱制冷系统的流程如图 1-61 所示。

气态 R600a 经过压缩机 1 压缩后变成高温高压的气体经高压排气管 14 到冷凝器 2 中。

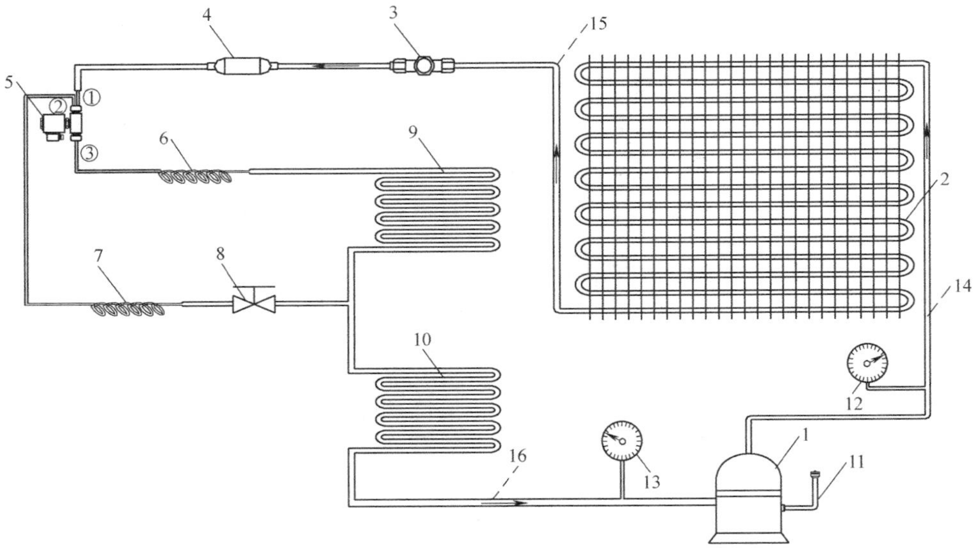

图 1-61 智能温控电冰箱制冷系统的流程

1—压缩机 2—丝管式冷凝器 3—视液镜 4—干燥过滤器 5—二位三通电磁阀 6、7—毛细管 8—手阀 9—冷藏室蒸发器（盘管式蒸发器） 10—冷冻室蒸发器（铝板式蒸发器） 11—工艺加液口 12—高压侧真空压力表 13—低压侧真空压力表 14—高压排气管 15—冷凝器出口 16—低压回气管

在自然冷却的情况下，高温高压的气态 R600a 变成高压中（常）温的液体经管路 15 流经视液镜 3、干燥过滤器 4，进入二位三通电磁阀 5 中，二位三通电磁阀根据控制要求有两种控制方式：

1. 冷冻室、冷藏室同时开启状态　二位三通电磁阀 5 处于断电状态，R600a 从二位三通电磁阀 5 的①端流经③端，到毛细管 6，经毛细管降压节流，变成低压中温的液体，先到冷藏室蒸发器 9 再过入冷冻室蒸发器 10，R600a 液体吸热膨胀，将冷藏室与冷冻室内物品的热量吸入，然后低温低压的气体 R600a 经低压回气管 16 被压缩机吸入腔内，再经过压缩变成高压高温的气体，如此反复循环。

2. 开启冷冻室、关闭冷藏室　二位三通电磁阀 5 处于得电状态，R600a 从二位三通电磁阀 5 的①端流经②端，到毛细管 7，经毛细管 7 降压节流后，变成低压中温的液体，经手阀 8（手阀 8 在此系统中处于开启状态）到冷冻室蒸发器 10。R600a 液体吸热膨胀，将冷冻室内物品的热量吸入，冷冻室蒸发器 10 在保温效果好的情况下会结霜，然后低温低压的气体 R600a 经低压回气管 16 被压缩机 1 吸入腔内，再经过压缩变成高压高温的气体，如此反复循环。

📖 实施操作

一、实训装置电冰箱系统制冷管路的制作

实训装置电冰箱系统需制作三根制冷管路，分别用甲、乙、丙表示。

1. 电冰箱管路甲的制作　将弯管器、切管器、胀管扩口器、倒角器等工具和卷尺、铅笔等放置到工作台面上。截取一段规格为 ϕ6mm 的铜管，长度可参考图 1-62 所示电冰箱管路甲尺寸图中的展开图。

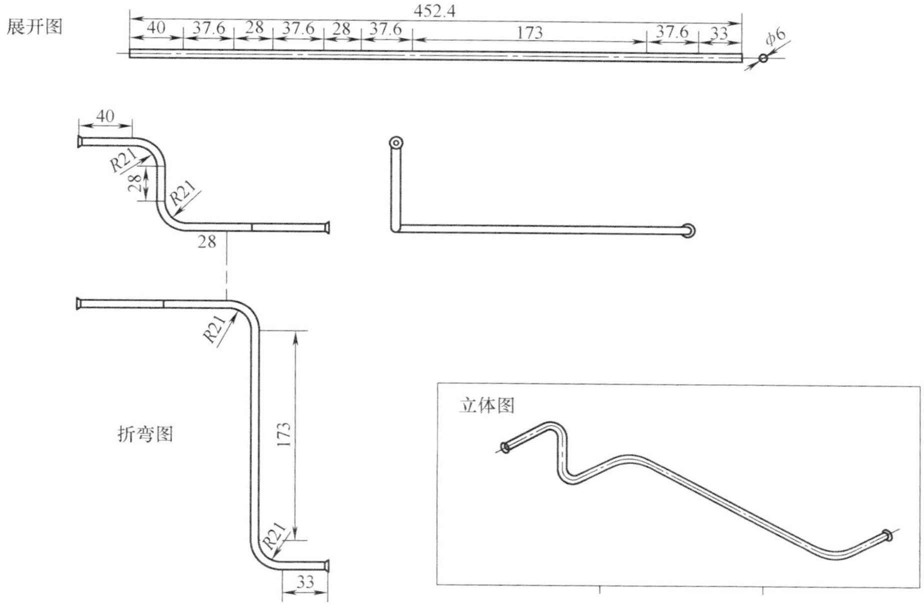

图 1-62　电冰箱管路甲尺寸图

用手将铜管扳直，利用倒角器去除铜管两端的收口和毛刺，再用弯管器将铜管加工成如图 1-63 所示的形状，在加工好的铜管两端装上配套的螺母，然后用胀管扩口器将铜管的两端端口扩成喇叭口，放置一边，以备管路连接时使用。

2. 电冰箱管路乙的制作　截取一段规格为 ϕ6mm 的铜管，铜管的长度可参考图 1-64 电冰箱管路乙尺寸图中的展开图。

用手将铜管扳直，利用倒角器去除铜管两端的收口和毛刺，再用弯管器将铜管加工成如图 1-65 所示的形状，在加工好的铜管两端装上配套的螺母，然后用胀管扩口器将铜管的两端端口扩成喇叭口，放置一边，以备管路连接时使用。

图 1-63　电冰箱管路甲的外形

3. 电冰箱管路丙的制作　截取一段规格为 ϕ6mm 的铜管，铜管的长度可参考图 1-66 电冰箱管路丙尺寸图中的展开图。

用手将铜管扳直，利用倒角器去除铜管两端的收口和毛刺，再用弯管器将铜管加工成如图 1-67 所示的形状，在加工好的铜管两端装上配套的螺母，然后利用胀管扩口器，将铜管的两端端口扩成喇叭口，放置一边，以备管路连接时使用。

二、实训装置电冰箱系统制冷管路的清洗

管路的清洗一般有以下三种方法，本实训中采用第一种方法进行管路清洗。

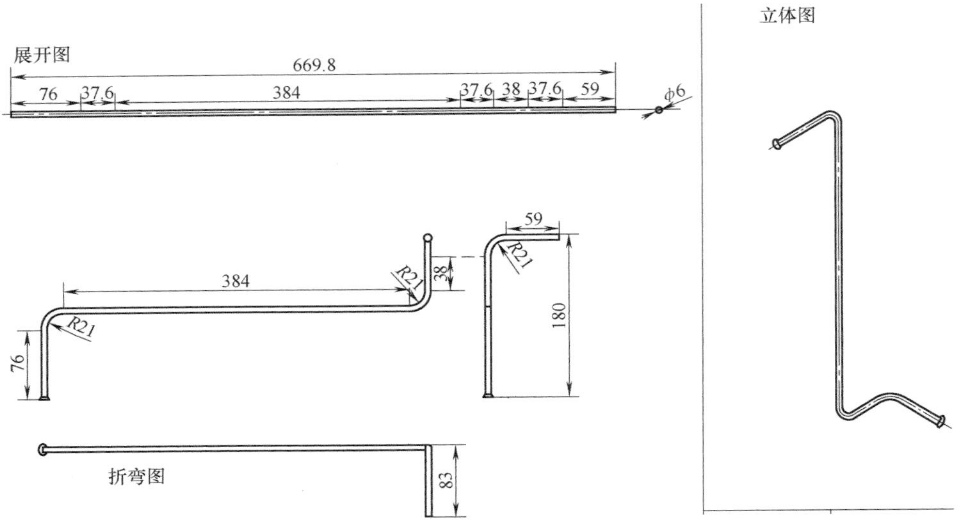

图 1-64　电冰箱管路乙尺寸图

图 1-65　电冰箱管路乙的外形

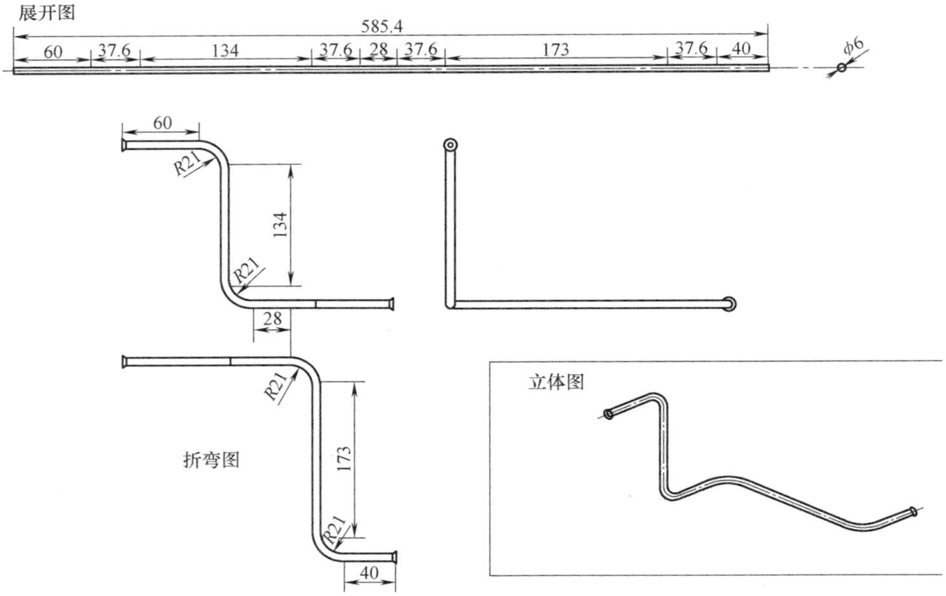

图 1-66　电冰箱管路丙尺寸图

1. 使用氮气清洗系统　打开系统，拆除压缩机及各大件连接处，如蒸发器、冷凝器、过滤器、毛细管、四通阀、单向阀等，使用高压氮气逐段吹净，四通阀、单向阀、毛细管单独处理干净，然后连接好各部件，继续用氮气吹一遍就可以安装压缩机，最后抽真空加氟。

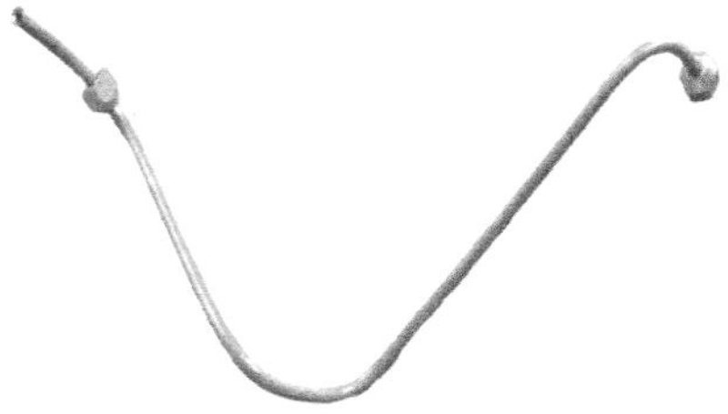

图 1-67　电冰箱管路内的外形

2. 使用四氯化碳加氮气清洗系统　打开系统，拆除压缩机、过滤器、四通阀、毛细管、单向阀，把四氯化碳液体灌入系统，再用氮气吹净，拆下的部件单独处理干净。

3. 使用 R113 清洗液清洗　清洗前先放出制冷系统管路内的制冷剂，拆卸压缩机，从工艺管中放出少量冷冻机油后检查其色、味，并看其有无杂质异物，以明确制冷系统污染的程度。

清洗过程如下：先将清洗剂 R113 注入液槽中，然后起动泵，使之运转，开始清洗。对于轻度的污染，只要循环 1h 左右即可；而严重污染的，则需要 3～4h。洗净后，清洗剂可以回收，但须经处理后方可再用，在贮液器中的清洗剂要从液管回收。若长时间清洗，清洗剂已脏，过滤器也会堵塞脏污，应更换清洗剂和过滤器以后再进行。清洗完毕后，应对制冷管路进行氮气吹污和干燥处理。

槽、过滤器和泵在干燥处理时一定要与管路部分断开。并在液压管、吸液管的法兰盘上安装盲板，然后用真空泵对系统进行抽真空，在抽真空过程中，要同时给制冷管路外面吹送热风，以利于快速干燥。最后将制冷管路按原样装好，更换新的压缩机和过滤器。

注意事项：

1）为了避免清洗剂的泄漏，应采用耐压软管，接头部分一定要用胶带包扎紧密。

2）使用膨胀阀的机种，要去掉膨胀阀，以旁通管代替。

3）若制冷系统内进入水分，一定要将水分排净。

4）如压缩机烧毁而生成酸性物质，必须注意用氮气吹净。

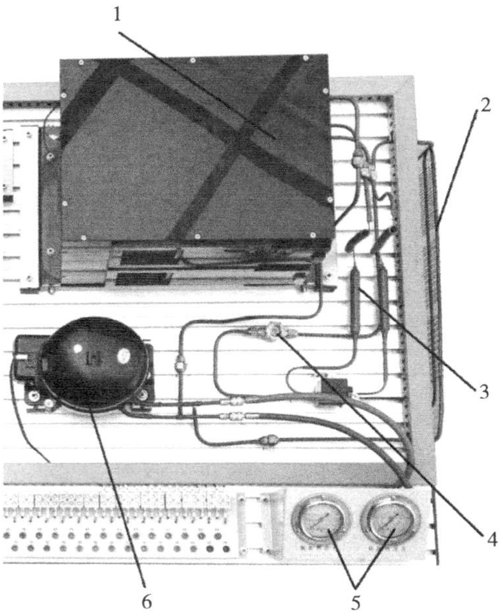

图 1-68　实训装置电冰箱系统主要部件的分布

1—模拟冰箱箱体　2—钢丝式冷凝器
3—干燥过滤器　4—视液镜
5—压力表　6—冰箱压缩机

三、实训装置电冰箱系统制冷管路的装配

1）参照图 1-68 安装实训模拟冰箱箱体、冰箱压缩机、钢丝式冷凝器、压力表、干燥过滤器等冰箱部件。

2）用制作好的管路连接冰箱部件。

工作页

电冰箱主要部件的安装和管路连接				工作页编号：DBX1-2	
一、基本信息					
学习小组		学生姓名		学生学号	
学习时间		指导教师		学习地点	
二、工作任务					
1. 按图1-62～图1-67加工电冰箱系统的管路。 2. 清洗管路。 3. 装配冰箱的主要部件。					
三、制定工作计划（包括人员分工、操作步骤、工具选用、完成时间等内容）					
四、安全注意事项（人身及设备安全）					
五、工作过程记录					

（续）

六、任务小结
七、教师评价
八、成绩评定

考核评价标准

序号	考核内容	配分	要求及评分标准	评分记录	得分
1	管道加工质量	30	铜管的切割 要求：截取长度误差为±2mm，用倒角器去除铜管两端的收口和毛刺 评分标准：每出现一次扣2分		
			喇叭口管制作 要求：制作的杯形口、喇叭口无变形、无裂纹、无锐边 评分标准：每出现一次扣2分		
			弯管器的使用 要求：弯成180°铜管的两端长度偏差在5mm以内。U形管外观无皱纹、起角、肩管、弯裂、暗裂、凹陷 评分标准：每出现一次扣2分		
2	电冰箱各制冷部件的作用	30	口述冷凝器的作用 评分标准：正确得10分，回答一般得3~5分，回答错误不得分		
			口述蒸发器的作用 评分标准：正确得10分，回答一般得3~5分，回答错误不得分		
			口述毛细管及干燥过滤器的作用 评分标准：正确得10分，回答一般得3~5分，回答错误不得分		
			口述压缩机的作用 评分标准：正确得10分，回答一般得3~5分，回答错误不得分		
3	工作态度及与组员合作情况	20	1. 积极、认真的工作态度和高涨的工作热情，不一味等待老师安排指派任务 2. 积极思考以求更好地完成工作任务 3. 好强上进而不失团队精神，能准确把握自己在团队中的位置，团结学员，协调共进 4. 在工作中谦虚好学，时时注意自己不足之处，善于取人之长补己之短 评分标准：四点都表现好得20分，一般得10~15分		
4	安全文明生产	10	1. 遵守安全操作规程 2. 正确使用工具 3. 操作现场整洁 4. 安全用电，防火，无人身、设备事故 评分标准：每项扣2.5分，扣完为止，因违规操作发生人身和设备事故，此项按0分计		

任务三　电冰箱控制系统的安装

任务描述

安装电冰箱控制系统。

任务目标

1）掌握电冰箱控制系统的原理。

2）认识典型控制电路的实训装置。

3）完成电冰箱控制系统的安装。

任务准备

1. 工具器材

1）万用表一块、实训导线若干。

2）天煌 THRHZK—1 型现代制冷与空调系统技能实训装置一台。

2. 实施规划

1）知识准备。

2）控制系统的安装。

3）工作页的完成。

3. 注意事项

安装完成后须仔细检查电路的连接情况，确保准确无误。

任务实施

知识准备

一、实训装置电子温控电冰箱系统

本实训装置的电子温控电气控制模块采用东芝 GR—204E 型电冰箱的温控系统。整个电路系统由电源电路、起动电路、冷藏室的温度控制电路、压缩机开停机控制电路、化霜电路、工作状态指示电路等组成。

电子温控是指电冰箱的控制回路由电子元器件组成，但不采用微机控制芯片，同微机控制电冰箱一样，电子温度控制器所用的感温元件同样也是采用热敏电阻，其工作方式是直接放在箱内空间的适当位置，利用热敏电阻受到箱内温度变化影响时，其阻值会发生相应变化，从而导致电阻两端的电压变化的特性，引起控制电路工作，分别控制压缩机的开停与化霜电路的开停，达到对电冰箱箱内温度的控制。该电子温控电路中用到的芯片为 LM339N、HEF4011B。

（一）起动电路

电路原理如图 1-69 所示，因为起动继电器和发光二极管需要较大的电流，故不能用控制信号直接驱动，所以用控制信号来控制晶体管的饱和与截止（相当于开关的接通与关断），并操作起动继电器和发光二极管的动作。

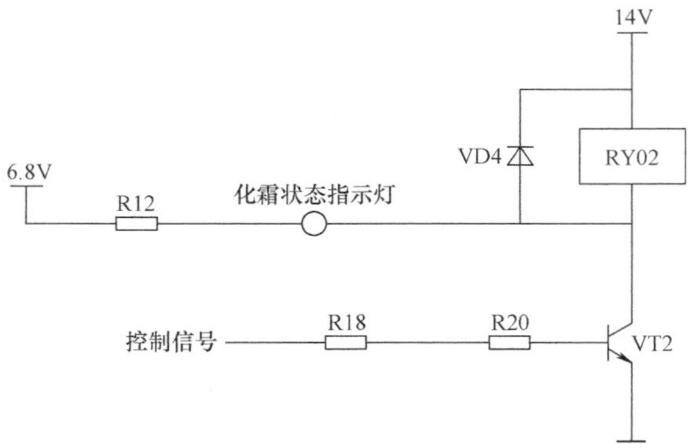

图 1-69　起动电路

（二）冷藏室的温度控制电路

东芝 GR—204E 型电冰箱电子温控器中用到了两个不同的 NTC 热敏电阻式传感器，即冷藏室温度传感器与蒸发器温度传感器。通过冷藏室温度传感器可以得知冷藏室的温度，来控制压缩机的起动与停止。

1. 温度检测电路　温度检测电路如图 1-70 所示，它是由冷藏室温度传感器与电阻器 R7 串联组成，利用热敏电阻的温度特性，温度越低，R7 的阻值越大，因而从 R7 上获得的电压 U_{R7}就越小，其温度特性见表 1-14。当传感器温度为 30℃时，从表 1-14 中查得 R7 的阻值为 2. 16kΩ，此时有

$$U_{R7}=\frac{10\times10^3}{10\times10^3+2.16\times10^3}\times6.8V\approx5.59V$$

当传感器温度为 3. 5℃时，R7 的阻值为 6. 7kΩ，此时有

$$U_{R7}=\frac{10\times10^3}{10\times10^3+6.7\times10^3}\times6.8V\approx4.07V$$

这样，利用传感器的负温度特性，就将温度的变化变成了电压的变化。

2. 温度调节电路　温度调节电路如图 1-71 所示，电路由电阻器 R1、R2、R3 和滑动变阻器 RH 所组成。利用 RH 可以改变基准电压 U_{R11}，此电压即为温度调节电路的输出信号，也可说是压缩机的停机动作电压。

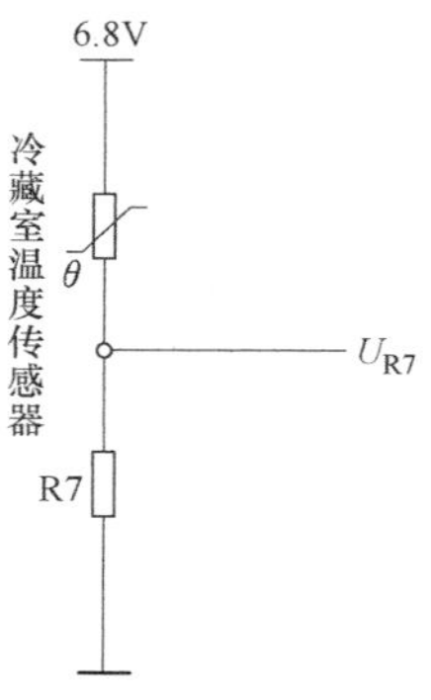

图 1-70　温度检测电路

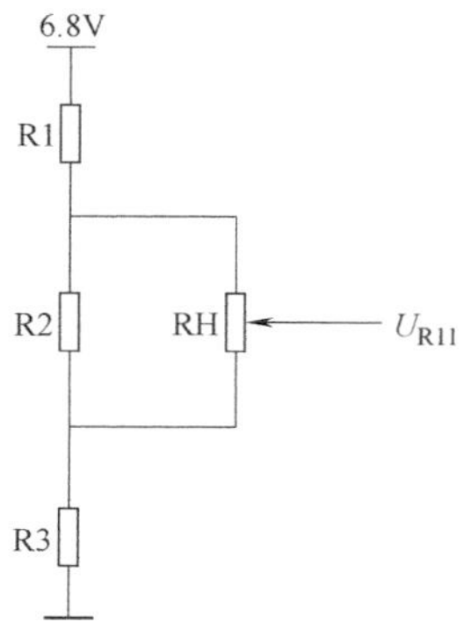

图 1-71　温度调节电路

表 1-14 传感器温度特性查询表

温度/℃	电阻值/kΩ	温度/℃	电阻值/kΩ
-30	39.39	1	7.58
-29	37.17	2	7.22
-28	35.07	3	6.89
-27	32.80	4	6.57
-26	31.26	5	6.28
-25	29.53	6	5.99
-24	27.90	7	5.72
-23	26.37	8	5.47
-22	24.94	9	5.23
-21	23.59	10	5.00
-20	22.10	11	4.78
-19	21.12	12	4.57
-18	20.00	13	4.37
-17	18.94	14	4.19
-16	17.95	15	4.01
-15	17.01	16	3.84
-14	16.13	17	3.68
-13	15.30	18	3.53
-12	14.52	19	3.38
-11	13.78	20	3.24
-10	13.08	21	3.11
-9	12.43	22	2.98
-8	11.81	23	2.86
-7	11.23	24	2.75
-6	10.67	25	2.64
-5	10.15	26	2.53
-4	9.66	27	2.43
-3	9.20	28	2.34
-2	8.76	29	2.25
-1	8.43	30	2.16
0	7.95		

（三）压缩机开停机控制电路

1. 压缩机停机检测电路　如图 1-72 所示，在 GR—204E 型电冰箱控制电路中，由 LM339N 运算放大器所组成的电源比较器，将前面两个电路的输出电压 U_{R7} 与 U_{R11} 进行比较（温度检测电路输出 U_{R7}、温度调节电路输出 U_{R11}），确定控制制冷压缩机继电器 RY01 的工作状态。当 $U_{R7}>U_{R11}$ 时，比较器输出 U_1 为高电平，置“1”，继电器 RY01 保持原状态；当 $U_{R7}<U_{R11}$ 时，比较器输出 U_1 为低电平，置“0”，RS 触发器翻转，继电器 RY01 失电。电阻器 R16 是一个上拉电阻，当 U_1 为高电平时起到抬高 U_1 点电位的作用。U_1 输出到由 HEF4011B（与非门）组成的 *RS* 触发器的复位端，控制压缩机开停继电器 RY01。

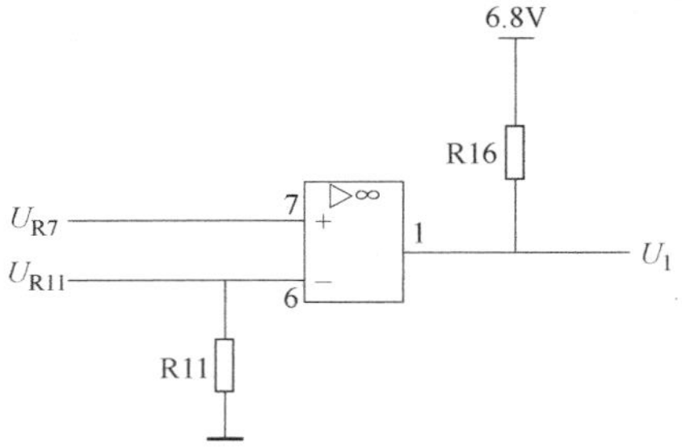

输入	输出/V
$U_{R7}>U_{R11}$	≈6
$U_{R7}<U_{R11}$	0

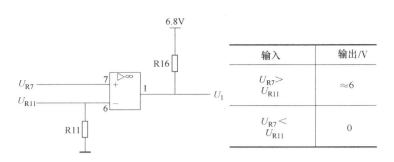

图 1-72　压缩机停机检测电路

2. 开机温度检测电路　如图 1-73 所示，由 LM339N 运算放大器所组成的电源比较器，将前面温度检测电路输出 U_{R7} 与电阻器 R8、R9 分压所得到的固定电压进行比较，确定控制制冷压缩机继电器 RY01 的工作状态。当 $U_{R7}>U_{R9}$ 时，比较器输出 U_2 为低电平，置“0”，继电器 RY01 得电工作；当 $U_{R11}<U_{R7}<U_{R9}$ 时，比较器输出 U_1 为高电平，比较器输出 U_2 为高电平，置“1”，HEF4011B（与非门）组成的 *RS* 触发器保持，继电器 RY01 工作状态不变。电阻器 R15 是一个上拉电阻，当输出 U_2 为高电平时起到抬高 U_2 点电位的作用。U_2 输出到 *RS* 触发器的置位端，控制压缩机开停继电器 RY01。

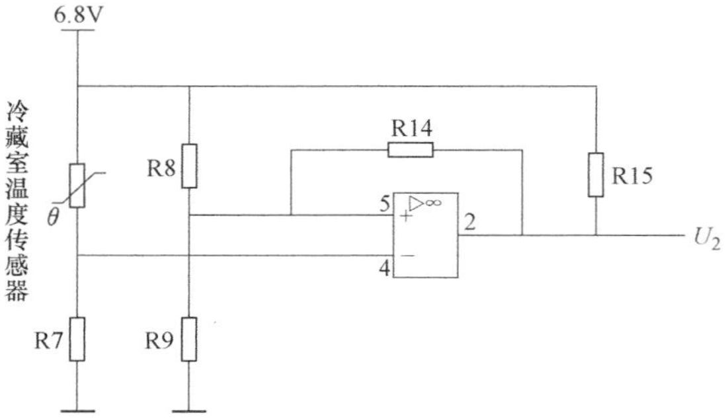

图 1-73　压缩机开机温度检测电路

（四）化霜电路

在 GR—204E 型电冰箱控制电路中，化霜是采用半自动电加热化霜方式，如图 1-74 所

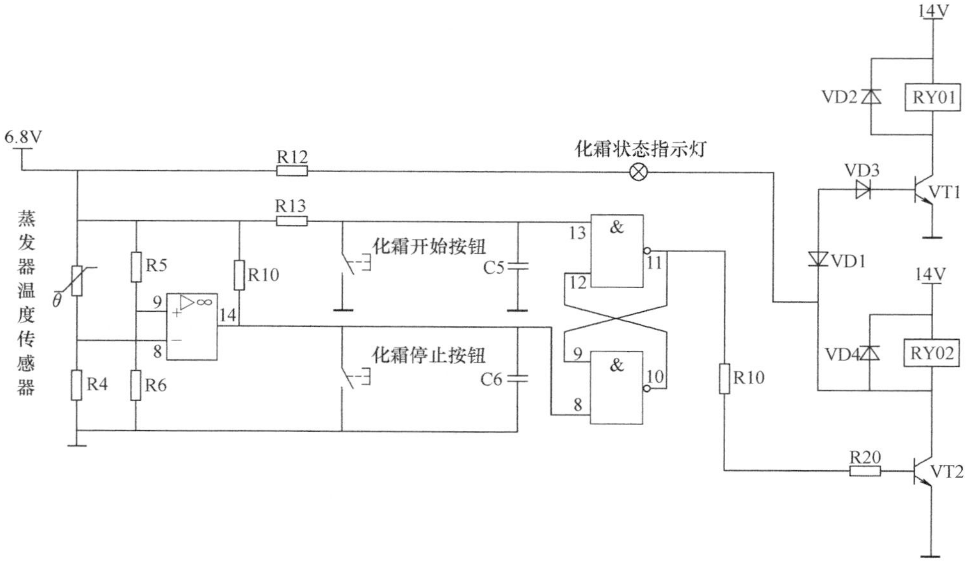

图 1-74　化霜电路

示，以手动操作开始（化霜开始按钮），自动结束（化霜停止按钮）。当在化霜期间需要人工强制停止化霜时，也可以用手按动“化霜停止”按钮中止化霜。

在霜层较厚需要化霜时，按化霜开始按钮，使 U_{13} 为低电平。此时，由于冷冻室内温度较低，作为检知化霜结束电路的一组电压比较器两输入端 $U_8 < U_9$，输出端 14 为高电平，即触发器的复位端为“1”，输入端 8 为高电平。所以，触发器的输出端 11 为“1”，此电位使晶体管 VT2 处于饱和导通状态，继电器 RY02 动作，化霜加热器得电工作，化霜状态开始进行。同时由于二极管 VD1 的作用，使晶体管 VT1 截止，以确保制冷压缩机在化霜期间处于停止状态。当经过一段时间化霜，冷冻室温度升高，即蒸发器温度传感器随着温度的升高阻值变小，$U_8 > U_9$ 时，则输出端 14 为低电平，使触发器翻转，输出端 11 为“0”，使晶体管 VT2 截止，化霜工作自动停止。在化霜期间，需要中断化霜时，只需要按化霜停止按钮，强行使 14 为低电平，同样可以使触发器翻转，化霜工作停止。在化霜期间，操作面板上的化霜状态指示灯亮；化霜结束，化霜状态指示灯也会随之熄灭。

二、实训装置智能控制电冰箱系统

本实训装置电冰箱智能控制系统由断电 3min 检测电路、传感器输入电路、继电器驱动电路、背光源电路、蜂鸣器电路等组成。下面分别进行分析。

（一）断电 3min 检测电路

断电 3min 检测电路用于实现停电不足 3min 时延时起动压缩机，避免压缩机起动负载过大，达到保护压缩机的目的。

如图 1-75 所示，电路通过电容器的充放电来实现该功能。上电时 5V 电压通过电阻器 R1 和 R2 同时对电容器 C1 充电；断电后，电容器通过电阻器 R1 放电，由于充电电阻远小于放电电阻，所以充电很快，放电很慢。

每一次上电，单片机就检测电容器上的电压，如果停电时间过短，单片机检测到高电平，就在控制程序中加入压缩机延时起动的条件。反之，当单片机检测到低电平，则程序中只要满足压缩机开机条件则立即起动。

（二）传感器输入电路

传感器输入电路的作用是将传感器的电阻值变化转化为电压信号，仅以冷藏室传感器输入电路为例说明。如图 1-76 所示，电阻器 R3 与冷藏室温度传感器组成分压电路，R7 为输入电阻，保护单片机芯片输入回路，电容器用来滤除一些尖峰干扰信号，避免采样错误。

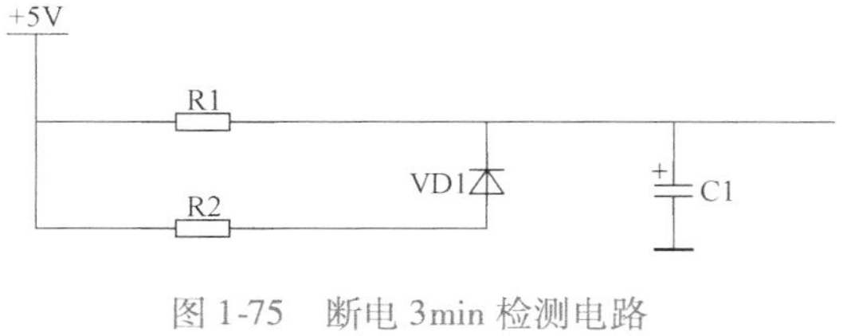

图 1-75　断电 3min 检测电路

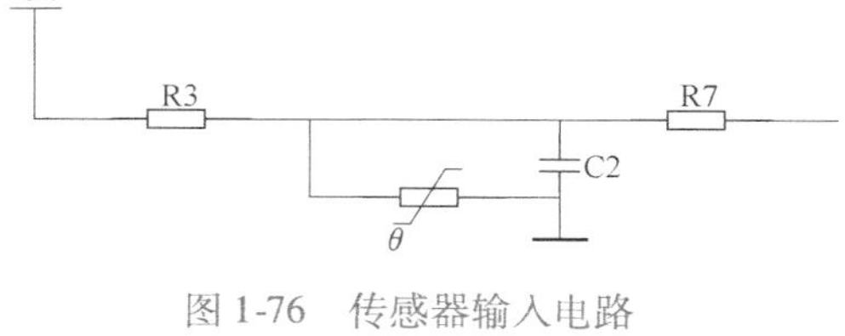

图 1-76　传感器输入电路

（三）继电器驱动电路

图 1-77 为继电器驱动电路，仅以压缩机继电器为例进行说明。需要压缩机运行时，单

片机的引脚输出高电平，通过限流电阻 R10 使晶体管导通，继电器 RY01 线圈得电，继电器常开触头闭合，接通压缩机的电源，压缩机开始运行。电阻器 R10 和 R13 组成分压保护电路，防止晶体管被击穿；二极管 VD2 在电路中起到续流的作用，防止在断电时继电器线圈产生高电压而损坏电路中的元器件。

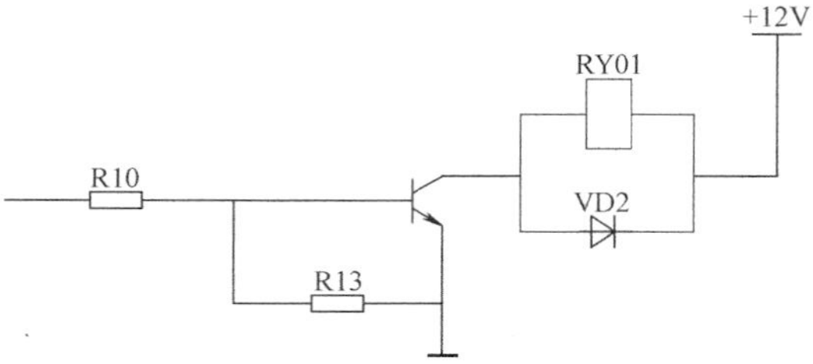

图 1-77　继电器驱动电路

（四）背光源电路

图 1-78 为显示屏背光源驱动电路，当需要显示屏亮时，单片机引脚输出高电平，晶体管被导通，背光源被点亮。背光源采用 LED 发光二极管串联组成。

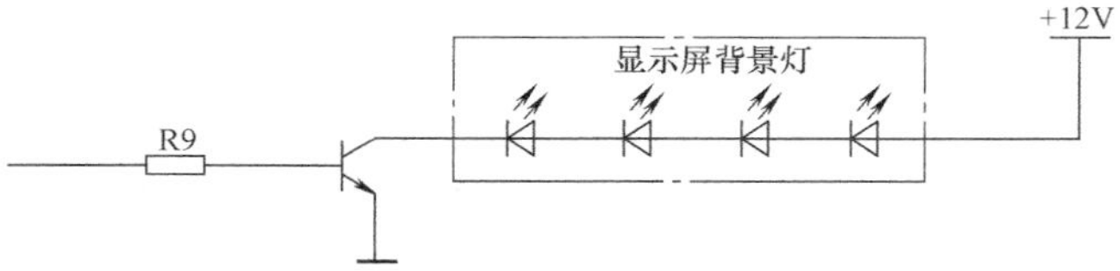

图 1-78　背光源电路

（五）蜂鸣器电路

蜂鸣器电路如图 1-79 所示，其控制原理与背光源电路的控制原理基本相同，不再作详细的叙述，可自行分析。

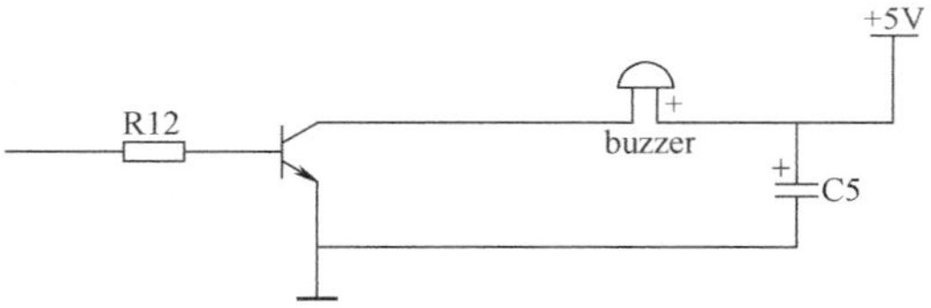

图 1-79　蜂鸣器电路

三、化霜方式

电冰箱的化霜方式有人工化霜、半自动化霜和全自动化霜三种。

（1）人工化霜。

优点：操作简单，省电。

缺点：时间不易掌握。

（2）半自动化霜。

1）机械式半自动化霜温控器结构原理如图 1-80 所示。

特点：结构简单，动作可靠，但开始时需要人工操作，化霜时间较长，箱内温度波动较大。

2）冰箱半自动电加热快速化霜电路如图 1-81 所示。

（3）全自动化霜。化霜过程自动定时，在化霜时使压缩机停止运转，同时接通化霜电热器电路；在化霜后能自动停止化霜过程，恢复制冷压缩机的工作。

全自动化霜分三种方式：

1）自动循环化霜，如图 1-82 所示。

2）积算式自动化霜，如图 1-83 所示。

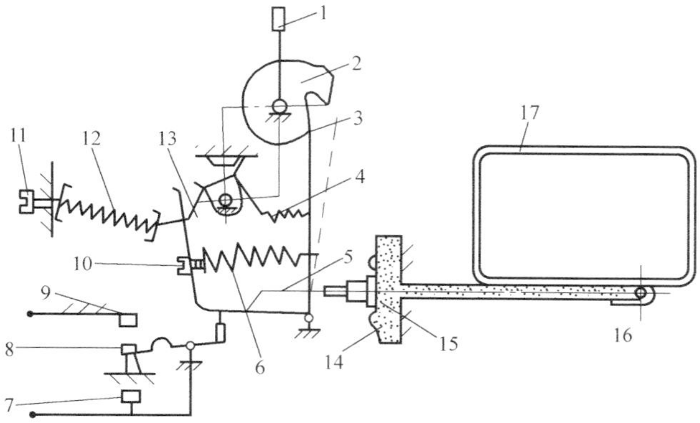

图 1-80　机械式半自动化霜温控器结构原理图

1—化霜按钮　2—温度高低调节凸轮　3—温度控制板　4—化霜平衡弹簧　5—主架板　6—主弹簧　7—温差调节螺钉　8—快跳活动触头　9—固定触头　10—温度范围高低调节螺钉　11—化霜温度调节螺钉　12—化霜弹簧　13—化霜控制板　14—传动膜片　15—感温腔　16—感温管　17—蒸发器

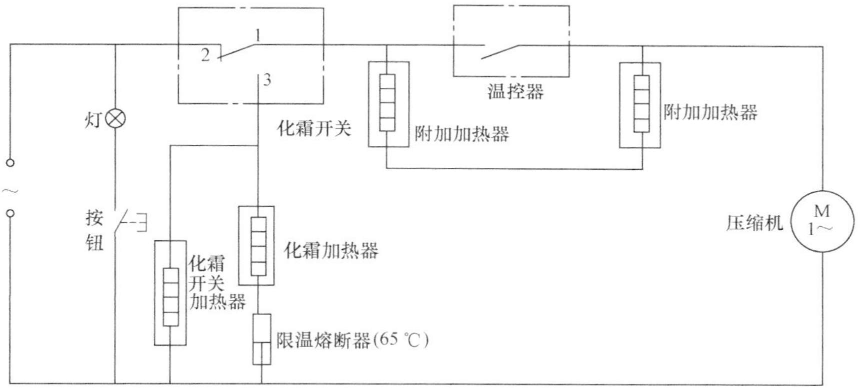

图 1-81　冰箱半自动电加热快速化霜电路

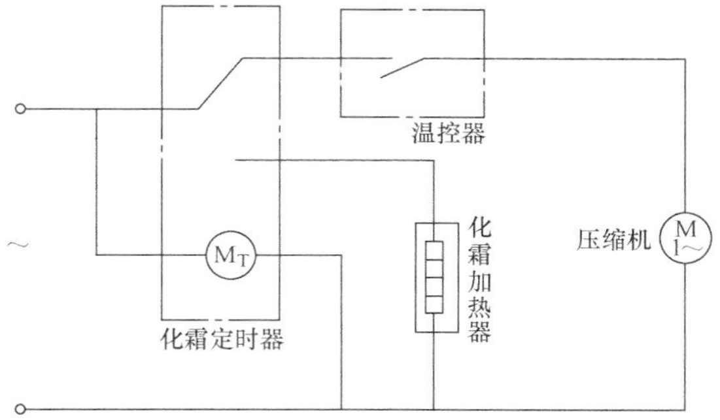

图 1-82　自动循环化霜

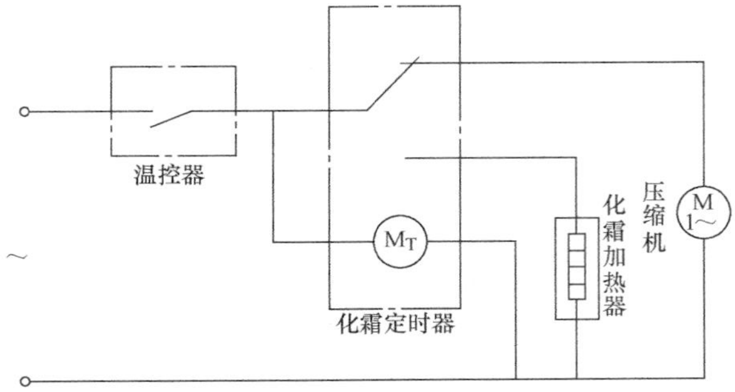

图 1-83　积算式自动化霜

3）全自动化霜，如图 1-84 所示。

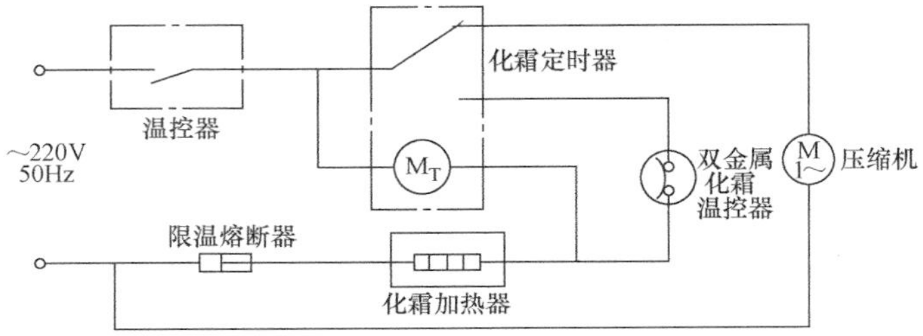

图 1-84　全自动化霜

电路组成：由化霜定时器、化霜加热器、双金属化霜温控器（又称为双金属片开关）和化霜超热保护熔断器（又称限温熔断器）。化霜定时器如图 1-85 所示，由转动部分（定子、定子绕组、转子带动齿轮减速箱）和开关部分（凸轮、接线板、凹轮连接部）组成。

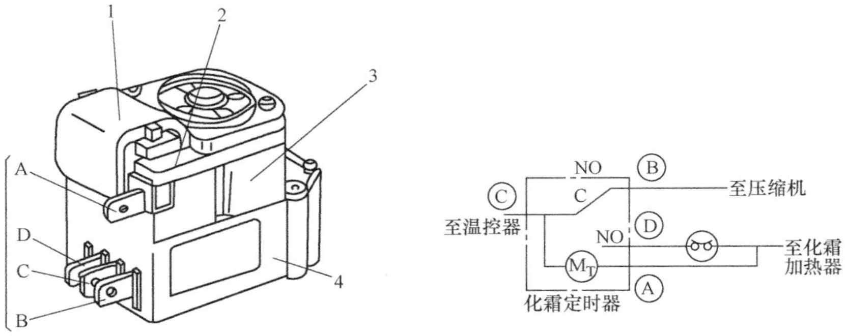

图 1-85　化霜定时器

1—定子绕组　2—定子　3—齿轮箱　4—开关箱

双金属化霜温控器如图 1-86 所示。

化霜超热保护熔断器具有防止蒸发器损坏和保护电冰箱的作用，结构如图 1-87 所示。

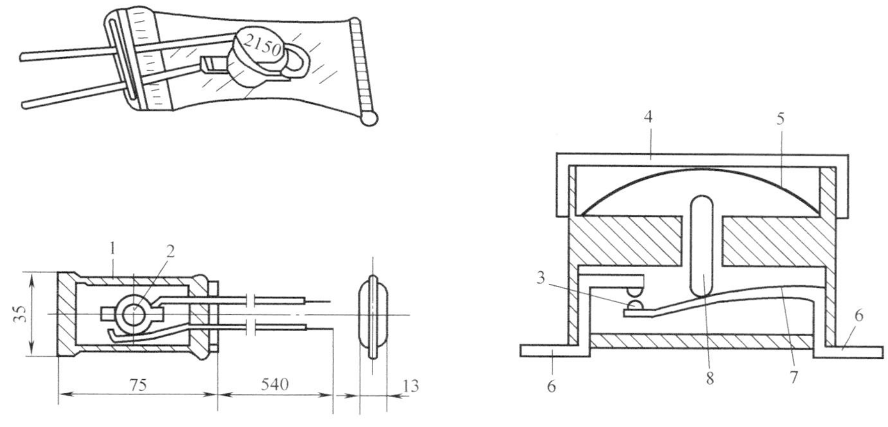

图 1-86　双金属化霜温控器

1—塑料壳　2—双金属热元件　3—触头　4—热敏器　5—双金属　6—端子　7—触头弹簧　8—销钉

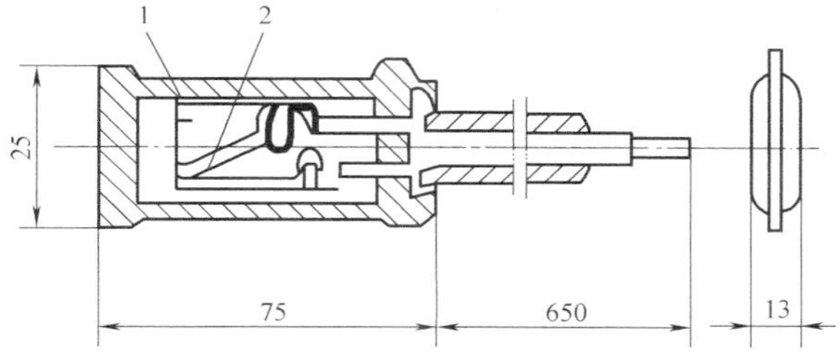

图 1-87　化霜超热保护熔断器

1—塑料外壳　2—超热熔断合金

实施操作

一、电子温控电冰箱系统的安装

(1) 将冷藏室温度传感器、蒸发器温度传感器的引线通过线槽接到实训台接线区的端子排上（可通过相对应的号码管找到一一对应的关系），端子排如图 1-88 所示。

(2) 将 ZK—03 挂箱上的冷藏室温度传感器、蒸发器温度传感器与实训台接线区的端子排上相对应的号码相连。

(3) 按照图 1-89 用实训导线将 ZK-03 挂箱面板上的输出端压缩机、化霜温度熔丝、冷藏室温度传感器、蒸发器温度传感器、模拟管道/流槽加热器、模拟化霜加热器、RY01、RY02-1、RY02-1 与实训台接线区的端子排上相对应的号码相连。

(4) 将 ZK—01 挂箱上的电源 L、N 端与 ZK—03 挂箱上的电源 L、N 端相连，ZK—01 挂箱上的电源 L1、N1 端输入 AC 220V 电网电压。

(5) 打开 ZK—01 挂箱面板上的电源开关，ZK—01 面板上电源指示灯亮，ZK-03 挂箱便通电。

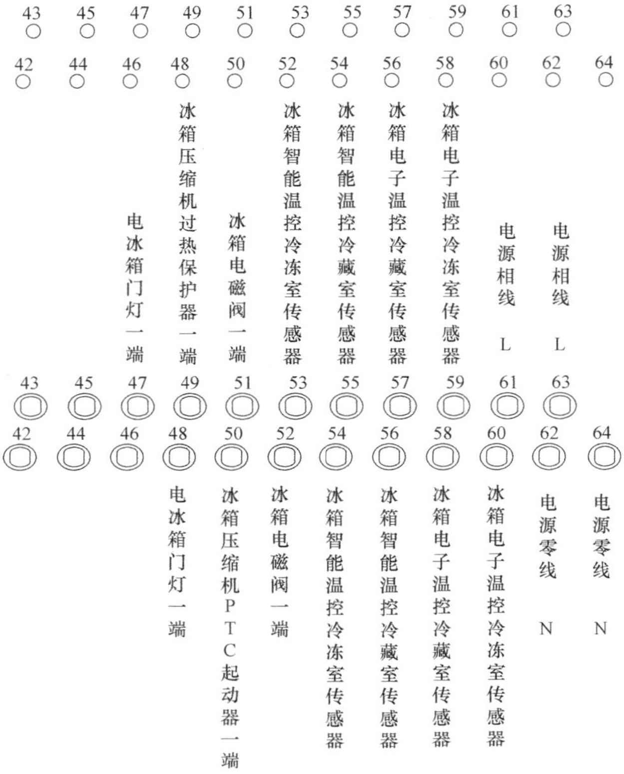

图 1-88　实训台电冰箱电气接线端子排图

（6）按动面板上的“化霜开始按钮”按键，系统会进行人工化霜状态。对应的化霜状态指示灯亮、继电器 RY02 得电工作。

（7）调节温度设置旋钮，使得电阻越来越小，模拟冷冻室箱内温度在化霜时温度会越来越高，当运算放大器的第 8 脚电压 U_8 大于 U_9 时，检知化霜结束，电路输出 U_{14} 为低电平，化霜自动结束。也可人为按下“化霜停止按钮”键结束化霜。

（8）关闭电源，分类整理实训导线，并将实训导线放回导线架，摆放整齐。

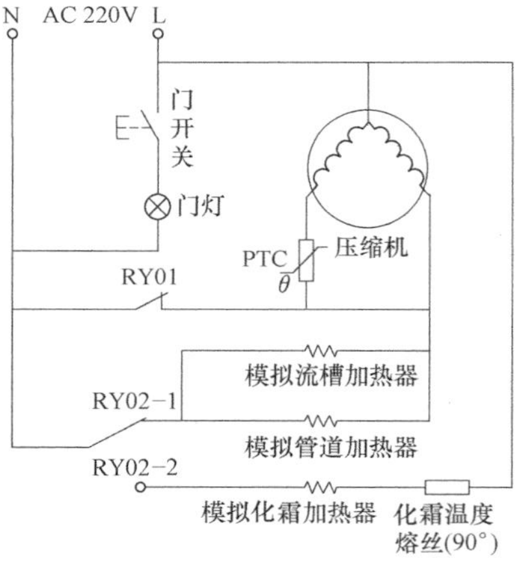

图 1-89　电子温控电气接线图

二、智能控制电冰箱系统的安装

（1）将冷藏室温度传感器、冷冻室温度传感器的引线（如图 1-90）通过线槽接到实训台接线区的端子排上（可通过相对应的号码管找到一一对应的关系）。

（2）按照图 1-91 用实训导线将 ZK—04 挂箱面板上的压缩机、电磁阀输出端与实训台接线区的端子排上相对应的号码相连。

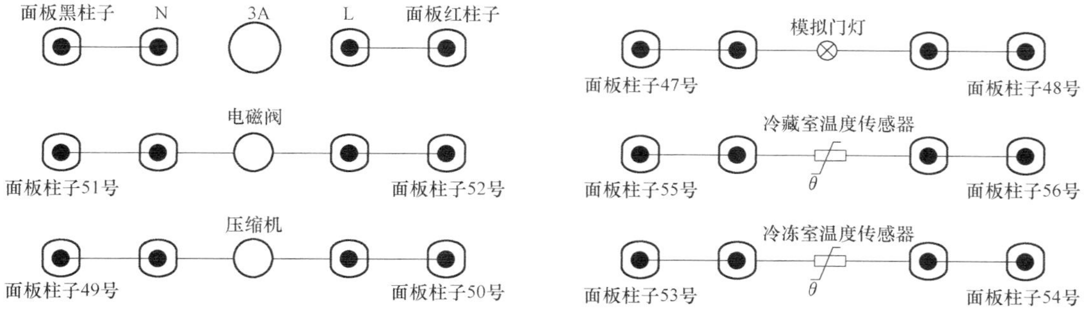

图 1-90　电冰箱电气控制系统接线柱图

（3）将 ZK—04 挂箱上的冷藏室温度传感器、冷冻室温度传感器与实训台接线区的端子排上相对应的号码相连。

（4）将 ZK—01 挂箱上的电源 L、N 端与 ZK—04 挂箱上的电源 L、N 端相连，ZK—01 挂箱上的电源 L1、N1 端输入 AC 220V 电网电压。

（5）打开 ZK—01 挂箱面板上的电源开关，ZK—01 挂箱面板上电源指示灯亮，ZK—04 挂箱便通电。

（6）操作显示控制单元。

（7）关闭电源，分类整理实训导线，并将实训导线放回导线架，摆放整齐。

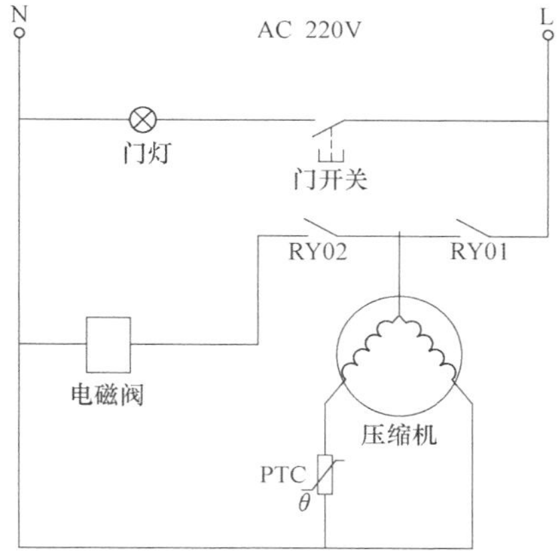

图 1-91　电冰箱智能温控外围电路接线图

📖 工作页

电冰箱控制系统的安装				工作页编号：DBX1-3	
一、基本信息					
学习小组		学生姓名		学生学号	
学习时间		指导教师		学习地点	
二、工作任务					
按图 1-88 ~ 图 1-91 连接电冰箱控制系统。					
三、制定工作计划（包括人员分工、操作步骤、工具选用、完成时间等内容）					

（续）

四、安全注意事项（人身及设备安全）
五、工作过程记录
六、任务小结
七、教师评价
八、成绩评定

📖 考核评价标准

序号	考核内容	配分	要求及评分标准	评分记录	得分
1	安装质量及万用表的使用	30	实训导线的连接 要求：在理解原理的基础上按图接线 评分标准：每出现一次错误扣10分		
			万用表的使用 1. 在使用万用表之前，应先进行“机械调零” 2. 在使用万用表过程中，不能用手去接触表笔的金属部分 3. 不能在测量的同时换挡 4. 在使用万用表时，必须水平放置。同时还要注意避免外界磁场对万用表的影响 5. 万用表使用完毕，应将转换开关置于交流电压的最大挡 评分标准：每出现一次失误扣2分		
2	电子温控和智能温控各部分的作用	40	口述电子温控冷藏室的温度控制电路的作用 评分标准：正确得10分，回答一般得3~5分，回答错误不得分		
			口述电子温控压缩机开停机控制电路的作用 评分标准：正确得10分，回答一般得3~5分，回答错误不得分		
			口述智能温控传感器输入电路的作用 评分标准：正确得10分，回答一般得3~5分，回答错误不得分		
			口述智能温控继电器驱动电路的作用 评分标准：正确得10分，回答一般得3~5分，回答错误不得分		
3	工作态度及与组员合作情况	20	1. 积极、认真的工作态度和高涨的工作热情，不一味等待老师安排指派任务 2. 积极思考以求更好地完成工作任务 3. 好强上进而不失团队精神，能准确把握自己在团队中的位置，团结学员，协调共进 4. 在工作中谦虚好学，时时注意自己不足之处，善于取人之长补己之短 评分标准：四点都表现好得20分，一般得10~15分		
4	安全文明生产	10	1. 遵守安全操作规程 2. 正确使用工具 3. 操作现场整洁 4. 安全用电，防火，无人身、设备事故 评分标准：每项扣2.5分，扣完为止；因违规操作发生人身和设备事故的，此项按0分计		

任务四　电冰箱制冷系统的检漏及制冷剂的充注

任务描述

1）制冷系统检漏。

2）制冷剂充注。

任务目标

1）能对电冰箱制冷系统进行清洁与试压操作。

2）能对电冰箱制冷系统进行抽真空与保压操作。

3）按规程排除系统的泄漏点。

4）按规程充注适量的制冷剂。

任务准备

1. 工具器材

1）真空泵一台、双表维修阀总成一套、定量加液器（电子秤）一台、制冷剂一瓶、洗洁精一瓶或肥皂一块。

2）天煌 THRHZK—1 型现代制冷与空调系统技能实训装置。

2. 实施规划

1）相关知识及技能准备。

2）充注制冷剂。

3）工作页的完成。

3. 注意事项

1）各连接处要拧紧检查。

2）按规程充注制冷剂。

3）正确使用工具。

任务实施

知识准备

一、电冰箱泄漏检测

制冷系统应是一个密封清洁的环境，在对系统完成吹除清污后应进行检漏。检漏的方法主要有压力检漏、真空检漏、充液检漏 3 种方法。

（一）压力检漏

压力检漏就是在制冷系统中充入氮气，用肥皂水进行检漏。将肥皂水用棉纱纱布涂于被检部位并进行仔细观察，若有气泡出现即表明该处有泄漏。操作步骤如下：

1）割开压缩机工艺管，焊接带有真空压力表的修理阀，然后将阀关闭。

2）将氮气瓶的高压输气管与修理阀的进气口虚接（连接螺母松接）。

3）打开氮气瓶阀门，调整减压阀手柄，待听到氮气输气管与修理阀进气口虚接处有氮气排出的声音时，迅速拧紧虚接螺母，将氮气输气管内的空气排出。

4）打开修理阀，使氮气充入系统内，然后调整减压阀。当压力达到 0.8MPa 时，关闭氮气瓶和修理阀阀门。

5）用肥皂水对露在外面的制冷系统上所有的焊口和管路进行检漏。同时也要对压缩机焊缝进行检漏，并观察修理阀压力表的变化。

6）如上述检查完成后无漏孔出现，则可对系统进行 24h 保压试漏。保压后，压力表无下降，则说明系统没有泄漏点；如果压力表有下降，则说明系统有漏点，须重新检漏。

压力检漏的操作如图 1-92 所示。

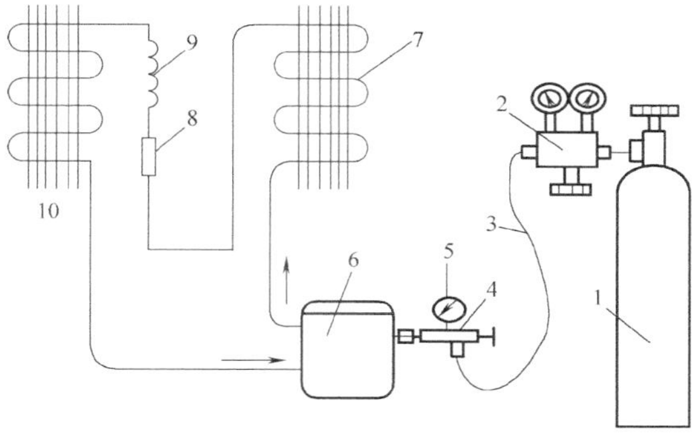

图 1-92　压力检漏的操作

1—氮气瓶　2—减压阀　3—输气管　4—三通阀　5—压力表
6—压缩机　7—冷凝器　8—干燥过滤器　9—毛细管　10—蒸发器

（二）真空检漏

1. 抽真空的操作方法

（1）低压单侧抽真空。低压单侧抽真空可直接利用试压检漏时焊接在工艺管上的三通修理阀，操作如图 1-93 所示。单侧抽真空的优点是工艺简单、操作方便，缺点是整个系统的真空度达到要求所需的时间较长。因为制冷系统的高压侧（冷凝器、干燥过滤器）中的空气需通过毛细管、蒸发器、回气管、压缩机低压侧，然后再由真空泵排出。由于毛细管的流阻较大，当低压侧（蒸发器、压缩机低压侧）中的真空度达到要求时，高压侧仍然不能达到要求，因此采用低压单侧抽真空时必须反复进行多次。

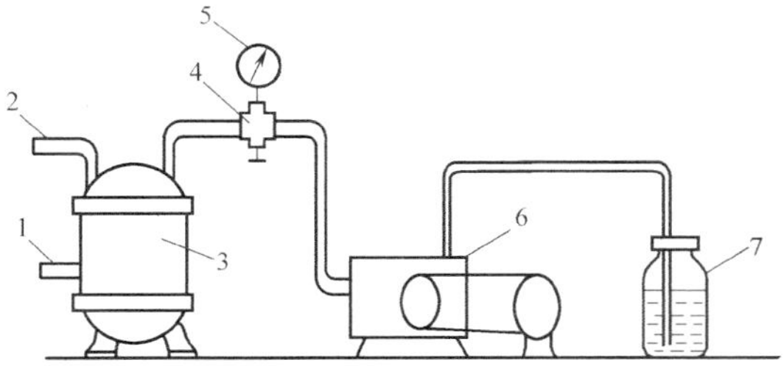

a) 示意图

b) 实操图

图 1-93　低压单侧抽真空的操作

1—高压管（接冷凝器）　2—低压管（接蒸发器）　3—压缩机
4—三通修理阀　5—真空压力表　6—真空泵　7—负压瓶

（2）双侧抽真空。在高、低压侧同时进行抽真空操作，主要特点是双侧抽真空缩短了操作时间，但焊点增多，工艺要求高，操作也比较复杂。操作如图 1-94 所示。

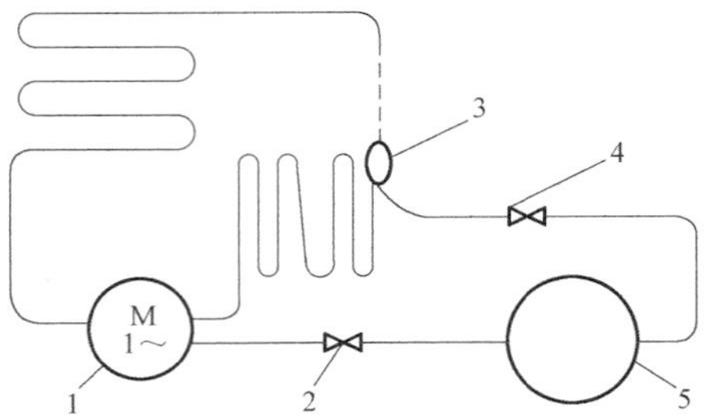

图 1-94　双侧抽真空的操作
1—压缩机　2—修理阀　3—干燥过滤器
4—三通接头　5—真空泵

（3）二次抽真空。第二次抽真空是将制冷系统抽真空到一定程度后，再充入少量的制冷剂，使系统内的压力恢复到大气压力，这时系统内已成为制冷剂与空气的混合气，然后再次抽真空。

在采用单侧抽真空时，为了使制冷系统内减少残留空气和使真空度达到要求，可以采用二次抽真空的方法。

2. 真空检漏操作步骤

1）在压缩机的工艺管上焊接带低压表的三通修理阀，三通修理阀接头用胶管与真空泵相连。

2）开启真空泵并运行 5min 后停机，观察几分钟，检查压力是否明显回升。

3）重新开机抽真空，使系统的压力达到 133Pa 以下，关闭三通修理阀阀门，停止真空泵的运行。

4）放置 12h 后，观察真空压力表上的压力有无升高，若压力升高，说明系统有泄漏，需要采取充制冷剂检漏的方法检查微漏处。

（三）充制冷剂检漏

采用压力检漏时可以发现一些明显的泄漏点，但对一些极小的砂眼等微漏点不易察觉，为此须对系统进行充制冷剂检漏。

1. 卤素检漏仪检漏　氟利昂制冷剂由卤素族元素组成，卤元素与燃烧着的铜相遇时，与铜发生化学反应，生成卤化铜，从而会使火焰的颜色变成绿色或紫绿色。当泄漏量由少到多变化时，火焰颜色相应地从微绿—浅绿—绿—深绿—紫绿而变化，因此根据火焰的颜色就能判断泄漏点及泄漏量的多少。检漏时，先点燃卤素检漏灯，然后用探管的橡皮管口去探测制冷部件，同时观察火焰的颜色。卤素检漏灯在正常燃烧时火焰呈蓝色；当被检处有氟利昂泄漏时，灯头的火焰颜色将发生明显变化，火焰可能是微绿色、淡绿色、深绿色；遇到泄漏量较大时，火焰呈紫色。当卤素检漏灯有冒烟现象时，表明氟利昂大量泄漏，应停止使用卤素检漏灯，因为氟利昂遇到火燃烧后会分解产生有毒的气体。

卤素检漏仪是一种电子检漏仪，具有很高的灵敏度，有的灵敏度可达 5g/y（年泄漏量 5g）以下，因此检漏时要求周围空气比较清新。灵敏度可调的检漏仪在轻度污染环境中使用时可选择适当的挡位，检漏时首先打开电源开关，使探头与被检部位保持 3～5mm 的距离，移动速度不大于 50mm/s。当有泄漏时，检漏仪会发出蜂鸣报警。

2. 外观检漏　制冷剂与冷冻机油部分互溶，因而冷冻油同制冷剂在系统内部一起循环。若某处有泄漏，冷冻机油会随之漏出，故从外观上可看出油迹，也可用干净的白纸擦拭检查。

（四）用电冰箱自身的压缩机充压检漏和抽真空的方法

在没有真空泵或上门维修不便于携带真空泵时，检漏可利用冰箱自身的压缩机进行充气打压，抽真空也可用冰箱自身的压缩机而不一定要用真空泵。下面就简要介绍用冰箱自身的压缩机充压检漏和抽真空的方法，操作如图 1-95 所示。

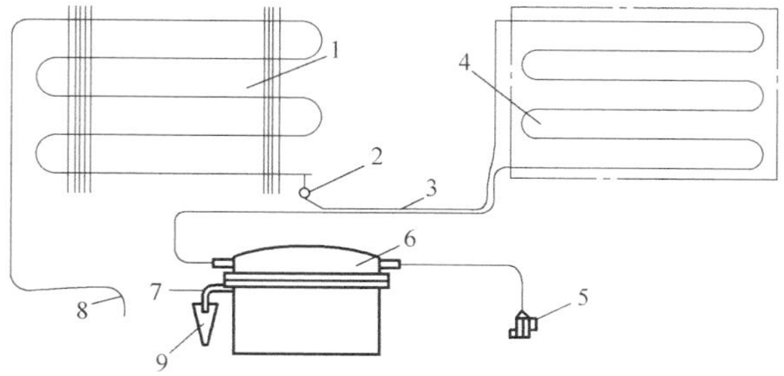

图 1-95 压缩机自身抽真空的操作工艺

1—冷凝器 2—干燥过滤器 3—毛细管 4—蒸发器 5—修理阀 6—压缩机 7—排气管 8—橡胶管 9—水杯

1. 充压检漏

（1）准备工作。

1）在压缩机工艺管上连接三通修理阀，并在修理阀上安装真空压力表及连接充灌制冷剂的设备（此时，充灌制冷剂设备的阀门应该是关闭的）。

2）在靠近压缩机的地方切断回气管，切断处与蒸发器相接的一端要用钎焊封口；在压缩机的回气管上安装接头螺母。压缩机的回气管口不可封住，否则会因为没有空气进入压缩机而不能给制冷系统充气。

（2）充压检漏。

1）做好了上面两项准备工作后，打开修理阀的阀门，接通电源，起动压缩机，即给制冷系统充空气，开始进行充压检漏。

2）当真空压力表的压力上升到 0.8 ~ 1.0MPa 时，先用螺母封住回气管的管口，不让空气再从此处进入压缩机，然后切断电源。

3）用毛笔蘸肥皂水涂管路各连接处，看是否冒泡。如果冒泡，则说明漏气，应紧固连接处的螺母，直到不漏。

4）在管路各连接处不漏气的情况下，等待 15min 以后，若真空压力表上的压力值没有变化，就说明冰箱的制冷系统是不漏气的。

2. 抽真空

（1）抽真空前的准备工作。

1）重新将压缩机的回气管与蒸发器相连的管子用铜焊接通。

2）在靠近压缩机的地方切断排气管（或叫高压管，与冷凝器相接的管子），并在切断处焊接一个用 ϕ6mm 铜管制作的 T 形三通铜管。

3）在 T 形三通铜管的另一端套上一段装有玻璃管的橡胶管，用做抽真空时的排气管。

4）用一个容量不低于 200mL 的烧杯盛上冰箱压缩机冷冻机油，并将玻璃管放入此烧杯中（冷冻机油必须始终浸没玻璃管的出口）。

5）准备一个力量较大的橡胶管夹子。

注：压缩机工艺管上连接的修理阀及其上面安装的真空压力表和充灌制冷剂的设备仍然没有卸下，且充灌制冷剂设备的阀门还是关闭的。

（2）抽真空的步骤。做好了上面几项准备工作后（打开修理阀的阀门），接通电源，起动压缩机，即开始对制冷系统抽真空。此时，应该看到烧杯里的冷冻机油内有大量的气泡溢出。用吹风机分别吹蒸发室、冷凝器和各外露管道的表面（以利水蒸气排出制冷系统），这样抽真空的效果要好些。

1）当冷冻机油内的气泡逐渐减少至无气泡溢出时，可以看到玻璃管内渐渐地有冷冻机油回吸现象，这说明制冷系统中已基本呈真空状态。此时，要先用橡胶管夹子夹住橡胶管，然后切断电源。

2）打开充灌制冷剂设备的阀门，给制冷系统中加入一些制冷剂（40g 左右），待其在制冷系统中循环一段时间后再起动压缩机，然后放开夹子又可看见烧杯里的冷冻机油内有大量的气泡溢出（其中极大部分是制冷剂，极少量是混在其中的空气）。注意在此过程中，要同时用吹风机分别吹蒸发室、冷凝器和各外露管道的表面。

3）当冷冻机油内的气泡又逐渐减少到无气泡溢出且有冷冻机油回吸现象时，说明制冷系统中的真空已经达到规定要求，用专业封口钳将 T 形三通铜管上套橡胶管的一端铜管夹扁，去掉橡胶管，并立即用铜焊封住铜管的口子。值得注意的是，从夹扁铜管到用铜焊封住其口的过程中，不要让压缩机停机，否则就可能会有空气重新进入制冷系统。

上面的工序全部完成后切断电源，打开充灌制冷剂设备的阀门，给制冷系统充注适量的制冷剂并封口，冰箱就能正常使用了。

二、制冷剂的充注

制冷装置充注制冷剂可以采用定量充注法、称重充注法和压力观察充注法。

（一）定量充注法

定量充注法主要是采用定量充注器或抽空充注机向制冷装置定量加充制冷剂。

采用定量充注器充注制冷剂的操作步骤如下：

1）在制冷装置抽好真空后关闭三通阀，停止真空泵，将与真空泵相接的橡胶管（耐压胶管）的接头拆下，装在定量充注器的出液间上；或者可拆下与三通阀相接的橡胶管的接头，将连接定量充注器的橡胶管接到阀的接头上。打开出液阀将胶管中的空气排出，然后拧紧胶管的接头，检查是否泄漏。

2）首先观察充注器上压力表的读数，转动刻度套筒，在套筒上找到与压力表相对应的定量加液线，记下玻璃管内制冷剂的最初液面刻度。

3）打开三通阀，制冷剂通过胶管进入制冷系统中，玻璃管内制冷剂液面开始下降。当达到规定的充灌量时，关闭充注器上的出液间和三通阀，充注工作结束。

采用抽空充注机充注制冷剂的操作步骤如下：

1）抽空结束后，关闭抽空充注机上的抽空截止阀。

2）打开充液截止阀，向制冷系统充注制冷剂。

（二）称重充注法

1）将装有制冷剂的小钢瓶放在电子秤或小台秤上，将耐压胶管一端接在三通阀上，另一端接在钢瓶的出气阀上。

2）打开出气阀，将耐压胶管中的空气排出，拧紧接头以防止泄漏。

3）称出小钢瓶的重量。

4）打开三通间，向制冷系统充注制冷剂。

5）在充注制冷剂的过程中，应注意观察电子秤的读数变化，当达到相应的充灌量时，关闭三通阀和小钢瓶上的出气阀，充注工作便结束。

称重法充注法的操作如图 1-96 所示。

（三）压力观察充注法

制冷系统的蒸发压力是由充灌量决定的，而蒸发压力与蒸发温度又相互对应，因此可通

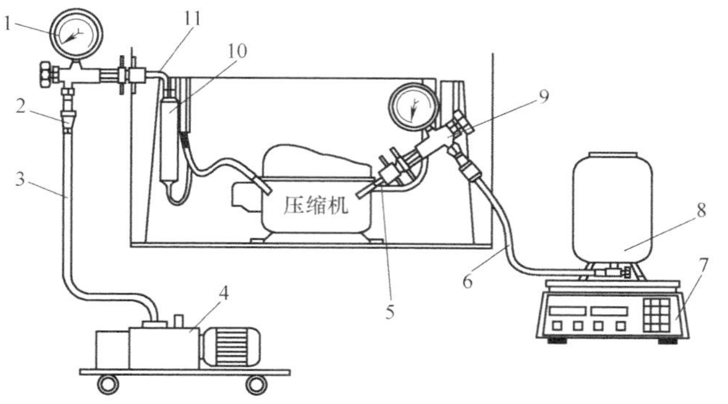

图 1-96　称重法充注法的操作

1—带快速接头三通表　2—快速接头螺母　3—真空管　4—真空泵　5—压缩机工艺管　6—加注软管　7—电子秤　8—R600a 罐子　9—三通阀表　10—双头过滤器　11—过滤器工艺管

过观察制冷系统低压侧压力（即蒸发压力）的数值和蒸发器冷凝器的状况来判断制冷系统的充灌量是否合适。

三、封口

（1）用洛克环（6N）压接封口。

（2）焊封口。压缩机运转时，系统内的低压部分压力较低，易于封闭。用封口钳将连接管在距压缩机工艺管口约 10cm 处用力夹扁一两处。在离夹扁处（靠近修理阀端）2～3cm 处切断连接管，用钎料将切口封死。也可直接用气焊将连接管熔化后再封死管口，保证无泄漏即可。为保险起见，停机后应用肥皂水检漏。

📖 实施操作

一、制冷系统的保压与检漏

1. 吹污　制冷系统的管路在焊接好之后要用氮气吹净里面的杂质，特别是毛细管部分更应该注意，在检查双温双控电冰箱毛细管时，还需要使电磁阀在通电与断电之间多次切换，同时检查有无气体吹出，切记不能将电磁阀的出气口放入水中来检查有无气体吹出。

2. 管路检查　在检查完制冷系统管路之后，用扳手将制冷系统管路两个接头之间的螺母拧紧，拧紧的时候要注意力度的大小，不能用力过猛，以防铜管变形，影响工艺美观。

3. 充注氮气　制冷系统中的螺母全部拧紧后，从加液口向系统中注入一定量的氮气。加注氮气时要注意，三色加液管带顶针的一端与加液口相连，另一端与氮气瓶相连。在加注的过程中要注意观察压力表的读数，不能使气体流入速度过快，以防压力表超过允许的量程，一般要使冰箱系统压力保持在 0.9MPa 左右。

4. 查漏　充注完氮气后，用肥皂水检查各个管接头是否有漏气现象，若有漏气则需要继续打紧。在检查没有漏气后，关闭氮气瓶上的阀门，然后迅速地将加液管从压缩机加液口上取下，以防氮气从加液口冲出。

5. 读数　取下加液管，稍等一段时间，等系统高低压两端压力平衡之后，记录下低压压力表的读数，将之记录在不易丢失的地方。24h 之后，再次读取该压力表的读数，看读数是否有变化。若读数变小，则证明系统还在漏气，需要再次进行检漏步骤；若读数变化在 0.01MPa 范围之内，则证明系统的气密性良好，可以进行抽真空及充注制冷剂的操作。

二、制冷系统的抽真空与充注制冷剂

（1）抽真空　在抽冰箱系统真空时，由于冰箱系统的毛细管过长，单侧抽真空持续的时间太长，所以一般采用高低压双侧抽真空。需要注意的是，冰箱系统采用的是 R600a 制冷剂，而该种制冷剂的性质决定了不能进行二次抽真空。

（2）充注制冷剂气体　抽真空完成后要先关闭连接真空泵的修理阀的阀门，然后才能向系统中充入制冷剂气体，以防气体进入到真空泵中。当系统中的压力高于外界大气压力后，关闭双表修理阀的高压侧的阀门，然后迅速将压缩机排气口的高压管取下，同时将高压压力表的软管接到压缩机的排气口上，拧松高压软管的另一端螺母，使制冷剂气体将软管中的空气排出，然后拧紧软管接头螺母。

继续向系统中充入制冷剂气体，电冰箱系统的制冷剂要严格实行定量充注，一般充入量为 40g 左右，制冷剂充注量的判断方法如图 1-97 所示。

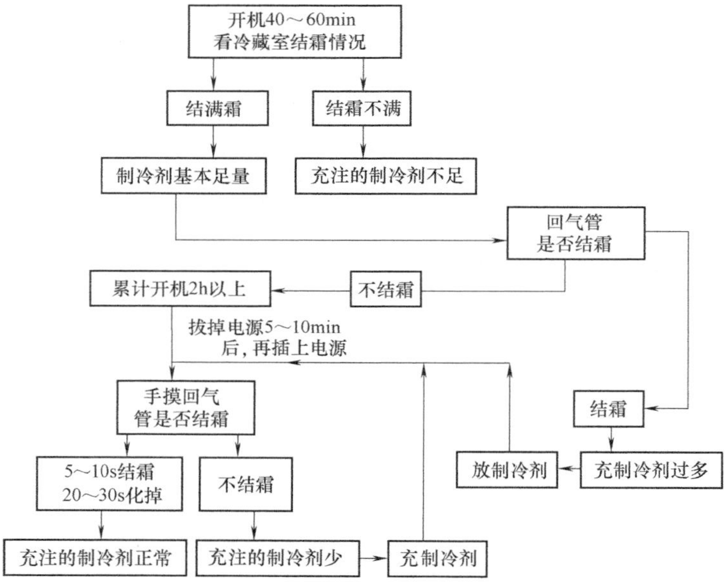

图 1-97　制冷剂充注量的判断

（3）由于该系统制冷剂在运行时高压端为负压，所以必须在压缩机停机且低压端压力高于大气压的情况下才能取下加液管。

（4）冰箱运行时低压回气管不能结霜过多，一般结霜到离压缩机 20cm 的位置为佳。

三、清洁

将机箱内清洁干净，保证无杂物。

工作页

电冰箱制冷系统的检漏及制冷剂的充注				工作页编号：DBX1-4	
一、基本信息					
学习小组		学生姓名		学生学号	
学习时间		指导教师		学习地点	
二、工作任务					
1. 系统查漏。 2. 抽真空。 3. 制冷剂充注。					
三、制定工作计划（包括人员分工、操作步骤、工具选用、完成时间等内容）					
四、安全注意事项（人身及设备安全）					
五、工作过程记录					

（续）

六、任务小结
七、教师评价
八、成绩评定

考核评价标准

序　　号	考核内容	配分	要求及评分标准	评分记录	得分
1	系统压力检漏	25	系统管路连接 要求：按规程熟练操作 评分标准：正确得10分，不熟练扣2分，连接错误不得分		
			系统压力 要求：0.8MPa 评分标准：正确得5分，过高或过低不得分		
			系统检漏 要求：动作熟练、准确 评分标准：动作熟练、准确得10分，不熟练扣2分，如有泄漏而查不出泄漏点不得分		
2	抽真空与充注R600a制冷剂	45	真空泵与实训装置的连接 要求：动作熟练、准确 评分标准：动作熟练、准确得10分，不熟练扣3～5分，连接错误不得分		
			制冷系统真空度 要求：达到系统要求的真空度 评分标准：达到要求得10分，否则不得分		
			充注制冷剂的管路连接 要求：按称重法的规程连接管路 评分标准：正确得10分，不熟练扣3～5分，错误不得分		
			制冷剂的充注量 要求：按标准充注所需制冷剂 评分标准：正确得15分，过多或过少扣5～10分		
3	工作态度及与组员合作情况	20	1. 积极、认真的工作态度和高涨的工作热情，不一味等待老师安排指派任务 2. 积极思考以求更好地完成工作任务 3. 好强上进而不失团队精神，能准确把握自己在团队中的位置，团结学员，协调共进 4. 在工作中谦虚好学，时时注意自己不足之处，善于取人之长补己之短 评分标准：四点都表现好得20分，一般得10～15分		
4	安全文明生产	10	1. 遵守安全操作规程 2. 正确使用工具 3. 操作现场整洁 4. 安全用电，防火，无人身、设备事故 评分标准：每项扣2.5分，扣完为止；因违规操作发生人身和设备事故的，此项按0分计		

任务五　电冰箱的调试与运行

任务描述

1）电冰箱电气系统调试。

2）电冰箱制冷系统调试。

3）试运行。

任务目标

1）掌握电冰箱的电器安全标准、电气安全检测、性能检测要求。

2）掌握各种测试仪的使用方法及注意事项。

3）掌握电冰箱电气系统的调试的方法。

4）掌握电冰箱制冷系统的调试的方法。

任务准备

1. 工具器材

1）真空泵一台、双表修理阀一只（配三色加液管）、氧气和氮气各一瓶、焊炬一套、肥皂一块，电烙铁、剪刀、剥线钳、镊子、尖嘴钳、斜口钳、一字螺钉旋具、十字螺钉旋具各一。

2）绝缘电阻测试仪、电气强度测试仪、泄漏电流测试仪、接地电阻测试仪、数字万用表、电容电感表各一。

3）天煌 THRHZK—1 型现代制冷与空调系统技能实训装置一台。

2. 实施规划

1）知识和技能的掌握。

2）分别调试制冷和电气系统。

3）工作页的完成。

3. 注意事项

严格遵守各种测试仪的操作规程，以防触电。

任务实施

知识准备

一、家用电器安全标准概述

家用电器安全标准，是为了保证人身安全和使用环境不受任何危害而制定的，是家用电器在设计、制造时必须遵照执行的标准文件。安全标准涉及对使用者和对环境两部分内容，下面分别介绍。

（一）对于使用者的安全标准

1. 防止人体触电　触电会严重危及人身安全，如果一个人身上较长时间流过大于自身的摆脱电流，就会摔倒、昏迷甚至死亡。防触电是产品安全设计的重要内容，要求产品在结构上应保证用户无论在正常工作条件下，还是在故障条件下使用产品，均不会触及带有超过规定电压的元器件，以保证人体与大地或其他容易触及的导电部件之间形成回路时，流过人体的电流在规定限值以下。

2. 防止过高的温升　过高的温升不仅直接影响使用者的安全，而且还会影响产品其他的安全性能，如造成局部自燃，或释放可燃气体造成火灾。高温还可使绝缘材料性能下降，或使塑料软化造成短路、电击。高温还可使带电元器件、支承件或保护件变形及改变安全间隙引发短路或电击的危险。因此，产品在正常或故障条件下工作时应当能够防止由于局部高温而造成人体烫伤，并能防止起火和触电。

3. 防止机械危害　家用电器儿童也可能直接操作，因此要对整机的机械稳定性、操作结构件和易触及部件的结构进行特殊处理，防止台架不稳或运动部件倾倒。还要防止外露结构部件边棱锋利或毛刺突出，保证用户在正常使用中或作清洁维护时，不会受到刺伤和损害。例如，产品外壳、上盖的提手边棱都要倒成圆角。

4. 防止有毒、有害气体的危害　家用电器中装配的元器件和原材料较复杂，有些元器件和原材料中含有毒性物质，它们在产品发生故障、爆炸或燃烧时可能挥发出来。因此，应该保证家用电器在正常工作和故障状态下，所释放出的有毒有害气体的剂量要在危险值以下。常见的有毒、有害气体有一氧化碳、二硫化碳及硫化氢等。

5. 防止辐射引起的危害　辐射会损伤人体组织的细胞，引起机体不良反应，严重的还会影响受辐射人的后代。家用电器中电视机显像管可能产生 X 射线，激光视听设备会产生激光辐射，微波炉会产生微波辐射，这些都会影响到消费者的安全，因此在设计这些产品时应使其产生的各种辐射泄漏限制在规定数值以内。

（二）对于环境的安全标准

（1）防止火灾。在产品正常工作或发生故障甚至短路时，要防止由于电弧或过热而使某些元器件或材料起火，如果某一元器件或材料起火，应该不使其支承件、邻近元器件起火或整个机器起火，不应释放出可燃物质，以防火势蔓延到机外，危及消费者生命财产安全。

（2）防止爆炸危险。

（3）防止过量的噪声。

（4）防止摄入和吸入异物。

（5）防止跌落造成人身伤害或物质损失。

二、电冰箱的电气安全检测

电气安全检测是冰箱、空调等家用电器及其他电工电子产品出厂必检项目。电气安全检测项目一般包含绝缘电阻检测、泄漏电流检测、电气强度（也称耐压强度）检测、接地电阻检测四项，分别采用绝缘电阻测试仪、泄漏电流测试仪、电气强度测试仪、接地电阻测试仪在冷态、不连接电源的情况下进行测试。

（一）绝缘电阻的测试

绝缘电阻是指家用电器带电部分与外露非带电金属部分之间的电阻，电冰箱的绝缘电阻是评价其绝缘质量好坏的重要标志之一。

国际电工委员会（IEC）标准规定，测量带电部件与壳体之间的绝缘电阻时，基本绝缘条件的绝缘电阻值不应小于 2MΩ；加强绝缘条件的绝缘电阻值不应小于 7MΩ；Ⅱ类电器的带电部件和仅用基本绝缘与带电部件隔离的金属部件之间，绝缘电阻值不小于2MΩ；Ⅱ类电器的仅用基本绝缘与带电部件隔离的金属部件和壳体之间，绝缘电阻值不小于5MΩ，其中电冰箱属于Ⅱ类电器。

1. 绝缘电阻测试仪的结构及组成　绝缘电阻测试仪（又称绝缘电阻表，俗称摇表）主要由直流高压发生器、测量回路和显示回路等三部分组成。

（1）直流高压发生器。测量绝缘电阻必须在测量端施加一高压，此高压值在关于绝缘电阻表的国标中规定为50V、100V、250V、500V、1000V、2500V、5000V。

直流高压的产生一般有三种方法：第一种是手摇发电机式，目前我国生产的绝缘电阻表约80%是采用这种方法；第二种是通过市电变压器升压，整流得到直流高压，一般市电式绝缘电阻表采用此方法；第三种是利用晶体管振荡或专用脉宽调制电路来产生直流高压，这是一般电池式和市电式的绝缘电阻表采用的方法。

（2）测量回路。绝缘电阻表中的测量回路和显示回路合二为一，是由一个流比计表头来完成的，这个表头由两个夹角为60°左右的线圈组成，其中一个线圈并联在电压两端，另一线圈串联在测量回路中。表头指针的偏转角度决定于两个线圈中的电流比，不同的偏转角度代表不同的阻值。测量阻值越小。串联在测量回路中的线圈电流就越大，那么指针偏转的角度也越大。

2. 绝缘电阻表的使用　选用绝缘电阻表主要是测量电压值的范围是否能满足需要。

绝缘电阻表在工作时，自身产生高电压，而测量对象又是电气设备，所以必须正确使用，否则就会造成人身或设备事故。使用前要做好以下准备：

1）测量前必须将被测设备电源切断，并对地短路放电，决不允许设备带电进行测量，以保证人身和设备的安全。

2）对可能感应高压电的设备，必须消除这种可能性后，才能进行测量。

3）被测物表面要清洁，减小接触电阻，确保测量结果的正确性。

4）测量前要检查绝缘电阻表是否处于正常工作状态，主要检查其“0”和“∞”两点，即摇动手柄。使电机达到额定转速，绝缘电阻表在短路时应指在“0”位置，开路时应指在“∞”位置。

5）使用绝缘电阻表时应将其放在平稳、牢固的地方，且远离大的外电流导体和外磁场。

做好上述准备工作就可正式进行测量了。在测量时，还要注意绝缘电阻表的正确接线，否则将引起不必要的误差甚至错误。

绝缘电阻表的接线柱共有三个：一个为“L”（线端），一个为“E”（地端），还有一个为“G”（屏蔽端，也叫保护环）。一般被测绝缘电阻都接在L、E端之间，但当被测绝缘体表面漏电严重时，必须将被测物的屏蔽环或不需测量的部分与G端相连接。这样，漏电流就经由屏蔽端G直接流回发电机的负端形成回路，而不再流过绝缘电阻表的测量机构（动圈），就从根本上消除了表面漏电流的影响。特别应该注意的是，在测量电缆线芯和外表之间的绝缘电阻时，一定要接好屏蔽端G。因为当空气湿度大或电缆绝缘表面不干净时，其表面的漏电流很大，为防止被测物因漏电而对其内部绝缘测量造成影响，一般在电缆外加一个金属屏蔽环，与绝缘电阻表的G端相连。

当用绝缘电阻表摇测电器设备的绝缘电阻时，一定要注意L和E端不能接反。正确的接法是：L端接被测设备导体，E端接地或设备外壳，G端接被测设备的绝缘部分。如果将L和E接反了，G将失去屏蔽作用而给测量带来很大误差。另外，因为E端内部引线同外壳的绝缘程度比L端与外壳的绝缘程度要低，当绝缘电阻表放在地上使用时，采用正确接线方式时，E端对仪表外壳和外壳对地的绝缘电阻，相当于短路，不会造成误差；而当L与E接反时，E对地的绝缘电阻同被测绝缘电阻并联，而使测量结果偏小，会给测量结果带来较大误差。

3. 使用绝缘电阻表的注意事项

1）仪器必须可靠接地。

2）操作者必须戴绝缘手套，脚下垫绝缘胶垫。

3）在连接被测试体时，必须保证绝缘电阻表在“复位”状态。

4）测试时，不要把L端输出线和E端输出线碰在一起。

5）测试时，切勿将输出线与交流电源短路，以免外壳带有高压。

测量电冰箱的绝缘电阻，可以选用500V绝缘电阻表，表上有分别标记着接地E、电路L和屏蔽G的三个接线端子。测量时，一般只用E、L两端。测量前，应先对绝缘电阻表进行必要的检查：先使绝缘电阻表端子处于开路状态，摇动手柄，观察表头指针是否处于“∞”位置；再将E端和L端短接，慢慢摇动手柄，观察表头指针是否处于“0”位置。开始测量时，首先将被测产品脱离电源，然后从绝缘电阻表上的L端子和E端子的两个接线柱上分别引出两根单股导线，分别连接到被测产品的受测部分，以120～150次/min的速度，平稳地摇动手柄约1min，待指针稳定不动时，即可读出绝缘电阻值。

（二）泄漏电流的测试

电冰箱的泄漏电流是没有故障的电冰箱在施加电压的情况下，电气中相互绝缘的金属零件之间，或带电零件与接地零件之间，通过其周围介质或绝缘表面所形成的电流。泄漏电流包括两部分，一部分是通过绝缘电阻的传导电流 I_1；另一部分是通过分布电容的位移电流 I_2。分布电容容抗为 $X_C = fC/2\pi$，因此电流 I_2 随频率的升高而增加，泄漏电流随电源频率升高而增加。

测量泄漏电流的原理与测量绝缘电阻基本相同，绝缘电阻实际上也是一种泄漏电流，只不过是以电阻形式表示出来的。电冰箱泄漏电流的测试条件为试验电压为额定电压的1.06倍（约为233V），泄漏电流不大于3.5mA，时间为5s内。

1. 泄漏电流测试仪的结构与组成　泄漏电流测试仪用于测量电器的工作电源（或其他电源）通过绝缘或分布参数阻抗产生的与工作无关的泄漏电流，其输入阻抗模拟人体阻抗。

泄漏电流测试仪主要由试验电源、阻抗变换、量程转换、交直流转换、指示和声光报警等电路组成。

2. 泄漏电流测试仪的操作方法

1）插上电源，接通电源开关。

2）选择电源量程，按下所需电流按钮。

3）选择泄漏电流报警值。

4）选择测试时间。

5）将被测物接入测量端，起动泄漏电流测试仪，将试验电压升至被测物额定工作电压的1.06倍（或1.1倍），切换相位转换开关，分别读取两次读数，选取数值大的读数为泄漏电流值。

3. 测试注意事项

1）在工作温度下测量泄漏电流时，如果被测电器不是通过隔离变压器供电，应采用绝缘性能可靠的绝缘垫与地绝缘。否则将有部分泄漏电流直接流经地面而不经过泄漏电流测试仪，影响测试数据的准确性。

2）泄漏电流测量是带电进行测量的，被测电器外壳是带电的。因此，试验人员必须注意安全，在没有切断电流前，不得触摸被测电器。

3）应尽量减少环境对测试数据的影响。测试环境的温度、湿度和绝缘表面的污染情况，对于泄漏电流有很大影响，温度高、湿度大，绝缘表面严重污染，测定的泄漏电流值会较大。

对于各类家用电器，国家标准都规定了泄漏电流不应超过的上限值，产品出厂前都要进行测试。测试时施加电压为家用电器额定电压的1.06倍，在电压施加5s内进行测量。施加试验电压的部位是家用电器带电部件和仅用基本绝缘与带电部件隔离的壳体之间，以及带电部件和用加强绝缘与带电部件隔离的壳体之间。

（三）电气强度测试

电气强度试验俗称耐压试验，是衡量电器的绝缘在过电压作用下耐击穿的能力，这也是一种考核电器产品是否能够保证使用安全的可靠手段。

电气强度试验分两种：一种是直流耐压试验，另一种是交流工频耐压试验，电冰箱一般进行交流工频耐压试验。一般来说，在工作温度下，Ⅱ类电器在与手柄、旋钮、器件等接触的金属箔和它们的轴之间，施加试验电压为2500V；Ⅲ类电器使用基本绝缘时，试验电压500V；其他电器，采用基本绝缘时的试验电压1250V，采用加强绝缘时的试验电压为3750V。

电冰箱在长期使用过程中，不仅要承受额定电压，还要承受工作过程中短时间内高于额定工作电压的过电压的作用。当过电压达到一定值时，就会使电冰箱绝缘击穿，不能正常工作，导致使用者触电而危及人身安全。

电冰箱的试验电压为1250V，测试时间为1min。生产过程中可等效试验，试验电压为1500V，测试时间为3s，电流10mA。试验开始时，应先将电压加至不大于试验电压的50%，然后迅速升到试验电压规定值，并持续到规定时间。

1. 电气强度测试仪结构及组成　电气强度测试仪又叫耐电压测试仪或介质强度测试仪，是将一规定交流或直流高压施加在电器带电部分和非带电部分（一般为外壳）之间以检查电器的绝缘材料耐电压能力的试验。电气强度测试仪主要由以下几部分组成。

（1）升压部分　升压部分由调压变压器、升压变压器、升压部分电源开关组成。220V电压通过开关加到调压变压器上，调压变压器的输出连接升压变压器，用户只需调节调压器就可以控制升压变压器的输出电压。

（2）控制部分。控制部分由电流取样电路、时间电路、报警电路组成。当收到启动信号后，仪器立即接通升压部分电源；当检测到被测回路电流超过设定值及发出声光报警时立即切断升压回路电源；当收到复位或者时间到的信号后切断升压回路电源。

（3）显示电路。显示电路主要显示升压变压器的输出电压值、由电流取样部分的电流值及时间电路的时间值，一般为倒计时。

2. 电气强度测试仪的选用　选用电气强度测试仪最重要的两个指标是最大输出电压值

和最大报警电流值，其值一定要大于所需要的电压值和报警电流值。一般被测产品标准中规定了施加高压值及报警判定电流值。如果电压越高，报警判定电流越大，那么需要电气强度测试仪中的升压变压器功率就越大。一般电气强度测试仪中的升压变压器功率有0.2kV·A、0.5kV·A、1kV·A、2kV·A、3kV·A等，最大报警电流为500~1000mA等。所以，在选择电气强度测试仪时一定要注意这两个指标，功率选太大就会造成浪费，选得太小则不能正确判断合格与否。

3. 测试注意事项

1）电气强度测试必须在绝缘电阻或泄漏电流测试合格后，方可进行。

2）试验电压应按标准规定选取，施加试验电压部位也必须严格遵守标准规定。

3）试验场地应设防护围栏，试验装置应有完善的保护接零（或接地）措施，试验前后应注意放电。

4）每次测试后，应使调压器迅速返回零位。

（四）接地电阻测试

家用电冰箱的接地电阻不大于0.1Ω。

1. 接地电阻测试仪的结构　接地电阻测试仪由手摇发电机、电流互感器、滑动变阻器及检流计等组成。

2. 接地电阻测试时的接线方式　具体操作步骤如下：

1）沿被测接地极（线）E′使电位探棒P′和电流探棒C′依直线彼此相距20m，且电位探棒P′是在E′和C′之间。

2）E端接5m导线，P端接20m导线，C端接40m导线。

3）将仪表水平放置后检查检流计是否指向零，否则可利用零位调正器调节零位。

4）将“倍率标度”置于最大倍率，慢慢摇动发电机的摇把，左手同时旋动电位器刻度盘，使检流计指针指向“0”。

5）当检流计的指针接近平衡（很小摆动）时，加快发电机摇柄的转速，使其达到150r/min。再转动电位器刻度盘，使检流计平衡（指针指向“0”），此时电位器刻度盘的读数乘以倍率（挡位）即为被测接地电阻的数值。

6）当刻度盘读数小于1时，应将倍率开关置于较小倍率，重新调整刻度盘以得到正确读数。

7）当测量小于1Ω的接地电阻时，应将E端和E′端之间的连接片拆开，用两根导线分别将E端接到被接地物体的接地线上，E′端接到靠近接地体的接地线上，以消除测量时连接导线电阻的附加误差，操作步骤同上。

8）当检流计的灵敏度过高时，可将两根探棒插入土壤浅一些；当检流计灵敏度过低时，可沿探棒注水使其湿润。

3. 接地电阻测试仪的注意事项

1）禁止在有雷电或被测物带电时进行测量。

2）进行测量时，要清除接地线上的油漆和铁锈，减小E-E′端线上的接触电阻。

3）测量时应把仪表放平稳，不使仪表摇晃，以使检流计指针平稳地指向“0”。

4）仪表运输须小心轻放，避免剧烈振动。

三、电冰箱的性能检测

电冰箱的性能参数是电冰箱的关键质量指标，是冰箱抽检和型式试验的主要检验内容。冰箱性能指标主要包括储藏温度、冷冻能力、制冰能力、耗电量、负载温度回升时间、冷冻能力、制冷系统密封性能、噪声和振动等。

电冰箱主要性能检测项目见表1-15。

表1-15　电冰箱主要性能检测项目表

	储藏温度	耗电量	负载温度回升时间	制冰能力	冷冻能力	冷却速度
冷藏箱	√	√	√	√		√
冷藏冷冻箱	√	√	√	√	√	√
冷冻箱	√	√	√		√	√

（一）储藏温度试验

储藏温度试验的要求见表1-16。

表1-16　储藏温度试验的要求表　　（单位:℃）

条件	温度状况	冷藏室		冷冻室			冷却室
		t_1、t_2、t_3	$t_{m,max}$	t^{***}	t^{**}	t^{*}	$t_{cm,max}$
Ⅰ	储藏温度	0～10	≤5	≤-18	≤-12	≤-6	8～14
Ⅱ	化霜周期内允许的温度偏移	0～10	≤7	≤-15	≤-9	≤-3	8～14

注：*** 表示三星级冰箱，** 表示两星级冰箱，* 表示一星级冰箱。

注意：

1）对直冷冰箱，t_1、t_2、t_3，t_{c1}、t_{c2}、t_{c3}（见表1-17）是冰箱开停过程中测得的各点的最高温度和最低温度的算术平均值；对无霜冰箱，t_1、t_2、t_3，t_{c1}、t_{c2}、t_{c3}是冰箱开停过程中测得的瞬时温度。

2）冷冻室的温度是指最热的一个M（质量）包的最高温度。

3）冰温室的任何一个M包瞬时最高值$t_{cc,max}$≤3℃，瞬时最低值$t_{cc,min}$≥-2℃

（二）冷却速度试验

环境温度为32℃，冰箱在试验室内至少放置6h（打开箱门），待冰箱内部温度与环境温度达到平衡（温差±1K）后，冷藏室、冷冻室仅放置铜质圆柱进行测量。3h内应达到储藏温度试验中条件Ⅰ中的温度。冷冻室圆柱体放置离底部1/3高度。对冰温室温度无要求。注意：直冷冰箱不测此项。

（三）制冰能力

制冰条件及要求见表1-17（对直冷冰箱还要求0℃≤t_m≤5℃）。

表1-17　制冰条件及要求表

气候类型	环境温度/℃	冷藏室和冷却室温度/℃	水温/℃
SN，N	32	t_1、t_2、t_3≥0 t_{c1}、t_{c2}、t_{c3}≥0	20±1
ST	38		30±1
T	43		

冰盒内的水应在规定的时间内完全结成实冰，或折算成24h制冰量。直冷冰箱为2h，无霜冰箱为3h。

（四）耗电量试验

实测值不应大于额定值的115%。

试验中应注意：

1）测试环境温度要求：SN，N，ST型为25℃，T型为32℃。

2）冷冻室放负载和M包。无霜冰箱冷藏室放M包，直冷冰箱冷藏室放铜质圆柱体。

3）调节温控器的技巧，耗电量可以采用插值法，取中间的值。

（五）负载温度回升试验

回升时间不应小于额定值的90%，但无霜冰箱不小于250min，直冷冰箱不应小于300min，冷冻箱不应小于300min。

（六）冷冻能力

实测冷冻能力不应小于额定值的90%，也不得低于冷冻能力的最低限值。

冷冻能力最低限值为4.5kg/100L（冷冻室），45L以下的冷冻室不得少于2kg。

实施操作

一、工艺检查

1）机壳和桌面铝型材应保证无破损、无烫伤、喷塑均匀、印字无缺陷、字迹清晰。面板应保证无划伤、脱漆，丝印正确、清晰，板面清洁干净。

2）强电座及弱电座螺钉应保证无松动、无烫伤。用弱电导线检验新弱电插座以及强电座，应能轻松插拔。

3）机箱底板变压器及线路板与机箱之间的固定螺钉要装紧。

4）两根铜管连接处不能变形（如扭曲等），热交换器的翅片要整齐，铜管的走向要做到横平竖直。铜管刷漆要均匀，高压管刷红漆，低压管刷蓝漆。

5）两根铜管的焊接处要光滑，铜管的折弯处不能有划伤的痕迹，单接头不能有打滑的痕迹，若有则应予以更换。

6）在系统内压力与外界压力平衡的条件下观测高压和低压压力表的读数，两个表偏差应不超过0.05MPa，否则应予以更换。

二、电气系统的调试

（一）电源及仪表模块ZK-01的调试

电源及仪表模块调试如图1-98所示。

（1）将漏电断路器拨到断开的位置，用电源连接线将电源引入ZK-01挂箱的L1与N1处，注意相线与零线不能接反。

（2）闭合漏电断路器，面板上漏电断路器一侧的电源指示灯应该被点亮，用万用表交流电压250V挡测试L、N处的电压，万用表应该显示220V左右。同时用万用表测试电源插座处的电压，电压应该为220V。用万用表测量插座上的地线，地线应该跟机箱相通，接地电阻不应该大于5Ω。插座上的相线、零线的位置不能接反。

（3）电流表调试。

1）输入端开路，初始化结束后，表头能回零显示；若不能回零，允许残留一个字。

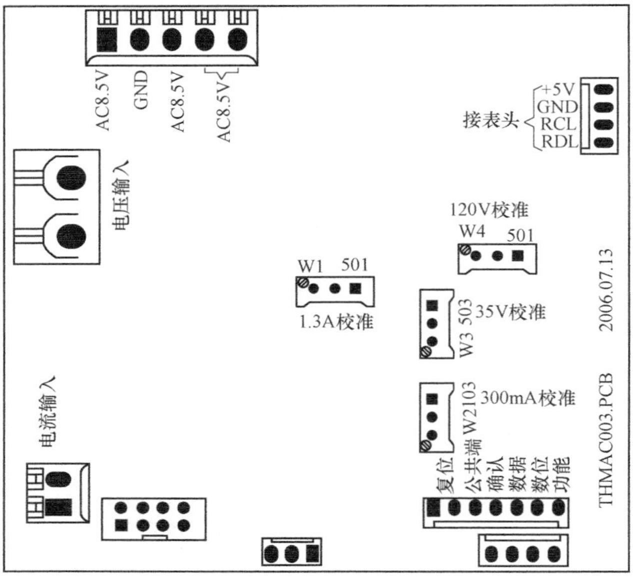

图 1-98 电源及仪表模块调试

2）输入交流电流 1.3A（60Hz），调节电位器 W1（500Ω），使数显显示值与标准表显示值一致。

3）输入交流电流 300mA（60Hz），调节电位器 W2（10kΩ），使数显显示值与标准表显示值一致。

4）要求线性误差满足 ±0.2% 以内，线性误差参考点取值见表 1-18。

表 1-18 交流电流表线性误差参考点取值

被测表挡位	参数表挡位	参数表显示/A	被测表显示下限/A	被测表显示上限/A
0～5A	2000mA	0.200	0.189	0.210
		0.400	0.389	0.410
		0.600	0.588	0.611
		0.800	0.788	0.811
		1.000	0.988	1.012
		1.300	1.287	1.312
		1.500	1.487	1.513
		1.800	1.786	1.813
	20A	2.500	2.485	2.515
		3.500	3.483	3.517
		4.500	4.481	4.519

（4）电压表调试。

1）将输入端短接，初始化结束后，表头能回零显示；若不能回零，允许残留一个字。

2）输入交流电压 120V（60Hz），调节电位器 W4（500Ω），使数显显示值与标准表显示值一致。

3）输入交流电压 35V（60Hz），调节电位器 W3（10kΩ），使数显显示值与标准表显示值一致。

4）要求线性误差满足 ±0.2% 以内，线性误差参考点取值见表 1-19。

表 1-19　交流电压表线性误差参考点取值

被测表挡位	参数表挡位	参数表显示/V	被测表显示下限/V	被测表显示上限/V
0～500V	200V	50.00	49.8	51.1
		100.00	98.8	101.2
		150.00	148.7	151.3
	2000V	200.0	198.6	201.4
		250.0	248.5	251.5
		300.0	298.4	301.6
		350.0	348.3	351.7
		400.0	398.2	401.8
		450.0	448.1	451.9

（二）冰箱电子温控模块 ZK-03 的调试

1）给面板上的熔丝座安装 3A 的熔丝。

2）对照 ZK-03 的接线图，用万用表测量各电源线的接线是否正确。

3）在保证挂箱接线正确的前提下，给挂箱 L、N 两个接线端子接入 220V 交流电源，此时按动化霜开始按钮，面板上的化霜状态指示灯（发光二极管）应该被点亮，用万用表交流电压 250V 挡测量接线柱 L 与 RY02-2 之间的电压，电压应该为 220V。按动化霜停止按钮，化霜状态指示灯熄灭，接线柱 L 与 RY02-2 之间应无电压。测量接线柱 RY02-1 与接线柱 L 之间的电压值，电压应该为 220V。

4）完成上述步骤后，在断电的情况下按照图 1-99 将化霜温度熔丝以及模拟化霜加热器接入到电路当中。给系统接通 220V 电源后，按一下化霜开始按钮，这时模拟化霜加热器指示灯及化霜状态指示灯将会被点亮。

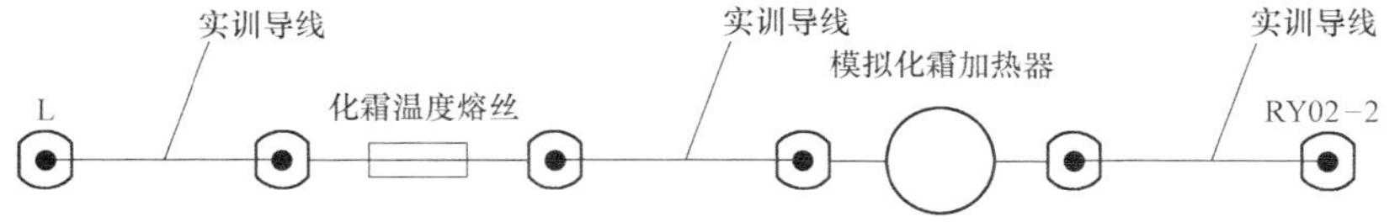

图 1-99　电子温控模块调试接线图（一）

5）给模拟管道/流槽加热器指示灯接通 220V 电源后，该指示灯应能够正常发光。

6）在断电的情况下将冷藏室温度传感器接入电路中，接通电源，用万用表交流电压 250V 挡测量 L 接线柱与 RY01 之间的电压，电压应该有 220V。

7）在断电的情况下将冷冻室温度传感器接入电路中，接通电源，按动化霜开始按钮，模拟化霜加热器指示灯以及化霜状态指示灯亮，当松开手后，两个指示灯同时熄灭。

8）完成上述步骤后，在断电的情况下将冷藏室温度传感器以及冷冻室温度传感器接入面板上对应的位置，然后按照图 1-100 将电源线连接好。接通电源，此时应能看到负载电动机开始工作。按下化霜开始按钮并使之保持在该状态，电动机停止工作，模拟化霜加热器以及化霜状态指示灯点亮；松开化霜开始按钮后，化霜状态指示灯以及模拟化霜加热器指示灯熄灭，负载电动机开始工作。

9）用万用表直流 20V 挡测量冷藏室温度传感器和冷冻室温度传感器两端的电压，常温

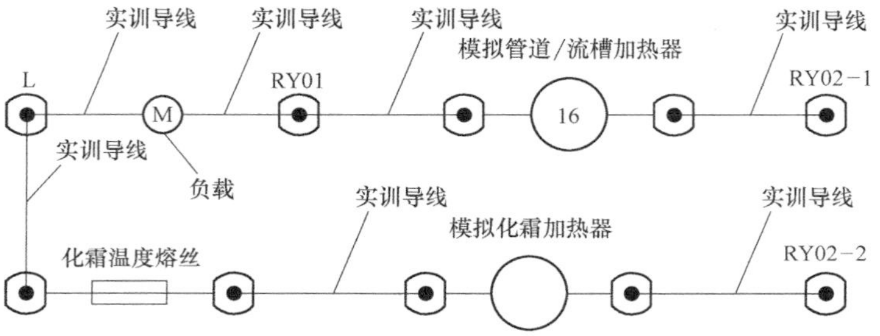

图 1-100　电子温控模块调试接线图（二）

下电压值应分别为 2.1V 和 1.63V 左右，具体数值应该根据当天的气温来定（注：以上所说的传感器均为工装，即没有接在铜管上的传感器，传感器所处环境为空气温度）。

10）将图 1-100 中的负载电动机去掉，换成电冰箱制冷系统中的压缩机，同时将两个传感器也换成制冷系统管路上的传感器，接线时参考接线图。接通电源使制冷系统开始工作，工作一段时间之后就能看到压缩机停机现象，压缩机停机时模拟管道/流槽加热器指示灯会点亮。此时按动化霜开始按钮，模拟管道/流槽加热器指示灯熄灭，模拟化霜加热器指示灯及化霜状态指示灯点亮，随着时间的推移，化霜状态指示灯以及模拟化霜加热器指示灯应该能够自动熄灭。熄灭后压缩机起动，开始正常工作。

（三）冰箱智能温控模块 ZK-04 的调试

1）给面板上的熔丝座安装上 3A 的熔丝。

2）将万用表调到 200kΩ 电阻挡，万用表红表笔接入面板上的冷藏室温度传感器右侧的接线柱，黑表笔接入面板上的冷藏室温度传感器左侧的接线柱，此时万用表显示阻值应该为 19.9kΩ，交换两只表笔进行测量，其阻值应该变为 16.1kΩ，误差不应该超过 0.5kΩ。

3）将万用表调到 200kΩ 电阻挡，万用表红表笔接入面板上的冷冻室温度传感器右侧的接线柱，黑表笔接入面板上的冷冻室温度传感器的左侧的接线柱，此时万用表显示阻值应该为 22kΩ，交换两只表笔进行测量，其阻值应该变为 16.38kΩ，误差不应该超过 0.5kΩ。

4）将万用表拨到二极管挡，红、黑表笔分别接在模拟门灯右侧的接线柱和 N 接线柱之间，同时将面板上的模拟门开关拨到开门的位置。此时，万用表若发出蜂鸣声，即表示此时两点接通，拨到关门位置则表示两点断开。

5）打开挂箱，面板上电磁阀接线柱的相线应该接在机箱内 PCB 的 E1-L 的位置，零线应该接在 E1E2-N 的位置，面板上压缩机接线柱的相线应该接在机箱内 PCB 的压缩机 L 的位置，零线应该接在压缩机 N 的位置。

6）检查机箱 PCB 上的辫子线接线与面板上的 PCB 小四和小二插帽辫子线的接线对应是否正确，其辫子线接线图样如图 1-101 所示。

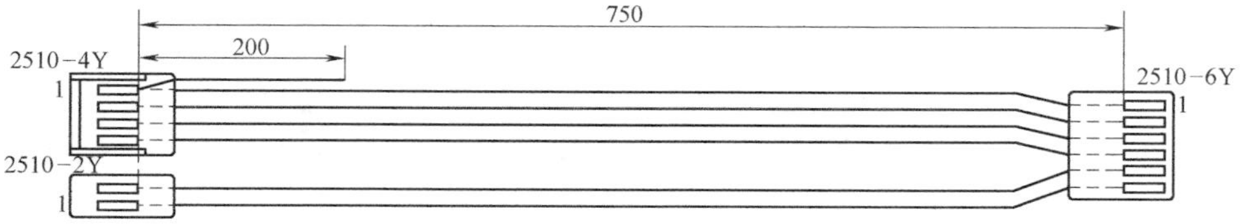

图 1-101　辫子线接线图

7）在检查接线无误的情况下，给挂箱接入220V交流电源，此时面板上显示屏应该被点亮，显示效果应该正常，按动面板上的按键，每按动一次，应该有一次蜂鸣声。

显示屏的具体显示如图1-102所示。

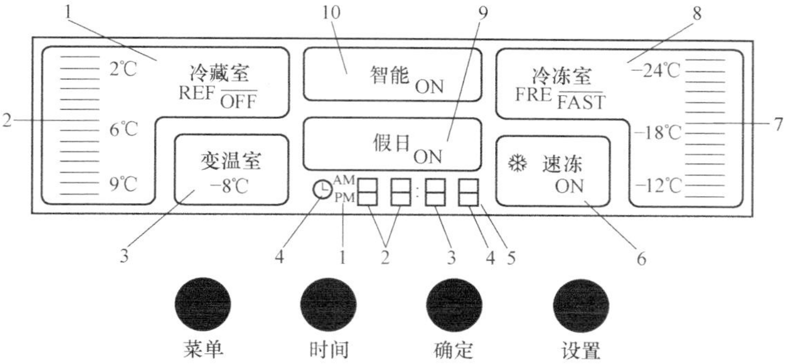

图1-102　显示屏的具体显示

1—冷藏室控制区　2—冷藏室温度条　3—变温室控制区　4—闹钟图标　5—时钟区
6—速冻控制区　7—冷冻室温度条　8—冷冻室控制区　9—假日控制区　10—智能控制区

按键功能说明：

（1）“菜单”键。按此键即进入如下功能循环：冷藏室-冷冻室-变温室-速冻-智能-假日，同时时钟区的④位置显示相应功能序号，即1－2－3－4－5－6。通过按“设置”键可调整所需功能，再按“确定”键确认该功能（如不按“确定”键该选择无效），并转入下一个功能，如不做选择则8s后退出功能设置。

（2）“时间”键。按此键时钟区①、②、③、④即从左至右循环闪烁，按“设置”键可以将闪烁数字调整到所需时间，并按“确定”键确认，AM（表示上午）、PM（表示下午）则相应变动。长按“时间”键4s则进入闹钟控制状态，闹钟图标亮起（如果已经进入闹钟控制则按退出处理），同时时钟区开始闪烁，调整方法同上（注意：调整闹钟时间只能在进入闹钟时才能进行）。

按键每按一下，背光灯亮并有“嘟”声发出，1min后自动熄灭。

同时按“菜单”键、“时间”键，背光灯亮1h，反之退出。

（3）温度调节。

1）冷藏室温度的调节。按一下“菜单”键则冷藏室温度条开始闪烁，然后按“设置”键即可调整冷藏室温度，再按“确定”键确认。

2）冷冻室温度的调节。按两下“菜单”键则冷冻室温度条开始闪烁，然后按“设置”键即可调整冷冻室温度，再按“确定”键确认。

3）变温室温度的调节。按三下“菜单”键则变温室温度条开始闪烁，然后按“设置”键即可调整变温室温度（调整范围为－7～3℃），再按“确定”键确认。

注：由于该实训台上没有配备变温室，所以在检测变温室时，只要变温室显示正常即可，其他不作过多的要求。

（4）速冻控制。按四下“菜单”键则速冻控制区“ON”及冷冻室控制区“FAST”开始闪烁，然后按“设置”键即可进行速冻时间的设置（速冻时间在时钟区②位置显示并闪烁，调整范围为 0～24h）。

如在速冻中途要退出速冻状态，按上述操作并将速冻时间调整至 0 即可。

（5）智能控制。按五下“菜单”键则进入智能选择状态，然后按“设置”键即可开启和关闭智能温控功能（“ON”亮表示智能功能开启，反之则关闭），再按“确定”键确认该选择。

在智能控制状态下，冷藏室会随环境温度的变化、用户对食物的贮存习惯的变化而将温度自动控制到最佳状态。

在非智能控制状态下，系统进入数字控制模式，冷藏室内温度按设定的数字控制。

（6）假日功能。按六下“菜单”键则冷藏区“OFF”开始闪烁，此时按“设置”键可选择假日功能，假日控制区“ON”亮表示假日功能开启，冷藏室关闭，最后按“确定”键确认该选择。

（7）保护功能。当冷藏室门开启超过 30s，冰箱会发出“嘟、嘟”警告声，直至冷藏室门关好为止。

1）在断电的情况下，将压缩机、电磁阀、冷藏室温度传感器、冷冻室温度传感器以及门灯的接线柱分别与实训台上对应的接线柱相连接。然后接通电源。此时压缩机与电磁阀同时得电，压缩机起动，电冰箱开始运行，在电磁阀的控制下给冷冻室供液，同时冷藏室温度传感器检测冷藏室温度，当冷藏室温度传感器检测到冷藏室温度高于设定值时，电磁阀掉电，开始给冷藏室供液，即调试时需要看到电磁阀能够不断地在得电与掉电状态之间切换，若不能切换则存在问题。

2）将模拟门开关拨到开门的位置，此时门灯应该被点亮，使门灯保持在点亮状态，则一段时间过后蜂鸣器应该发出蜂鸣声。

（四）安全性能检测

1. 测试绝缘电阻　在实训装置交付使用之前，用 500V 绝缘电阻表测量电冰箱电气系统的绝缘电阻，应不小于 2MΩ，单独测量压缩机则以不小于 5MΩ 为合格。

2. 测试接地电阻　实训装置应有良好的接地，用接地电阻测试仪测量接地端与金属外露部分之间的接地电阻，应不大于 0. 1Ω。

3. 测试泄漏电流。实训装置的电冰箱系统正常运转后，测量电源线与电冰箱金属外露部分之间的泄漏电流。应不大于 1. 5mA。

三、制冷系统的调试

调试环境应在电冰箱允许的范围内，温度符合气候条件类型，相对湿度为 45%～75%；空气速度不大于 0. 25m/s，冷凝器距墙大于 100mm。冰箱的检测项目有以下几种：

（一）降温和保温性能

将温控器调节旋钮调至中间位置，关上箱门，起动压缩机并运行 30min 左右，打开箱门观察蒸发器是否结满均匀的霜。用手指蘸上水接触蒸发器各个端面，如均有冻粘的感觉，就表明制冷性能正常。用冰箱配备的冰盒装满 25℃左右的水放入冷冻室内，应在 2～3h 内结成实冰。

在环境温度为 32℃、相对湿度为 70%～80% 的条件下，电冰箱稳定运行后，箱体表面不应出现凝露现象。

将温度控制器调整到一定的位置，电冰箱在空箱状态下至少通电 12h，使电冰箱达到动态平衡。在冰箱冷藏室后内壁与门关闭时前内壁的中心位置，由上至下测量均匀分布的三个点的温度值，然后求它们的平均值。冷藏室的三个测点温度都在0～10℃之间，平均温度小于5℃为正常，冷冻室温度达到星级规定的温度为正常。

（二）耐泄漏性能

用电子检漏仪检查制冷系统的各焊口，不应有泄漏现象。

（三）温度控制性能

将电冰箱温控器调节旋钮调至中间位置，压缩机运行2h以后应能自动停机，并在停机一定时间后又自动开机，即为正常。

（四）制冷剂充注量的观察

电冰箱进入稳定运行后，观察吸气管在箱体背后出口附近及压缩机附近的结霜、结露情况。当环境温度为25～30℃时，吸气管在箱体外无霜或出现不大于200mm的结露段，压缩机附近吸气管温度略低于室温但无凝露现象，即为合格。若吸气管结露段过长，甚至结到压缩机附近，或在邻近压缩机的地方出现结露现象，则说明是制冷剂充注过量，即使制冷性能可以满足要求，也会造成电冰箱压缩机的耗电量增大。箱内温度符合要求，蒸发器结霜满而实，冷凝器热度合适，低压吸气管接近常温，压缩机运转电流、温度在额定范围，工作时间系数较小，说明制冷剂充注量正常。

（五）振动与噪声

电冰箱运行时的噪声值应在允许的范围内，一般不应大于40dB，振动幅度不应大于0.5mm。

（六）起动性能

在电压为220V的条件下，人为开停机3次，运转与停机均为3min，不允许发生保护现象。

📖 工作页

电冰箱的调试与运行				**工作页编号：DBX1-5**	
一、基本信息					
学习小组		学生姓名		学生学号	
学习时间		指导教师		学习地点	
二、工作任务					
1. 电冰箱的电气性能测试。 2. 电冰箱的制冷系统性能测试。 3. 试运行。					
三、制定工作计划（包括人员分工、操作步骤、工具选用、完成时间等内容）					

（续）

四、安全注意事项（人身及设备安全）
五、工作过程记录
六　任务小结
七、教师评价
八、成绩评定

考核评价标准

序号	考核内容	配分	要求及评分标准	评分记录	得分
1	电气性能测试仪器的使用	40	绝缘电阻测试仪 要求：按规程熟练操作、准确 评分标准：动作熟练、准确得10分，不熟练扣5分，出现触电现象不得分		
			泄漏电流测试仪 要求：按规程熟练操作、准确 评分标准：动作熟练、准确得10分，不熟练扣5分，出现触电现象不得分		
			电气强度测试仪 要求：按规程熟练操作、准确 评分标准：动作熟练、准确得10分，不熟练扣5分，出现触电现象不得分		
			接地电阻测试仪 要求：按规程熟练操作、准确 评分标准：动作熟练、准确得10分，不熟练扣5分，出现触电现象不得分		
2	制冷系统的调试	30	降温和保温性能 要求：达到实训装置的参数要求 评分标准：达到得10分，否则不得分		
			耐泄漏性能及制冷剂充注量的观察 要求：达到实训装置的参数要求 评分标准：达到得10分，否则不得分		
			温度控制性能 要求：达到实训装置的参数要求 评分标准：达到得5分，否则不得分		
			噪声和起动性能 要求：达到实训装置的参数要求 评分标准：达到得5分，否则不得分		
3	工作态度及与组员合作情况	20	1. 积极、认真的工作态度和高涨的工作热情，不一味等待老师安排指派任务 2. 积极思考以求更好地完成工作任务 3. 好强上进而不失团队精神，能准确把握自己在团队中的位置，团结学员，协调共进 4. 在工作中谦虚好学，时时注意自己不足之处，善于取人之长补己之短 评分标准：四点都表现好得20分，一般得10～15分		
4	安全文明生产	10	1. 遵守安全操作规程 2. 正确使用工具 3. 操作现场整洁 4. 安全用电，防火，无人身、设备事故 评分标准：每项扣2.5分，扣完为止；因违规操作发生人身和设备事故的，此项按0分计		

任务六　家用电冰箱故障检修

任务描述

1）电冰箱制冷系统故障判断与检修。

2）电冰箱电气系统故障判断与检修。

任务目标

1）知道电冰箱制冷系统正常工况。

2）懂得故障分析和判断的基本准则。

3）能对电冰箱电气系统的故障进行分析、判断与排除。

4）能对电冰箱制冷系统的故障进行分析、判断与排除。

5）懂得电子温控电路的常见故障与处理方法。

6）能检测自动化霜电路部件的好坏，知道该部件损坏时的相应故障现象。

任务准备

1. 工具器材

1）真空泵一台、双表修理阀一只（配三色加液管）、氧气和氮气各一瓶、焊炬一套、肥皂一块、数字万用表一台，电烙铁、剪刀、剥线钳、镊子、尖嘴钳、斜口钳、一字螺钉旋具、十字螺钉旋具各一。

2）亚龙 YL—ZWⅢ型制冷制热实验设备一套。

2. 实施规划

1）相关知识和技能的掌握。

2）完成亚龙 YL—ZWⅢ型制冷制热实验设备的故障排除。

3）完成工作页。

3. 注意事项

1）按维修规程检修电气和制冷系统故障。

2）正确使用仪器工具。

任务实施

知识准备

一、维修中的注意事项

（一）维修场地的选择

1）要避免有灰尘、潮湿或有易燃性物质堆积的地方。

2）要选择通风良好的地方。

3）要有足够的电源。

（二）搬运注意事项

电冰箱倾斜角度应小于45°，以免压缩机吊簧脱离。同时防止压缩机内冷冻机油从回气管中流进低压室，当再开起压缩机制冷时，冷冻机油被吸入气缸内，不但会使压缩机的负荷短时间内增加，还会使冷冻机油随制冷剂送入冷凝器，再通过干燥过滤器进入毛细管，堵塞管道形成油堵。

（三）设备和器件放置注意事项

1）乙炔钢瓶和氧气钢瓶最好分开放置。

2）制冷剂钢瓶应正置。

3）压缩机正置，各管口堵好，以避免脏物进入。

4）干燥过滤器在使用时才能打开包装。

（四）设备使用注意事项

1. 焊接设备　乙炔瓶减压阀设置低压压力为0.05MPa，氧气瓶减压阀设置低压压力为0.01～0.02MPa。点燃火焰时，先开焊炬上的乙炔阀，点火后，再开焊炬上的氧气阀。关闭火焰时则相反，即先关闭焊炬上的氧气阀后再关闭乙炔阀。焊接电冰箱制冷系统前，一定要把系统内的所有制冷剂排放掉。设备使用完毕后，应随手将钢瓶上的阀门关闭。

2. 制冷剂瓶　应随时关闭阀门，包括空瓶，以免空气入内。远离热源，严禁用焊炬火焰对制冷剂钢瓶加热，否则会引起爆炸，运输过程中应避免碰撞。

3. 真空泵　使用前应检查油位，不能低于油位线，使用R134a制冷剂的冰箱与使用R600a制冷剂的冰箱不能共用一台真空泵。

4. 胀管器　扩杯形管口时，铜管管口应预留10～15mm，扩喇叭口时应预留2mm。

5. 万用表　测量电阻一定要在断电情况下进行，测量电压、电流时人体不能接触到器件引脚及接线，以免触电。万用表的挡位不能选择错，否则可能会烧坏万用表。

（五）箱体维修注意事项

不能烫伤、划伤箱体及内胆，在为镶嵌或修复蒸发器进行焊接时，要尽量远离内胆，最好在内胆上放置隔热板。

（六）电气系统维修注意事项

带电维修时，人体不能接触到电气系统器件接插头。电气系统各器件与交流220V电压连接，测量器件电阻时，一定要断电进行。拆卸器件时一定要记住各颜色线所在位置，更换有三个及以引脚上的器件时，最好边拆边装。地线万万不能插错。

（七）制冷系统维修注意事项

下面按制冷系统维修顺序分别介绍维修时的注意事项。

1. 放气时　保证维修场地通风良好，不能有明火。使用R600a制冷剂的机型，还要打开地面排风扇，严禁在用户家中打开制冷系统。一般电冰箱应打开压缩机工艺管放气；因维修工艺不当导致的冰堵机打开毛细管放气；对于焊堵机，应依次切割开毛细管、干燥过滤器、压缩机工艺管放气。

2. 气焊前　一定要确认系统内制冷剂已全部排放掉，一般电冰箱打开压缩机维修管口即可排放掉所有制冷剂。若二次返修机、遇有冰堵故障，需停机24h等冰堵消失后，再打开毛细管放气，且务必做到两管口均有气体排出；遇有焊堵时，需先切割开毛细管放气，务必保证两管不被封死，再切开干燥过滤器放气，最后切割开压缩机工艺管放气。

3. 制冷管路连接前　两管口均要打磨干净，普通管口之间插入1～1.5cm；毛细管插入干燥过滤器和蒸发器变径管（胀管后直径发生了变化的管）内1.5cm左右；镶嵌蒸发器机型时，毛细管与蒸发器之间应接入一段变径管，以保护毛细管和便于管路之间插接。

4. 制冷管路焊接　用中性焰的焰心顶部加热，不能长时间用很多钎料焊接一个焊口。铜管与铜管之间焊接采用银钎料，铜管与其他金属管路焊接采用铜钎料；焊接普通管路时，对两管口连接处及周期加热；焊接毛细管时，不能对毛细管加热，只能对干燥过滤器或蒸发器变径管管口中部加热，以免熔化或焊细毛细管。铜管和铝管之间采用冷挤压连接管来焊接。

5. 压力检漏　打压压力要适中，过高会导致系统管路爆胀，过低不宜找到漏点。在确认制冷系统存在漏点时，如打总压不漏，则漏点一般在高压管路。

6. 抽真空　用真空泵抽真空之前，应先查真空泵油位线处于正常位置，抽空时间不少于2h。

7. 充注制冷剂　充注的制冷剂型号要相同，充注前一定要先把加液管内的空气排出，每次充注后应随手关闭制冷剂瓶阀门。对电冰箱充注液态制冷剂（即制冷瓶倒置）一定要在停机情况下进行，以免液击压缩机阀门，导致压缩机损坏。充注过程中噪声突然变大的原因是制冷系统堵塞（多为焊堵或脏堵）；冷凝器局部烫手局部常温是由抽空不干净造成；回气管结霜是因为充注制冷剂过量。

8. 封口　封口钳口要适中，封口过大时不严，过小时容易钳断封口处。

（八）使用R600a制冷剂的冰箱制冷系统检修注意事项

1. 维修场地　①严禁吸烟；②配备消防器材，通风良好；③配备泄漏检测仪/R600a传感器（如条件允许）；④应有R600a专用排风设备，工作时必须开启，由于R600a密度比空气大，排风口必须设在接近地面处；⑤通风设备及场地内的电器应采用防爆型；⑥场地内不得有沟槽及凹坑；⑦场地应有防火标志。

2. 维修设备　①R600a贮罐应单独放置在－10～50℃的环境中，且通风良好，并贴警示标签；②检漏设备须确保能用于R600a制冷剂；③R600a冰箱须使用专用的防爆型真空泵和充注设备，由于冷冻机油不同（R134a冰箱使用酯类油，R600a冰箱使用矿物油），不允许和R134a冰箱的维修设备混用；④由于R600a冰箱的充注量只有R134a冰箱的40%～50%，故冰箱的抽真空和充注设备应确保一定的精度，真空度应低于10Pa，充注量偏差小于1g；⑤R600a维修工具中与制冷剂接触的维修工具应单独存放和使用，不得和R134a冰箱的维修工具混用。

3. 维修技术　①不允许在用户家中打开制冷系统；②冰箱维修前应从压缩机的铭牌上确定制冷剂的类型；③由于R600a制冷剂对冷冻机油的溶解性较强，加之其压力较低，冰箱工作时低压侧通常为负压，故对制冷系统进行维修焊接前，应确保系统内R600a排放干净，通常应先打开高低压工艺管进行排放，然后使用R600a专用真空泵对高低压侧进行抽真空，同时用手轻摇压缩机；④若更换压缩机，充注量为冰箱参数标牌上的标称值，如不更换压缩机，充注量则为标称值的90%；⑤系统封口不得使用明火，可用超声波焊接或锁环；⑥对更换下来的压缩机必须密封管口；⑦由于R600a冰箱工作时，低压侧为负压，故检漏时冰箱应为停机状态；⑧R600a冰箱冷藏室的温控器、灯开关与制冷剂不接触，可与R134a冰箱通用；R600a冰箱使用的干燥剂同R134a冰箱相同，干燥过滤器可通用（仅限未使用过的新干燥过滤器）；⑨R600a双毛细管冰箱的电磁阀须为防爆型，不能与R134a冰箱混用。⑩R600a冰箱的压缩机附件（PTC和过载保护器）不能与R134a冰箱混用。

（九）使用R134a制冷剂冰箱的制冷系统检修注意事项

1）使用以R134a为制冷剂的压缩机。

2）制冷管路内不能有矿物油、石蜡、氰化物。

3）使用专用于 R134a 的过滤器。

4）采用 R134a 专用抽真空和制冷剂充注设备。

5）组装前保证零件的密封。

6）系统敞开时间不能超过 15min，系统敞开时，不要振动压缩机，避免充注量增大。

7）维修场地要干净、干燥，管路装配者的手应无油无尘。

8）快换接头应经常检验及维修。

二、R134a 电冰箱维修技术

（一）R134a 制冷剂的特点

同 R12 压缩机相比，R134a 压缩机的噪声会略有增加，且需增加 10% ~15% 的气缸容积，以保证相同的制冷能力。在电机设计上，R134a 制冷剂要求效率更高的电机，以适应更恶劣的系统工作环境，压缩机中冷冻机油须用酯类油代替，矿物油或烷基苯油与 R134a 的亲合力不好，不能使用。由于酯类油比目前所有的 R12 压缩机用冷冻机油吸水性更强，所以应严格控制酯类油的含水量在 0.006% 以下，并且在更换压缩机时敞口时间不超过 15min。

（二）常见故障及维修

R134a 与 R12 相比吸气压力较低，排气压力较高，压比更大。R134a 制冷量小，要获得相同制冷量，需选用排气量大一些的压缩机，同时毛细管要作适当调整以加大制冷量，制冷剂充注量比 R12 减少 15% 。

1. 制冷剂泄漏　首先充注氮气，用肥皂水检漏，也可用专用电子检漏仪检漏，但不能用卤素检漏仪检漏。找到漏点后进行处理的方法与 R12 基本相同，只是要求抽空时间更长，维修要快速完成。因为 R134a 压缩机对制冷管道的残留水分和杂质含量要求相当严格，一旦发现制冷剂泄漏，干燥过滤器必须换掉。

2. 脏堵　R134a 电冰箱的脏堵主要是由于管路中水或氯和酯类油或 R134a 反应生成沉淀物腐蚀并堵塞管路，或由于管道本来不清洁有杂质等，最终堵塞干燥过滤器、毛细管，导致冰箱不制冷。本故障的处理方法与 R12 冰箱相同，即换干燥过滤器（堵塞严重时毛细管也得更换），用高压氮气吹通，吹净管路、检漏、抽空、充制冷剂、封口等，同样要求快速完成。

3. 冰堵　如果出现周期性不制冷现象，且在不制冷时用热毛巾敷毛细管与干燥过滤器连接部位便很快恢复制冷，则可判定为冰堵。

冰堵是由于制冷系统含水量超标，水在温度较低的干燥过滤器与毛细管连接部位结冰而堵塞毛细管。由于酯类油有极强的吸水性，极易吸收水分而变质，加之 R134a 水溶性较 R12 更差，因此 R134a 冰箱更易发生冰堵故障，处理方法与 R12 冰箱基本相同。

（三）维修工艺

R134a 电冰箱系统维修与 R12 电冰箱系统维修基本一致，但是由于 R134a 化学性能不稳定，容易与水发生去卤反应，而使系统管道内酸化、锈蚀，阻塞系统，造成电冰箱无法修理，所以在修理过程中，一定要充氮置换焊接管道。具体操作方法如下（以更换干燥过滤器为例）：

1）切开电冰箱工艺口，将系统中的制冷剂完全排放。

2）拆下电冰箱干燥过滤器。

3）在工艺管道上制作工艺接口，并连接好氮气减压阀及氮气瓶，用 0.3MPa 压力充氮气约 10s，确认高压管道均有氮气排出。

4）焊接好电冰箱干燥过滤器。

5）充入氮气，打压检漏。

6）抽真空，加氟利昂。

7）运行调试。

8）封口检漏。

9）试运行，交付使用。

（四）维修操作中的特殊要求

1）压缩机打开口到抽真空之间的时间应小于10min，其他部件打开的时间应不超过15min。

2）抽真空时间应不小于20min。

3）电冰箱若发现泄漏，则需要更换压缩机，焊接前需先吹氮气。

4）只要打开制冷系统就必须更换干燥过滤器。

5）在对制冷系统进行钎焊时，要尽量用干燥焊剂，如没有也可用铜银钎料或低银钎料施焊，不用焊剂。

6）维修普通电冰箱所使用过的充冷软管、接头、三通修理阀、钢瓶以及与R12或其他制冷剂有关的一切工具，均不能用于R134a冰箱制冷系统的检修。如果一定要用，必须先用R134a清洗干净。

三、R600a电冰箱维修技术

（一）制冷剂性质

R600a又名异丁烷（2-甲基丙烷），属碳氢化合物，相对分子质量为58，分子式结构为C_4H_{10}。R600a比空气密度大，很易聚集，是无色气体，微溶于水，性能稳定，其消耗臭氧潜能值（ODP）和全球增温潜能值（GWP）为0，有别于以往的制冷剂如R12，R134a等。它最大的特点是与空气能形成爆炸性混合物，当其含量达到可燃范围时，如遇明火等即刻会引起爆炸，所以安全是最应注意的问题。

（二）引起燃烧爆炸的主要原因

1）泄漏。

2）达到可燃范围1.8%～8.5%（体积比）。

3）点火的能量大于170J。

在这三个条件同时发生时，才有可能引起爆炸。

（三）制冷系统简介

1. R600a压缩机

1）异丁烷（R600a）与目前传统的矿物油和烷基苯油能完全相溶，故压缩机的制造工艺无需更改。

2）R600a压缩机气缸容积在R12基础上增大65%～70%，外形尺寸基本不变，对压缩机的泄漏必须进行更为严格的控制。

3）同R12相比，功率相同的电动机所配压缩机的制冷量基本相同。

4）由于异丁烷的易燃性，必须对电器元件进行改动，R600a压缩机的起动继电器应采用PTC元件且密封，绝对不能使用重锤式起动继电器；R600a压缩机铭牌上应有黄色火苗易燃标志。

2. 制冷系统热交换器　用于R12系统的冷凝器和蒸发器同样适用于R600a系统，但需要进行必要的匹配调整。

3. 材料相容性　异丁烷与钢、纯铜、黄铜、铝、氯丁橡胶、尼龙和聚四氯乙烯相溶，这些相溶的材料均可用于 R600a 系统，硅和天然胶与 R600a 不相容，故不能用于 R600a 系统。

4. 毛细管　用于 R12 系统的毛细管同样适用于 R600a 系统，只是流量稍有区别。

5. 干燥过滤器　目前用于 R12 系统的干燥剂均可用于 R600a 系统中。考虑到 R600a 的结构性质，生产维修中要求使用专用干燥过滤器 XH9。

6. 充注量　R600a 的冲入量相当于 R12 的 40% 左右，因此需要高精度的制冷剂充注设备和校准设备。

7. 电磁阀　用于 R12 系统的电磁阀同样适用于 R600a 系统。

（四）R600a 电冰箱维修工艺

不管系统是否有泄漏，所有打火的电器元件区域中 R600a 的浓度不能达到爆炸极限。因为 R600a 比空气密度大，因此要求维修现场保证良好的通风条件。在充注制冷剂时，为避免产生静电从而产生火花的可能，要求所有设备必须可靠接地，所有的接线必须牢固，绝对不允许有接错现象。R600a 冰箱维修工艺步骤如下。

1. 系统排空

（1）高压段排空。

1）工艺装备：排空钳、压力表、R600a 抽空充注设备。

2）工步内容及要求：

① 先检查排空钳导管和胶垫的密封性能，确认密封良好。排空钳的刺针退回在初始位置后，将排空钳的排空导管引出室外（或打开专用排空设备），再将排空钳夹在干燥过滤器上，拧紧刺针刺破管路，推出刺针。

② 插上冰箱电源，运行 5min。

③ 拔掉冰箱电源，轻轻振动压缩机，这时压缩机内溶解部分 R600a 释放出来。

④ 暂停 3min 后，再接通电源运行 5min，使管路系统内的丁烷含量减至最小。

⑤ 拧紧排空钳刺针，密封干燥过滤器排气孔，断开冰箱电源。

3）注意事项：

① 进入维修场地前，首先应检查场地附近无火源、保证无火源后进入维修场地，打开通风系统后才能进行制冷维修工作。

② R600a 制冷剂不能排放在室内。

③ 现场必须打开门窗，打开通风设备，以免造成 R600a 制冷剂在室内聚积。

④ 管路内 R600a 制冷剂必须排除干净，排空时间要保证。

⑤ 系统中的 R600a 制冷剂排空前，坚决不能动用明火操作。

⑥ 为了避免产生静电从而产生火花的可能，要求所有设备必须有可靠的接地，所有的接线牢固，绝对不允许有接错现象。

⑦ 维修场地通风设备和电器设备应使用防爆型的，条件不允许时要求抽风机一定是防爆型。

⑧ 总电源开关应设在场地之外，并有防护装置。

（2）低压段排空。

1）工艺装备与高压段排空相同。

2）工步内容及要求：

① 准备另外一把排空钳，检查好密封性能及确认刺针已退回初始位置后，将排气导管与抽空设备的 R600a 低压阀连接，确认抽空充注设备各阀门及软管密封后，将排空钳夹在压缩机工艺管上，拧紧刺针刺破管路，推出刺针。

② 打开抽真空设备电源，依次旋开 R600a 低压阀及真空泵阀、真空表阀，对制冷系统低压侧进行抽空，抽真空 10min，旋紧 R600a 低压阀、真空泵阀及真空表阀。

③ 关闭抽真空充注设备电源，卸下排空钳。

3）注意事项与高压段排空相同。

2. 更换压缩机及干燥过滤器

（1）工艺装备：毛细管钳、焊具、切管器、螺钉旋具、镜子、肥皂水、砂纸。

（2）工步内容及要求：

1）先拆下压缩机附件。

2）用毛细管钳在距过滤器焊点 1cm 处将毛细管剪断。

3）打开工艺管，用气焊将故障压缩机及干燥过滤器连接的管路焊点焊开。

4）拆下故障压缩机及过滤器，对各管路用氮气清洗 5s 以上，用白纸检查高、低压侧出口有无油污及杂质吹出。

5）为防止过多的空气进入系统，吹氮气后将各管路口堵上。

6）更换新的 R600a 压缩机，装回压缩机附件，重新焊接好与压缩机相连的管路接口并检查焊点质量。

7）更换上 R600a 专用的 XH—9 型干燥过滤器，焊接好与之相连的各挂表凝露接口，检查焊点质量。

8）在压缩机工艺口接上汉森阀，将系统充入氮气，冲入氮气压力不高于 0.8MPa，用肥皂水检查各焊点是否泄漏。

9）通过保压试验确认系统无泄漏后，拔下快速接头，放掉系统内氮气。

（3）注意事项：

1）系统内 R600a 制冷剂排空不干净，不能动用焊炬。

2）现场通风设备要正常。

3）乙炔瓶、氧气瓶必须保持一定距离。

4）乙炔管、氧气管无破裂情况。

5）不允许在用户家打开制冷剂系统操作。

6）换下的压缩机，在贮存或运输时应事先将压缩机油倒掉并密封各管口。

3. 系统抽空

（1）工艺装备：R600a 抽空充注设备。

（2）工步内容及要求：

1）通过各连接软管将制冷剂及压缩机工艺管与抽空灌注设备连接。

2）抽空前检查各连接软管是否连接良好及密封性能是否良好，抽空充注设备各阀是否关闭，确认无误后打开抽空充注设备电源，依次旋开制冷剂阀、R600a 低压阀、真空泵阀及真空表阀，对制冷剂连接软管、R600a 充注软管及冰箱制冷系统进行抽真空。

3）一般应抽真空 30min 以上，对于系统“堵”的冰箱可适当地延长抽空时间，当真空泵压力达到 100Pa 后依次关闭 R600a 低压阀、真空泵阀及真空表阀。

4）关闭抽空充注设备电源。

（3）注意事项：保证抽空时间大于 30min。

4. 系统灌注

（1）工艺装备：R600a 抽空充注设备、电子秤。

（2）工步内容及要求：

1）将制冷剂管倒立于电子秤上，将电子秤清零，再依次打开制冷剂瓶阀、制冷剂阀、R600a 低压阀。

2）插上冰箱电源，打开各阀。此时电子秤读数出现负数，数值逐渐增大，当读数值达到所要充注入制冷系统的规定量后，迅速关闭制冷剂阀，旋紧制冷剂阀，停止充注，再打开 R600a 低压阀将连接软管内残留的 R600a 制冷剂充注入制冷系统。严格保证充注量的准确性。

3）冰箱运行 5min 后依次关闭并旋紧制冷剂阀、R600a 低压阀，取下快速接头，拔下冰箱电源插头。

（3）注意事项：

1）随时观察电器设备有无打火现象。

2）贮存 R600a 的仓库，必须配有独立的通风系统，通风量至少为 10 次/h，库内不应设置其他电器设备，并且通风机开关箱应设置于门外，防止开关产生的电火花。

5. 系统封口

（1）工艺装备：焊炬、洛克环、密封液、封口钳。

（2）工步内容及要求：

1）系统封口必须用洛克环。用封口钳垂直于压缩机工艺管夹紧管路，再取下汉森阀，用砂纸（粒度大于 400#的砂纸）旋转打磨清洁工艺管口，擦拭干净后，均匀涂抹上密封胶，套上堵头洛克环。为了充分密封，可旋转洛克环几周，使密封液均匀分布于相连接的管路的金属接触面。

2）用压接钳将堵头洛克环逐步压接到位，压接过程要求平稳用力，不能晃动，封口后，需要用肥皂水对封口处进行检漏。

3）确认封口无泄漏后，插上冰箱电源，检查压缩机及冰箱运行情况，保证冰箱正常修复（运行 10min 后将专用排空设备关闭）。

4）更换下的压缩机，贮存运输前应在通风处或室外将压缩机油倒掉并封住各管口。

（3）注意事项：

1）不能用气焊封工艺管口。

2）不能用明火对工艺管口进行检漏。

3）倒罐人员必须为事先受过专业培训的指定人员。

4）维修场地内要备有两个灭火器并放置在随手可触的地方。

四、制冷系统故障检修方法

（一）维修工具

1）日常工具类：活动扳手、钢丝钳、尖嘴钳、一字形及十字形螺钉旋具、测电笔、电烙铁、钎料、焊剂、卷尺、小毛刷、电吹风等。

2）仪表类：压力表、万用表、钳形电流表、绝缘电阻表、电容表、电子秤、数字测温仪等。

3）制冷系统维修类：真空泵、制冷剂瓶、氮气瓶、减压阀、加液管、定量加液器、乙炔瓶、氧气瓶、焊炬、弯管器、胀管器、切管器、三通阀、封口钳等。

（二）制冷系统主要部件的温度特征、故障原因及处理方法

制冷系统主要部件的温度特征、故障原因及处理方法见表1-20。

表1-20 主要部件的温度特征、故障原因及处理方法

部位名称	温度特征	故障现象	故障原因	处理方法	备注
压缩机	微热	箱内温度偏高	温控器失调	更换温控器	压缩机运行时间短，停机时间过长
	过热	箱内温度偏低	温控器失调	更换温控器	压缩机运转不停
		箱内温度偏高	部分制冷剂泄漏	检漏、重抽、重充	
			制冷剂过多	排放多余制冷剂	
			压缩机排气效率低	更换压缩机	
			管路部分堵塞	吹污、重抽、重充	
	超热	不制冷	电压过低或过高	调节电压	压缩机不能正常起动或过电流保护器周期性跳开
			起动器损坏	更换	
			压缩机匝间短路或卡死	更换	
冷凝器	不热	不制冷	制冷系统全部泄漏	检漏、重充	压缩机过热
			管路堵塞	吹污、重抽	
	微热	箱内温度偏高	部分制冷剂泄漏	检漏、重充	压缩机运转不停
			管路部分堵塞	吹污、重抽	压缩机运转不停
			压缩机效率低	更换	
	过热	箱内降温缓慢	制冷剂过多	排放	回气管结霜较多冷凝压力升高
	前部过热，后部过凉	箱内降温缓慢	系统内存有部分空气污染	干燥抽空	压缩机不停机，过热
过滤器	过热	箱内降温缓慢	制冷剂过多	排放	冷凝压力升高
	过冷	不制冷	过滤器堵塞	更换	压缩机运转不停
毛细管	过热	箱内降温缓慢	部分制冷剂泄漏	检漏、重充	压缩机不停过热
	过冷	箱内降温缓慢	过滤器堵塞	更换	
蒸发器	过热	结浮霜	制冷剂过多	排放	回气管结霜
		结小珠	压缩机排气效率低	更换	
	前部正常结实霜；后部温度偏高，不结霜	箱内降温缓慢	制冷剂不足	重抽、重充	压缩机不停过热
	发热	冰箱融化	处于化霜状态	—	压缩机运转不停化霜加热器工作
		开门后有热气冲出	温控器故障	更换	
	冷藏室温度过低	结冰	温控挡位选择不当	调整	压缩机工作正常

（三）不同故障的检修流程

制冷系统不同故障的检修流程如图 1-103～图 1-106 所示。

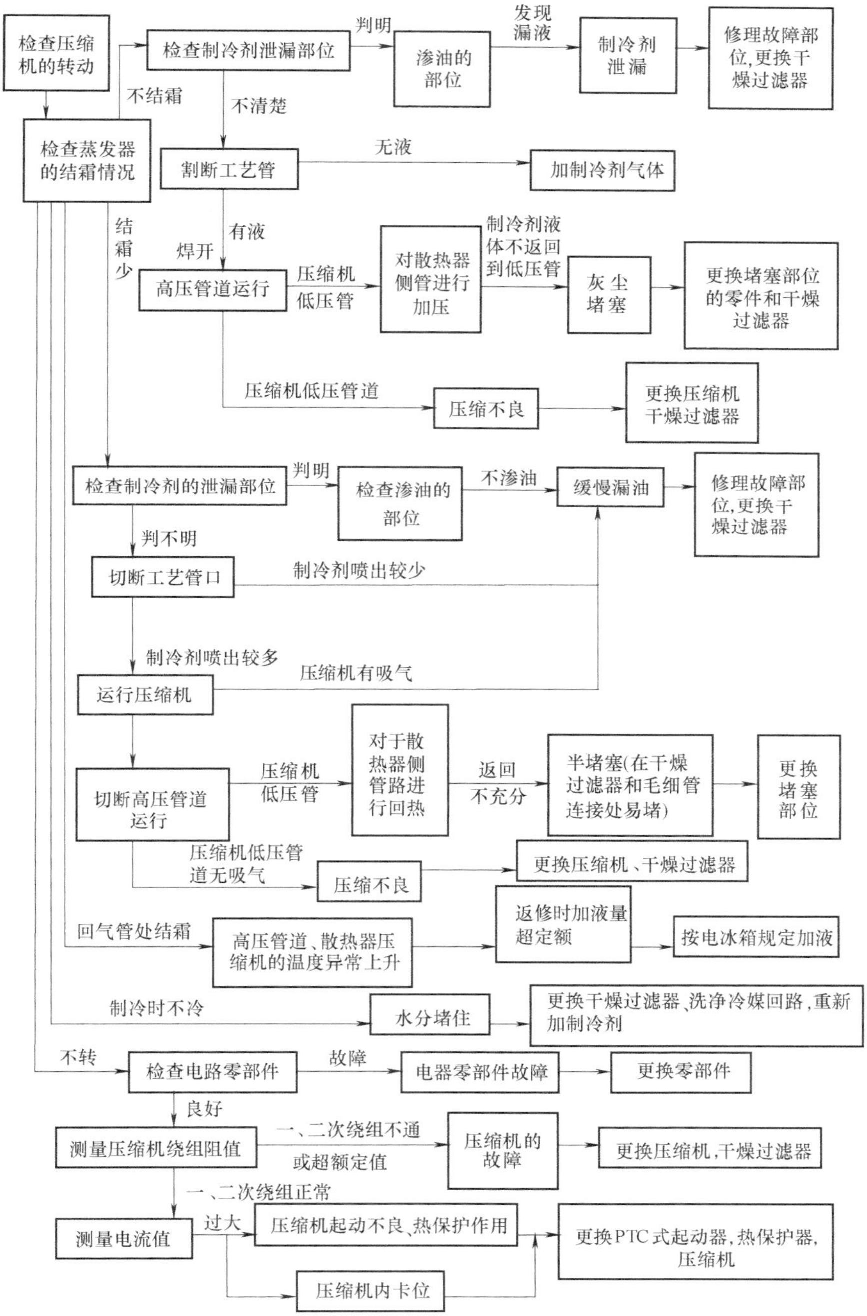

图 1-103　制冷系统检修流程

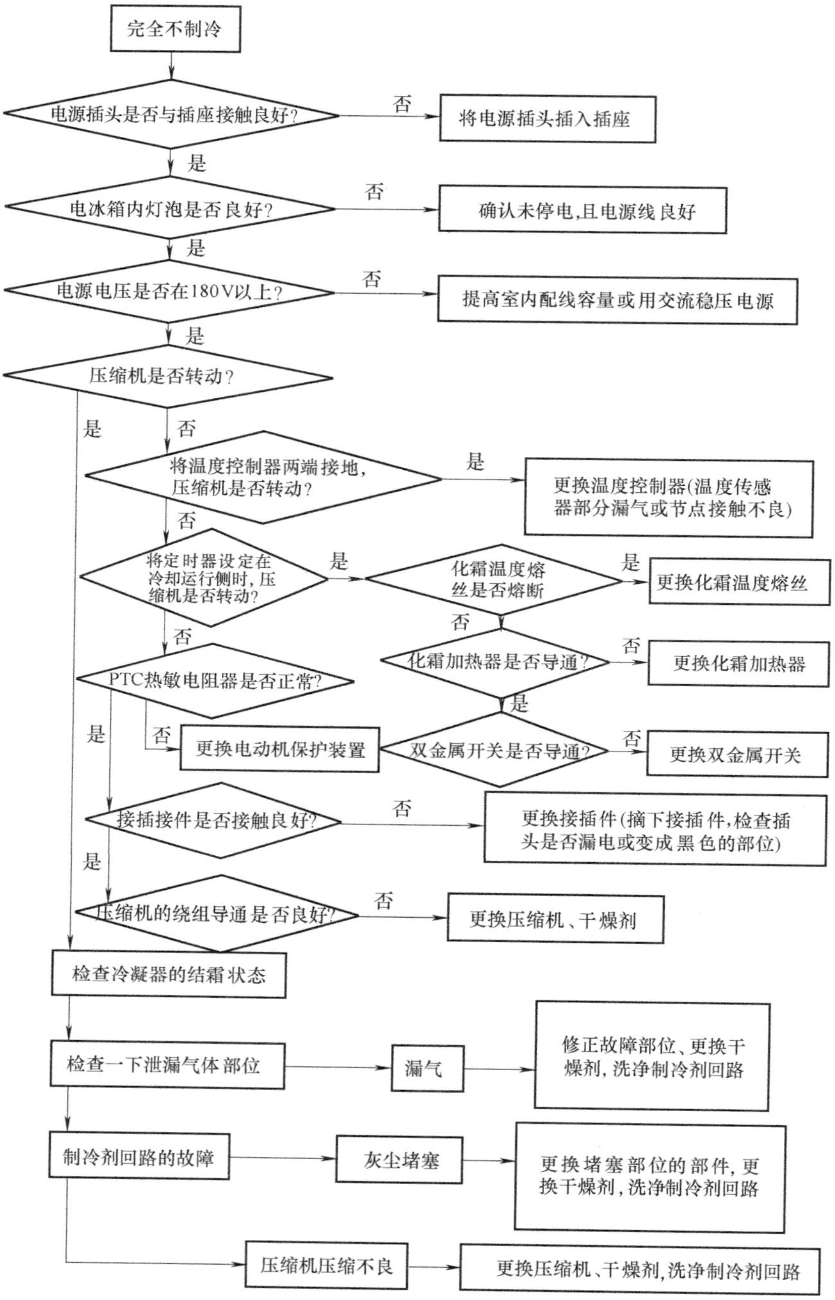

图 1-104 完全不制冷故障检修流程

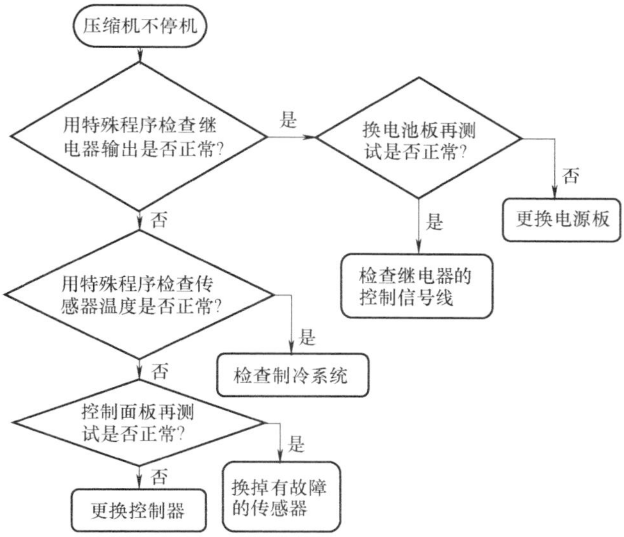

图 1-105　压缩机不停机的检修流程

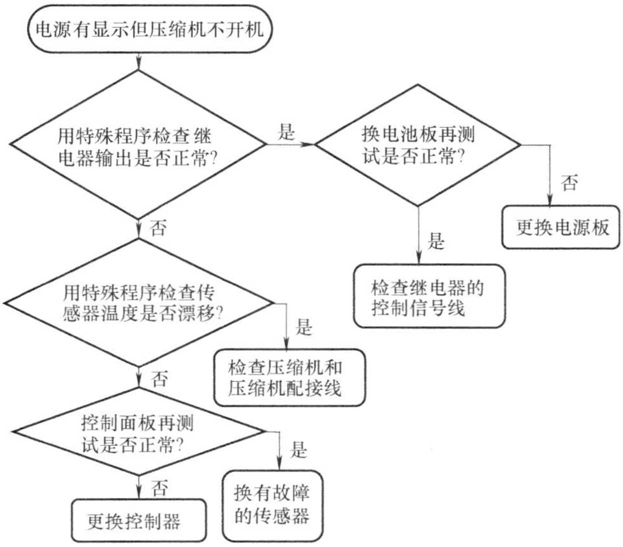

图 1-106　压缩机不运转检修流程

五、电气控制系统故障检修

(1) 故障现象：接通电源后，箱内指示灯亮，但压缩机不能起动运转。
可能故障部位：起动继电器不良；压缩机本身有问题；温控器异常；碟形过载保护器损

坏；制冷运转继电器触头接触不良；温控器至电动机及照明线路之间的线路断线或接插件不良。

（2）故障现象：加电开机后，机内发出“嗡嗡”声，但压缩机不能起动运转。

可能故障部位：起动继电器有问题；过载保护器失效；保护电路不正常；压缩机抱轴卡缸或冷冻机油干涸；压缩机供电电路有故障；压缩机电动机存在短路故障。

（3）故障现象：通电源后，压缩机不起动运转。

可能故障部位：加热器短路；起动继电器损坏；温度控制器不良；过载保护器不良；压缩机本身有问题；印制板上六脚头的弹簧折断；电源电路有故障。

（4）故障现象：通电后，压缩机能起动，但不能运转。

可能故障部位：压缩机卡缸；压缩机电动机绕组开路；起动继电器不良；电网电压偏低。

（5）故障现象：压缩机运转不停，但不制冷。

可能故障部位：温度熔断器烧坏；毛细管或干燥过滤器脏堵；低压管脏堵；压缩机机内元件不良；系统泄漏；冷冻机油质量差。

（6）故障现象：压缩机能正常起动运转，但电冰箱不制冷。

可能故障部位：干燥过滤器脏堵；风扇电动机不良；继电器有问题；定时器损坏；门封条密封不严；制冷系统存在泄漏或堵塞故障。

（7）故障现象：箱内已达到停机温度，但压缩机仍运转不停。

可能故障部位：箱门关闭后照明灯长亮；门封不严；门开关损坏；电磁阀损坏；温控器不良；起动继电器不良；主印制电路板有故障；制冷剂充注过量；制冷系统存在泄漏故障。

（8）故障现象：压缩机能正常起动运转，但箱内温度达不到设定值。

可能故障部位：温度熔丝熔断；温控器有问题；压缩机效率低；门控开关及其相关部件不良；门封老化、变形；隔热层老化、受潮；毛细管过长；制冷剂充注过量；制冷系统存在泄漏或堵塞。

（9）故障现象：压缩机运转时间增长。

可能故障部位：门封条老化、变形；压住门封条的塑料带破裂；门灯常亮；热保护继电器损坏；温控器有问题；压缩机工作效率低；冷凝器脏污严重；高压阀座积炭堵塞；毛细管或过滤器堵塞；制冷剂充注过量；制冷系统存在泄漏故障。

（10）故障现象：冷冻室制冷良好，但冷藏室制冷效果差。

可能故障部位：电磁阀内部元件损坏；电磁阀电源线脱落；温控器不良；蒸发器泄漏。

（11）故障现象：运转时，机内发出较大的噪声。

可能故障部位：机械室铜管变形、松动或漏水，蒸发盘及后盖相碰；压缩机减振缓冲弹簧或橡胶垫圈老化、变形；压缩机本身噪声大；风机扇叶与电动机托架相碰撞；电磁阀本身不良；压缩机内缺少冷冻机油（渗漏太多）；蒸发器附近有异物及冰霜；电源电压过高或过低；PTC 起动继电器热敏电阻器断路、短路；起动电容器或运转电容器损坏；管路局部存在堵塞故障。

（12）故障现象：气流声大。

可能故障部位：毛细管过短或孔径过大。

（13）故障现象：起、停失常。

可能故障部位：定时器不良；过载保护器损坏；温控器有问题；起动继电器不良；5）风扇电动机轴及风叶脏污；压缩机电动机绕组短路；冬季开关或补偿加热器损坏；比较器及其相关元器件不良；起动信号检测电路有故障；感温管探头未卡于规定位置；冷藏室内胆与冰箱保温层及其外壳之间密封不严。

（14）故障现象：漏电。

可能故障部位：电源插座不良；照明灯线路短路；温控器内部受潮或其周围有污物；压缩机电动机的绝缘层破损；压缩机电动机绕组对地短路。

（15）故障现象：感应漏电。

可能故障部位：由于压缩机控制电路和箱内照明电路均从箱体外壳和内壁之间穿过，本身存在着一定的分布电容，加上感应电动机，此时若无可靠接地线，就有麻手的感觉。

（16）故障现象：自动停机。

可能故障部位：热保护器不良；起动继电器损坏；压缩机本身有问题；电动机的运行电容器失效；电源接线断或虚焊；电源电压过低；制冷剂充注过量；感温管探头未卡于规定位置；温度控制器损坏或线路有故障。

（17）故障现象：过载保护器频繁动作。

可能故障部位：供电电压过低；PTC 起动器不良；压缩机电动机绕组短路；压缩机机壳内的防振弹簧脱位或断裂；冷凝器积污。

（18）故障现象：照明灯不亮，但能制冷。

可能故障部位：照明灯开路；照明电源线断路；灯泡接头与灯座簧片接触不良；门控开关不良；线路接错。

（19）故障现象：箱体外壳结露。

可能故障部位：门封不良；隔热层老化；温度控制刻盘调节不当；外部环境温度偏高。

（20）故障现象：熔丝烧断。

可能故障部位：过载保护器不良；电动机接触不良；电动机的起动绕组、运行绕组短路；压缩机外壳短路。

六、典型制冷制热实验设备简介

（一）设备的结构与功能

1. 结构　亚龙 YL—ZWⅢ型实训装置（见图 1-107a）的总体采用卧式结构，其中空调采用热泵式分体空调结构，电冰箱由直冷式和风冷式组合而成。在设备和管道的设置上，该实训装置采用轴向展开，层次分明；用三种颜色区分不同作用的管道，高压管用红色，低压供液管用蓝色，低压回气管用黄色。

冰箱部分采用两个蒸发箱，一个直冷式，一个风冷式，用一台压缩机带动，由两个电磁阀进行切换。直冷式主要演示冰箱的基本原理和特点，风冷式重点在结构和化霜原理方面。

蒸发器采用有机玻璃外壳，透明直观，便于观察，还设置了空调热力系统流程板，可实现制冷、制热、四通阀、收氟、排空流程及工作原理演示。因此，该实训装置具有结构清晰简单、实训用途全面等优点，其结构如图 1-107b 所示。

a）亚龙YL—ZWⅢ型实训装置的外观

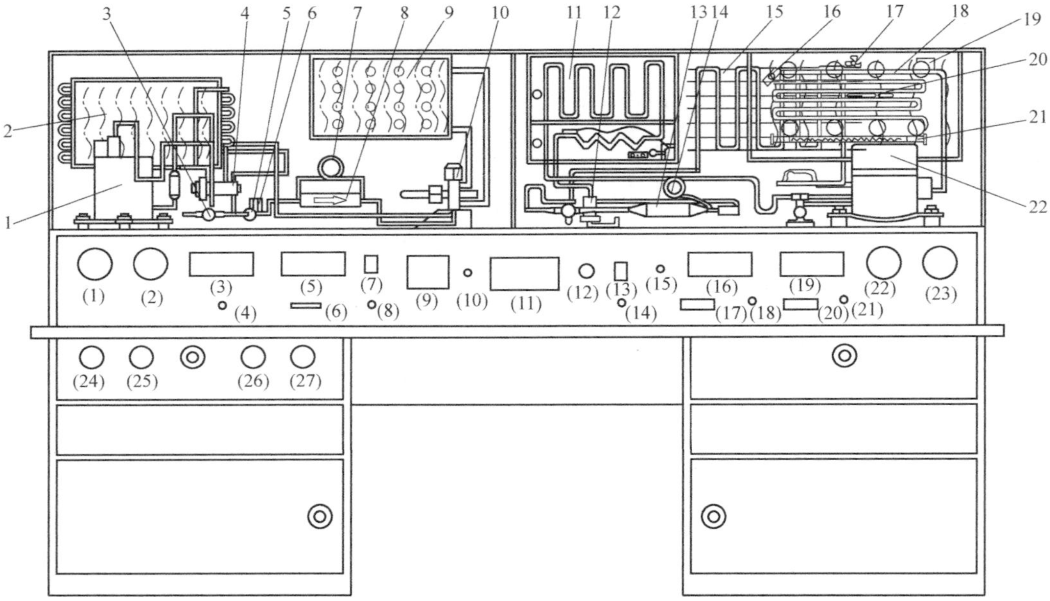

b) 亚龙YL—ZWⅢ 型实训装置的结构

图 1-107　亚龙 YL—ZWⅢ型实训装置

1—空调压缩机　2—冷凝器（翅片式）　3—视液镜　4—四通换向电磁阀　5—空调过滤器　6—第一毛细管　7—第二毛细管　8—单向阀　9—室内蒸发器（翅片式）　10—空调截止阀　11—直冷式冰箱蒸发器　12—电磁阀　13—干燥过滤器　14—毛细管　15—丝管式冷凝器　16—双金属片式化霜温控器　17—风机　18—蒸发器　19—定时化霜继电器　20—温度熔丝　21—加热管　22—冰箱压缩机

（1）—高压压力表　（2）—低压压力表　（3）—交流电压表（量程为 250V）　（4）—压缩机运转模拟指示灯　（5）—交流电流表（量程为 10A）　（6）—空调故障检测板插座（37 脚）　（7）—空调电源开关　（8）—空调电源熔丝　（9）—漏电开关　（10）—总电源指示灯　（11）—电源插座　（12）—+5V 电源插座（用于流程演示板）　（13）—冰箱电源开关　（14）—冰箱电源熔丝　（15）—电源指示灯（冰箱）　（16）—交流电流表　（17）—冰箱故障检测板插座 25 脚　（18）—直冷冰箱运转指示灯　（19）—交流电压表　（20）—直冷风冷冰箱运转切换开关　（21）—风冷冰箱运转指示灯　（22）—交流电流表（量程为 5A）　（23）—交流电压表（量程为 250V）　(24)—制冷剂减少开关　(25)—制冷剂增加开关　(26)—热敏电阻器，电位器转换开关　(27)—温度调节电位器

2. 实验实训功能　该实训装置具有强大的实验和实操功能，能提高学员的实际操作能力和对问题的分析判断能力。

在实操方面，该实训装置设置了两个加液阀，学生可通过这两个阀进行制冷剂的充注操作。空调部分可以进行收氟、排空及拆装室内蒸发器的基本操作。另外，该实训装置还配制了胀管器、弯管器及焊接设备，学生可通过这些设备进行全面的基本实操训练。

在实验功能方面，该实训装置设置了33个常见故障，配置了3块故障检测板，压力表、电压表和电流表各一块。学员可以通过以上设备和装置来检测、分析故障点在什么地方，对提高分析判断问题的能力具有较大的帮助。

3. 安全保护　该实训装置设置了接地保护和漏电保护，同时所有连接线均采用双层绝缘处理。

（二）技术指标

1. 空调制冷压缩机　型号为096，输入功率为600W，额定工作电流为3.2A，制冷剂为R22。

2. 冰箱制冷压缩机　型号为QD30，输入功率为95W，额定工作电流为1.0A，制冷剂为R12。

3. 空调工作压力　根据当时运行条件而定。

范围：冷凝压力为1.4～2.0MPa，蒸发压力为0.4～0.6MPa。

4. 冰箱工作压力　根据当时运行条件而定。

范围：冷凝压力为0.7～1.2MPa，蒸发压力为0.04～0.07MPa。

（三）电冰箱部分

1. 工作原理　低压低温的制冷剂气体经低压回气管，回到冰箱压缩机，经压缩机压缩后变为高温高压的制冷剂气体，经高压排气阀进入冷凝器并通过冷凝器放热，冷凝成高压常温的液体，经视液镜和干燥过滤器进入毛细管节流，变为低温低压的制冷剂液体，经低压供液管和风冷低压供液管电磁阀或直冷低压供液管电磁阀进入翅片式（风冷冰箱用）蒸发器或盘管式（直冷冰箱用）蒸发器，吸热蒸发成制冷剂气体，再经回气管回到压缩机，如此往复循环。

图1-108中12为风冷式冰箱蒸发器，15为直冷式冰箱蒸发器，两种制冷系统不能同时工作。

2. 系统特点　该实训装置设置了两种结构形式的冰箱即直冷式冰箱和风冷式冰箱。

（1）两种冰箱共用一台压缩机和一个冷凝器，风冷式冰箱和直冷式冰箱之间采用电磁阀进行切换。风冷低压供液管电磁阀通电时，风冷式冰箱运转；直冷低压供液管电磁阀通电时，直冷式冰箱运转，实现“一机两用”功能。

（2）在直冷低压供液管电磁阀上加入振荡电路和控制开关加以控制，实现了冰箱的冰堵和脏堵故障的模拟。

（3）设置了故障设置开关板和两种活移式冰箱故障检测板，有助于查找故障与维修操作训练，提高学生的技术水平。

（4）设置有热力循环演示板。

（5）学员可在教学平台上进行充注制冷剂等基本操作。

3. 冰箱故障点　该实训装置在冰箱部分共设有13个故障点，见表1-21。

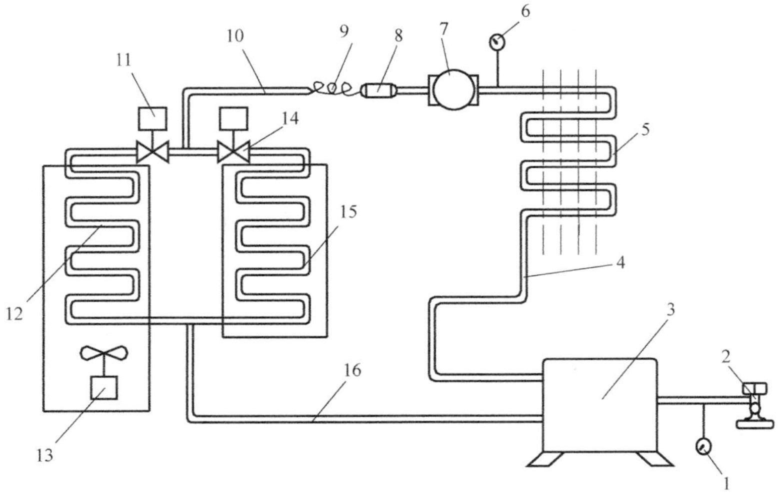

图 1-108　冰箱热力系统图

1—低压压力表　2—工艺维修阀　3—冰箱压缩机　4—高压排气阀　5—冷凝器　6—高压压力表
7—视液镜　8—干燥过滤器　9—毛细管　10—低压供液管　11—风冷低压供液管电磁阀
12—风冷式蒸发器　13—风冷电动机　14—直冷低压供液管电磁阀　15—直冷式蒸发器　16—低压回气管

表 1-21　冰箱故障点一览表

故障代号	故障名称	故障现象	检测方法	测量值		选用检测板
				正常值	故障值	
000019	电源开路	整机不工作	用万用表交流电压挡 700V 挡，红表笔接 13 点，黑表笔接 14 点，要通电测量	AC 220V	0	冰箱直冷检测板
000001	过热过载保护	压缩机不工作	用万用表交流电压挡 700V 挡，红表笔接 13 点，黑表笔接 14 点，要通电测量	AC 220V	0	冰箱直冷检测板
000030	风冷风机绕组断路	风冷风机不工作	用万用表电阻挡 20kΩ 挡，红表笔接 11 点，黑表笔接 2 点，要断电测量	320Ω 左右	8kΩ 左右	冰箱直冷检测板
000008	PTC 起动器短路	压缩机无法起动，电流过大	用万用表电阻挡 200Ω 挡，红表笔接 24 点，黑表笔接 14 点，要断电测量	10Ω 以上	低于 1Ω	冰箱直冷检测板
000017	照明灯泡坏	灯泡不亮	用万用表电阻挡 200Ω 挡，红表笔接 16 点，黑表笔接 2 点，要断电测量	270Ω 左右	无穷大	冰箱直冷检测板
000005	门控开关坏	灯泡不亮	用万用表通断挡，红表笔接 16 点，黑表笔接 14 点，要断电测量	通	300Ω 左右	冰箱直冷检测板
000011	温控器损坏	压缩机不工作	用万用表交流电压挡 200V 挡，红表笔接 18 点，黑表笔接 14 点，要通电测量	AC 220V	0	冰箱直冷检测板

（续）

故障代号	故障名称	故障现象	检测方法	测量值		选用检测板
				正常值	故障值	
000027	脏堵	制冷效果极差，蒸发器不结霜	此故障为系统故障，无法进行测量，只能通过观察压力的变化来判断，冷凝器温度不高，高压管温度偏低，电流偏小	高低压压力均正常，高压应为5~15MPa之间，低压应为0.05~0.08MPa之间	低压压力回真空负压，高压压力偏低，蒸发器无霜	开机观察判断
000024	冰堵	制冷效果极差，蒸发器结霜，时有时无	此故障为系统故障，无法进行测量，只能通过观察压力的变化来判断。冰堵时，冷凝器温度不高，高压管温度偏低，电流偏小，有时工作正常，有时无法制冷	压力正常，工作正常	低压压力回真空负压，高压压力偏低，蒸发器自动化霜	开机观察判断
000003	化霜不定时，压缩机不运转	化霜定时器不计时，无法化霜	用万用表电阻挡20kΩ挡，红表笔接7点，黑表笔接4点，要断电测量，也可通观察定时器后面的小电动机是否运转来判断	230Ω左右，正常时应转动	无穷大，故障时应不转动	冰箱风冷检测板
000023	温度熔丝断路	无法进行化霜	用万用表通断挡，红表笔接7点，黑表笔接5点，要断电测量	通	无穷大	冰箱风冷检测板
000031	化霜电热管断路	无法进行化霜	用万用表电阻挡2kΩ挡，红表笔接5点，黑表笔接3点，要断电测量	230Ω左右	8kΩ左右	冰箱风冷检测板
000026	化霜双金属片断路	无法进行化霜	用万用表通断挡，红表笔接7点，黑表笔接9点，要断电测量	蒸发器温度低于-15℃时，为通	断	冰箱风冷检测板

注：1. 做化霜实验时可将化霜定时器调至化霜位置。
2. 化霜温控器（化霜双金属片）的导通温度为-7℃。
3. 表中检测点位置可参考图1-109~图1-111。

冰箱电控原理如图1-109所示。

直冷冰箱故障检测板如图1-110所示。

风冷冰箱故障检测板如图1-111所示。

🕮 实施操作

下面以亚龙YL—ZWⅢ型制冷制热实验设备为实训装置介绍电冰箱的故障检修。

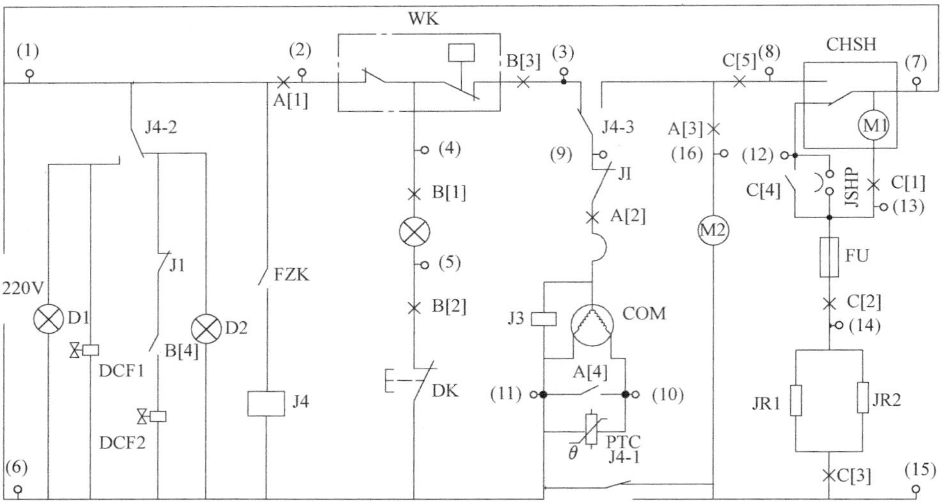

图 1-109　冰箱电控原理图

注：小括号内的数字表示检测点的编号，大写英文字母加中括号内数字表示故障设置开关的编号，

“×”表示故障设置开关，“ ”表示测试点。

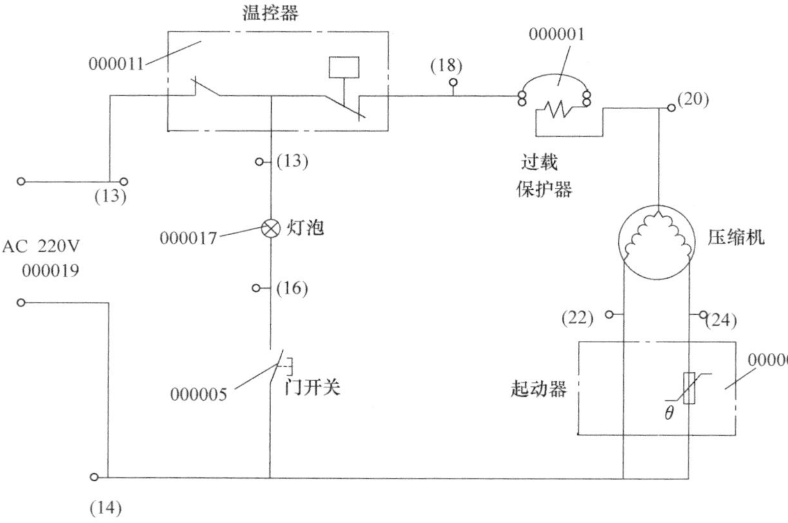

图 1-110　直冷冰箱故障检测板

注：图中六位数字为故障代号，可参见表 1-21。

一、电冰箱制冷系统故障排除

（一）系统脏堵

故障现象：制冷效果极差，蒸发器不结霜。

检查方法：

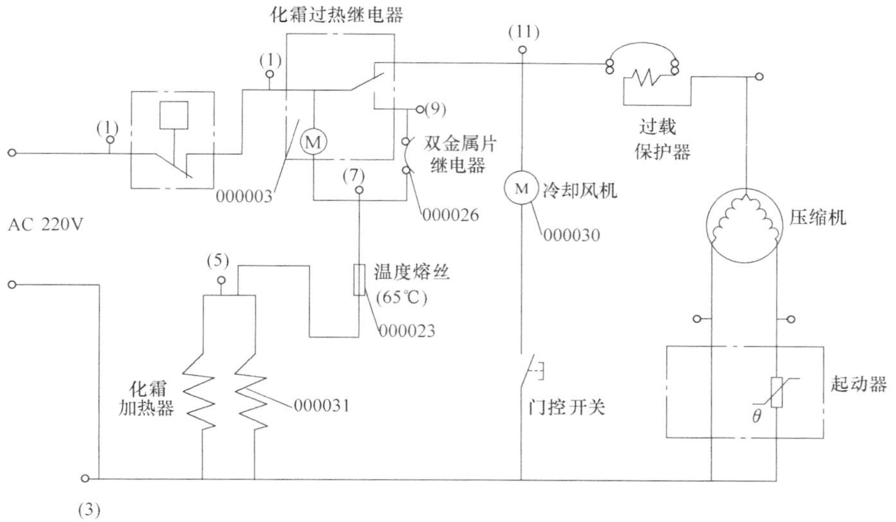

图 1-111　风冷冰箱故障检测板

(1) 冷凝器温度不高，高压管温度偏低，电流偏小。

(2) 低压压力回真空负压，高压压力偏低，蒸发器无霜。

故障排除：按脏堵操作工艺排除故障。

(二) 系统冰堵

故障现象：制冷效果极差，蒸发器结霜，时有时无。

检查方法：

(1) 冷凝器温度不高，高压管温度偏低，电流偏小，有时工作正常，有时无法制冷。

(2) 低压压力回真空负压，高压压力偏低，蒸发器自动化霜。

故障排除：按冰堵操作工艺排除故障。

二、电冰箱电气系统故障排除

(一) 直冷电冰箱电气故障

(1) 故障现象：压缩机不工作。

检查方法：用万用表检测。

故障排除：过热过载保护。

(2) 故障现象：灯泡不亮。

检查方法：用万用表检测。

故障排除：门控开关坏。

(3) 故障现象：压缩机无法起动，电流过大。

检查方法：用万用表检测。

故障排除：PTC 起动器短路。

(4) 故障现象：灯泡不亮。

检查方法：用万用表检测

故障排除：照明灯泡坏。

（5）故障现象：压缩机不工作
检查方法：用万用表检测。
故障排除：温控器损坏。
（6）故障现象：整机不工作。
检查方法：用万用表检测。
故障排除：电源开路。

（二）风冷电冰箱电气故障

（1）故障现象：化霜定时器不计时，无法化霜。
检查方法：用万用表检测。
故障排除：化霜不定时，压缩机不运转。
（2）故障现象：无法进行化霜。
检查方法：用万用表检测。
故障排除：温度熔丝断路。
（3）故障现象：无法进行化霜。
检查方法：用万用表检测。
故障排除：化霜双金属片断路。
（4）故障现象：风冷风机不工作。
检查方法：用万用表检测。
故障排除：风冷风机绕组断路。
（5）故障现象：无法进行化霜。
检查方法：用万用表检测。
故障排除：化霜加热器断路。

工作页

家用电冰箱故障检修				工作页编号：DBX1-6	
一、基本信息					
学习小组		学生姓名		学生学号	
学习时间		指导教师		学习地点	
二、工作任务					
1. 电冰箱的电气系统故障排除。 2. 电冰箱的制冷系统故障排除。					
三、制定工作计划（包括人员分工、操作步骤、工具选用、完成时间等内容）					

（续）

四、安全注意事项（人身及设备安全）
五、工作过程记录
六、任务小结
七、教师评价
八、成绩评定

考核评价标准

序号	考核内容	配分	要求及评分标准	评分记录	得分
1	制冷系统故障维修	30	系统脏堵 要求：能根据故障现象准确判断故障，并按规程排除故障 评分标准：能准确判断故障得 5 分，否则不得分；按规程排除故障得 10 分，否则不得分		
			系统冰堵 要求：能根据故障现象准确判断故障，并按规程排除故障 评分标准：能准确判断故障得 5 分，否则不得分；按规程排除故障得 10 分，否则不得分		
2	电冰箱电气系统故障维修	40	直冷电冰箱电气故障 要求：能根据故障现象准确判断故障，并按规程排除故障 评分标准：能准确判断每一个故障得 1 分，否则不得分；按规程排除故障得 1 分，否则不得分		
			风冷电冰箱电气故障 要求：能根据故障现象准确判断故障，并按规程排除故障 评分标准：能准确判断故障得 1 分，否则不得分；按规程排除故障得 1 分，否则不得分		
3	工作态度及与组员合作情况	20	1. 积极、认真的工作态度和高涨的工作热情，不一味等待老师安排指派任务 2. 积极思考以求更好地完成工作任务 3. 好强上进而不失团队精神，能准确把握自己在团队中的位置，团结学员，协调共进 4. 在工作中谦虚好学，时时注意自己不足之处，善于取人之长补己之短 评分标准：四点都表现好得 20 分，一般得 10 ~ 15 分		
4	安全文明生产	10	1. 遵守安全操作规程 2. 正确使用工量具 3. 操作现场整洁 4. 安全用电，防火，无人身、设备事故 评分标准：每项扣 2.5 分，扣完为止；因违规操作发生人身和设备事故的，此项按 0 分计		

模块二　空调器的安装、调试与维修

任务一　空调器主要部件的安装与管路连接

任务描述

1）空调器主要部件的安装。

2）按图样要求制作空调器制冷系统的 9 根制冷管路。

3）空调器管路连接。

任务目标

1）了解空调器的型号、命名与结构。

2）了解空调器制冷的基本工作原理。

3）进一步熟练掌握管道加工和焊接技术。

4）懂得空调主要部件的安装。

任务准备

1. 工具器材

胶钳、焊炬、氧气瓶、乙炔瓶（液化气瓶）、减压阀、钎料及铜管若干。

2. 实施规划

1）知识准备。

2）实训装置的观察。

3）工作页的完成。

3. 注意事项

1）焊接前应将被焊管件焊接部分的毛刺、油污处理干净。

2）焊炬及氧气瓶、减压阀严禁沾到油污。

3）焊接时调节火焰的动作不要过猛。

4）正确使用管道加工工具。

任务实施

知识准备

一、家用空调器概述

（一）空调器的结构与命名

1. 空调器的结构　家用空调器由壳体结构、制冷系统、空气循环系统和电气系统等四部分组成，可以分为窗式空调器和分体式空调器。其中，分体式空调器由室外机组、室内机组、二机组连接管及控制系统组成。

（1）室外机组。由轴流风扇、冷凝器、压缩机、毛细管、干燥过滤器等组成。

（2）室内机组。由送风风扇、过滤尘网、蒸发器、出风栅、集水盘、排水管、面板、控制部分等组成。

（3）二机组连接管。连接管用直径20mm以下的铜管。

接头有三种方式：自封式快装接头、一次性快装接头或扩口管螺母接头，安装时可按机器的要求配置，选用其中的一种。

2. 空调器的分类及命名方法

（1）按结构形式分类。

1）整体式。整体式又分为窗式（其代号省略）、移动式（代号为Y）等。

2）分体式。分体式空调器分为室内机组和室外机组。室内机组主要由蒸发器、离心风机、电气控制元器件等组成；室外机组主要由冷凝器、轴流风扇和压缩机等组成。

3）一拖多空调器。

（2）按主要功能分类。

1）冷风型：一般只在夏季用于降温，有些机型具有除湿功能。

2）热泵型：在制冷系统中增设了一个电磁换向阀，通过该阀的换向，改变制冷剂的流向，使原蒸发器与冷凝器的功能互换，实现一机多功能，夏季制冷，冬季制热，还可以除湿。

3）电热型：在冷风型空调器上安装了一组电热丝加热装置，由于冬天制热时，是靠电热元件获取热量，故制热效率不如热泵型空调器。

4）热泵辅助电热型：当环境温度低于5℃时，热泵制热效率降低，所以在热泵型空调器中又加装电热元件，用于辅助制热。

（3）型号命名的表示方法。

[1] [2] [3] [4] [5]—[6] [7] [8] [9] / [10] [ ]

其中

1——产品代号，房间空气调节器代号为K。

2——气候类型代号（T1型代号可省略）。

3——结构形式代号。窗式代号为C，移动式代号为Y，分体式代号为F。

4——功能代号。冷风型代号为L（可省略）、热泵型代号为R、电热型代号为D、热泵辅助电热型代号为Rd。

5——冷却方式代号（风冷代号省略）。

6——规格代号：额定制冷量，用阿拉伯数字表示，其值取制冷量百位数或百位以上数。空调器制冷量在10000W以下的，其代号为100W；制冷量大于或等于10000W时，其代号为1000W。

7——整体式结构分类代号或分体式室内机组结构分类代号。室内机组结构分类为吊顶式、挂壁式、落地式、嵌入式、台式，其代号分别用D、G、L、Q、T表示。

8——室外机组结构代号，室外机组代号为W。

9——一拖多产品代号（用阿拉伯数字表示，一拖三以上允许用“d”表示，一拖一代号省略。）

10——工厂设计序号和（或）特殊功能代号等，允许用汉语拼音大写字母和（或）阿拉伯数字表示。

下面以格力空调器的几个型号举例说明：

KCD—46（4620）型：K表示房间空调器，C表示窗式，D表示电热型，46表示制冷量是4600W。

KFR—25GW/E（2551）：K表示房间空调器，F表示分体式，R表示热泵型，25表示制冷量是2500W，G表示挂壁式，W为室外机代号，E表示冷静王系列产品。

KFR—50LW/E（5052LA）：K表示房间空调器，F表示分体式，R表示热泵型，50表示制冷量是5000W，L表示落地式，W为室外机代号，E表示冷静王系列产品，LA表示灯箱面板。

注意：国产品牌型号标识基本一致，型号中其他标识为各企业对自身技术性能、特点的标志，为非正规标识。进口品牌标识各有不同，具体含义请参阅具体品牌说明书。

（二）空调器的功能

1. 调节温度　人体感觉较舒适的温度夏季为20～27℃；冬季为16～22℃。空调器有制冷、制热及温度控制功能，能将温度控制在较理想的温度值范围。但室内外温差不宜太大，否则易感冒，可参照以下公式设定：

$$房间温度=22℃+\frac{1}{3}\times（室外温度-21℃）$$

2. 调节湿度　空气过于潮湿或干燥都会使人感到不舒适，相对湿度在30%～70%之间时50%以上的人会感到舒适。空调器在制冷过程中，伴有除湿作用。处于制冷状态时，空气中的水蒸气遇到温度低于露点的翅片表面时，会凝结成液态水，顺翅片流到接水盘内被排出室外，使室内空气中的水蒸气含量逐渐减少，起到除湿的作用。

3. 净化空气　空调器净化空气的方法有利用空气过滤网、换新风、利用活性炭吸附和吸收空气中的微尘，这些方法均可起到除尘、净化空气的作用。

4. 增加空气负离子浓度　空气中带电微粒的浓度大小，也会影响人体舒适度，因此在空调器上安装空气负离子发生器，可获得较好的空气调节效果。

（三）空调器的相关术语

1. 制冷量　制冷量是空调器进行制冷运行时，单位时间内从密闭空间、房间或区域内除去的热量。常用单位为W（或kW）。制冷量的分档系列：1250W，1400W，1600W，1800W，2000W，2250W，2500W，2800W，3150W，3500W，4000W，4500W，5000W，5600W，6300W，7100W，8000W，9000W。

空调器铭牌标称的制冷量是名义制冷量，即室内温度为27℃、室外温度为35℃时的制冷量。若室内温度低于27℃、室外温度高于35℃，空调器的制冷量必然低于名义制冷量。正常情况下每平方米制冷量为110～220W较为合适，具体情况则应根据房间大小、朝向、楼层高低、居住人数决定，在朝阳、通风不好的房间应适当增加机器的功率。制冷量确定后，即可根据自己家庭的实际情况依照1匹的制冷量为2324W，1.5匹的制冷量为2324×1.5W=3486W估算制冷量，选择合适的空调。正常情况下1匹空调器适合$12m^2$左右的房间，1.5匹空调器适合$18m^2$左右的房间，2匹空调器适合$28m^2$左右的房间。

（1）制冷量的估算。市场上有关空调器制冷量的标称很不统一、规范。严格地讲，空调器输出制冷量的大小应以W（瓦）来表示，而市场上常用匹来描述空调器制冷量的大小。这二者之间的换算关系为：1匹的制冷量大约为2000kcal/h，换算成国际单位（W）应再乘以1.162。这样，即1匹制冷量应为2000×1.162W=2324W，而1.5匹的制冷量应为2000×1.5×1.162W=3486W。

人们在选购空调器时都十分关心如何确定制冷量的大小。确切地讲，制冷量的大小是由房间的面积、高度、朝向、房间密封程度、居住人口以及房间内其他家用电器如电灯、电视机、电冰箱等的功率、数量等综合因素构成的。下面介绍基本的空调制冷量的估算方法。

通常情况下，家庭普通房间每平方米所需的制冷量为115～145W，客厅、饭厅每平方米所需的制冷量为145～175W。

比如，某家庭客厅使用面积为$15m^2$，若按每平方米所需制冷量160W考虑，则所需空调制冷量为$160W/m^2 \times 15m^2 = 2400W$。

这样，就可根据所需的2400W制冷量对应选购具有2500W制冷量的KC—25型窗式空调器，或选购KF－25GW型分体挂壁式空调器。

节能型空调器即制冷量相对较大，而耗电量较小的空调器，是人们所希望选购的较为理想的空调器。

2. 制热量　制热量是空调器进行制热运行时，单位时间内送入密闭空间、房间或区域内的热量，常用单位为W（或kW）。

3. 制冷消耗功率　制冷消耗功率是空调器在制冷运行时所消耗的总功率，单位为W（或kW）。

4. 制热消耗功率　制热消耗功率是空调器在制热运行时所消耗的总功率，单位为W（或kW）。

5. 能效比（性能系数）

（1）能效比的定义。空调器的能效比是指空调器在制冷（热）循环中所产生的制冷（热）量与产生该制冷（热）量所消耗功率之比。

空调的能效比分为两种，即制冷能效比*EER*和制热能效比*COP*，它们分别表示空调器的单位功率制冷量和单位功率制热量。一般情况下，就中国绝大多数地域的空调使用习惯而言，空调制热只是冬季取暖的一种辅助手段，其主要功能仍然是夏季制冷，所以人们一般所称的空调能效比通常指的是制冷能效比*EER*。

能效比数学表达式为：

$$EER = \frac{制冷量}{制冷消耗功率}$$

$$COP = \frac{制热量}{制热消耗功率}$$

EER 和 *COP* 越高，空调器能耗越小，性能比越高。

（2）能效比的国家标准。目前国内销售的空调器都有“中国能效标识”（CHINA ENERGY LABEL）字样的彩色标签，为蓝白背景的彩色标识，分为1、2、3、4、5共5个等级：

等级1表示产品达到国际先进水平，最节电，即耗能最低；

等级2表示比较节电；

等级3表示产品的能源效率为我国市场的平均水平；

等级4表示产品能源效率低于市场平均水平；

等级5是市场准入指标，低于该等级要求的产品不允许生产和销售。

其中等级1是最好的，也是最节能的产品。能效比为3.4以上的都属于一级产品（等级1），3.2~3.4的属于二级（等级2），3.0~3.2的属于三级（等级3），2.8~3.0的属于四级（等级4），2.6~2.8的属于五级（等级5）。例如：某挂壁式空调器的额定制冷量是2700W，额定功率是903W，那么2700/903=2.99，也就是该款产品的能效比为2.99，属于四级国家能效标准。

国家质量监督检验检疫总局、国家标准化管理委员会发布的新《房间空气调节器能效国家标准》，2010年6月1日起在全国范围内正式实施。与现行的标准相比，新标准提高了23%左右能效限定值，将使中国年节电量达到33亿kW·h，而目前市场上的低能效空调，则将迎来退市的命运。该标准规定了房间空调器产品新的能效限定值、节能评价值、能效等级指标以及试验方法、检验规则等，提高了房间空调器产品的能效准入门槛。其中，额定制冷量不大于4500W的分体式房间空调器能效限定值为3.2，额定制冷量大于4500W，不大于7100W的为3.1，额定制冷量大于7100W，不大于14000W的为3.0。同时，新标准将房间空调器产品按照能效比大小划分为三个等级：

等级1表示能效最高；

等级2表示节能评价值，即评价空调产品是否节能的最低要求；

等级3表示能效限定值，即标准实施以后产品达到市场准入的门槛。

这意味着，此后，低于现有二级能效标准的空调将不符合入市资格，目前市场上的旧标准三、四、五级能效空调器都将退市。

（3）能效比的估算。选购空调器时，可以根据空调器铭牌上标出的功率指标计算出能效比，来分析是否是节能型空调器。通常，空调器的能效比以接近3或大于3为佳，这些空调器属于节能型空调器。

例如，一台KF—20GW型分体挂壁式空调器的制冷量是2000W，额定耗电功率为640W；另一台KF—25GW型分体挂壁式空调器的制冷量为2500W，额定耗电功率为970W。则两台空调器的能效比值分别为

第一台空调器的能效比：2000W/640W=3.125

第二台空调器的能效比：2500W/970W≈2.58

这样，通过比较两台空调器的能效比值可看出，第一台空调器为节能型空调器。

二、家用空调器的基本工作原理

（一）人工制冷的主要方法

1）利用物质相变（如熔化、蒸发、升华等）的吸热效应来实现制冷。

2）利用气体膨胀产生的冷效应制冷。

3）利用半导体的热电效应来实现制冷。

在一定的条件下，物质由一种形态变为另一种形态的过程称为相变。常见的相变有六种，如图2-1所示。

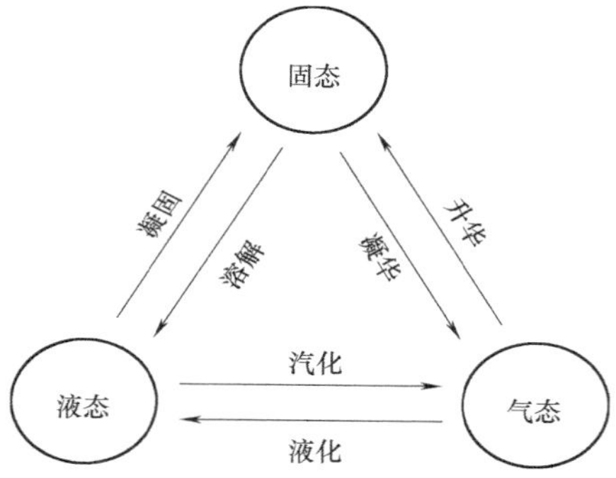

图 2-1　物态变化图

（二）空调器的主要部件

1. 制冷部件

（1）压缩机。利用内部结构容器的改变来实现制冷剂气体的压缩过程，其作用是不断从蒸发器吸入制冷剂气体，又不断将制冷剂蒸气压缩后送入冷凝器，同时维持吸气端和排气端的压力差。根据结构和工作原理的不同，压缩机可分为往复式、旋转式、涡旋式，共同特点是以较小的体积产生较高的压缩比。

（2）热交换器。在空调器中用来使制冷剂与空气进行热量交换的装置就是热交换器，它分为室内和室外热交换器。

（3）节流机构。包括毛细管和膨胀阀，是蒸气压缩制冷循环中不可缺少的基本部件，其作用是调节进入蒸发器的制冷剂流量和降低液体制冷剂的压力。

（4）电磁四通换向阀。在热泵型分体式空调器制冷系统中，电磁四通阀能根据需要改变制冷剂流向。其工作原理是通过改变电磁线圈电流的通断，来控制阀体中的滑块左右移动，从而转换制冷剂气体的流向，达到转换制冷制热的目的，其工作状态如图2-2所示。电磁四通阀故障检测方法有：

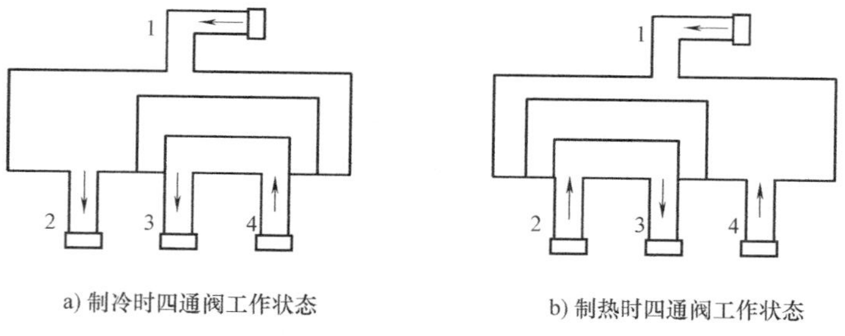

图 2-2　电磁四通阀工作在不同工况条件下的内部结构示意图

1）用万用表测电磁四通阀线圈的电阻值为0，则说明线圈短路；若电阻值为无穷大，则说明线圈开路。

2）开机在制热工况状态下，万用表测电磁四通阀线圈两端电压，如果电压正常，四通阀不换向，则说明换向阀机械卡死或左右毛细管堵塞；如果两端无电压，则说明电磁四通阀线圈控制回路有故障（可检修主板）。

（5）单向阀。只能让制冷剂沿规定方向流动的管道阀门，一般和辅助毛细管组合。制冷时单向阀开启，制冷剂由单向阀通过，制热时制冷剂不能反向流过单向阀，只得经辅助毛细管流过，达到制冷和制热两种不同的运行工况。

（6）截止阀。截止阀的操作是分体式空调器能否正常使用的关键，必须严格按照说明书的要求来操作，其作用是在贮存、运输或拆机时将制冷剂密封在机体内，在安装时接通制冷系统。

（7）制冷剂。目前国内空调器使用较多的制冷剂是 R22，R22 有不燃烧、不爆炸、无色、透明、无毒等特点。

2. 电气部件　包括电源变压器、计算机控制器、主板、电机（风扇电动机，压缩机）、遥控器、接收头、交流接触器、电加热器等。

（三）制冷原理

制冷系统是由压缩机、冷凝器、蒸发器和节流装置等组成，用管道按顺序连成的封闭系统，其制冷系统流程如图 2-3 所示。空调工作时，制冷系统内的低压、低温制冷剂蒸气被压缩机吸入，经压缩后为高压高温的制冷剂过热蒸气；压缩机排出的高温高压气态制冷剂在冷凝器被常温冷却介质（水或空气）冷却，冷凝为高压常温制冷剂液体；高压液体流经节流装置时节流降压，变成低压低温湿蒸气进入蒸发器，并在相应的低压下蒸发，吸取周围热量；同时，室内侧风扇使室内空气不断进入蒸发器的肋片间进行热交换，并将放热后变冷的空气送向室内。如此，室内外空气不断循环流动，达到降低室内温度的目的。

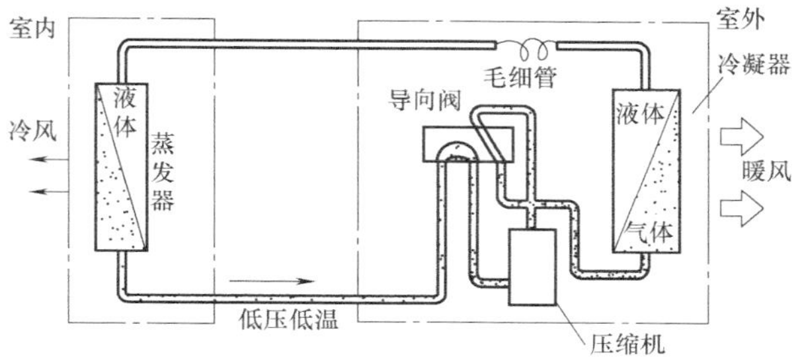

图 2-3　空调制冷系统流程

系统制冷工况下制冷剂流程说明：此工况下电磁四通阀不得电（1 与 2 通、3 与 4 通），如图 2-2a 所示。气态的制冷剂 R22 经压缩机压缩为高温高压的气态，然后经过室外换热器换热（冷凝）后，被冷却为中温（常温）高压的液体；高压液体流经毛细管节流后降压变成低温低压的湿蒸气，湿蒸气在室内换热器中蒸发，吸收室内热量而汽化（蒸发过程），产生的低压蒸气 R22（气态）被压缩机吸入；重新进入压缩机的气态 R22 被压缩。如此周而复始，从而达到制冷的目的。

（四）制热原理

空调热泵制热是利用制冷系统的压缩冷凝热来加热室内空气的，如图 2-4 所示。空调在制冷工作时，低压、低温制冷剂液体在蒸发器内蒸发吸热，而高温高压制冷剂气体在冷凝器内放热冷凝。热泵制热时通过四通阀来改变制冷剂的循环方向，使原来制冷工作时作为蒸发器的室内盘管变成制热时的蒸发器，这样制冷系统在室外吸热，室内放热，实现制热的目的。

系统制热工况下制冷剂流程说明：此工况下电磁四通阀通电（1 与 4 通、2 与 3 通），如图 2-2b 所示。气态的制冷剂 R22 经压缩机压缩为高温高压的气态，然后气态的 R22 经过室内换热器换热（冷凝）后，高温高压的气态 R22 被冷却为中温（常温）高压的液体，在冷凝中热量释放在室内；高压中温的液体流经过滤器，经过节流毛细管降压变成

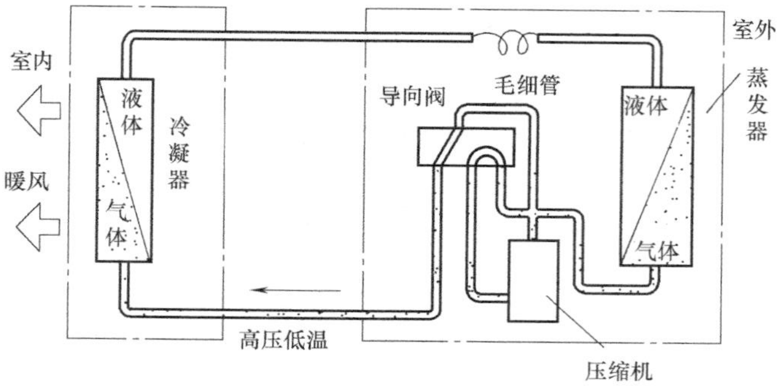

图 2-4　空调制热原理

低温低压的湿蒸气（单向阀反向不导通），最后流到室外换热器内；湿蒸气在室外换热器中蒸发吸收室外热量（蒸发过程），产生的低压蒸气 R22（气态）被压缩机吸入；重新进入压缩机的气态 R22 被压缩。如此周而复始，从而达到制热的目的。在压缩过程中会有少量的冷冻机油被带出压缩机壳体，在气液分离器的作用下，冷冻机油被分离后又回到压缩机内。

三、实训装置空调系统工作原理

实训装置空调系统采用热泵型分体式空调系统，其结构简洁、层次清晰，主要由压缩机、压力表、电磁四通阀、室外换热器、视液镜、过滤器、毛细管节流组件、空调阀、室内换热器、气液分离器等部件组成。空调系统的结构组成及热力系统流程图如图 2-5 所示。

空调在制冷工况时，低温低压的制冷剂气体由低压回气管 23、气液分离器 13 进入压缩机 1，经压缩机 1 压缩，变为高温高压的制冷剂气体，经高压排气管 18，进入电磁四通阀 2 的①端，从电磁四通阀 2 的②端通过管路 19 进入室外换热器 3，经室外换热器 3 和室外风扇电动机 14 对空气的强制对流，制冷剂变成高压中（常）温的制冷剂液体流经室外换热器出气管 20，从视液镜 4 处可以看到制冷剂的状况。液体制冷剂经过滤器 5、单向阀 6 流入毛细管 8，经过毛细管 8 的节流变为低压中（常）温的制冷剂液体，再通过过滤器 9、空调阀 10 流入室内换热器 11 中，立刻吸热膨胀变为低压低温的气体，经室内换热器 11 和室内风扇电动机 15 对空气的强制对流，将冷量吹进室内，低压低温的气体经室内换热器出气管 22、电磁四通阀 2 的④端，流出③端，进入低压回气管 23，经气液分离器 13 回到压缩机 1，如此反复循环，将室内的能量与室外的能量进行交换，起到制冷的效果。其中真空压力表 16、17 分别连接在压缩机的高压排气口与低压回气口，用于监测系统的高低压侧压力变化情况。

空调在制热工况时，低温低压的制冷剂气体由低压回气管 23、气液分离器 13 进入压缩机 1，经压缩机 1 压缩，变为高温高压的制冷剂气体，经高压排气管 18，进入电磁四通阀 2 的①端，这时空调器主控板驱动电磁四通阀 2 线圈得电，通过机械的切换，电磁四通阀 2 的①端与④端通、②端与③端通，高温高压的制冷剂气体就流出电磁四通阀 2 的④端，经空调

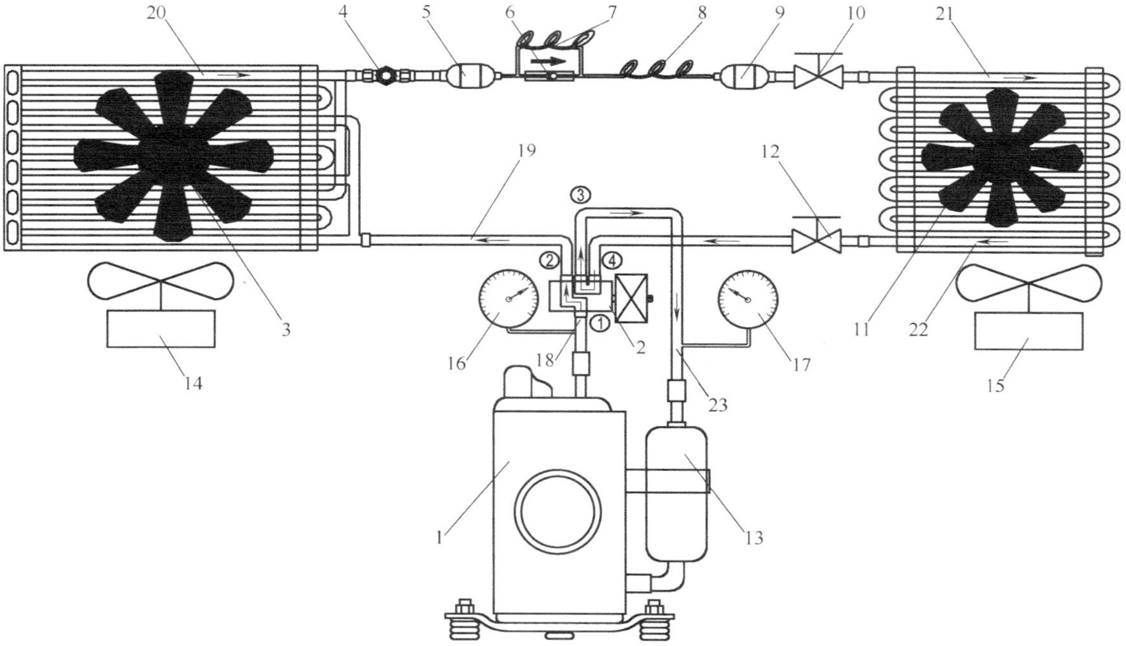

图 2-5　实训装置空调系统的结构组成及热力系统流程图

1—转子式压缩机　2—电磁四通阀　3—室外换热器　4—视液镜　5—过滤器　6—单向阀　7—毛细管　8—毛细管　9—过滤器　10—空调阀　11—室内换热器　12—空调阀　13—气液分离器　14—室外风扇电动机　15—室内风扇电动机　16—高压侧真空压力表　17—低压侧真空压力表　18—高压排气管　19—室外换热器进气管　20—室外换热器出气管　21—室内换热器进气管　22—室内换热器出气管　23—低压回气管

阀 12 流入室内换热器 11，通过室内风扇电动机对空气的强制对流，使得室内换热器中的热量被空气带入室内房间，使得房间的温度上升，高温高压的制冷剂气体变成高压中（常）温的制冷剂液体流经室内换热器进气管 21，然后通过室内换热器进气管 21 流到空调阀 10 处，再经过过滤器 9、毛细管 8、单向阀 6、过滤器 5、视液镜 4 流入室外换热器 3 中，（高压中（常）温的制冷剂液体被毛细管 8、7 共同节流，这时单向阀 6 反向不导通），高压中（常）温的制冷剂液体流入室外换热器 3 中，立刻吸热膨胀，变为低压低温的气体，经冷凝器受到风扇电动机 14 对空气的强制对流，进行能量的交换，低压低温的气体流经室内换热器进气管 19、电磁四通阀 2 的②端，流出③端，进入回气管 23，再经气液分离器 13 回到压缩机 1，如此反复循环，通过热力学原理将室内的能量与室外的能量进行交换，起到制热的效果。（以上提到的制冷剂是采用氟利昂 R22。）

📖 实施操作

一、空调系统主要部件的安装

按照图 2-6 所示部件位置的要求，将空调制冷系统部件安装到位，安装位置尺寸允许偏差为 ±3mm。

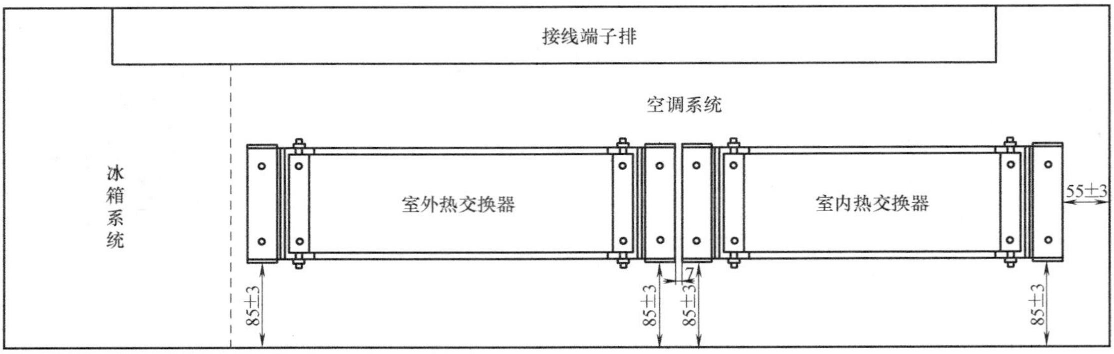

说明：
1.按照图中标注尺寸安装。
2.安装尺寸误差，按图中标注。
3.图中尺寸以设备外沿为基准，图中长度单位为mm。

图 2-6　安装面板

二、实训装置空调器制冷系统管路的制作

实训装置空调器需制作 9 根制冷管路，分别用管路一、管路二、管路三、管路四、管路五、管路六、管路七、管路八、管路九表示。

（一）空调器管路二的制作

空调器管路二的外形如图 2-7 所示。制作空调器管路二时，截取一段规格为 3/8in 的铜管，铜管的长度可参考图 2-8 中的展开图。

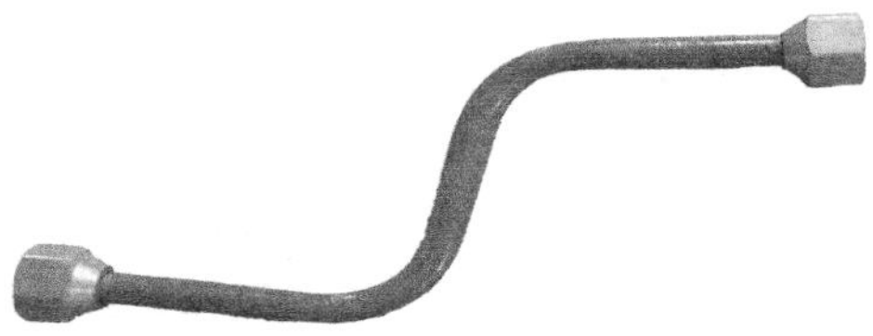

图 2-7　空调器管路二的外形

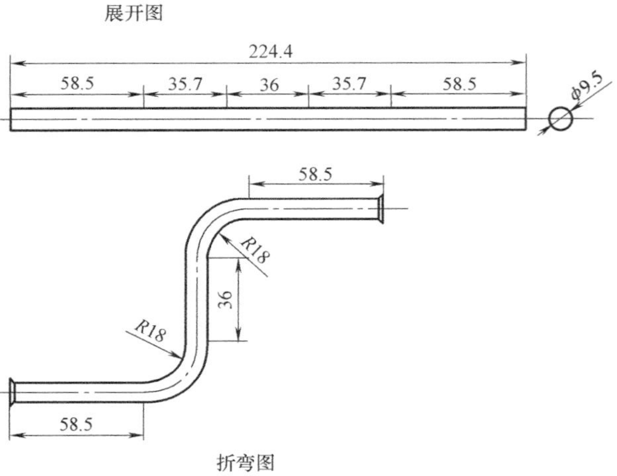

图 2-8　空调器管路二的尺寸

铜管加工：用手将铜管扳直，利用倒角器去除铜管两端的收口和毛刺，再用弯管器将铜管加工成如图 2-7 所示的形状，在加工好的铜管两端装上配套的纳子，然后用胀管扩口器将铜管的两端端口扩成喇叭口，放置一边，以备管路连接时使用。

（二）空调器管路三的制作

空调器管路三的外形如图 2-9 所示。制作空调器管路三时，截取一段规格为 ϕ6mm 的铜管，铜管的长度可参考图 2-10 中的展开图。

铜管加工：用手将铜管扳直，利用倒角器去除铜管两端的收口和毛刺，再用弯管器将铜管加工成如图 2-10 所示的形状，在加工好的铜管两端装上配套的纳子，然后用胀管扩口器，将铜管的两端端口扩成喇叭口，以备管路连接时使用。

图 2-9 空调器管路三的外形

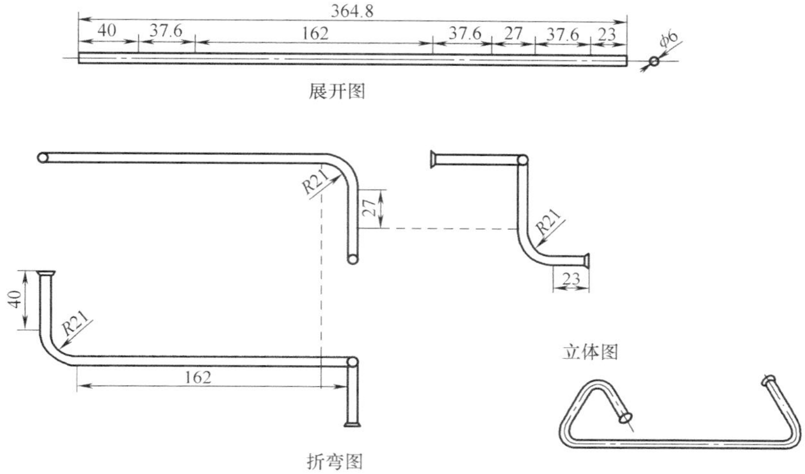

图 2-10 空调器管路三的尺寸

（三）空调器管路四的制作

空调器管路四的外形如图 2-11 所示。制作空调器管路四时，截取一段规格为 ϕ6mm 的铜管，铜管的长度可参考图 2-12 中的展开图。

图 2-11 空调器管路四的外形

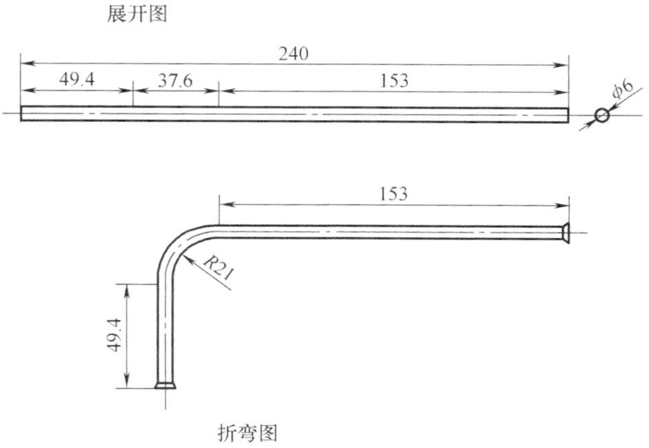

图 2-12 空调器管路四的尺寸

铜管加工：用手将铜管扳直，利用倒角器去除铜管两端的收口和毛刺，再用弯管器将铜管加工成如图 2-12 所示的形状，在加工好的铜管两端装上配套的纳子，然后用胀管扩口器将铜管的两端端口扩成喇叭口，以备管路连接时使用。

（四）空调器管路六的制作

空调器管路六的外形如图 2-13 所示。制作空调器管路六时，截取一段规格为 ϕ6mm 的铜管，铜管的长度可参考图 2-14 中的展开图。

图 2-13　空调器管路六的外形

铜管加工：用手将铜管扳直，利用倒角器去除铜管两端的收口和毛刺，再用弯管器将铜管弯成如图 2-13 所示的形状，将配套的保温管套装到铜管的外面，然后在铜管两端装上配套的纳子，利用胀管扩口器将铜管的两端端口扩成喇叭口，放置一边，以备管路连接时使用。

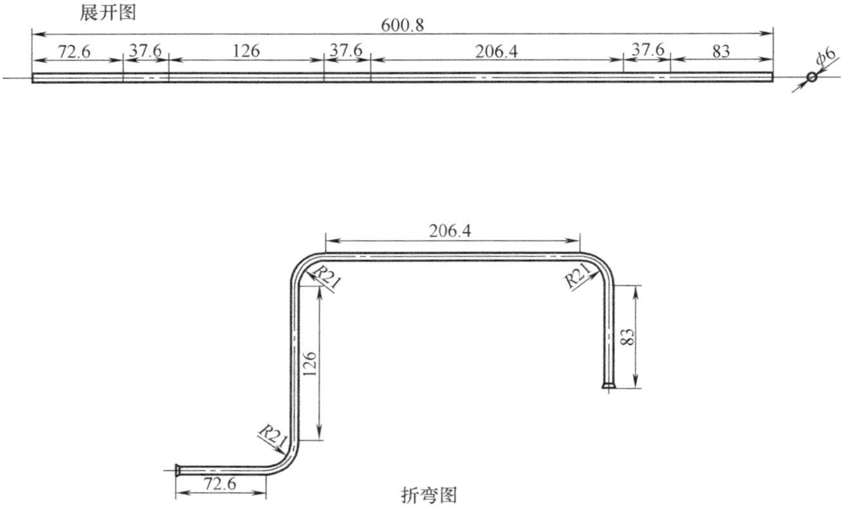

图 2-14　空调器管路六的尺寸

（五）空调器管路七的制作

空调器管路七的外形如图 2-15 所示。制作空调器管路七时，截取一段规格为 3/8in 的铜管，铜管的长度可参考图 2-16 中的展开图。

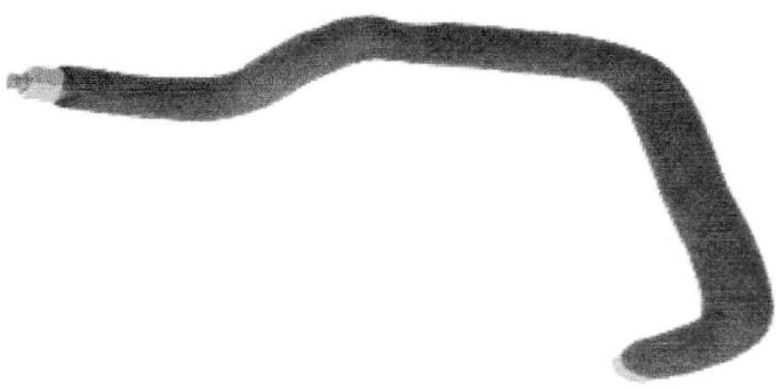

图 2-15　空调器管路七的外形

铜管加工：用手将铜管扳直，利用倒角器去除铜管两端的收口和毛刺，再用弯管器将铜管加工成如图 2-16 所示的形状，将配套的保温管套装到铜管的外面，然后在铜管两端装上配套的纳子，利用胀管扩口器将铜管的两端端口扩成喇叭口，放置一边，以备管路连接时使用。

（六）空调器管路一的制作

空调器管路一的外形如图 2-17 所示。制作空调器管路一时，截取两段规格为 3/8in 的铜管，铜管的长度可参考图 2-18 中的展开图。

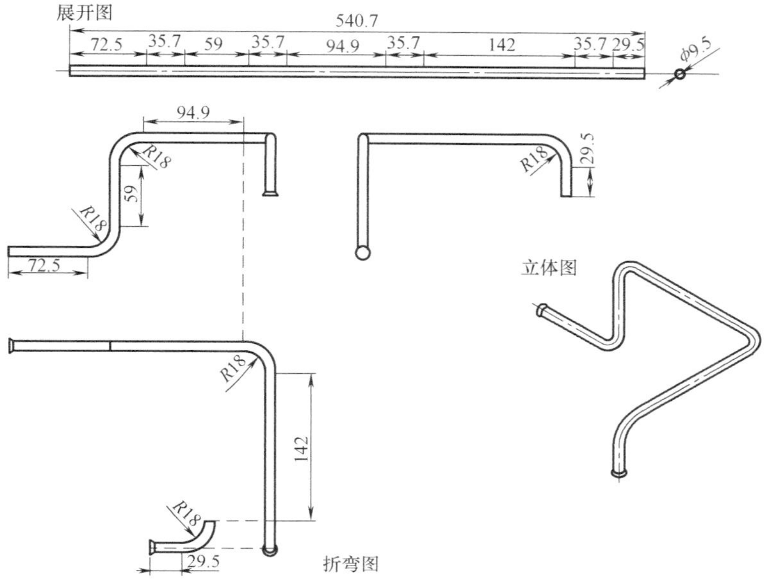

图 2-16 空调器管路七的尺寸

图 2-17 空调器管路一的外形

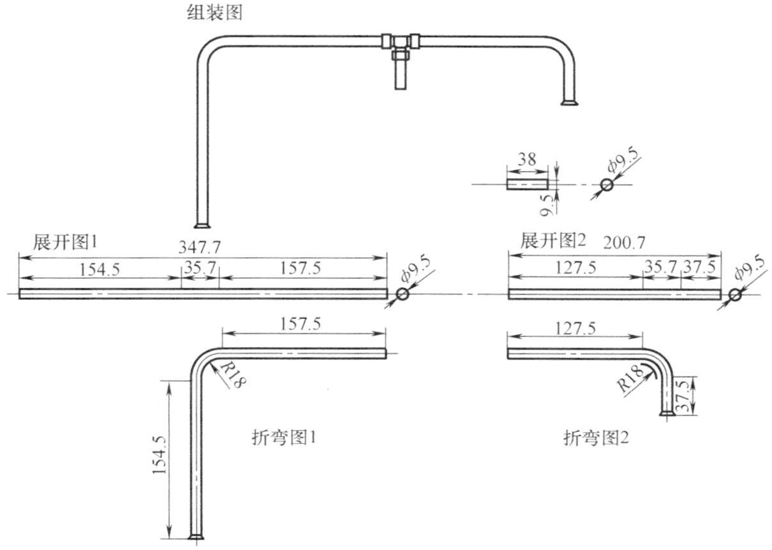

图 2-18 空调器管路一的尺寸

1. 铜管加工　用手将铜管扳直，利用倒角器去除铜管两端的收口和毛刺，再用弯管器将两段铜管分别加工成如图 2-18 中折弯图 1 和折弯图 2 所示的形状。根据折弯图所示，分别将两段铜管的指定端装上纳子，然后利用胀管扩口器将铜管的两端端口扩成喇叭口。

2. 铜管焊接　将两段铜管的另一端插入到标准三通内，在三通的中间端连接一根 38mm、3/8in 的铜管后，再焊接加液阀，然后利用焊炬，将 4 个部件焊接好，以备管路连接时使用。

（七）空调器管路五的制作

空调器管路五的外形如图 2-19 所示。制作空调器管路五时，截取一段规格为 ϕ6mm 的铜管，铜管的长度可参考图 2-20 中的展开图。

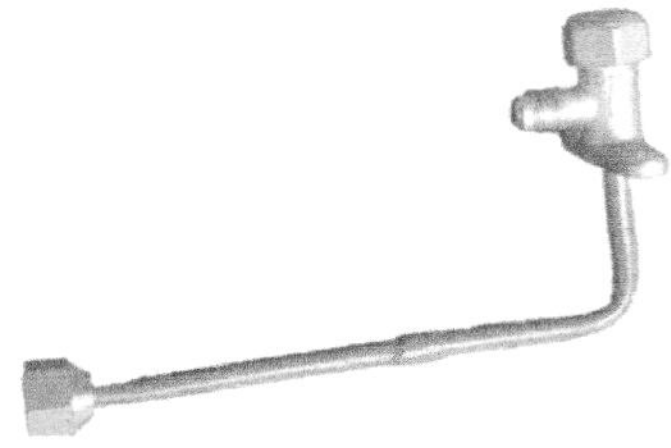

图 2-19　空调器管路五的外形

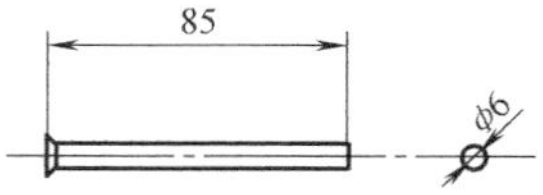

图 2-20　空调器管路五的尺寸

1. 铜管加工　用手将铜管扳直，利用倒角器去除铜管两端的收口和毛刺，在铜管一端装上配套的纳子，利用胀管扩口器将铜管的一端端口扩成喇叭口。

2. 铜管焊接　将另外一端与空调阀相连接，这里采用同等管径相连接的方式，用焊炬将两个部件焊接好，以备管路连接时使用。

（八）空调器管路八的制作

空调器管路八的外形如图 2-21 所示。制作空调器管路八时，截取一段规格为 3/8in 的铜管，铜管的长度可参考图 2-22 中的展开图。

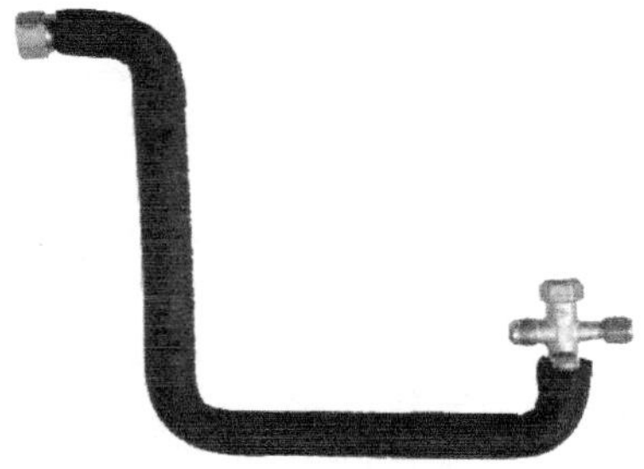

图 2-21　空调器管路八的外形

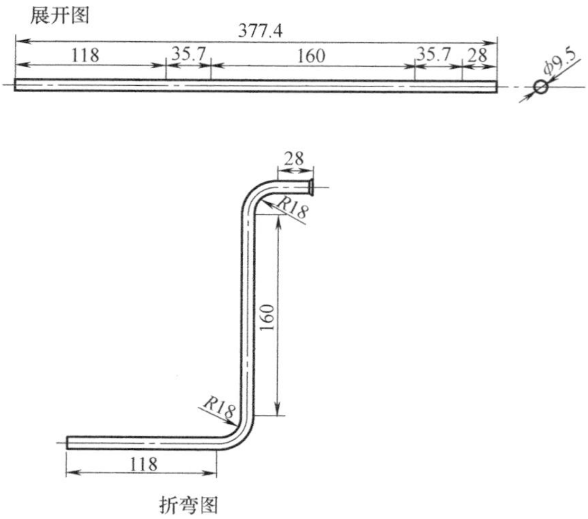

图 2-22　空调器管路八的尺寸

1. 铜管加工　用手将铜管扳直，利用倒角器去除铜管两端的收口和毛刺，再用弯管器将铜管加工成如图 2-22 中折弯图所示的形状。

2. 铜管焊接　将所加工的铜管与空调阀连接在一起，利用焊炬将其焊接好。在确定无泄漏点的前提下，将配套的保温管套装到铜管的外面。

3. 铜管成型　在铜管对应端装上配套的纳子，然后用胀管扩口器将铜管的两端端口扩成喇叭口，放置一边，以备管路连接时使用。

（九）空调器管路九的制作

空调器管路九的外形如图 2-23 所示，制作空调器管路九时，截取两段规格为 3/8in 的铜管，铜管的长度可参考图 2-24 中的展开图。

图 2-23　空调器管路九的外形

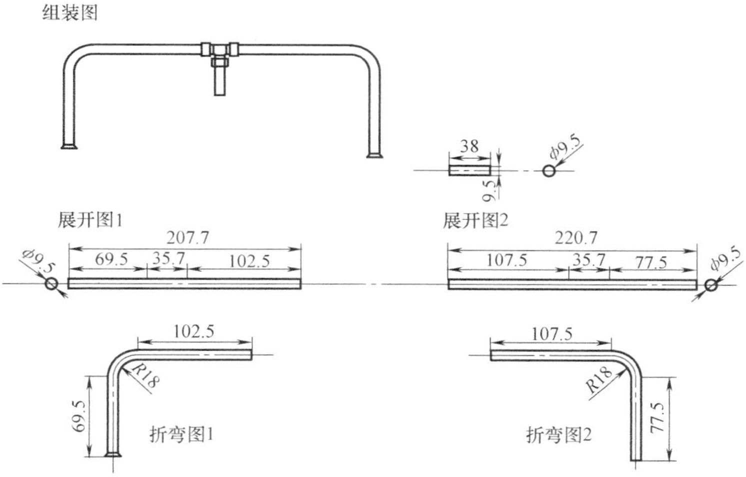

图 2-24　空调器管路九的尺寸

1. 铜管加工　用手将铜管扳直，利用倒角器去除铜管两端的收口和毛刺，再用弯管器将两段铜管分别加工成如图 2-24 中折弯图 1 和折弯图 2 所示的形状。

2. 铜管焊接　根据图 2-24 中折弯图所示，分别将两段铜管的指定端插入到标准三通内，在三通的中间端连接一根 38mm、3/8in 的铜管后再焊接加液阀，然后利用焊炬将 4 个部件焊接好。

3. 铜管成型　在保证没有泄漏后将铜管套上保温层，在两段铜管的另一端套上标准纳子，然后利用胀管扩口器将铜管的两端端口扩成喇叭口，放置在一边，以备管路连接时使用。

三、实训装置空调器制冷系统管路的清洗

参照模块一中任务二的管路清洗方法。

四、实训装置空调器制冷系统管路的装配

将制作好的 9 根管路，按照图 2-25 所示搭建热泵空调系统。

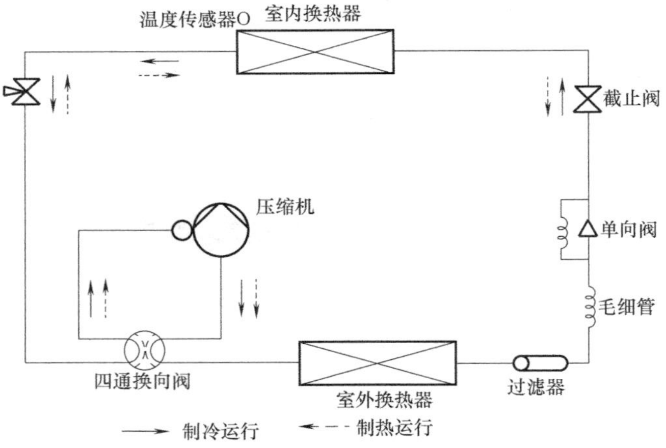

图 2-25 热泵空调系统

📖 工作页

空调器主要部件的安装与管路连接				工作页编号：KTQ2-1	
一、基本信息					
学习小组		学生姓名		学生学号	
学习时间		指导教师		学习地点	
二、工作任务					
1. 按图 2-7 ~ 图 2-24 加工空调系统的管路。 2. 按图 2-25 装配空调系统的主要部件。					
三、制定工作计划（包括人员分工、操作步骤、工具选用、完成时间等内容）					
四、安全注意事项（人身及设备安全）					

（续）

五、工作过程记录
六、任务小结
七、教师评价
八、成绩评定

📖 考核评价标准

序号	考核内容	配分	要求及评分标准	评分记录	得分
1	空调器管路的制作	45	铜管的切割 要求：截取长度允许偏差为 ±2mm、用倒角器去除铜管两端的收口和毛刺 评分标准：每出现一次扣 2 分		
			喇叭口管制作 要求：制作的杯形口、喇叭口无变形、无裂纹、无锐边 评分标准：每出现一次扣 2 分		
			铜管的烧焊 要求：无虚焊、过烧、气孔、裂纹、烧穿、漏焊、咬边、焊瘤等缺陷 评分标准：每出现一次扣 2 分		
2	管路的清洗与装配	25	管路的清洗 要求：按规程清洗管道 评分标准：按规程清洗管道得 10 分，否则不得分		
			管路的装配 要求：根据装配图正确连接管道 评分标准：正确连接管道得 15 分，否则不得分		
3	工作态度及与组员合作情况	20	1. 积极、认真的工作态度和高涨的工作热情，不一味等待老师安排指派任务 2. 积极思考以求更好地完成工作任务 3. 好强上进而不失团队精神，能准确把握自己在团队中的位置，团结学员，协调共进 4. 在工作中谦虚好学，时时注意自己不足之处，善于取人之长补己之短 评分标准：四点都表现好得 20 分，一般得 10 ~ 15 分		
4	安全文明生产	10	1. 遵守相关安全操作规程 2. 正确使用工具 3. 操作现场整洁 4. 安全用电，防火，无人身、设备事故 评分标准：每项扣 2.5 分，扣完为止；因违规操作发生人身和设备事故的，此项按 0 分计		

任务二　空调器电气控制系统的安装

任务描述

实训装置空调器电气控制系统的安装。

任务目标

1）掌握空调器电气控制系统的工作原理。

2）掌握典型实训装置空调器电气控制系统的工作原理。

3）按图样要求安装空调电气控制系统。

任务准备

1. 工具器材

1）万用表一块、实训导线若干。

2）天煌 THRHZK—1 型现代制冷与空调系统技能实训装置一台。

2. 实施规划

1）知识准备。

2）控制系统的安装。

3）工作页的完成。

3. 注意事项

安装完成后须仔细检查电路的连接情况，确保准确无误。

任务实施

知识准备

一、家用空调器电气控制原理

（一）系统硬件组成框图

空调器电气控制系统硬件组成框图如图 2-26 所示。根据工作电压的不同，整个系统可以分为三部分：微控系统、继电器控制和强电控制，分别工作于 DC 5V、DC 12V 和 AC 220V。

（二）供电系统分析

整个主控板上有三种电压：AC 220V、DC 12V 和 DC 5V。

AC 220V 直接给压缩机、室外风机、室内风机和负离子产生器供电；AC 220V 经过减压整流，变为 DC 12V 和 DC 5V，用于继电器和微控系统供电。供电系统如图 2-27 所示，AC 220V 先经过变压器减压，然后从插座 J1 输入，经过整流桥堆进行全波整流，通过电容器 C2 滤波，得到 DC 12V 电压，再经过稳压集成电路 7805 稳压，得到 DC 5V 电压。图 2-27 中的采样点 ZDS 用于过零点的检测，二极管 VD1 防止滤波电容器 C2 对采样点 ZDS 的干扰。

（三）过零检测电路

过零检测电路用于检测 AC 220V 的过零点，如图 2-28 所示。从整流桥堆中采样全波整流信号，经过由晶体管及电阻器电容器组成的整形电路，整形成脉冲波，用于触发外部中

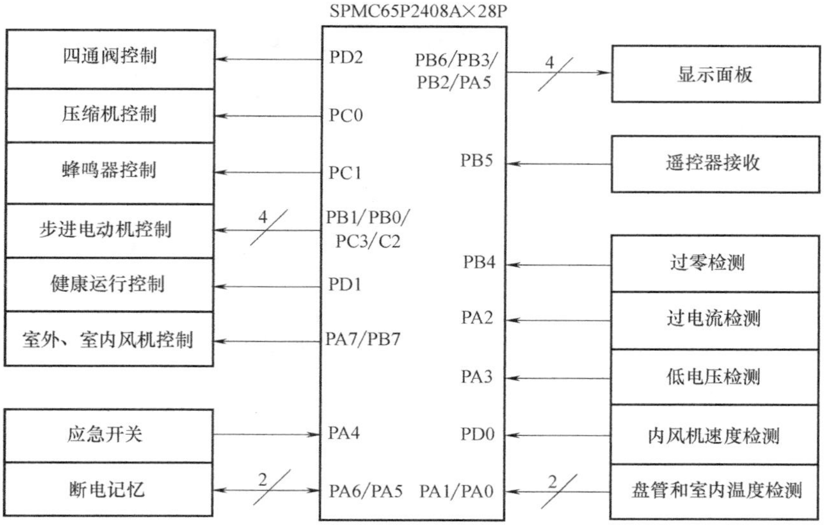

图 2-26　系统硬件组成框图

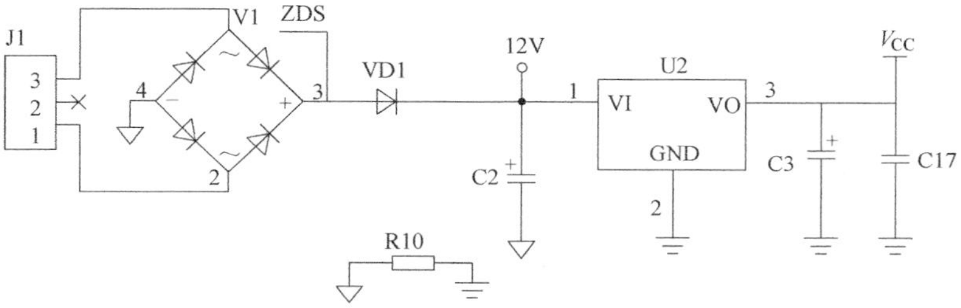

图 2-27　供电系统

断，进行过零检测。采样点和整形后的信号如图 2-29 所示。过零检测的作用是为了控制光耦晶闸管的触发角，从而控制室内风机风速的大小。

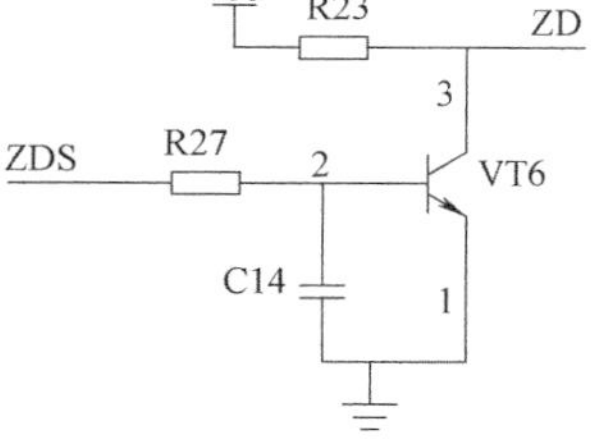

图 2-28　过零检测电路

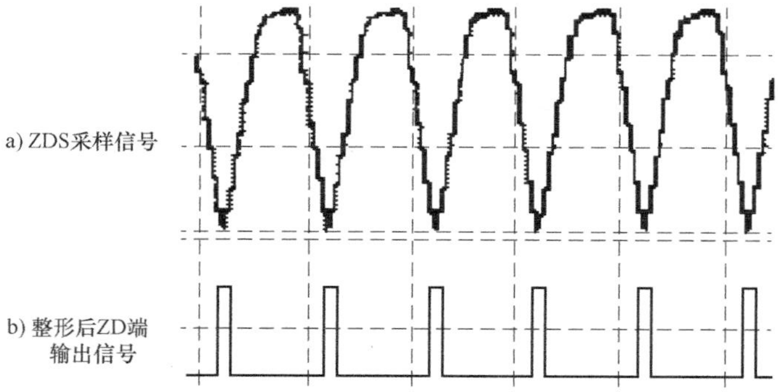

图 2-29　采样点和整形后的信号

（四）室内风机的控制

图 2-30 为室内风机控制电路，U1 为光耦晶闸管，用于控制 AC 220V 的导通时间，从而实现室内风机风速的调节。U3 的 3 脚为触发脚，由晶体管驱动。AC 220V 从 11 脚输入，从

13 脚输出，具体导通时间受控于触发脚的触发。

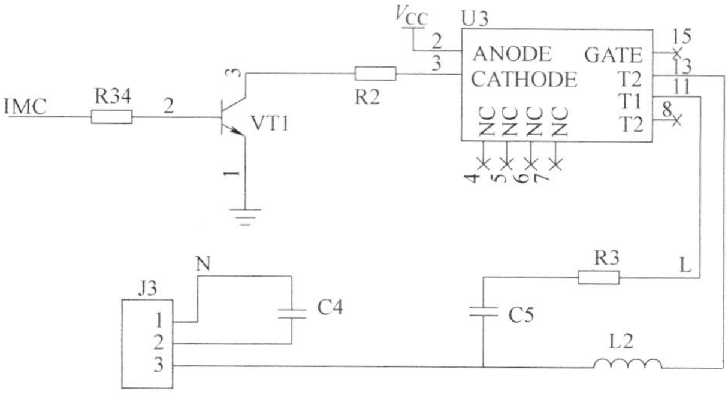

图 2-30　室内风机控制电路

室内风机风速的具体控制方法：首先过零检测电路检测到 AC 220V 的过零点，产生过零中断；然后由 CPU 产生一个触发脉冲，经晶体管驱动，从 U3 的 3 脚输入，触发 U3 的内部电路，从而使 U3 的 11 脚和 13 脚导通，AC 220V 给室内风机供电。这样，通过定时器的定时长度的改变可以控制 AC 220V 在每半个周期内的导通时间，从而控制室内风机的功率和转速。

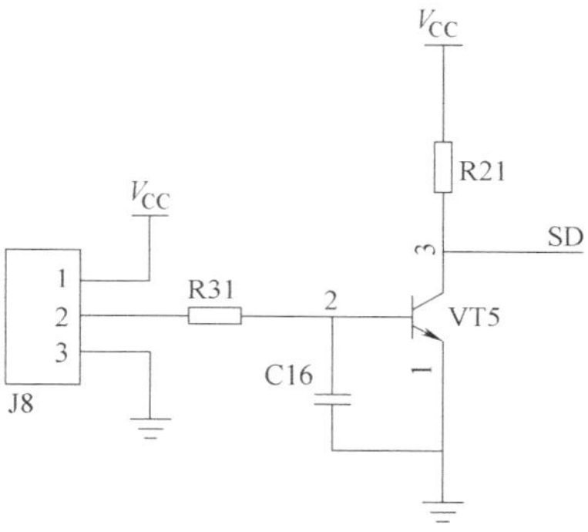

图 2-31　室内风机风速检测电路

（五）室内风机风速检测

室内风机风速检测电路如图 2-31 所示，当室内风机工作时，速度传感器将室内风机的转速以正弦波的形式反馈回来，正弦波的频率与风机转速成特定的对应关系，见表 2-1。正弦波经过晶体管整形为方波，CPU 采用外部中断进行频率检测，从而实现对风速的测量。

表　2-1

风速	高	中	低
频率/Hz	70	50	30

（六）过电流检测电路

过电流检测电路如图 2-32 所示，采用电流互感器 TA1 检测相线上电流的变化情况。图中，TA1 为电流互感器，输出 0～5mA 的交流电。当电流突然增大时，电流互感器输出电流也随之增大，经过全桥整流、电流-电压转换、低通滤波，从 COD 端输出直流电压信号。CPU 通过对 COD 端电压的 AD 采集来感知 AC 220V 电流的变化，当 COD 端的电压过高时，CPU 可以对电路采取保护措施。

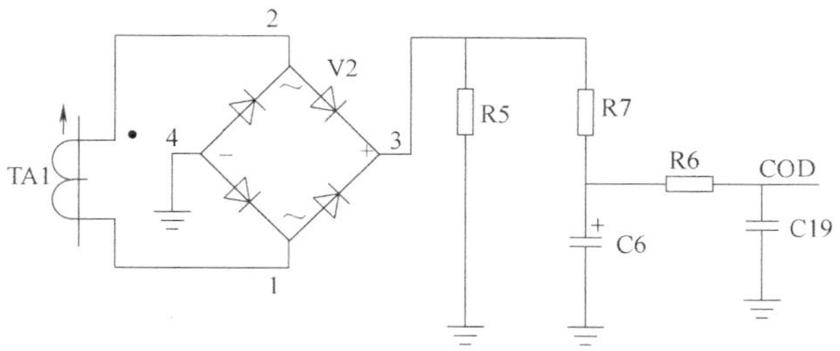

图 2-32　过电流检测电路

（七）低电压检测电路

低电压检测电路采用电阻分压原理，如图2-33所示，CPU利用AD采集对7805前端的12V电压进行检测。当电网掉电后，AD端会采集到7805前端的12V电压的降低，由于7805输出端电容的存在，所以即使12V电压降低到6V，7805仍能提供5V电压使CPU正常工作。此时，CPU立即将空调当前的运行参数保存在串行存储芯片AT24C01里面。

（八）压缩机、四通阀、室外风机和负离子产生器（健康运行）**的控制**

压缩机、室外风机、四通阀和负离子产生器如图2-34所示，它们均由AC 220V供电，所以通过继电器控制AC 220V的通断便可以控制各个部分的运行。RV1为压敏电阻器，用于过电压保护。FU1为熔丝管。插座J2为AC 220V输出端，外接变压器，将AC 220V减压，减压后接到电源模块，分别得到DC 12V和DC 5V。

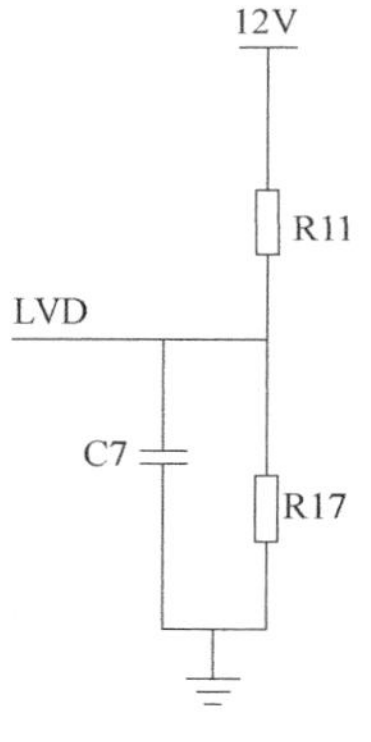

图2-33　低电压检测电路

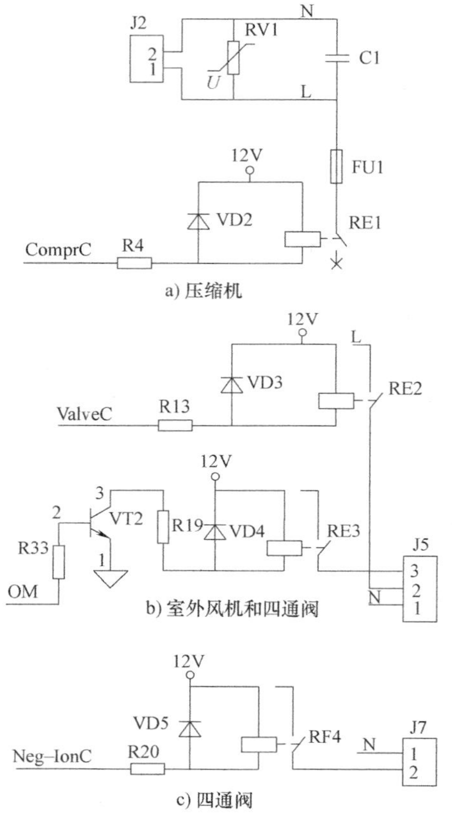

图2-34　压缩机、室外风机、四通阀和健康运行的控制电路

（九）驱动电路

驱动电路如图2-35所示，继电器、蜂鸣器和步进电动机均由12V直流电压控制，U4为驱动芯片。

Neg-IonC端口控制负离子发生器的继电器；ValveC端口控制四通阀的继电器；ComprC端口控制压缩机的继电器；Buzzer端口控制蜂鸣器；A、B、C、D为步进电动机的四相。

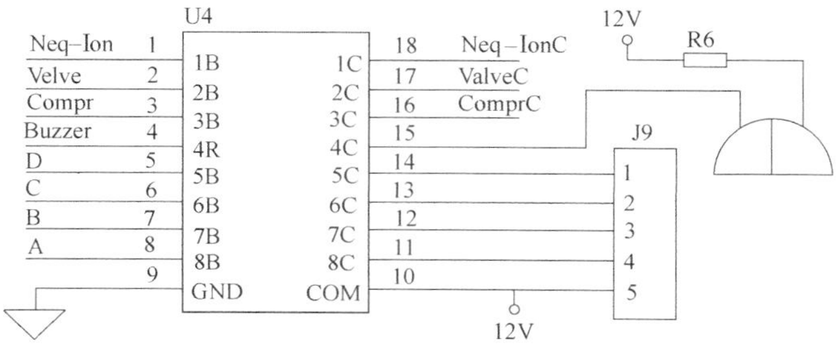

图 2-35　驱动电路

（十）断电记忆

断电记忆电路如图 2-36 所示，它采用 U5（AT24C01）作为串行存储芯片，保存电网断电前空调的运行参数。该芯片只需两根线控制：时钟线 SCL 和数据线 SDA/Ion，存储器大小为 128×8B。

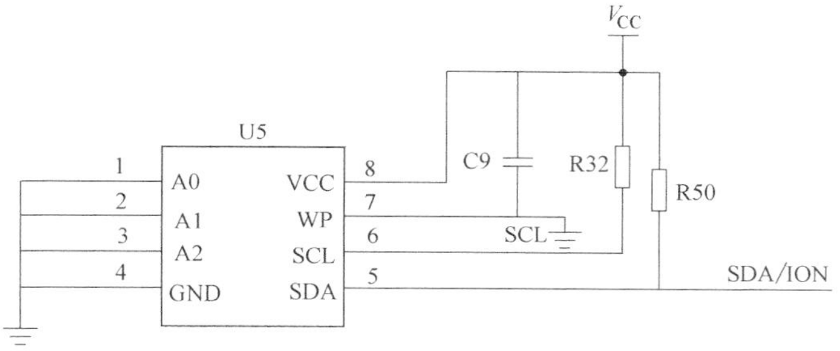

图 2-36　断电记忆电路

二、实训装置空调器电气控制原理

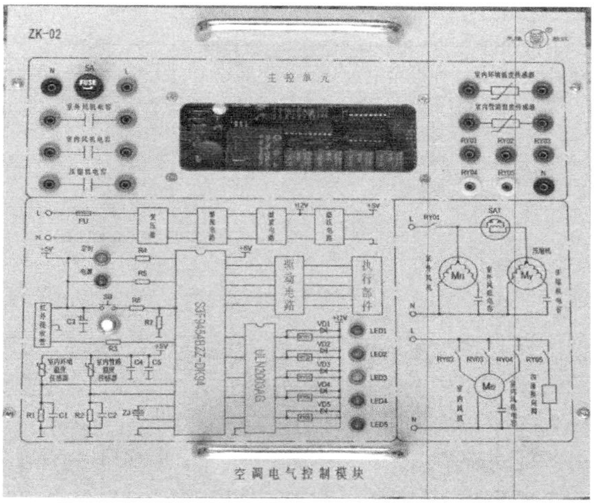

图 2-37　空调电气控制模块挂箱

空调电气控制模块挂箱（ZK—02 挂箱）由通用型热泵空调主板、电气控制原理图、接线柱、熔丝座、对应指示灯、复位按钮、1μF/450V CBB 电容器、压缩机起动电器等组成，如图 2-37 所示。

系统选用双传感器空调器微机遥控系统，整个电气系统分别由电源电路、单片机主控制器电路、红外接收电路、强制运行电路、温度检测电路、指示电路、驱动电路等组成。

（一）电源电路

电源电路由交流电源和直流电源组成。交流电源主要是给变压器、压缩机、室内/外送风机等执行元件提供电源；直流电源主要以 +5V、+12V 为主，+5V 主要为红外接收电路、单片机主控制电路及温度检测电路提供电源，+12V 主要为驱动电路、步进电机及继电器提供电源。

（二）单片机主控制电路

单片机主控制电路采用的单片机型号为 S3F9454BZZ—DK94，芯片厂家采用 SAMSUNG（三星）。

（三）红外接收电路

红外接收电路的作用是通过红外接收管将用户遥控器上所发出的信息传送到单片机主控制器中，通过处理分析，并作出相应的执行动作，如图 2-38 所示（点画线框中不属于其电路）。

（四）强制运行电路

如图 2-38 中双点画线框所示，电路主要是由一个按钮及限流电阻器等组成，当按下按钮开关时，单片机获得一个 +5V 的触发信号；然后单片机主控制器通过对环境温度的检测得到的相应的信号，自动选择工作模式。这里的按钮开关“SB”又称为“应急开关”，即在没有遥控时或遥控器损坏等情况下，可通过按钮开关来启动空调系统。

（五）指示电路

电路部分如图 2-38 点画线框所示，分别显示定时、电源和故障方面的所指状态。

（六）温度检测电路

如图 2-39 所示，温度检测电路是根据系统中热敏电阻随着温度的变化其阻值也随之有着线性变化的特性来完成温度的检测。在电路中热敏电阻常与电阻串联使用，采用串联分压电路，取电阻上的压降。将其电压信号传送至单片机输入端，单片机主控制器根据采集的信号进行处理、执行控制运行状态。

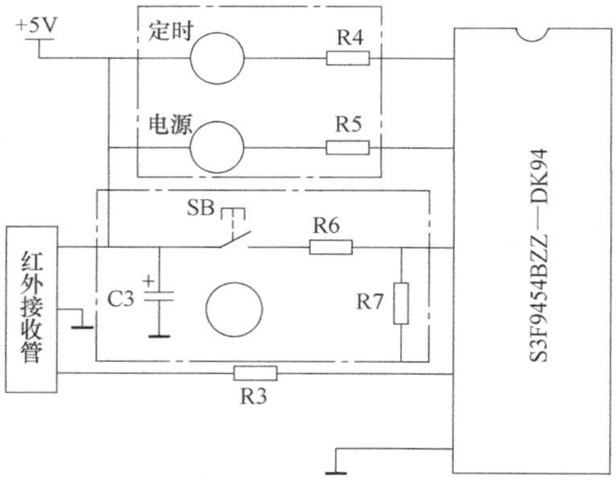

图 2-38　红外接收电路

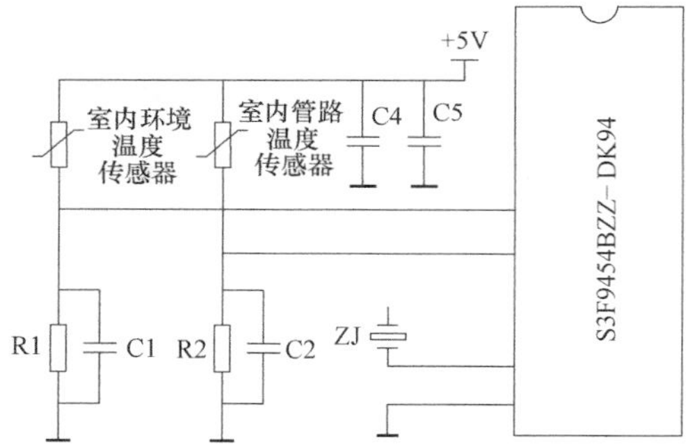

图 2-39　温度检测电路

（七）驱动电路

驱动电路主要以达林顿管 ULN2003 为主，对单片机输出的控制信号进行反向驱动，从而保证单片机主控制器输出的微弱信号能够驱动其执行器件（如继电器、蜂鸣器、步进电动机等小功率执行器件）。ULN2003 的最大驱动能力为 500mA，内部电路中每路都设有续流二极管。

📖 实施操作

（1）测量与判断压缩机、室内/外电动机的绕组及传感器的好坏等。

（2）将室内环境温度传感器、室内管路温度传感器的引线通过线槽接到实训台接线区的端子排上（可通过相对应的号码管找到一一对应的关系），如图 2-40 所示。

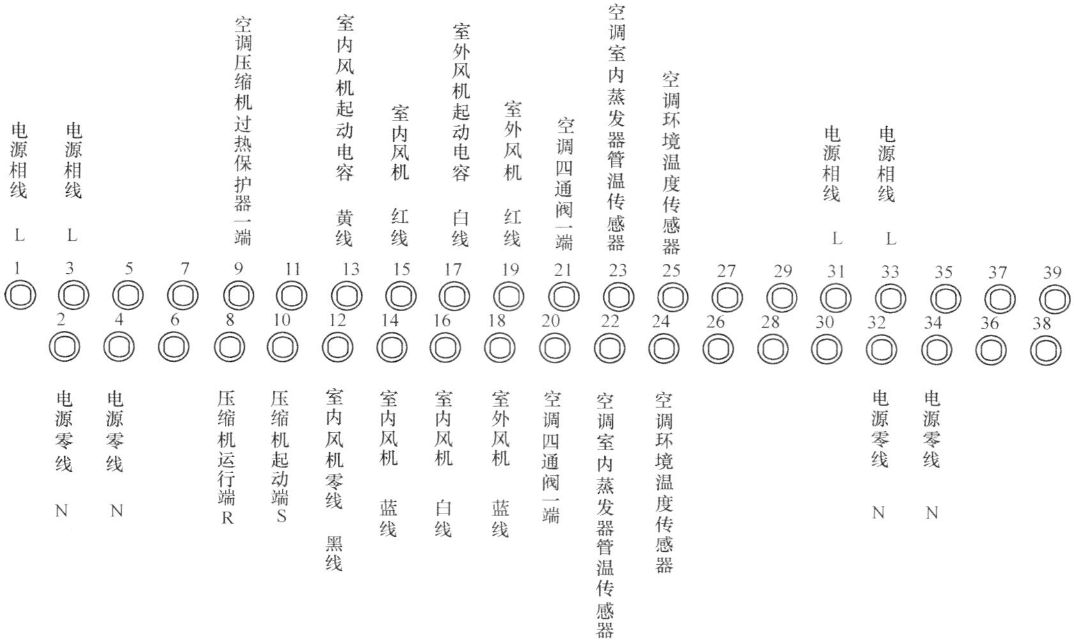

图 2-40　实训装置空调部分端子排

（3）将挂箱 ZK—02 上的室内环境温度传感器、室内管路温度传感器与实训台接线区的端子排上相对应的号码相连。

（4）将空调系统部分的压缩机、室内风机、室外风机、四通换向阀的引线通过线槽接到实训台接线区的端子排上（可通过相对应的号码管找到一一对应的关系）。

（5）按照图 2-41 用实训导线将 ZK—02 挂箱面板上的压缩机电容器、室内风机电容器、室外风机电容器、RY01、RY02、RY03、RY04、RY05 输出端与实训台接线区的端子排上相对应的号码相连。

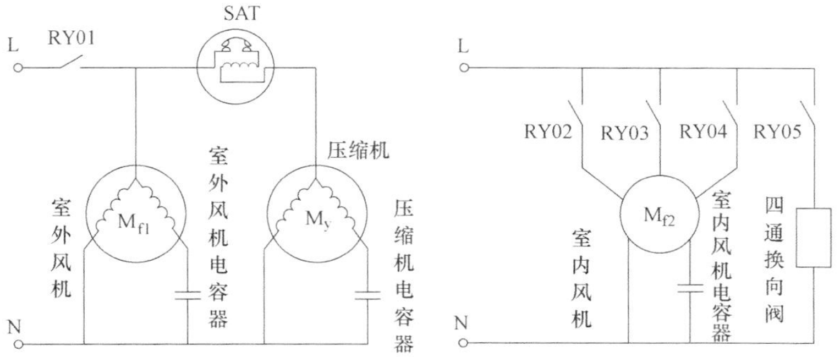

图 2-41　热泵空调外围电路接线图

（6）将 ZK—01 挂箱上的电源 L、N 端与 ZK—02 挂箱上的电源 L、N 端相连，ZK—01 挂箱上的电源 L1、N1 端输入 AC 220V 电网电压，如图 2-42 所示。

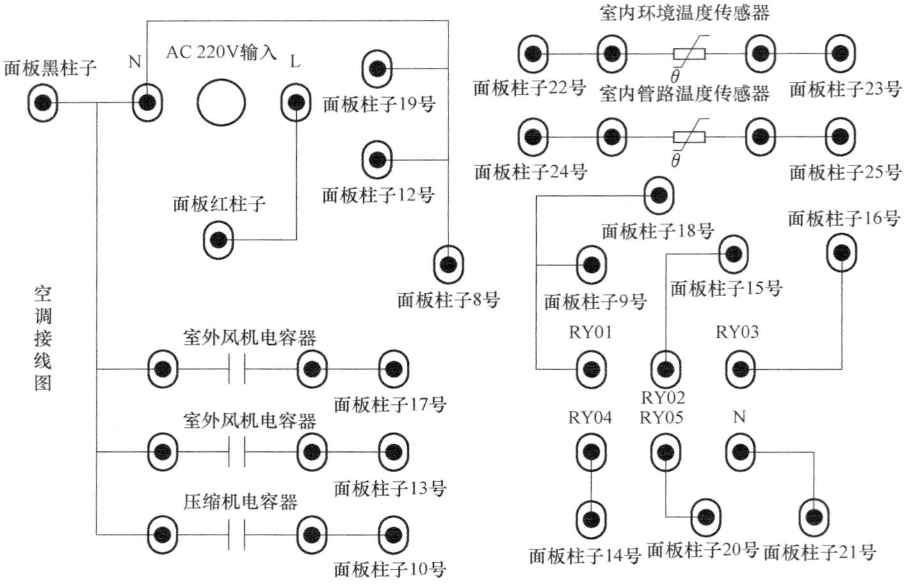

图 2-42 实训装置空调接线图

（7）打开 ZK—01 挂箱面板上的电源开关，ZK—01 面板上电源指示灯亮，ZK—02 挂箱便得电，应有一声鸣叫。

（8）可通过按下强制按钮 SB 强行起动或用遥控器对系统进行不同运行模式下的操作控制。面板上电源指示灯会亮；在系统每次执行一步操作时，单片机的端口会有一个高电平脉冲输出，蜂鸣器会响一下。

（9）可以利用遥控器对其进行不同模式状态的调试运行。

（10）关闭电源，分类整理实训导线，并将实训导线放回导线架，摆放整齐。

📖 工作页

空调器电气控制系统的安装				工作页编号：KTQ2-2	
一、基本信息					
学习小组		学生姓名		学生学号	
学习时间		指导教师		学习地点	
二、工作任务					
实训装置空调器部分电气控制系统的安装					
三、制定工作计划（包括人员分工、操作步骤、工具选用、完成时间等内容）					

（续）

四、安全注意事项（人身及设备安全）
五、工作过程记录
六、任务小结
七、教师评价
八、成绩评定

考核评价标准

序号	考核内容	配分	要求及评分标准	评分记录	得分
1	安装质量及万用表的使用	30	实训导线的连接 要求：在理解原理的基础上按图2-40～图2-42接线 评分标准：每出现错误一次扣10分		
			万用表的使用 在使用万用表之前，应先进行机械调零 在使用万用表过程中，不能用手去接触表笔的金属部分 不能在测量的同时换挡 万用表在使用时，必须水平放置。同时还要注意到避免外界磁场对万用表的影响 万用表使用完毕，应将转换开关置于交流电压的最大挡 评分标准：每出现失误一次扣2分		
2	家用空调器电气控制原理	40	口述系统硬件组成框图 评分标准：正确得10分，回答一般得3～5分，回答错误不得分		
			口述过零检测电路 评分标准：正确得10分，回答一般得3～5分，回答错误不得分		
			口述智能温控传感器输入电路的作用 评分标准：正确得10分，回答一般得3～5分，回答错误不得分		
			口述智能温控继电器驱动电路的作用 评分标准：正确得10分，回答一般得3～5分，回答错误不得分		
3	工作态度及与组员合作情况	20	1. 积极、认真的工作态度和高涨的工作热情，不一味等待老师安排指派任务 2. 积极思考以求更好地完成工作任务 3. 好强上进而不失团队精神，能准确把握自己在团队中的位置，团结学员，协调共进 4. 在工作中谦虚好学，时时注意自己不足之处，善于取人之长补己之短 评分标准：四点都表现好得20分，一般得10～15分		
4	安全文明生产	10	1. 遵守安全操作规程 2. 正确使用工具 3. 操作现场整洁 4. 安全用电，防火，无人身、设备事故 评分标准：每项扣2.5分，扣完为止；因违规操作发生人身和设备事故的，此项按0分计		

任务三　空调器的调试与运行

任务描述

1）完成电气系统的调试。

2）完成制冷系统的调试。

任务目标

1）掌握空调器的电气安全标准、性能检测要求。

2）进一步熟练掌握各种测试仪的使用方法。

3）掌握空调器电气系统的调试和运行的方法。

4）掌握空调器制冷系统的调试和运行的方法。

任务准备

1. 工具器材

1）R22 制冷剂一瓶。

2）复合表一套。

3）钳表、万用表、钢丝钳、封口钳及焊接设备。

4）天煌 THRHZK—1 型现代制冷与空调系统技能实训装置一台。

2. 实施规划

1）掌握家用空调器的工作原理。

2）完成制冷系统的抽真空和加氟。

3）完成工作页的填写。

3. 注意事项

1）各连接处要拧紧检查，以免制冷剂泄漏。

2）抽真空结束时，应先关闭三通阀，再断真空泵，以防空气回流。

3）在充注制冷剂的过程中应控制其充注量，同时观察压力及运行电流。

任务实施

知识准备

一、空调器性能试验的要求和方法

（一）通用要求

（1）空调器应符合 GB/T 7725—2004、GB 12021.3—2010 和 GB 4706.32—2004 标准的要求，并应按经规定程序批准的图样和技术文件制造。

（2）热泵型空调器的热泵额定（高温）制热量应不低于其额定制冷量；对于额定制冷量不大于 7.1kW 的分体式热泵空调器，其热泵额定（高温）制热量应不低于其额定制冷量的 1.1 倍。

（3）空调器的构件和材料：

1）空调器的构件和材料的镀层和涂层外观应良好，室外部分应有良好的耐候性能。

2）空调器的保温层应有良好的保温性能和具有阻燃性、且无毒无异味。

3）空调器制冷系统受压零部件的材料应能在制冷剂、润滑油及其混合物的作用下，不产生劣化且保证整机正常工作。

(4）空调器的结构、部件、材料，宜采用可作为再生资源而利用的部件、产品结构和材料。

(5）空调器所具有的特殊功能（如：具有抑制、杀灭细菌功能的空调器、具有负离子清新空气功能的空调器等）应符合国家有关规定和相关标准的要求。

(6）空调器的电磁兼容性应符合国家有关规定和相应标准的要求。

（二）基本性能要求

1. 制冷量

(1）试验要求。无特殊要求的产品在设计阶段，实测制冷量不应小于额定制冷量的98%（不同空调器厂家要求不一样，以下类同）；生产时，实测制冷量不应小于额定制冷量的95%（GB/T 7725—2004 要求规定值，以下类同）。

变频机最大制冷量与额定制冷量之比应大于1.1。

(2）试验方法。按GB/T 7725—2004 规定的方法在额定制冷工况进行试验。变频机额定制冷量为额定频率运行时的制冷量，最大制冷量是在额定制冷工况下以最高频率运行时的制冷量，开机方式按技术条件要求进行。

2. 制冷消耗功率

(1）试验要求。产品在设计阶段，实测制冷消耗功率不应大于额定制冷消耗功率的105%；在生产阶段，实测制冷消耗功率不应大于额定制冷消耗功率的110%。

(2）试验方法。按GB/T 7725—2004 给定的方法，在制冷量测定的同时，测定空调器的输入功率、电流。

3. 热泵制热量

(1）试验要求。产品在设计阶段，实测热泵制热量（高温）不应小于额定制热量的98%；生产时实测制热量不应小于额定制热量的95%。

(2）试验方法。按GB/T 7725—2004 给定的方法，在热泵额定制热（高温）工况，进行热泵额定制热量的试验。

4. 热泵制热消耗功率

(1）试验要求。无特殊要求的产品在设计阶段，热泵的实测制热消耗功率不应大于热泵额定制热消耗功率的105%；在生产阶段，热泵的实测制热消耗功率不应大于热泵额定制热消耗功率的110%。

(2）试验方法。按GB/T 7725—2004 给定的方法，在热泵制热量测定的同时，测定热泵的输入功率、电流。

5. 最大运行制冷

(1）试验要求。

1）空调器各部件不应损坏，空调器应能正常运行。

2）空调器在第一小时连续运行期间，其电动机过载保护器不应跳开。

3）当空调器停机3min后，再起动连续运行1h，但在起动运行的最初5min内允许电动机过载保护器跳开，其后不允许动作；在运行的最初 5min 内电动机过载保护器不复位时，其停机不超过 30min 内复位的，应连续运行 1h。

4）对于手动复位的过载保护器，在最初 5min 内跳开的，应在跳开的 10min 后使其强行复位，并应能够再连续运行 1h。

（2）试验方法。将空调器室内、室外空气进行交换的通风门和排风门（如果有）完全关闭，其设定温度、风扇速度、导向格栅等调到最大制冷状态，试验电压分别为额定电压的 90% 和 110%，按规定的最大运行制冷工况运行稳定后再连续运行 1h，然后停机 3min（此间供电电源电压上升不超过 3%），再起动运行 1h。

6. 最小运行制冷

（1）试验要求。

1）空调器在 10min 起动期后的 4h 运行中，安全装置不应跳开。

2）室内侧蒸发器的迎风表面凝结的冰霜面积不应大于蒸发器迎风面积的 50%。

3）允许出现防冻结保护，但防冻结保护周期应大于 18min，正常制冷运行时间应大于 15min，防冻结保护结束后，冰霜融化的冷凝水应能全部经接水盘流走。

注：为防冻结而自动控制压缩机开、停的自动可复位保护器不视为安全装置；蒸发器迎风表面结霜面积肉眼不易看出时，可通过风量（风量下降不超过初始风量的 25%）进行判定。

（2）试验方法。将空调器室内、室外空气进行交换的通风门和排风门（如果有）完全关闭，其设定温度、风扇速度、导向格栅等调到最易结霜状态，按规定的最小运行制冷工况，使空调器起动运行至工况稳定后再运行 4h。

7. 热泵最大运行制热

（1）试验要求。

1）空调器各部件不应损坏，空调器应能正常运行。

2）空调器在第一小时连续运行期间，其电动机过载保护器不应跳开。

3）当空调器停机 3min 后，再起动连续运行 1h，但在起动运行的最初 5min 内允许电动机过载保护器跳开，其后不允许动作；在运行的最初 5min 内电动机过载保护器不复位时，在停机不超过 30min 内复位的，应连续运行 1h。

4）对于手动复位的过载保护器，在最初 5min 内跳开的，应在跳开的 10min 后使其强行复位，并应能够再连续运行 1h。

注：上述试验中，允许为防止室内热交换器过热而使电动机起、停的自动复位的过载保护装置周期性动作，可视为空调器连续运行。

（2）试验方法。将空调器室内、室外空气进行交换的通风门和排风门（如果有）完全关闭，其设定温度、风扇速度、导向格栅等调节器到最大制热状态，试验电压分别为额定电压的 90% 和 110%，按规定的热泵最大运行制热工况运行稳定后再连续运行 1h，然后停机 3min（此间供电电源电压上升不超过 3%），再起动运行 1h。

8. 热泵最小运行制热

（1）试验要求。空调器在 4h 试验运行期间，安全装置不应跳开。

注：试验中的化霜运行状态下，其自动控制的保护器动作不视为是安全装置。

（2）试验方法。将空调器室内、室外空气进行交换的通风门和排风门（如果有）完全关闭，其设定温度、风扇速度、导向格栅等调到最大制热状态，按规定最小运行制热工况，使空调器起动运行至工况稳定后再运行4h。

9. 冻结

（1）试验要求。

1）室内侧蒸发器迎风表面凝结的冰霜面积，不应大于蒸发器迎风面积的50%。

2）按下面试验方法进行试验时，空调器室内侧不应有冰掉落、水滴滴下或吹出。

注：空调器运行期间，允许防冻结的可自动复位装置动作；空调最小制冷运行，室外侧进风温度不低于21℃时，最小运行制冷试验可与冻结试验一并进行；蒸发器迎风表面结霜面积肉眼不易看出时，可通过风量（风量下降不超过初始风量的25%）进行判断。

（2）试验方法。在不违反规定的前提下，将空调器的设定温度、风扇速度、导向格栅等，在不违反规定下调到最易使蒸发器结冰和结霜的状态，达到规定冻结试验工况后进行下列试验。

1）空气流通试验：空调器起动并运行4h。

2）滴水试验：将空调器室内回风口遮住，完全阻止空气流通后运行6h，使蒸发器盘管风路被完全堵塞，停机后去除遮盖物至冰霜完全融化，再使风机以最高速度运转5min。

注：为防冻结自动控制装置工作，应视为空调器正常运行。

10. 凝露

（1）试验要求。整个实验过程中，风道内不允许有水滴吹出和漏水现象，出风口周围和导风板上水珠不允许滴落。转高风挡运行后，风道内壁上允许有少许水滴，但不允许有水滴吹出或漏水现象；接水盘等接水部件接水良好，排水顺畅，显示器内部、接收灯板上不能有凝露水，凝露水不能顺导线流入电气盒中。

（2）试验方法。将空调器的温度控制器、风扇速度、风门和导向格栅，在不违反制造厂规定下调到最易凝露状态进行制冷运行，达到规定的凝露工况后，空调器连续运行4h。

11. 自动化霜

（1）试验要求。

1）要求化霜所需总时间不超过试验总时间的20%，在化霜周期中，室内侧的送风温度低于18℃的持续时间不超过1min；如果需要，可以使用制造厂规定的热泵机组内辅助电加热装置制热。

2）空调器化霜结束后，室外换热器的霜层应融化掉（以确保制热能力不降低）。

（2）试验方法。装有自动化霜装置的空调器，将空调器的温度控制器、风扇速度（分体式室内风扇高速、室外风扇低速）、风门和导向格栅等调到换热器最易结霜状态，按规定的化霜工况运行稳定后，继续运行两个完整化霜周期或连续运行3h（试验的总时间应从首次化霜周期结束时开始），直到3h后首次化霜周期结束为止，取其长者；化霜周期及化霜刚刚结束后，室外侧的空气温度升高不应大于5℃。

12. 能效比 *EER* 及 *COP*　空调器的能效指标实测值应符合GB 12031.3的规定要求。对于出口客户要求的高能效比机型，应满足客户要求。

13. 制冷系统密封性能试验　按GB/T 7725—2004规定的方法试验时，制冷系统各部分不应有制冷剂泄漏。空调器的制冷系统在正常的制冷剂充注量下，用灵敏度为$1\times10^{-6}Pa\cdot m^3/s$的检漏仪进行检验。空调器可不通电置于正压室内，环境温度为16~35℃。

二、空调器电气安全试验的要求和方法

1. 输入功率和电流试验

（1）试验要求。电动器具被测机功率与铭牌上最大额定功率之比不应大于15%，如电动器具上标有额定电流，则电流实测值与铭牌上额定电流之比不应大于15%。

电热器具被测机与铭牌上最大额定功率之比偏差不应大于15%，下偏差不应小于－10%，如电热器上标有额定电流，则电流实测值与铭牌上额定电流之比上偏差不应大于5%，下偏差不应小于－10%。

（2）试验方法。

1）制冷状态：在工况室内侧32℃/23℃，室外侧43℃/26℃，电压为额定电压下进行下工况稳定运行1.5h后，打印、记录功率和电流等电参数。

2）制热状态：在工况室内侧27℃/—℃，室外侧24℃/18℃，电压为额定电压下进行下工况稳定运行1.5h后，打印、记录功率和电流等电参数。

2. 发热升温试验

（1）试验要求。根据GB706.1—2005判断发热试验是否合格。

（2）试验方法。

1）各发热点布热电偶。

室内侧：内风机表面；内风机电容器表面；内风机继电器周围；压缩机继电器周围环境；扫风电动机表面；PCB表面；电源线；接线端子；连接线；变压器表面。

室外侧：压缩机表面；压缩机运转电容器表面；压缩机起动电容器表面；压缩机继电器周围；接线端子；外风机电容器表面；外风机表面；四通阀表面；压缩机壳体距压缩机顶部1/3处。

2）测量绕组冷态电阻。

3）测量绕组热态电阻及计算温升。

$$\Delta t = (R_2 - R_1)/R_1 \times (234.5 + t_1) - (t_2 - t_1)$$

式中　Δt——绕组升温；

R_1——试验开始时的电阻；

R_2——试验结束时的电阻；

t_1——试验开始时的室温；

t_2——试验结束时的室温。

制冷升温：试验工况（32℃/23℃，43℃/26℃）。

① 低电压，按额定电压的94%进行，稳定2h后打印各发热点的热电偶温度，测量热态电阻及计算升温值；

② 高电压，按额定电压的106%进行，稳定2h后打印各发热点的热电偶温度，测量热态电阻及计算升温值。

制热升温：试验工况（27℃/—℃，24℃/18℃）

① 低电压，按额定电压的94%进行，稳定2h后打印各发热点的热电偶温度，测量热态电阻及计算升温值。

② 高电压，按额定电压的106%进行，稳定2h后打印各发热点的热电偶温度，测量热

态电阻及计算升温值。

3. 电动机、压缩机堵转试验

（1）试验要求。

1）试验期间外壳温度不应超过150℃，若超过150℃，则试验失败，停止试验。

2）起动电流值应在设计范围内。

3）过载保护应可靠工作，若保护器不会工作，则试验失败，终止试验。

4）在试验后3天（72h），进行绕组对地打耐压1250V，历时1min。若有击穿现象，则试验失败，终止试验。

5）在15天堵转期间30mA的漏电开关不应跳开，若漏电跳开，则试验失败，终止试验。

6）15天的试验结束时，绕组对地打耐压1250V，历时1min。若有击穿现象，则试验失败。打耐压试验通过后施加1.06倍的额定电压，测量绕组对外壳间的泄漏电流，其值不应超过2mA，若超过2mA，则试验失败。

（2）试验方法。

1）引用标准：国标GB 4706.17—1996《家用和类似用途电器的安全电压-压缩机的特殊要求》。

2）检验准备：

① 由压缩机制造商提供一个转子锁住压缩机；

② 压缩机时按生产厂家的规定充入冷冻机油和制冷剂；

③ 堵转试验室的环境温度保持（23±5)℃。

（3）检测电路。压缩机堵转的电源线路应能承受被测最大电流值，电源进入是大电流开关，开关出来之后连接到调压器，调压器出来连接到变压器，变压器出来连接到计数器，计数器出来连接到小型断路器，断路器出来连接到30mA的漏电开关，最后连接到压缩机。若是三相压缩机，其路线及配件都应是三相。

（4）检验内容。根据委托方提供的参数调节好后，检验以下内容。

1）分布热电偶用温度仪器测压缩机的外壳温度并打印曲线，试验期间外壳温度不应超过150℃，若超过150℃则试验失败，停止试验。

2）测量起动电流，看电流值是否在设计范围内。

3）每24h调换一次极性。

4）观察保护是否可靠工作。试验期间保护应可靠工作，若保护器不会工作，则实验失败，终止试验。

5）3天（27h）之后，绕组对地打耐压1250V，历时1min。若有击穿现象，则试验失败。

6）15天堵转期间若30mA的漏电开关跳开，则试验失败，终止试验。

7）15天后，检查计数器是否达到2000次，若没有达到2000次，继续堵转，直到2000次为止。

8）15天的试验结束时，绕组对地打耐压1250V，历时1min。若有击穿现象，则试验失败。打耐压试验通过后施加1.06倍的额定电压测量绕组对外壳间的泄漏电流，其值不应超过2mA，若超过2mA，则试验失败。另外，对三相压缩机还应增加两项测试、（可另一单独样品）。

9）变压器二次侧单相试验：这项试验共进行3h，3h后测绕组对地打耐压1250V，历时1min。若有击穿现象，则试验失败。

10）变压器一次侧单相试验：这项试验共进行24h，24h后测绕组对地打耐压1250V历时1min。若有击穿现象，则试验失败。

4. 潮态试验

（1）试验要求。试验中不应出现漏水问题，被测机应能正常接收遥控及按键信号，能正常运行，不能出现任何因控制器受潮引起的不正常停机、死机、烧熔丝管、漏电开关跳开等现象。

（2）试验方法。将整机放入工况室，室内干湿球温度为30℃/29℃，相对湿度约为93%。对于一般定频机型，室外侧干湿球温度为27℃—℃；对于室外机带控制器的机型（如变频机型或多联机型等），室外侧干湿球温度为30℃/29℃。将导风板、扫叶片转到最易凝露的位置，开关运行48h，观察记录整机运行状况，是否出现漏水，死机、复位、短路或烧熔丝管等现象。试验结束后拆机检查电气盒、显示器盒内部有无因漏风、结构不合理或保温措施不够造成的较严重的凝露现象。

5. 潮态试验后的电气安全试验

（1）试验要求。将整机放入室内、外干球温度为30℃，相对湿度为93%的工况室，放置48h后，测量整机在潮湿状态下的绝缘电阻不得少于2MΩ，泄漏电流不能超过2mA/kW。对于公众易触及的器具，泄漏电流最大值为10mA；对于公众易触及的器具，泄漏电流最大值为30mA。

被测机开机制冷运行2h，不能出现任何不正常停机、烧熔丝管、漏电开关跳开等现象。

（2）试验方法。

1）基本绝缘部分。如相线/零线对地进行打耐压试验（1250V，历时1min）时，耐压仪报警电流设置为100mA，试验期间不应有闪烁或击穿发生。

2）加强绝缘部分。相线/零线对塑料外壳进行打耐压试验（3750V，历时1min）时，耐压仪报警电流设置为100mA，试验期间不应有闪烁或击穿发生。

3）泄漏电流测试。设置电压为额定电压的1.06倍，开机运行，测相线/零线的对地泄漏电流，固定式器具泄漏电流值不应大于3.5mA；移动式器具泄漏电流值不应大于0.75mA。相线/零线对内机塑料外壳泄漏电流不应超过0.25mA。

6. 快速升降电压试验

（1）试验要求。空调器在电压突变的情况下应能够正常运行，在每一次开机操作之后空调器均能够顺利开启，并能够稳定运行10min以上。在制冷系统出现异常情况时，空调器的保护功能应能正常动作。

（2）试验方法。

1）高温制冷试验（室内干/湿球温度为32℃/23℃，室外温度为48℃）：

① 要求在工况稳定时空调稳定运行30min后，将电源单相电压由220V调到250V，1min后调回到220V，过1min后再调到160V，1min后调回220V，然后按以上步骤再进行两次（要求每次调电压要在2s内到位）。

② 在单相电压为160V的环境下，要求在工况稳定时空调器运行30min后，人为用遥控

停机，3min 后重新开机，开机运行 5min 后再用遥控停机，如此停机、开机连续进行 3 次（该试验可以在试验①完成后连续进行）。

③ 在单相电压为 253V 的环境下，要求在工况稳定时空调器运行 30min 后，人为用遥控停机，3min 后重新开机，开机运行 5min 后再用遥控停机，如此停机开机连续进行 3 次。

2）低温制热试验（室内温度为 10℃，室外温度为 -15℃）。

① 要求在工况稳定时空调器稳定运行 30min 后，将电源单相电压由 220V 调到 250V，1min 后调到 220V，过 1min 后再调到 160V，1min 后调回 220V，然后再按以上步骤再进行两次（要求每次调电压要在 2s 内到位）。

② 在单相电压为 160V 的环境下，要求在工况稳定时空调器稳定运行 30min 后，人为用遥控停机，3min 后重新开机，开机运行 5min 后再用遥控停机，如此停机、开机连续进行 3 次（该试验可以在试验①完成后连续进行）。

③ 在单相电压为 253V 的环境下，要求在工况稳定时空调器稳定运行 30min 后，人为用遥控停机，3min 后重新开机，开机运行 5min 后再用遥控停机，如此停机、开机连续进行 3 次。

7. 辅助电加热安全和可靠性试验

（1）试验要求。在任何非正常情况下，限温器和热熔断体应能及时保护空调器，断开电加热电源，出风口及电加热管周围的保温材料和塑料件允许轻微变形，但不允许出现着火、塑料件严重变形融化滴落等现象。

电加热能按控制器控制要求工作，在正常条件下，不应出现熔断体和限温器保护，在非正常情况下，限温器和熔断体必须保护，防止出现火灾等意外事故，且不能对固定电加热管的零件造成损害，并保证各种结构件不受损害，但允许轻微变形。在进行 PTC 试验时，直到电压达到额定电压的 1.5 倍或 PTC 损坏为止，都不应产生电击、火灾等有损安全的现象。在 1.2 倍额定电压、50℃高温下连续工作 168h，不应损坏，功率下降不超过 10%。

（2）试验方法。在电加热工作的较高温度下，试验电压为额定电压的 110%，采取人为手段，分别按以下条件试验：

1）限温器失效。短路限温器，在高、低风挡运行，慢慢升高环境温度，直到电加热停止工作，记录环境温度、出风温度、管温传感器温度、限温器温度、热熔断体温度等，确定电加热停止工作的原因。

2）管温传感器失效，其他负载都不工作。将管温传感器拔除，在高、低风挡运行，慢慢升高环境温度，直到电加热停止工作，记录环境温度、出风温度、管温传感器温度、限温器温度、热熔断体温度等。确定电加热停止工作的原因。

3）管温传感器失效，其他负载都不工作，单独给电加热供电，限温器应保护，记录环境温度、管温传感器温度、限温器温度、热熔断体温度等以及电加热工作时间。

4）管温传感器和限温器同时失效，且其他负载停止工作。拔出管温传感器头，短路限温器，从额定制热工况开始升温，直到电加热停止工作，记录环境温度、出风温度、管温传感器温度、限温器温度、热熔断体温度等，确定电加热停止工作的原因。

5）管温传感器和限温器同时失效且内风机不转，但压缩机工作工况不要求，拔出管温传感器头，短路限温器。

① 开机前断开内风机电源，再开机，观察过载或高压是否保护。

② 先开机，等电加热工作后，再断开内风机电源，直到电加热停止工作，记录环境温度、出风温度、管温传感器温度、限温器温度、热熔断体温度等，确定电加热停止工作的原因。

6）管温传感器和限温器同时失效且所有负载不工作。工况不要求，拔出管温传感器头，短路限温器，使所有负载不工作，单独给电加热供电，直到电加热停止工作为止，记录环境温度、出风温度、管温传感器温度、限温器温度、热熔断体温度等和电加热工作时间，观察出风口及电加热管周围的保温材料和塑料件是否烤坏变形。

7）对用 PTC 制热空调的试验。先按额定电压工作，直到输入功率和温度稳定，然后将电压提高 5%，直到输入功率和温度再次稳定，再将电压提高 5% 工作，重复以上试验。直到电压达到额定电压的 1.5 倍或 PTC 损坏为止，被测机都不应出现电击、火灾等有损安全的现象。

8. 溢流试验

（1）试验要求。耐压测试：对Ⅰ类结构进行相线/零线对地打耐压试验（1250V，历时 1min），期间不应有闪烁或击穿发生；对Ⅱ类结构进行相线/零线对地打耐压实验（3750V，历时 1min），期间不应有闪烁或击穿发生。

（2）试验方法。

1）根据委托方提供的样机风量，换算出水的流量。计算方法：1m/s 风量所对应的水量为 0.17m/s。

2）将空调口的排水口堵住，并充满水到接水盘边缘，期间不能有飞溅现象。

3）让空调器的风扇高速运转。

4）打开水闸，观察流量计流量，按换算出水流量从蒸发器由上往下流，试验连续进行 30min，或直接到水从器具中排出。

（3）检测内容。

1）试验结束时，对Ⅰ类结构进行零线/火线对地 1250V/ 1min 耐压试验，若有击穿现象，则试验失败。

2）对Ⅱ类结构，还应进行零线/火线对塑料件 3750V/ 1min 耐压试验，若有击穿现象，则试验失败。

9. 各种保护功能试验

（1）试验要求。高压保护、过载保护、低压保护、过电流保护等都能及时正常保护。保护点符合设计要求，且合理。

（2）试验方法。

1）压缩机高压保护：

① 在最大制热工况下运行，将室内进风口半堵或全堵，模拟过滤网脏的情况下系统高压压力的变化，直到高压开关断开，保护停机。

② 在最大制冷工况下运行，将室外进风口半堵或全堵，模拟过滤网脏的情况下系统高压压力的变化，直到高压开关断开，保护停机。

2）压缩机低压保护：对有此功能的机型必须试验，试验方法是将气阀关闭大半，接上压力表，开制冷运行，观察压力变化情况，记录出现保护时的压力。

（3）压缩机排气温度保护。对有压缩机排气温度保护的机型必须试验，试验方法是：

1）对使用涡旋压缩机的柜机可逐渐放掉一部分制冷剂，以使排气温度升高，直到出现保护，排放的制冷剂可用电子秤称，以便了解缺多少制冷剂会使排气温度过高出现保护。

2）对变频空调，必须先使其他会使压缩机降频的温度条件失效，再在最大制冷工况下运行，记录温度变化和频率变化情况，直到出现停机保护。

（4）过电流保护试验。

1）在恶劣环境下运行，导致压缩机工作电流过大时，应能出现过电流保护。可将工况调节为比最大制冷和最大制热更恶劣的情形后进行试验。在重复的多次试验中，允许出现压缩机过载保护。

2）在电压低于额定电压的85%运行，导致压缩机工作电流过大时，应能出现过电流保护。可在最大制冷和最大制热工况下运行，逐渐降低电压，直至出现过电流保护。在重复的多次试验中，允许出现压缩机过载保护，但不能超过试验次数的一半。

3）使用三相电源的空调器在缺相时运转，应能出现过电流保护。

4）三相电源不平衡时，在一相电压或两相电压较低时运转，观察能否出现过电流保护，记录每相电压电流值。在非工况时长期运转，观察是否出现过电流保护和压缩机过载保护。

5）在不同电压下测量流过每个熔丝管的电流，与其额定电流比较分析是否合理。可将部分元器件短路并且确认该故障是需要熔丝管起作用的，观察熔丝管是否熔断，如不能熔断，测量流过控制器熔丝管的电流，其值应大于熔丝管额定电流的2.1倍。

10. 风机失效试验

（1）试验要求。在试验期间制冷系统不得爆裂或有着火危险，记录高低压力变化。

（2）试验方法。

1）试验条件。工况下室内侧干球温度为25℃，湿球温度无要求；室外侧干球温度为25℃，湿球温度无要求。

2）试验方法。将风扇电动机堵转，开机运行，压缩机保护时记录：压缩机吸气压力、排气压力、压缩机底部温度、压缩机中部温度、压缩机顶部温度；在压缩机过载动作瞬间记录排气压力最大值；在压缩机过载保护时记录吸气压力上升最大值；记录风扇电动机保护时风扇电动机的表面温度。

三、空调器运行前的准备

（一）检漏

1. 外观检漏　使用过一定时间的空调器，当氟利昂泄漏时，冷冻机油会渗出或滴出，用目测油污的方法可判定该处有无泄漏。

2. 肥皂水检漏　检漏时，先将被检部位的油污擦干净，用干净的毛笔或软的海棉沾上肥皂水，均匀涂抹在被检处。几分钟后，如有肥皂泡出现，则表明该处有泄漏。

3. 电子检漏仪检漏　电子检漏仪为吸气式，故将电子检漏仪探头接近被测部位数秒钟左右停止，若蜂鸣器蜂鸣，表示有泄漏。

4. 充压浸水检漏　若系统微漏或蒸发器、冷凝器内漏，较难查出，可充入一定的干燥空气或氮气，其压力一般为25bar（$1\text{bar}=10^5\text{Pa}$）左右。充压后将被检物浸入水中，待水面平静后，看有无气泡出现。

5. 抽真空检漏 对于确实难于判断是否泄漏的系统，可将系统抽真空至一定真空度，放置约1h，看压力是否明显回升，判断系统有无泄漏。

（二）排空

排空有以下三种方法：

1. 使用空调器本身的制冷剂排空 拧下高、低压阀的后盖螺母、充制冷剂口螺母，将高压阀阀芯打开（旋1/4～1/2圈），10s后关闭。同时，从低压阀充制冷剂口螺母处用内六角扳手将充制冷剂顶针向上顶开，有空气排出。当手感到有凉气冒出时停止排空。

2. 使用真空泵排空 将歧管阀充注软管连接于低压阀充注口，此时高、低压阀都要关紧；将充注软管接头与真空泵连接，完全打开歧管阀低压手柄；开动真空泵抽真空；开始抽真空时，略松开低压阀的接管螺母，检查空气是否进入（真空泵噪声改变，多用表指示由负变为0），然后拧紧此接管螺母；抽真空完成后，完全关紧歧管阀低压手柄，停下真空泵（抽真空15min以上，确认多用表是否指在－76cmHg，约为－101.308Pa）；再完全打开高、低压阀，将充注软管从低压阀充注口拆下，最后应上紧低压阀螺母。

3. 外加制冷剂排空 将制冷剂罐充注软管与低压阀充制冷剂口连接，略微松开室外机高压阀接管螺母；松开制冷剂罐阀门，充入制冷剂2～3s，然后关死；当制冷剂从高压阀门接管螺母处流出10～15s后，拧紧接管螺母；从充制冷剂口处拆下充注软管，用内六角扳手顶推充制冷剂阀芯顶针，制冷剂放出。当听不到噪声时，放松顶针，上紧充制冷剂口螺母，打开室外机高压阀芯，并注意上紧截止阀螺母。

（三）加制冷剂

1. 测重量 在三通截止阀工艺口连接好三通阀、压力表、加制冷剂软管、制冷剂瓶或真空泵等。放制冷剂抽真空后，开始慢慢添加制冷剂。用台秤等较精确的计量工具称重，当制冷剂瓶内制冷剂的减少量等于空调铭牌上的标准加制冷剂量时，关闭制冷剂瓶阀门。

2. 测压力 空调器制冷剂为R22时，制冷系统的蒸发温度为7.2℃，其对应的蒸发压力（绝对压力）为0.64MPa。

（1）通过耐压胶管将制冷剂瓶与三通阀相连，打开制冷剂瓶上的出气阀，排出胶管中的空气并将接头拧紧。打开三通阀，这时瓶中的制冷剂气体进入制冷系统，蒸发压力快速上升。当蒸发压力（表压）高于0.7MPa时，可关闭三通阀，停止充注，开启压缩机，此时低压表的读数开始下降。当低压表的读数低于0.54MPa时，可以打开三通阀向制冷系统充注制冷剂。

（2）空调器的蒸发压力受环境温度变化的影响，在不同的季节，蒸发压力是不同的。在夏天，空调器的蒸发压力（表压）可控制在0.54MPa左右；在春、秋季节，环境温度较低，蒸发压力（表压）可控制在0.5MPa左右。

（3）空调器制冷剂的充注量是否合适还需视蒸发器和冷凝器的状况而定。当制冷剂过多时，冷凝器大部分管道发烫，回气管道与压缩机气液分离器上凝露严重；当制冷剂过少时，蒸发器部分管道凝露，部分管道和部分翅片上无水析出。

（4）小型制冷空调装置充注制冷剂是在制冷装置的低压侧进行。充注开始时，制冷系统处于真空状态，瓶中制冷剂的压力与制冷系统的压力之间的差值较大，充注的速度较快，但随着蒸发压力的升高，压差减小，充注的速度变缓。为了加快充注速度，可以开启压缩机，但应注意只能以气态形式充注制冷剂，绝不允许将制冷剂液体加入系统中，以防止压缩机出现液击现象。

3. 测温度　用半导体测量仪测量蒸发器进出口温度、吸气管温度、集液器出口温度、结霜限制点温度，以判断制冷剂充注量是否准确。

4. 测工作电流　用钳形电流表测工作电流。制冷时，环境温度 35℃，所测工作电流与铭牌上电流相对应。

将空调设置于制冷或制热高速风状态（变频空调设置于试运转状态）下运转，在低压截止阀工艺口处，边加制冷剂边观察钳形电流表变化，当接近空调铭牌标定额定工作电流值时，关闭制冷剂瓶阀门。此时，让空调器继续运转一段时间，当制冷状态下室温接近 27℃或制热状态下室温接近 20℃时，再考虑室外机空气温度、电网电压高低等影响额定工作电流的因素，同时微调加制冷剂的量使之达到额定工作电流值，做到准确加制冷剂。要进行微调的原因是因为空调铭牌标定的额定工作电流值是空调厂家在以下工况条件测试的数据：制冷状态，电源电压为 220V 或 380V 时风扇高速风，室内空气温度为 27℃，室外机空气温度为 35℃；制热状态，电源电压为 220V 或 380V 时风扇高速风，室内空气温度为 20℃，室外机空气温度为 7℃。

5. 观察法　将空调设置在制冷或制热高速风状态下运转，加制冷剂量准确时室内热交换器进、出风口处 10cm 的温差是：制冷时大于 12℃，制热时大于 16℃；制冷时，室内热交换器全部结露 、蒸发声均匀低沉、室外截止阀处结露、夏季冷凝滴水连续不断、室内热交换器与毛细管的连接处无霜有露等；制热时，室内热交换器壁温大于 40℃。

（四）加冷冻机油

空调器用全封闭压缩机采用 25 号冷冻机油。

1. 往复式压缩机灌油步骤

（1）将冷冻机油倒入一个清洁、干燥的油桶内。

（2）用一根清洁干燥的软管接在低压管上，软管内先充满油，排出空气，并将此软管插入油桶中。

（3）起动压缩机，冷冻机油可由低压管吸入。

（4）按需要量充入后即可停机。

2. 旋转式压缩机充注冷冻机油步骤

（1）将冷冻机油倒入干燥、清洁的油桶中。

（2）将压缩机的低压管封闭。

（3）在压缩机的高压管上接一只复合式压力表和真空压力表。

（4）起动真空泵将压缩机内部抽成真空。

（5）将调压阀关闭。

（6）开启低压阀，冷冻机油被大气压入压缩机，充至需要量即可。

充注冷冻机油后切不可用焊炬焊接压缩机，以免内部空气受热膨胀而爆裂，因此必须将压缩机外壳焊接好，并进行检漏后方可充注油。

📖 实施操作

一、工艺检查

参照冰箱部分。

二、ZK—02 空调电气控制模块的调试

（1）首先进行工艺检查，面板及有机玻璃不能有划伤和掉漆现象，喷塑应该均匀，字迹清晰，各种弱电座贴面安装，插入弱电线时不能过紧，各弱电柱的颜色应统一，电位器帽要打紧，帽及帽盖不能有划伤。熔丝座不能装歪，有机玻璃固定螺钉应均为平头不锈钢螺钉，长短合适。所有的安装器件以最新装配工艺为标准。

（2）用电容电感表测量冷凝器风机起动电容器、蒸发器风机起动电容器、空调压缩机起动电容器，其电容值应该分别为 1μF、1μF、15μF。

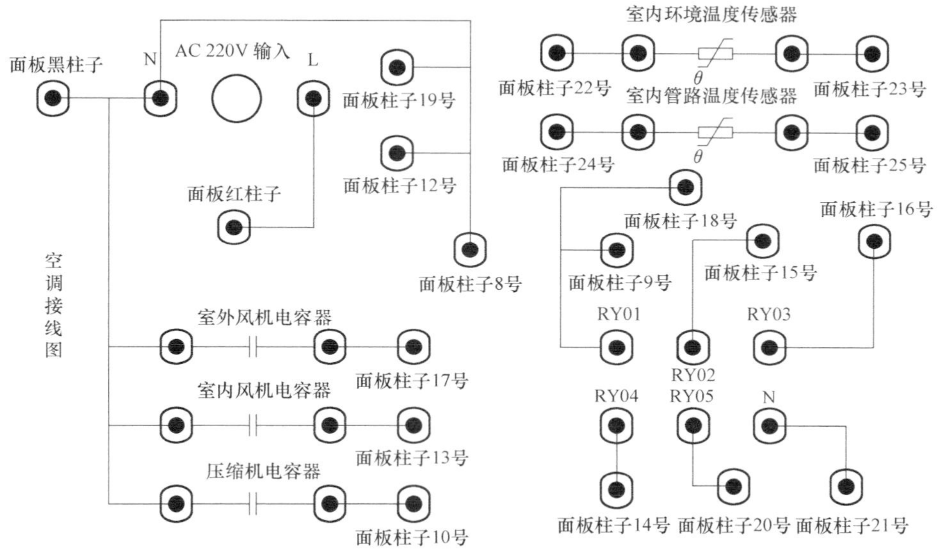

图 2-43　空调接线图

（3）对照挂箱接线图，在检查接线无误的前提下给挂箱接入 220V 交流电源，注意电源进线不能接反。接入电源时会听到“嘀”的一声蜂鸣器响。然后定时与电源发光二极管开始闪烁。定时指示灯为橙色，电源指示灯为红色。将室内管路温度传感器接入面板上的对应位置，定时指示灯不再闪烁。将室内环境温度传感器接入电路，电源指示灯不再闪烁。

（4）用遥控器控制系统起动，使系统处于制冷状态，此时电源指示灯亮，压缩机指示灯 LED1（红色）亮，高风指示灯 LED2（绿色）亮，用遥控器调节风量的变化，相应的指示灯应该能够随之变化。用万用表测试 RY01 ~ RY05 的接线柱，当 LED1 亮时测量 RY01 与零线之间的电压应改为 220V。同理 LED2 亮时测量 RY02，LED3 亮时测量 RY03，LED4 亮时测量 RY04，LED5 亮时测量 RY05 。LED1 ~ LED5 的颜色分别为红、绿、黄、红、绿。

（5）用遥控器控制系统起动，使系统处于制热状态，此时 LED5 指示灯点亮，LED1 指

示灯点亮，LED2、LED3、LED4 均不亮。

（6）在上述调试完成后，根据调试接线图将压缩机以及各个风扇电磁阀和传感器分别加到接线排对应的接线柱上，起动系统使系统处于制热状态，用遥控器调节风速，应该能够正常调节。

三、制冷系统的调试

（一）制冷系统的保压与检漏

参照冰箱部分。

（二）制冷系统的抽真空与加注制冷剂

系统抽真空用到的器件为真空泵、修理阀、三色加液管。

（1）在抽空调系统真空时，将修理阀中间的黄色软管与真空泵相连，蓝色软管与制冷系统加液口相连（蓝色软管与低压表相通，红色软管与高压表相通）。打开修理阀蓝色一侧的阀门，关闭红色一侧的阀门，起动真空泵抽真空 30min，关闭歧管表上阀门，停止真空泵。检查系统压力是否回升，如果系统很好地回升，则可能系统仍有泄漏，检查补漏后再重新抽真空。如果观测系统压力稍有回升，则不是泄漏，而是系统中仍然存在水分，则继续抽真空。

（2）重复抽真空多次，直到指针不再回升为止；抽真空后，至少 15min 保持真空度不变，再抽真空 10min。加注前，抽真空至少 45min，必要时可以进行两次抽真空以达到所需要的真空度。

注意：对于冰箱系统，两次抽真空即为当系统真空度抽好以后再加入少量制冷剂，使之与空调管内的残留气体充分混合，然后继续抽真空使之达到所需要的真空度。

（3）达到需要的真空度后，关闭蓝色管一侧的阀门，将蓝色管从真空泵上取下并接至制冷剂瓶上，同时将蓝色管的另一端拧松，然后稍微打开制冷剂瓶，利用制冷剂气体将蓝色管中的空气排出。拧紧蓝色管后将制冷剂瓶完全打开，同时打开蓝色管一侧的阀门，使制冷剂气体进入到制冷系统中。

注意：充注制冷剂的时候，加入到系统中的是制冷剂气体，而不是制冷剂液体，若在低压管加入液体，则很容易造成制冷系统的液击。

（4）等制冷系统中的压力与制冷剂瓶中的压力达到平衡的时候，此时起动压缩机，使制冷剂气体在压缩机的作用下进入到制冷系统中，等制冷系统中的压力达到规定范围时，先关闭制冷剂瓶的阀门，然后将蓝色加液管从压缩机吸气口上迅速取下。空调加液时一定要使空调系统处于制冷状态，禁止采取使空调系统处于制热并断掉四通阀充注制冷剂的方法。空调系统在加液之前要检查空调的高压管压力表的软管，一定要保证其型号为 R410a，否则容易发生安全事故。对于其他三根压力表软管均采用普通型 50cm 的即可。

注意：空调应加液至低压压力表显示 0.4MPa 左右，所加制冷剂为 R22。

实际加液过程中，压力表的显示受温度的影响比较大，可根据实际情况自行调整。

（三）清洁

将实训台清理干净。

📖 工作页

空调器的调试与运行					工作页编号：KTQ2-3
一、基本信息					
学习小组		学生姓名		学生学号	
学习时间		指导教师		学习地点	
二、工作任务					
1. 调试电气控制模块。 2. 系统查漏。 3. 抽真空。 4. 充注制冷剂。					
三、制定工作计划（包括人员分工、操作步骤、工具选用、完成时间等内容）					
四、安全注意事项（人身及设备安全）					
五、工作过程记录					

（续）

六、任务小结
七、教师评价
八、成绩评定

考核评价标准

序号	考核内容	配分	要求及评分标准	评分记录	得分
1	电气控制模块的调试	30	万用表和电容电感表的使用 要求：正确使用仪表 评分标准：总分 10 分，每出现错误一次扣 2 分		
			按要求调试电气控制模块，实训装置能正常运行 评分标准：每出现失误一次扣 2 分		
2	保压、检漏、抽真空及制冷剂的充注是否按规程操作	40	保压过程是否按规程操作 评分标准：正确得 10 分，一般得 3 ~ 5 分，错误不得分		
			检漏过程是否按规程操作 评分标准：正确得 10 分，一般得 3 ~ 5 分，错误不得分		
			抽真空过程是否按规程操作 评分标准：正确得 10 分，一般得 3 ~ 5 分，错误不得分		
			制冷剂的充注过程是否按规程操作 评分标准：正确得 10 分，一般得 3 ~ 5 分，错误不得分		
3	工作态度及与组员合作情况	20	1. 积极、认真的工作态度和高涨的工作热情，不一味等待老师安排指派任务 2. 积极思考以求更好地完成工作任务 3. 好强上进而不失团队精神，能准确把握自己在团队中的位置，团结学员，协调共进 4. 在工作中谦虚好学，时时注意自己不足之处，善于取人之长补己之短 评分标准：四点都表现好得 20 分，一般得 10 ~ 15 分		
4	安全文明生产	10	1. 遵守安全操作规程 2. 正确使用工具 3. 操作现场整洁 4. 安全用电，防火，无人身、设备事故 评分标准：每项扣 2.5 分，扣完为止；因违规操作发生人身和设备事故的，此项按 0 分计		

任务四 家用空调器故障检修

任务描述

1）家用空调器制冷系统的检修。

2）家用空调器电气系统的检修。

3）家用空调器常见故障分析与处理。

任务目标

1）知道空调器制冷系统的正常工况。

2）懂得空调器故障分析和判断的基本准则。

3）能对空调器制冷系统的故障进行分析、判断与排除。

4）能对空调器电气系统的故障进行分析、判断与排除。

5）认识典型空调器实训设备。

任务准备

1. 工具器材

1）钳工工具：锤子、尖嘴钳、斜口钳、扳手、六角匙、一字螺钉旋具、十字螺钉旋具等。

2）电工工具：钳形电流表、数字万用表一台、电容电感表一台、电烙铁、剪刀、剥线钳、镊子。

3）制冷专用工具与器材：制冷剂一瓶、双向氟回收瓶、特制回收机、真空泵一台、双联压力表一只（配三色加液管）、扩管器、卤素检漏仪、温度仪（计）、电子秤、洗洁精（或肥皂）等。

4）焊接设备：减压阀（氧压表、乙炔表）、液化石油气瓶、氧气和氮气各一瓶、焊炬一套。

5）实训设备：亚龙 YL—ZW3 型制冷制热设备实验台。

2. 实施规划

1）熟悉家用空调器维修的安全操作规范。

2）相关知识和维修技能的掌握。

3）完成工作页。

3. 注意事项

维修过程中严格遵守相关操作规程。

任务实施

知识准备

一、家用空调器制冷系统维修安全操作规范

空调的制冷系统是一个压力系统，并且在维修时可能进行焊接、通电运行等操作，所以

存在触电、冻伤、烫伤和爆炸等危险。为了维护操作人员的切身利益和生命安全，维修人员须自觉遵守以下安全操作注意事项。

（一）整体检查

如果需要检测机器的压力、系统各点运行温度值等参数，若为分体机必须在连通室内、外机的情况下进行。

如果需要连接压力表检测压缩机排气压力，请在机器静态时连接好压力表，避免在运行时连接造成高温烫伤。

如果需要用手感觉压缩机排气口至冷凝器段管路的温度，请先用手指快速试探，以免造成烫伤。

（二）焊接操作

如果需要进行焊接操作，必须先放掉系统里的制冷剂，并且在焊接时请戴好防护眼镜。放制冷剂过程中，操作人员不得面对工艺口或对着他人放气，避免被制冷剂冻伤。

焊接时请遵守相关的焊接安全操作规程。

（三）压力检漏

如果需要对系统实施压力检漏，必须使用氮气进行，严禁使用其他易燃易爆气体。充入系统的氮气压力不允许超过3MPa。

在使用充氮接头进行充氮时，接头不得对着人和其他可能造成损害的地方，以免接头飞出伤人或导致其他损失，严禁在压缩机工作的情况下充入气体检漏。

（四）通电运转

在单独对分体机的室外机组维修时，不得在高压阀门或低压阀门关闭的情况下通电运行，避免压力过高产生系统爆裂事故或压缩机真空运转产生爆炸事故。在对室外风扇系统进行检查时，如果需要通电运转，必须保证在空调面板和风扇网罩安装好的情况进行。在通电的情况下检查机器时请遵守相关的电工安全操作规程。

（五）压缩机检查

如果需要对压缩机进行吸、排气性能检测，可单独拆下压缩机在空气中通电运转，严禁在封死压缩机排气口或吸气口的情况下运行压缩机，不允许利用压缩机进行抽真空操作。

（六）加制冷剂操作

如果需要在低压侧进行动态加制冷剂操作，请使用复合式压力表缓慢地进行，不允许把制冷剂瓶倒置，并尽可能保证加入系统的为气体状态制冷剂。若为分体机必须保证此过程中室内、外机处于连通状态。

如果在系统完全无制冷剂的情况下加制冷剂必须先对系统抽真空，在保证真空度的前提下才可以加制冷剂。加制冷剂过程中须同时观察系统的压力变化，如有异常请及时终止操作。

（七）外机清洗

如果需要对机器进行清洗，必须先拆下相关的电气零部件，清洗后接上电气部件必须在各连接处完全干燥之后进行。

清洗过程中压缩机接线柱必须做好防水保护措施，如果不慎沾水，请用干净的布擦干，并尽可能使之在最短的时间内完全干燥。

二、家用空调器常见故障及判断方法

（一）常见故障现象

（1）漏：指制冷剂泄漏；电气（线路、机体）绝缘破损引起的漏电等。

（2）堵：指制冷系统的脏堵与冰堵；空气过滤器堵塞；进风口、出风口被障碍物堵塞等。

（3）断：指电气线路断线；熔断器熔断；由于过热或电流过大引起过载保护器的触头断开；由于制冷系统压力不正常引起压力继电器的触头断开等。

（4）烧：指压缩机电动机的绕组、风扇电动机的绕组、电磁阀线圈、继电器线圈和触头等被烧毁。

（5）卡：指压缩机卡住、风扇卡住、运动部件的轴承卡住等。

（6）破损：指压缩机阀片破损、活塞拉毛、风扇扇叶断裂以及各种部件破损等。

（二）常见故障判断方法

对家用空调器常见故障的判断基本方法是：看、听、摸、闻、测、析。

1. 看　仔细观察空调器各部件的工作情况，重点观察制冷系统、电气系统、通风系统三部分，判断它们工作是否正常。

（1）制冷系统：观察制冷系统各管路有无裂缝、破损、结霜与结露等情况；制冷管路之间、管路与壳体等有无相碰摩擦，特别是制冷剂管路焊接处和接头连接处有无泄漏，凡是泄漏处就会有油污（制冷系统中有一定量的冷冻机油），也可用干净的软布、软纸擦拭管路焊接处与接头连接处，观察有无油污，以判断是否出现泄漏。

（2）电气系统：观察电气系统熔丝是否熔断，电气导线的绝缘是否完整无损，印制电路板有无断裂，连接处有无松脱等。特别是电气连接是否接触良好，接线螺钉和接插件极易松脱造成接触不良。

（3）通风系统：观察空气过滤网、热交换器盘管和翅片是否积尘过多；进风口、出风口是否畅通；风机与扇叶运转是否正常；风力大小是否正常等。

可以通过“看”来观察的故障点有：①室内外管接头是否有油迹，压缩机的冷冻机油是否正常；②电源电压与电流是否正常；③室内外散热器是否过脏；④风扇电动机运转方向是否正确；⑤空调器出风口温度是否正常；⑥压缩机吸气管结露是否合适；⑦压缩机吸排气压力与室外温度是否正常；⑧毛细管与过滤器是否结霜；⑨查看故障显示代码来区分故障点。

2. 听　通电开机后细听空调器压缩机运转声音是否正常，有无异常声音，风扇运转有无杂音，噪声是否过大等。

正常情况下，空调器在运行中振动轻微、噪声较小，一般在50dB以下。如果振动和噪声过大，可能原因有：

（1）安装不当：如安装支架尺寸与机组不符、固定不紧或未加防振橡胶、泡沫塑料垫等，均可使空调器在运转时振动加剧、噪声变大。尤其在刚起动和停机时表现得最为显著。

（2）压缩机不正常振动：底座安装不良，支脚不水平，防振橡胶或防振弹簧安装不良或防振效果不佳等。如果压缩机内部发生故障，如阀片破碎、液击等也会发出异常声音。

（3）风扇碰击：风扇叶片安装不良或变形会引起碰撞声。风扇可能与壁壳、底盘相碰，风扇的轴心窜动，叶片失去平衡也会发出撞击声；如果风扇内有异物，叶片与之相碰也会发出撞击声。

可以通过“听”来判断的故障点有：①风扇电动机与压缩机运转声是否正常；②四通换向阀换向时气流声是否正常；③空调器室内外机是否有噪声；④换向阀线圈通电是否有吸合声；⑤毛细管或膨胀阀中制冷剂流动声是否正常。

3. 摸　用手摸空调器有关部位感受其冷热、振颤等情况，有助于判断故障性质与部位。

正常情况下，冷凝器的温度是自上而下逐渐下降，下部的温度稍高于环境温度。若整个冷凝器不热或上部稍有温热，或虽较热但上下相邻两根管道温度有明显差异，则均属不正常。在正常情况下，将蘸有水的手指放在蒸发器表面，会有冰冷粘住的感觉。干燥器、出口处毛细管在正常情况下应有温热感（比环境温度稍高，与冷凝器末段管道温度基本相同），如感到比环境温度低或表面有露珠凝结及毛细管各段有温差等均不正常。距压缩机200mm处的吸气管，在正常情况下，其温度应与环境温度差不多。

可以通过“摸”来判断的故障点有：①风扇电动机与压缩机外壳温度是否正常；②毛细管与过滤器表面温度是否正常；③压缩机吸排气管温度是否正常；④四通换向阀四根管子温度是否正常；⑤单向阀或旁通阀两端是否有温度差；⑥IPM功率模块的外壳温度是否正常。

4. 闻　用鼻子闻相关部位是否有异味，有助于故障部位的判断。

可以通过“闻”来判断的故障点有：①制冷剂与冷冻机油气味是否正常；②电子元器件是否有烧焦的气味。

5. 测　为了准确判断故障的性质与部位，常常要用仪器、仪表检查测量空调器的性能参数和状态。如用检漏仪检查有无制冷剂泄漏；用万用表测量电源电压、各接线端对地电流及运转电流是否符合要求。由计算机控制的空调器，还应测量各控制点的电位是否正常等。

可以通过“测量”来分析的故障点有：①空调器进出风口温度是否正常；②压缩机吸排气压力是否正常；③空调器的运转电流与负载电压正常与否；④功率模块输出给变频压缩机的电压是否正常；⑤通过温度传感器感知的温度是否正常。

6. 析　综合分析。经过上述几种检查手段所获得的结果，大多只能反映某种局部状态。空调器各部分之间是彼此联系、互相影响的，一种故障现象可能有多种原因，而一种原因也可能产生多种故障。因此，对局部因素要进行综合比较分析，从而全面准确地判定故障的性质与部位。

三、家用空调器制冷系统故障常用检修方法

家用空调器由制冷系统和电气系统组成，它的运行状态又与工作环境和条件有密切的关系，所以对空调器的故障分析需要综合考虑。维修人员应熟悉制冷系统和电气系统原理，在分析故障时应该有清晰的思路和正确的维修程序，只有这样才能做到紧张有序、忙而不乱，以达到迅速排除故障的目的。

在空调器的故障中，故障原因总的来说可分为两种：一种为非机器性能故障或其他外部因素（特别是用户电源偏高或偏低、空调安装不良等），另一类就是机器本身的故障。因此在分析故障时，首先要排除机器的外部因素。在确定为机器性能故障后，再来判断是制冷系统故障还是电气线路故障，然后先排除制冷系统故障，如检查系统是否漏制冷剂、管路堵

塞、冷凝器是否散热良好等一般性能故障。在排除系统故障后，就要检查电气线路故障。在检查电气故障时，首先要排除是否属于电源问题，再判断是否是其他电控问题，如电动机绕组是否正常，继电器是否接触不良等。这样按照上述的思路，便可逐步缩小故障范围，故障原因也便可水落石出了。

（一）空调维修准确加制冷剂法

加制冷剂是空调维修的一项基本功，同时又是技术性很强的工作，加制冷剂量的多少决定空调能否正常工作。

1. 准确加制冷剂的前提条件

（1）维修的空调必须符合其使用条件及安装标准。

（2）维修的空调控制系统及执行元件必须正常；管路系统必须已有效排除空气、水分、阻塞、泄漏点等情况；过滤网、内外热交换器应清洁，通风良好。

（3）维修工具及材料必须合格。

（4）严格按加制冷剂工艺操作。

2. 准确加制冷剂的依据和方法

（1）定量加制冷剂。在三通截止阀工艺口连接好三通阀、压力表、加制冷剂软管、制冷剂瓶或真空泵等。放制冷剂抽真空后，开始慢慢加制冷剂。用台秤等较精确的计量工具称重，当制冷剂瓶内制冷剂的减少量等于空调铭牌上的标准加制冷剂量时，关闭制冷剂瓶阀门。

（2）测电流。将空调设置于制冷或制热高速风状态（变频空调设置于试运转状态）下运转，在低压截止阀工艺口处，边加制冷剂边观察钳形电流表变化，当接近空调铭牌标定的额定工作电流值时，关闭制冷剂瓶阀门。此时，让空调继续运转一段时间，当制冷状态下室温接近27℃或制热状态下室温接近20℃时，再考虑室外机空气温度、电网电压高低等影响额定工作电流的因素，同时微调加制冷剂的量使之达到额定工作电流值，做到准确加制冷剂。要进行微调的原因是因为空调铭牌标定的额定工作电流值是空调厂家在以下工况条件测试的数据：制冷状态，电源电压为220V或380V时风扇高速风，室内空气温度为27℃，室外机空气温度为35℃；制热状态，电源电压为220V或380V时风扇高速风，室内空气温度为20℃，室外机空气温度为7℃。

实践总结的微调数据是：制冷状态下，以室外机空气温度35℃为标准，室外温度每升高或降低1℃，增加或减少额定工作电流值的1.4%；制热状态下，以室外机空气温度7℃为标准，室外温度每升高或降低1℃，增加或减少额定工作电流值的1%。制冷或制热状态下，以额定电源电压为220V或380V为标准，电源电压每升高或降低1V，减少或增加额定工作电流值：单相1匹0.025A，1.5匹0.025A×1.5，2匹0.025A×2，3匹0.025A×3；三相3匹0.025A×3/3，5匹0.025A×5/3，10匹0.025A×10/3。

（3）测压力法。将空调置于制冷高速风状态（冬天，制热需要加制冷剂时，将空调设置于强制制冷状态或将室温传感器置于27℃左右的温水中，模拟夏天温度让空调处于制冷状态）下运转，在低压截止阀工艺口，边加制冷剂边观察真空压力表的低压压力，当低压在0.49MPa（夏天）或0.25MPa（冬天）时，关闭制冷剂瓶阀门。再考虑室外机空气温度高低、室内冷负荷大小等影响低压压力的因素，微调制冷剂的量和表压力，做到准确加制冷剂。进行微调的原因是因为低压力与室内冷负荷成正比，即冷负荷越大，压力越高，反之越低；加制冷剂工艺口及附近管道，因安装在室外，其压力及蒸发温度受外界气温影响很大，室内热交换器实际压力及蒸发温度夏天要偏高一些，冬天要偏低一些。

（4）观察法。将空调设置在制冷或制热高速风状态下运转，加制冷剂量准确时室内热交换器进、出风口处10cm的温差是：制冷时大于12℃，制热时大于16℃；制冷时，室内热交换器全部结露、蒸发声均匀低沉，室外截止阀处结露、夏季冷凝滴水连续不断，室内热交换器与毛细管的连接处无霜有露等；制热时，室内热交换器壁温大于40℃。

在实际维修中，变频空调因对加制冷剂量的准确性要求相当高，或变频空调因制冷管路系统需抽真空时，宜采用定量加制冷剂方法。若管路系统需补充制冷剂时，宜采用以测电流为主、测表压为辅，兼顾观察的方法。

（二）空调器漏制冷剂常见故障及解决方法

（1）故障原因一：喇叭口制作不良造成的漏制冷剂。

喇叭口制作不良的原因有：喇叭口边沿重叠；扩口前切割连接管出现偏斜；连接管壁厚不均造成喇叭口制作壁厚不均匀；喇叭口制作尺寸过小或过大；内壁有切屑；扩口处有毛刺；喇叭口有裂口；喇叭口内壁划伤。

处理措施：严格按照扩口工艺要求制作喇叭口，使其喇叭口的表面光滑，周边均匀，避免挤出过小喇叭口造成密封面过小；连接管平直，严禁选用未整理的弯曲不平的连接管进行喇叭口扩制。

（2）故障原因二：室内外连接管接头处未涂冷冻机油。

处理措施：重新修复喇叭口，将冷冻机油均匀涂在连接管内外接头处。

（3）故障原因三：喇叭口与截止阀面或室内机蒸发器接头处连接前未固定于正中，偏移过大，造成紧固不均匀。

维修方法：用手首先将喇叭口固定在接头正中位置，同时紧固固定螺母，保证固定到位。

（4）故障原因四：连接管室外侧未采取固定措施，使其喇叭口固定松动。

维修方法：重新修复喇叭口，将其连接管固定牢固。

（5）故障原因五：室内、外连接管路固定好后，进行包扎整理或调整管路走向位置时，造成喇叭口固定松动。

维修方法：重新修复喇叭口并进行紧固。首先，在未紧固喇叭口前将连接管走向调整到位，然后再进行紧固喇叭口。

（6）故障原因六：整机制冷系统有漏点。

处理措施：仔细检查管路是否存在有油污处；使用工具如卤素检漏仪，或用海绵将不太浓的肥皂水涂在整机制冷系统管路和有焊接点的部位进行检漏，检测条件要求制冷系统充氮或充制冷剂，全面检漏，依次查出漏点。

（7）制冷系统检漏要点。

1）应使整个制冷系统内充有正常的制冷剂量。

2）主要检测的制冷系统部位是室内、室外机连接管路连接处，室外机工艺口处（顶针部件），每处检漏检查时间不得小于3min，特别是室外机截止阀、喇叭口、固定用螺母丝口处，必须使用反光镜观察，此处的检漏最为重要，但多被忽视。

（三）家用空调器常见漏水故障和维修方法

家用空调器常见漏水原因和维修方法见表2-2。

表2-2　家用空调器常见漏水原因和维修方法

序　号	漏水原因	维修方法
1	挂壁式室内机安装不水平，常见原因为内机左低右高	重新水平调整固定挂墙板角度
2	挂壁式室内机连接管出墙孔内低外高	重新打孔（或扩孔修整）调整穿墙孔角度，达到内高外低
3	挂壁式室内机排水口位置低于穿墙孔位置，造成冷凝水不能流出	提高挂墙板高度
4	1. 室内机侧（挂壁、柜式）排水管倾斜角度过小 2. 排水管过长，流水不畅 3. 排水管不平整、缠绕 4. 排水管（软管）被挤压 5. 排水管破碎、有裂纹 6. 排水管出水口插入水中 7. 排水管接头松脱 8. 排水管有异物脏堵	按原因不同分别进行以下维修处理： 1. 重新调整排水管角度 2. 尽量缩短排水管长度 3. 重新整理排水管 4. 整理排水管（软管）被挤压部位 5. 更换排水管 6. 取出插入水中的排水管 7. 重新连接接头 8. 更换排水管或制冷剂液吹污
5	空调器室内机（三折段、四折段蒸发器挂机）导水用的镀锌板弯曲变形或脱落	1. 镀锌板装配不到位或脱落，重新装配 2. 镀锌板弯曲变形，更换镀锌板
6	1. 空调器室内机制冷时导风板滴水 2. 室内外空气湿度较大或室内外温差大	1. 可将导风板调至水平角 2. 设定风速过低，室内机风速为低速造成，将其设定为中高风
7	室内机的冷凝水经风轮吹出，造成出风口喷水	1. 设定风速过低，室内机风速为低速造成，将其设定为中高风 2. 在内机壳粘贴绒布保温层
8	室内蒸发器结冰，化冰时造成漏水	1. 系统缺制冷剂，加制冷剂 2. 清洗风道系统 3. 风速不正常，将风速调整正常
9	室内机连接管接口处保温材料包扎不到位，裸露处产生冷凝水	用保温材料将连接管裸露部分完全包扎
10	室内侧连接管保温层外部有冷凝水珠产生滴水	1. 保温层材料不良（海绵发泡密度不够，材料太薄），加厚保温层或重新更换保温材料 2. 设定温度过低，风速太低，使其室内机换热能力变小，回气管温度太低，室内温度高，湿气大，或因长时间不停机运行产生，将以上因素适当进行调整即可改善 3. 排水管表面过冷，造成冷凝水，可加上保温层
11	挂壁式（柜机、嵌入式）接水盘裂缝，接水盘与排水盘连接处开胶	1. 更换接水盘 2. 重新粘接排水管接口

（续）

序 号	漏水原因	维修方法
12	1. 嵌入式室内机漏水 2. 水位开关不良 3. 排水泵电动机坏 4. 室内机低部排水塞没装好 5. 排水管垂直向上大于200mm	1. 安装排水角度处理不良，不能将排水管弯处小于或接近90°，也不能设弯太多，排水管采用PVC管材料；嵌入式内机安装不水平，重新调整室内机水平 2. 水位开关不良（水位开关不复位），更换水位开关 3. 排水泵坏（电动机绕组开路，电动机不运转），更换排水泵电动机 4. 重新装好堵塞 5. 排水管垂直向上大于200mm，造成水泵停止运行时水倒流过多，整理管路使垂直距离小于200mm

四、家用空调器电气控制系统故障检修

在维修空调器前，首先要理解空调器的制冷剂压力（高压压力、低压压力）、电压、运行电流、压缩机的运行频率、出风口温度等工作参数的含义，然后通过测量，综合判断出是什么故障。例如，对无电源显示、不接收遥控信号等比较明显的故障，很容易判定为电气控制系统故障，而不制冷或制冷效果差很容易就可判定为制冷系统故障，但有些故障则比较难区分，必须进一步通过测量电压、电流、压力、温度来区别。常见的故障现象有以下几种。

（一）室内风机不转

遇到此故障时应观察一下室内风机是否真的不转还是转速慢误认为不转。

开机后用工具推动一下室内风机，观察室内机风扇是否能正常起动，如果能够起动，则是室内风机起动电容器损坏；否则可能是室内风机的电动机或室内机板出现了故障。

（二）自动停机

首先判断是室内机还是室外机自动停机。

室内机的自动停机可能是风机反馈不良或室内机板损坏，风机反馈线的检查可以用万用表的200kΩ电阻挡位测量一下风机反馈线是否开路，如果没有则检修或更换室内机板。

室外机的自动停机大多是由室外机设定的保护所引起的，包括传感器不良、电压保护、电流保护、模块保护、通信不良等。检修步骤如下：

（1）先对室外机的传感器进行全面的测量，排除传感器故障。

（2）过电压保护：可能是模块、室外机电源板或压缩机不良。

（3）电流保护：首先用电流表测量室内、外机的主线电流是否高于额定电流，再用压力表测量室外机的压力是否高于正常值。如果压力高于正常值则把制冷剂放掉一些，把压力降到正常压力，如果压力正常，则室外机主板存在故障。

（4）模块保护：在维修过程中如遇到模块烧坏的情况，在更换新模块时在模块的表面应涂导热硅脂，否则会导致模块在短时间内因散热不良，造成模块保护，时间长了有可能击穿模块。

（5）通信故障：在变频空调中，当空调器显示屏在开机后立即或隔一段时间显示通信异常或接线错误故障代码，即出现通信故障时，可以遵循下面步骤：

1）检查室内外联机线、通信信号线是否压接不牢、接错或接反，用万用表检测信号线

是否开路。如果是联机线、通信信号线压接不牢，重新调整或压紧。如果是信号线断路，则进行更换。

2）检查电源插座与空调电源插头是否按相线、零线、地线对应连接。在室内机与室外机连接中，连接线一般按照1—相线，2—零线，3—地线，4—通信线方式连接。

3）在确认以上都正确的情况下开机，用万用表的交流电压挡检测2（零线）与4（通信线）是否有脉动电压，如没有，则进行下一步检测。

4）用万用表检测室内机控制板上的光耦合器上有无脉冲电压，特别应注意的是使用室内机电源控制方式的机型，只有在室内机继电器吸合时才向室外机传输信息。

5）用万用表检测室外机控制板的光耦合器是否正常，如发现器件不良，则进行更换器件或电控板。

（三）室外机压缩机起动而风机不转

室外机的风机一般都是由模块控制的，由驱动器驱动继电器，再由继电器吸合后给风机供电。

先测量一下室外风机的电动机是否开路，如果开路则说明室外机风机电动机损坏；如果没有开路，则测量室外机主板是否有给室外风机电动机供电。

（四）压缩机不起动

首先断电测量模块是否击穿，测量的方法是将万用表调到二极管挡位上，黑表笔放在P端，红表笔依次放在N、U、V、W端看是否有数值（PN端应在500左右，PU、PV、PN三端的值应当一样）。反过来用红表笔放在N端，黑表笔依次测量U、V、W端，数值应该也是一样，如果有一项数值为0则说明模块被击穿。如果没有击穿则通电测量模块的工作电压是否正常，如果正常可以测量一下模块U、V、W的三端是否有交流输出且必须三项输出一致。如果一致则说明压缩机可能损坏或压缩机接线不良；否则说明模块损坏，须更换模块。

（五）自动断电

首先在断电时测量一下是室内机给室外机断电还是室外机自己断电。

室内机给室外机断电一般是由室内机传感器故障、室内板反馈故障、电动机反馈故障、通信故障等几个方面引起的。室外机自己断电则说明是室外机主板损坏。

（六）制冷效果差

首先判断室外机风扇是否起动，如没有起动则按风机不转检修。在室外机无法接触到的情况下，可以用钳形电流表测量室外机的相线电流是否有2A以上，如果有则说明室外机的压缩机已经起动。在风机、压缩机都起动的情况下，如果制冷效果还是不好则用压力表测量压力是不是过低。如果压力不低，说明系统有地方堵了，如果压力很低则说明制冷剂少。如果一点压力都没有则应首先检查是否有泄漏，排除故障后再充注制冷剂。

（七）不给室外机供电

此故障可由以下几方面下手，室内机的传感器、电源线、室内机板。传感器用万用表测量一下即可。正常的话通电听一下是否有继电器吸合声，如没有则说明室内机板故障。如果吸合，测量是否有220V输出，如果没有则说明室内机板损坏。如果室内机有电输出但是室外机没有电输入，可以测量一下电源线是不是损坏。

（八）制冷不制热

制热工况下通电时可以听到四通阀的吸合声。如果听到吸合声，则说明电控板没有问题，可能是四通阀的阀芯未能吸合到位。如果没有听到吸合声，先用万用表测量一下四通阀的插座上是否有220V电压。如有则说明电控没有问题，可能是四通阀线圈损坏，如没有220V电压则说明是电控板存在故障，须更换或检修电控板。

（九）空调器漏电的判定与处理

出现下列情况之一有可能造成空调器外壳带电：①相线零线接错；②零线地线接错；③没有接地线；④电源线固定卡将电源线挤伤；⑤电控盒金属盖板将电源线压伤；⑥用户的电源线有误；⑦使用了不符合要求的电源线；⑧穿墙洞时损伤了电源线；⑨电源线及接线座严重受潮；⑩空调器内部布线有挤伤；⑪老鼠咬坏电源线；⑫使用了不符合要求的漏电保护器或接线不正确等。

空调器漏电归纳起来有三种情况：①相线与零线或零线与地线接反，使空调器外壳带电；②电源线由于各种原因导致绝缘层破坏而与金属外壳相碰使其带电；③感应带电。

原因分析：

1）相线与零线接反在家用电器安装和使用上经常出现，因交流电没有正负之分，即使接反了也能正常运行（变频空调除外）。

2）大多数用户家安装的单相三孔插座实际上只引入了两根线：即相线（L）、零线（N），而地线孔空闲。有些业余电工，甚至有操作证的初级电工常把地线孔和零线孔用一导线连接起来以解决电气设备的金属外壳带电问题。这种接线方法表面上解决了漏电问题，实际上留下了严重的设备及人身安全隐患。

3）当外电路检修、更换电源线、更换开关后就可能将相线与零线接反，家用电器若使用这种零线与地线接一起且外电路相线与零线又接反的插座，实际是把强电接到了电气设备的金属外壳上。

4）不正确的接线或电源线绝缘层被挤伤、划伤、老鼠咬破等原因都有可能导致空调器外壳带电。

5）空调器内部因有强电线路分布及变压器、电动机等感性负载工作，故其外壳会被感应带电，又因为电源线与金属外壳之间是绝缘的便形成了电容，而金属外壳相当于电容的一个极，所以外壳会带电。但因其容量很小故不会产生危害，当人体表面皮肤接触到外壳时会有麻的感觉，重则有针刺的感觉。电容的分布及感应电压的大小、与环境和安装方式有直接的关系。

处理方法：

1）一般分体挂壁式空调器（二匹以下）所配电源线都是带插头的标准电源线，可面对插脚来区分接线，即左脚是相线（插脚旁有L字母），右脚为零线（插脚旁有N字母），上脚为地线，因此用户所配电源插座必须与插头接线相对应，即面对插座，左孔必须是零线，右孔是相线，上孔是地线。用户没有地线的，其插座上的地线孔可空闲，但绝对不能与零线相连，否则会造成严重的人身及设备事故。

2）电源线挤伤、划伤及严重受潮造成的漏电，多是人为事故，只要按要求接线，并在开机后进行一次安全检查是完全可以避免的；被老鼠咬破绝缘层导致漏电虽然无法避免，但也应认真对待，主要是由用户自检。出现漏电应先检查是否有接地线，电源线是否接错，再查室内机、室外机和室内外连接线（测绝缘电阻应使用绝缘电阻表）。

3）空调器室外机安装在木架上，且又是干燥的环境内，其外壳一般都存在感应电压，若纯属感应电压只要接通地线就会彻底消除。

4）安装在金属支架上的空调器也可能存在外壳带电现象，只有把螺钉孔周围的漆刮掉，保证支架与外壳良好接触就能消除感应电压。

另外，如选用了容量太小、灵敏度过高或非正规厂家生产又无合格证的漏电保护开关，也可能导致误动作，再就是接线不正确也会误动作。

一般情况下新机漏电多是接线不正确或电源线有硬伤。旧机漏电原因较多，但多数是受潮、电源线受伤、电源线绝缘老化、接地线松脱等。易受潮部件有电辅热器、柜机电控盒、接线座、室外风机等。

五、典型制冷制热设备实验台空调器部分简介

（一）空调设备结构、功能

见模块一的任务六。

（二）空调部分

1. 空调系统的基本组成

实验台采用热泵型分体式空调系统，结构设计简洁、层次清晰，在不同的管路上同时采用不同颜色来区分不同管路，同时配有液视镜，电压表，电流表和高、低压力表，能更加容易地掌握热力系统结构及工作原理。

2. 空调工作原理　空调热力系统如图2-44所示。

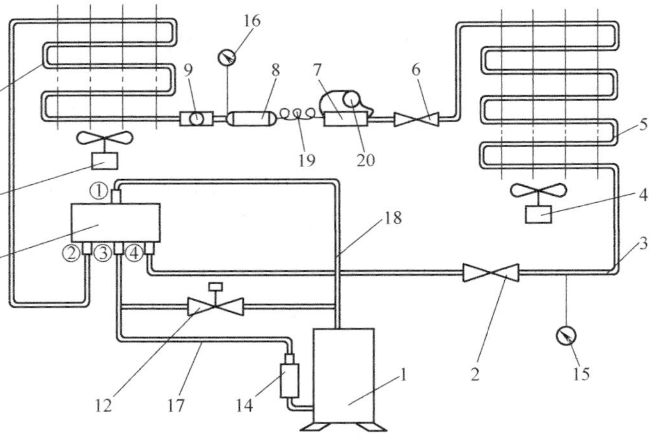

图2-44　空调热力系统图

1—空调压缩机　2—空调截止阀　3—低压回气管　4—室内风机　5—蒸发器　6—空调截止阀　7—单向阀　8—过滤器　9—视液镜　10—冷凝器　11—室外冷凝风机　12—旁通电磁阀　13—四通换向电磁阀　14—气液分离器　15—低压压力表　16—高压压力表　17—低压回气管　18—高压排气管　19—第一毛细管　20—第二毛细管

（1）制冷过程。低压低温的制冷剂气体经低压回气管17和气液分离器14进入压缩机1，经压缩机1压缩，变为高温高压的制冷剂气体，经高压排气管18，进入四通换向电磁阀13的①端口，经四通阀②端口进入冷凝器10，散热冷凝成高压常温的制冷剂液体，并经视液镜9、过滤器8、第一毛细管19、单向阀7、空调截止阀6进入蒸发器5吸热蒸发成制冷

剂气体，再经低压回气管3、空调截止阀2，从四通换向电磁阀13的④端口进入四通阀，从四通阀13的③端口进入低压回气管17，然后经气液分离器14进入压缩机1，如此往复循环。

（2）制热过程。低压低温的制冷剂气体，经低压回气管17，气液分离器14进入压缩机1，经压缩机1压缩成高温高压的制冷剂气体，经高压排气管18进入四通换向电磁阀13的①端口，并从④端口排出，经空调截止阀2进入蒸发器5放热冷凝成高压常温的制冷剂液体，再经空调截止阀6进入第二毛细管20和第一毛细管19节流变为低温低压的制冷剂液体，再经过滤器8、视液镜9进入冷凝器10，吸热蒸发成制冷剂气体，进入四通换向电磁阀13的②端口，从③端口进入低压回气管17，再经气液分离器14进入压缩机1，如此往复循环。

（3）系统特点。

1）设置单向阀7和第二毛细管20，保证了空调在寒冷的冬季也能够正常运转。

2）在低压回气管17和高压排气管18之间设置了旁通电磁阀，实现压缩机吸排气故障的模拟。

3. 空调器故障设置说明　空调部分共设置有18个故障，实验台空调部分制冷流程简图如图2-45所示。

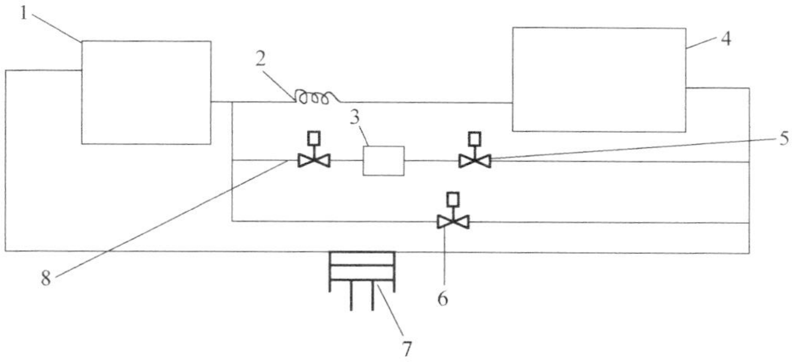

图2-45　实验台空调部分制冷流程简图

1—冷凝器　2—毛细管　3—贮液罐　4—蒸发器

5、6、8—电磁阀　7—压缩机

在空调制冷系统中，一共设置了三个电磁阀：

（1）电磁阀8和电磁阀5分别用于制冷系统中制冷剂的减少和增加。

电磁阀8用于制冷剂的减少，当电磁阀8打开，电磁阀5关闭时制冷剂液体从冷凝器出口流入贮液罐中，使制冷系统的制冷剂减少，低压最小可降到0.23MPa。当电磁阀5打开，而电磁阀8关闭时，制冷剂从贮液罐中流出，进入低压回气管，使制冷系统中的制冷剂增加，高压压力最多可达到2.0MPa。要特别注意不要使高压过高，因为负载过大对压缩机有一定的影响。同时注意电流不能超出额定值。

（2）电磁阀6用于设置压缩机吸排气故障。短接压缩机的高压供液管和低压回气管，当电磁阀6导通时，高、低压力表的读数将一样，即演示压缩机吸、排气故障。

（3）高压表与高压供液管相连，低压表接在低压回气管上。

另外在空调制冷系统的低压回气管上，加设了一个低压保护继电器，断开压力为0.02MPa，闭合压力为0.15MPa。

（4）故障设置说明见表2-3。

表2-3 故障设置说明

故障代号	故障名称	故障现象	检测方法	测量值		选用检测板
				正常值	故障值	
000021	整流二极管击穿	整机不工作	用万用表直流电压挡DC 20V挡，红表笔接6点，黑表笔接4点，要求通电进行测量	DC 18V左右	0	空调检测板
000016	7812稳压管击穿	整机不工作	用万用表直流电压挡DC 20V挡，红表笔接7点，黑表笔接4点，要求通电进行测量	DC 12V	0	空调检测板
000009	室内风机过热保护断路	整机无法工作	用万用表交流电压挡700V挡，红表笔接8点，黑表笔接2点，要求通电进行测量	AC 220V	0	空调检测板
000010	变压器一次绕组断路	整机无法工作	用万用表电阻挡2kΩ挡，红表笔接8点，黑表笔接2点，要求断电进行测量	500Ω左右	无穷大	空调检测板
000018	低压保护继电器断路	室内机工作	用万用表通断挡，红表笔接17点，黑表笔接9点，要求通电进行测量	通	断	空调检测板
000025	高压保护继电器断路	室内机工作正常，室外机无法工作	用万用表通断挡，红表笔接17点，黑表笔接9点，要求断电进行测量	通	断	空调检测板
000014	遥控接收无+5V	无法进行遥控控制，无法开机	用万用表直流电压挡DC 20V挡，红表笔接11点，黑表笔接4点，要求通电进行测量	DC 5	0	空调检测板
000007	主继电器J5触头断路	室内机工作正常，室外机风机和压缩机不工作	用万用表交流电压挡700V挡，红表笔接18点，黑表笔接2点，要求开机通电测量	AC 220V	0	空调检测板
000029	室内风机J1触头断路	室外机工作正常，室内风机不工作	万用表交流电压挡700V挡，红表笔接15点，黑表笔接2点，要开机通电测量	AC 220V	0	空调检测板
000015	四通阀继电器J4触头断路	制冷正常，无法制热	万用表交流电压挡700V挡，红表笔接14点，黑表笔接2点，要求开机制热测量	AC 220V	0	空调检测板

（续）

故障代号	故障名称	故障现象	检测方法	测量值		选用检测板
				正常值	故障值	
000028	四通阀电磁阀线圈断路	制冷正常，无法制热	用万用表电阻挡 2kΩ 挡，红表笔接 14 点，黑表笔接 2 点，要求断电进行测量	1.5Ω 左右	无穷大	空调检测板
000004	热敏电阻器 RT 断路	无当前温度指示灯，只有温度设定灯亮，连续工作 50min 后停机 10min，反复循环	用万用表直流电压挡 20V 挡，红表笔接 13 点，黑表笔接 12 点，要求开机测量	DC 1.5～3V 之间	5V	空调检测板
000013	热敏电阻器 RT 短路	无当前温度指示灯，只有温度设定灯亮，整机连续工作 50min 后停机 10min，反复循环	用万用表直流电压挡 20V 挡，红表笔接 13 点，黑表笔接 12 点，要求开机测量	DC 1.5～3V 之间	5V	空调检测板
000002	压敏电阻击穿	一通电立刻烧熔丝	用万用表通断挡，红表笔接 8 点，黑表笔接 2 点，要求断电测量	400Ω 左右	通	空调检测板
000012	压缩机吸排气故障	制冷、制热效果差，高压表压力与低压表压力基本平衡，无压差	此故障为系统故障，无法检测，只能通过观察压力的变化来判断	制冷：高压应为 1.5MPa 左右，低压为 0.4MPa 左右 制热：高压应为 0.5MPa 左右，低压应为 1.6MPa 左右	基本平衡	观察判断
000006	过热过载保护器断路	压缩机不工作	万用表交流电压挡 700V 挡，红表笔接 20 点，黑表笔接 2 点，要通电开机制冷测量	AC 220V	0	空调检测板
000022	压缩机运转绕组断路	压缩机不起动	用万用表电阻挡 200Ω 挡，红表笔接 14 点，黑表笔接 2 点，要断电进行测量	7Ω 左右	200Ω 左右	空调检测板
000020	冷凝风机断路	室外风机不工作	此故障无测量点，只能通过观察室外风机工作情况判断	运转	不运转	

注：表中检测点标号如图 2-47 所示。

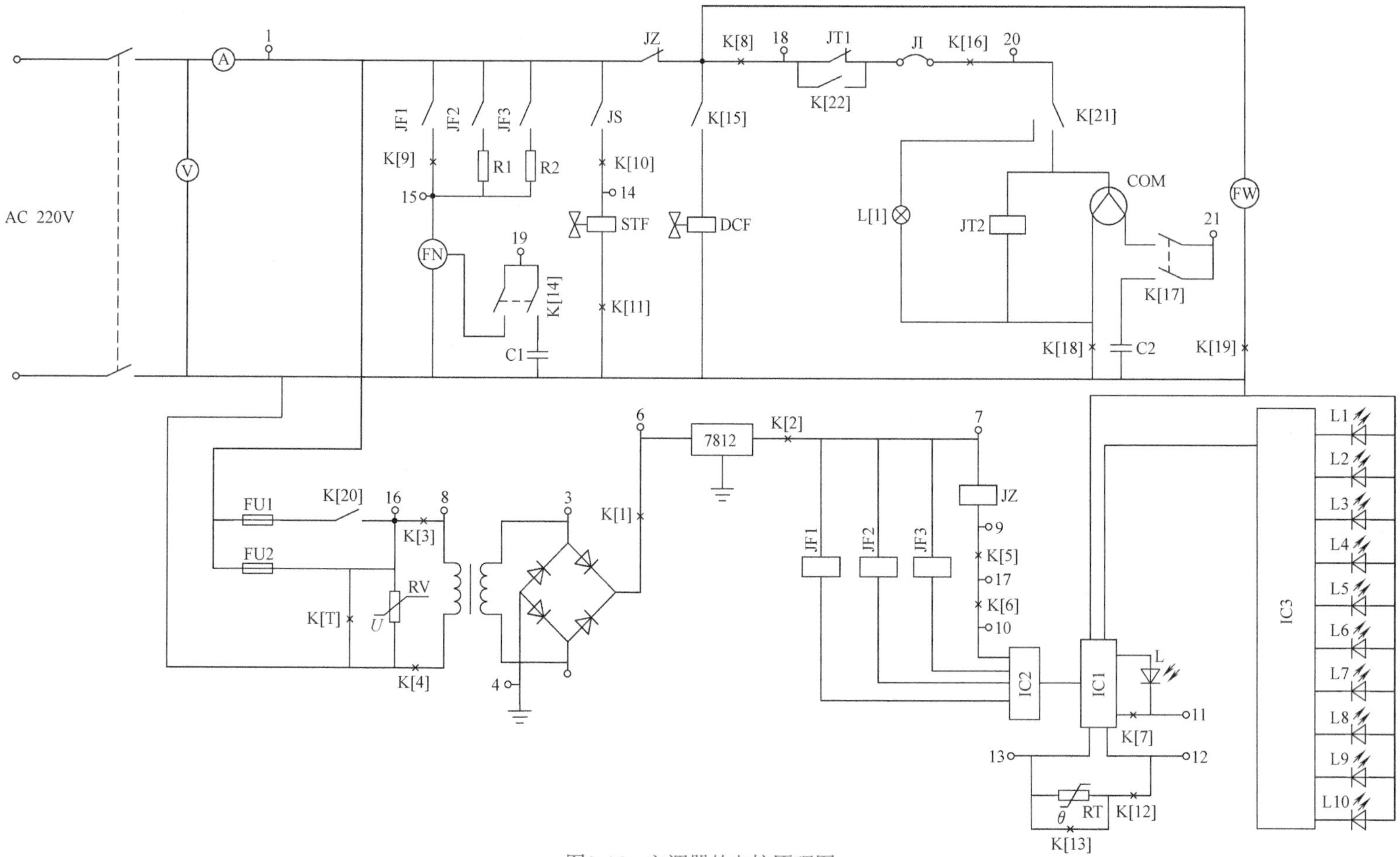

图2-46　空调器的电控原理图

C1—室内风机起动电容器　C2—压缩机运转电容器　COM—空调压缩机　DCF—压缩机吸排气故障设置电磁阀　FW—室外风机　FN—室内风机
L—遥控接收器　L[1]—压缩机运转模拟指示灯　FU1—熔丝1（空调控制电路板）　FU2—熔丝2（空调检测板在设置压敏电阻器被击穿故障时使用）
JI—过热过载保护器　JZ—主继电器（控制室外机部分）　JF1—室内风机高速继电器　JF2—室内风机中速继电器　JF3—室内风机低速继电器
JT1—延时保护继电器线圈1　JT2 —延时保护继电器线圈2　RT—热敏电阻器　RV—压敏电阻器　STF—四通换向电磁阀　K—电源开关

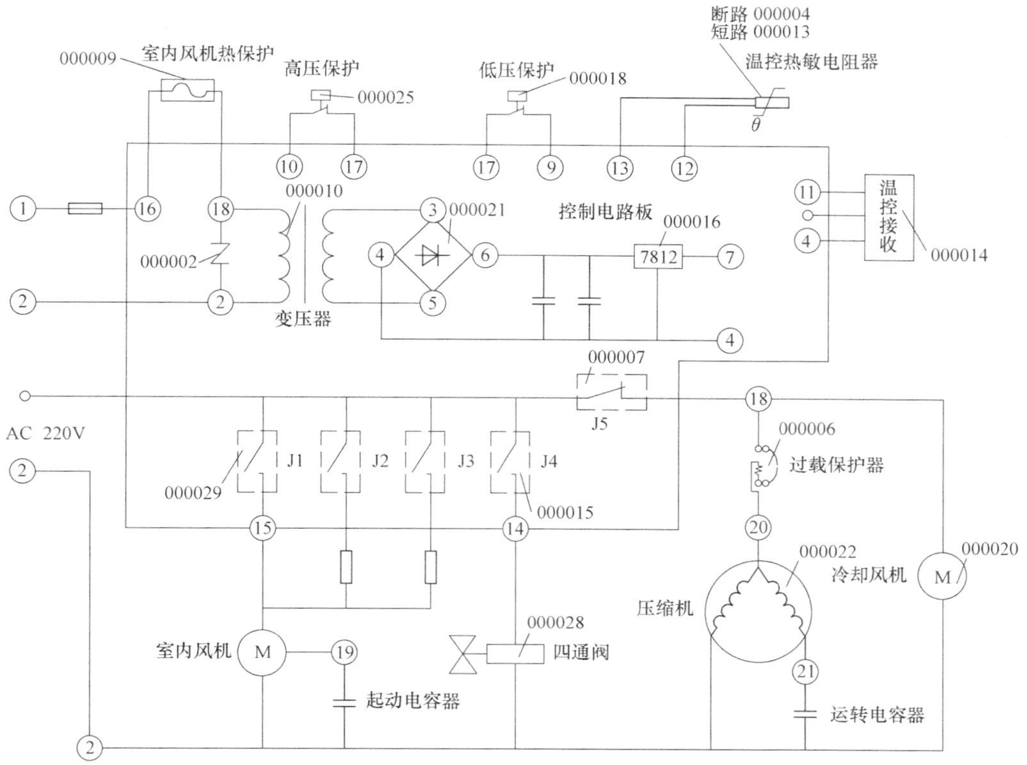

图 2-47　空调器电路故障设置图

注：图中六位数字故障代号的含义可参考表 2-3。

📖 实施操作

以亚龙 YL—ZWⅢ型制冷制热实验设备为实训装置。

一、空调器制冷系统故障排除

（一）压缩机吸排气故障

故障现象：制冷、制热效果差，高压表压力与低压表压力基本平衡，无压差。

检查方法：

（1）此故障为制冷系统故障，只能通过观察压力的变化来判断。

（2）制冷时高压应为 1.5MPa 左右，低压应为 0.4MPa 左右；制热时高压应为 0.5MPa 左右，低压应为 1.6MPa 左右。

故障排除：按脏堵操作工艺排除故障。

（二）冷凝风机断路故障

故障现象：制冷、制热效果极差，室外风机不工作。

检查方法：通过观察室外风机工作情况来判断。

故障排除：按冰堵操作工艺排除故障。

二、空调器电气系统故障排除

(1) 故障现象：整机不工作。
检查方法：用万用表检测。
故障排除：整流二极管击穿。
(2) 故障现象：整机不工作。
检查方法：用万用表检测。
故障排除：7812 稳压二极管击穿。
(3) 故障现象：整机无法工作。
检查方法：用万用表检测。
故障排除：室内风机过热保护断路。
(4) 故障现象：整机无法工作。
检查方法：用万用表检测。
故障排除：变压器一次绕组断路。
(5) 故障现象：室内机不工作。
检查方法：用万用表检测。
故障排除：低压保护继电器断路。
(6) 故障现象：室内机工作正常，室外无法工作。
检查方法：用万用表检测。
故障排除：高压保护继电器断路。
(7) 故障现象：无法进行遥控控制，无法开机。
检查方法：用万用表检测。
故障排除：遥控接收无 +5V。
(8) 故障现象：室内机工作正常，室外风机和压缩机不工作。
检查方法：用万用表检测。
故障排除：主继电器 J5 触头断路。
(9) 故障现象：室外机工作正常，室内风机不工作。
检查方法：用万用表检测。
故障排除：室内风机 J1 触头断路。
(10) 故障现象：制冷正常无法制热。
检查方法：用万用表检测。
故障排除：四通阀继电器 J4 触头断路。
(11) 故障现象：制冷正常无法制热。
检查方法：用万用表检测。
故障排除：四通阀电磁阀线圈断路。
(12) 故障现象：无当前温度指示灯，只有温度设定灯亮，连续工作 50min 后停机 10min，反复循环。
检查方法：用万用表检测。
故障排除：热敏电阻器 RT 断路。

（13）故障现象：无当前温度指示灯，只有温度设定灯亮，连续工作 50min 后停机 10min，反复循环。

检查方法：用万用表检测。

故障排除：热敏电阻器 RT 短路。

（14）故障现象：一通电立刻烧熔丝。

检查方法：用万用表检测。

故障排除：压敏电阻器击穿。

（15）故障现象：压缩机不工作。

检查方法：用万用表检测。

故障排除：过热过载保护器断路。

（16）故障现象：压缩机不起动。

检查方法：用万用表检测。

故障排除：压缩机运转绕组断路。

📖 工作页

家用空调器故障检修				工作页编号：KTQ2-4	
一、基本信息					
学习小组		学生姓名		学生学号	
学习时间		指导教师		学习地点	
二、工作任务					
1. 制冷系统故障维修。 2. 空调器电气系统故障维修。					
三、制定工作计划（包括人员分工、操作步骤、工具选用、完成时间等内容）					
四、安全注意事项（人身及设备安全）					

（续）

五、工作过程记录
六、任务小结
七、教师评价
八、成绩评定

考核评价标准

序号	考核内容	配分	要求及评分标准	评分记录	得分
1	制冷系统故障维修	20	压缩机吸、排气和冷凝风机断路故障 要求：能根据故障现象准确判断故障，并按规程排除故障 评分标准：能准确判断故障分别得5分，否则不得分；按规程排除故障分别得10分，否则不得分		
2	空调器电气系统故障维修	50	电气故障： 1. 压敏电阻器击穿 2. 低压保护继电器断路 3. 过载保护器断路 4. 遥控接收无+5V 5. 主继电器J5触头断路 6. 四通阀继电器J4触头断路 7. 室内风机过热保护断路 8. 四通阀电磁阀线圈断路 9. 变压器一次绕组断路 10. 压缩机运转绕组断路 11. 高压保护继电器断路 12. 7812稳压二极管击穿 13. 整流二极管击穿 14. 室内风机J1触头断路 15. 热敏电阻器RT断路 16. 热敏电阻器RT短路 要求：能根据故障现象准确判断故障，并按规程排除故障 评分标准：能准确判断每一个故障得1分，否则不得分；按规程排除故障得2分，否则不得分		
3	工作态度及与组员合作情况	20	1. 积极、认真的工作态度和高涨的工作热情，不一味等待老师安排指派任务 2. 积极思考以求更好地完成工作任务 3. 好强上进而不失团队精神，能准确把握自己在团队中的位置，团结学员，协调共进 4. 在工作中谦虚好学，时时注意自己不足之处，善于取人之长补己之短 评分标准：四点都表现好得20分，一般得10～15分		
4	安全文明生产	10	1. 遵守安全操作规程 2. 正确使用工具 3. 操作现场整洁 4. 安全用电，防火，无人身、设备事故 评分标准：每项扣2.5分，扣完为止；因违规操作发生人身和设备事故的，此项按0分计		

任务五　变频空调器控制电路的维修

任务描述

1）变频空调器控制电路结构的认识。
2）变频空调器的故障检修。

任务目标

1）知道变频空调器控制电路结构。
2）能分析变频空调器的控制电路。
3）能对变频空调器控制电路的故障现象进行判断与排除。

任务准备

1. 工具器材
1）亚龙 YL—BK 变频空调器智能考核台。
2）空调器室内机。
3）空调器室外机。
2. 实施规划
1）知识准备。
2）控制电路检修。
3）工作页的完成。
3. 注意事项。
1）正确使用检测仪器。
2）严格遵守安全操作规程以防触电。

任务实施

知识准备

一、变频空调器智能考核台外形图片及系统流程

（一）正面图片

变频空调器智能考核台正面外形如图 2-48 所示。

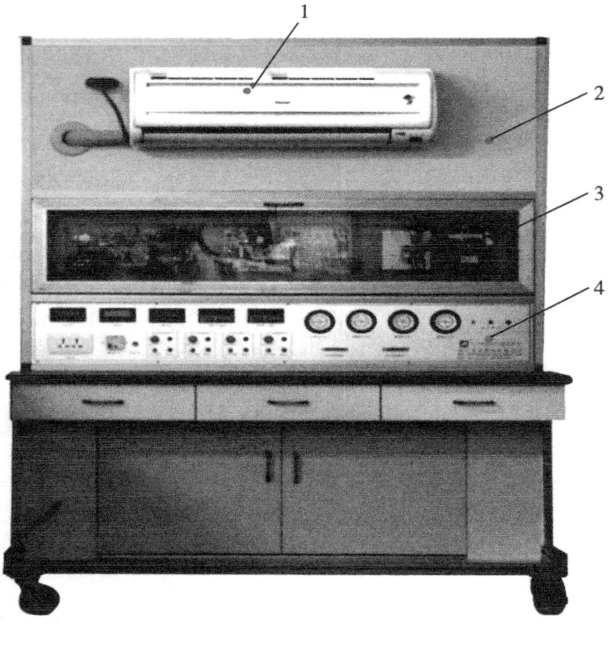

图 2-48　变频空调智能考核台正面外形
1—空调器　2—安装台架　3—控制电路　4—控制面板

（二）背面图片

变频空调器智能考核台背面外形如图 2-49 所示。

（三）变频空调器制冷系统流程图

变频空调器制冷系统流程图如图 2-50所示。

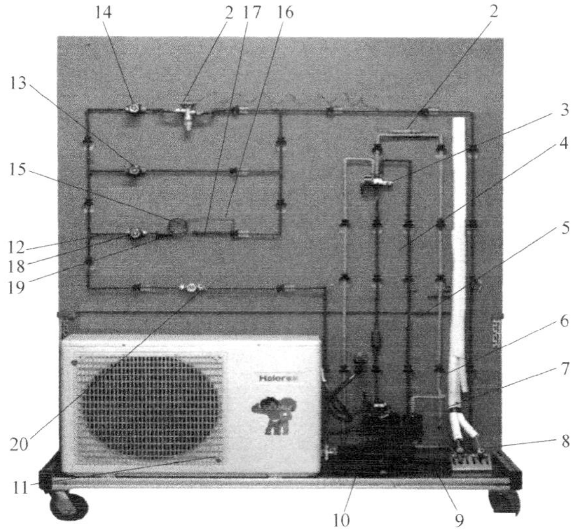

图 2-49　变频空调器智能考核台背面外形

1—膨胀阀　2—膨胀阀感温包　3—四通阀　4—高压排气管　5—消声管　6—低压回气管
7—室内、外机连接管　8—空调截止阀　9—气液分离器　10—制冷压缩机　11—空调器室外机
12—截止阀 3　13—截止阀 2　14—截止阀 1　15—毛细管 1　16—毛细管 2
17—单向阀　18—过滤器　19—高压供液管　20—视液镜

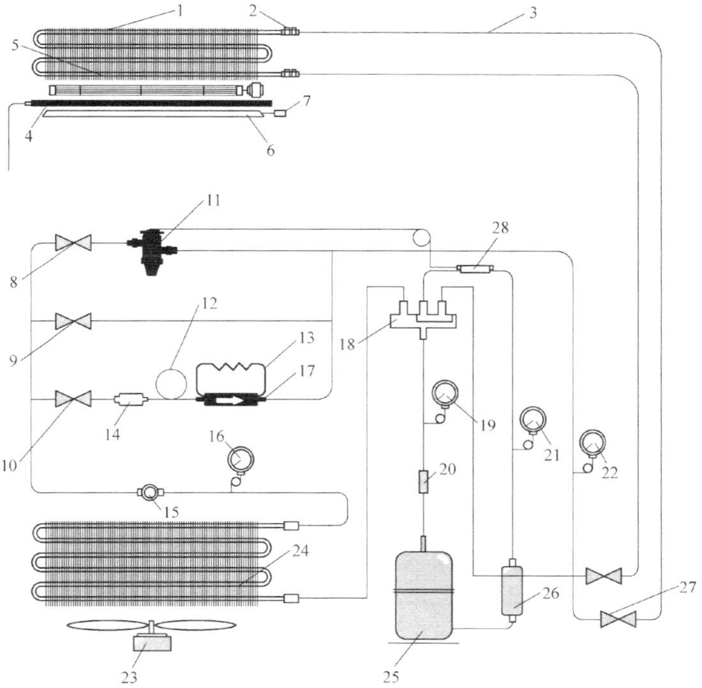

图 2-50　变频空调器制冷系统流程图

1—室内换热器　2—管道连接器　3—连接管　4—接水槽　5—室内风机　6—导风叶　7—步进电动机
8—截止阀 1　9—截止阀 2　10—截止阀 3　11—膨胀阀　12—毛细管 1　13—毛细管 2　14—过滤器
15—视液镜　16—压力表 4　17—单向阀　18—四通阀　19—压力表 3　20—消声器　21—压力表 2　22—压力表 1
23—冷却风机　24—室外换热器　25—压缩机　26—气液分离器　27—空调器截止阀

二、变频空调器智能考核台技术参数及外形尺寸

（一）技术参数

变频空调器智能考核台技术参数见表 2-4。

表 2-4　技术参数表

序　　号	参数名称	型号规格参数	备　　注
1	空调型号	KFR—26GW/（BP）1	
2	电源	1PH AC 220V~，50Hz	
3	制冷量	2600，500～3200W	
4	制热量	3900，600～4800W	
5	循环风量	$500m^3/h$	
6	制冷剂名称/注入量	R22/880g	
7	额定功率	1000，180～14500W	制冷
		1350，180～1600W	制热
8	额定电流	5.0A	制冷
		6.7A	制热
9	最大输入功率	1600W	
10	最大输入电流	8.1A	
11	质量	7.6kg	
12	噪声	38/35/30dB（A）	
13	热侧最高工作压力	2.65MPa	
14	冷侧最高工作压力	2.65MPa	
15	防水等级（室外机）	I P24	
16	防触电保护类别	I 类	

（二）外形尺寸

变频空调器智能考核台外形尺寸如图 2-51 所示。

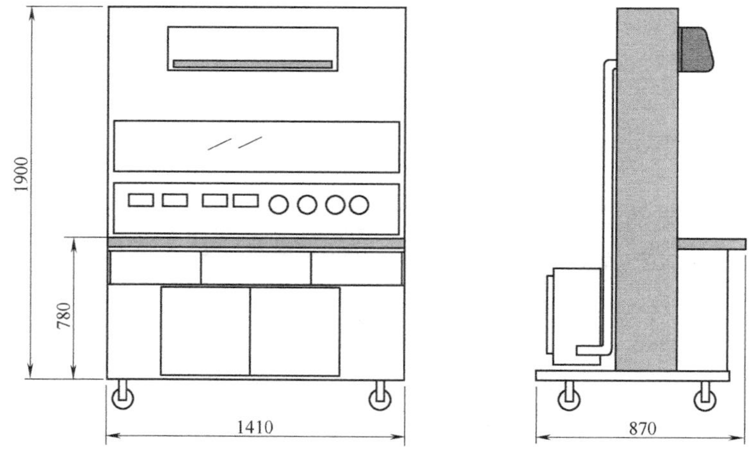

图 2-51　变频空调器智能考核台外形尺寸

注：台架为铝木结构，骨架为铝合金，平板为中纤板。

三、热泵型分体式空调器制冷设备结构及原理

（一）变频制冷压缩机

1. 压缩机排气量与制冷量的关系

（1）压缩机排气量：压缩机每一次的压缩过程所排出的制冷剂气体的体积用 V_C 表示，压缩机的转速为 R_C，则压缩机排气量可估算为（单位为 m^3/h）

$$\lambda_C = V_C R_C \tag{2-1}$$

（2）制冷剂单位体积制冷量用 q_C 表示，其含义是每一立方米制冷剂的制冷量，单位为 W/m^3，则压缩机的制冷量可表示为

$$Q = q_C \lambda_C \tag{2-2}$$

从式（2-1）可知压缩机的排气量与压缩机的转速成正比，即当 R_C 增大时 λ_C 增大，当 R_C 减小时 λ_C 也随之减小。而从式（2-2）可知压缩机的制冷量 Q 与 λ_C 成正比。因此可知，压缩机的制冷量 Q 与压缩机的转速 R_C 成正比，即转速增高，制冷量增大，转速降低，制冷量减小。变频空调就是利用这个原理，通过控制压缩机转速来控制空调器制冷量的大小。

2. 普通压缩机与变频压缩机的区别

（1）普通压缩机与变频压缩机的电动机不同。

1）普通压缩机电动机：该电动机的定子绕组为两组：一组为起动绕组，一组为运行绕组，如图 2-52 所示。

2）变频压缩机电动机：该电动机的定子绕组为阻值都一样的三个绕组，为星形联结，如图 2-53 所示。

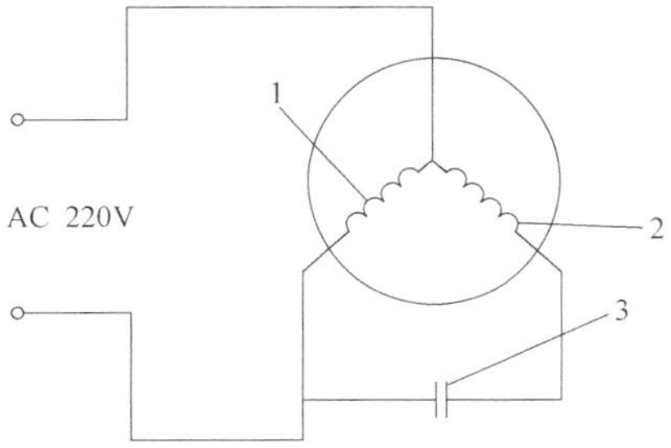

图 2-52　普通压缩机电动机接线原理图
1—运行绕组　2—起动绕组　3—起动电容器

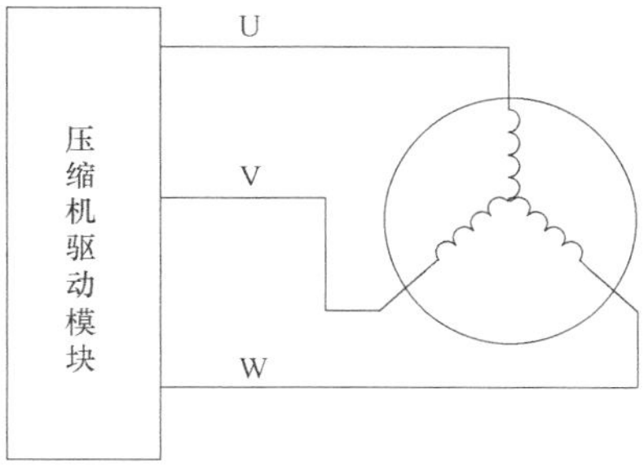

图 2-53　变频压缩机电动机接线原理图

（2）普通压缩机与变频压缩机的机械性能要求不同。

1）普通制冷压缩机电动机的电源是固定频率（50Hz），其转速也是固定的；变频空调电源频率是变化的（30～110Hz），这样其电动机转速也是变化的，有时比普通空调器的转速大很多。这样变频空调器机械性能的要求比普通空调器的高很多。

2）因为普通制冷压缩机的机械性能无法适应变频空调器的高转速要求，如果用普通压缩机代替变频压缩机用，则普通空调的寿命会大大降低。

（二）四通电磁换向阀

1. 四通阀的作用　四通电磁换向阀简称四通阀主要实现热泵型空调器制冷与制热的转换。

2. 四通阀的应用

（1）在选择四通阀时应与配套的空调器相配，即与空调器制冷量相一致，本空调器智能考核台中的空调器为1匹的，所配置的四通阀也与之相配套。

（2）接入四通阀时应注意接口的连接（见图2 -54 或图2 -55）：

室外换热器与四通阀E口连接（ϕ10mm）；

室内换热器与四通阀C口连接（ϕ10mm）；

压缩机排气管与四通阀D口连接（ϕ8mm）；

压缩机回气管与四通阀S口连接（ϕ10mm）。

（3）在使用焊接工具拆装四通阀时，不能用焊接工具直接对四通阀进行加热，否则会使四通阀损坏，因为高温会使阀的橡胶密封件损坏。在焊接时，可用湿毛棉将四通阀包住，这样在焊接时湿毛棉可降低四通阀体的温度，从而保护了焊接过程中高温对四通阀的损害。

3. 四通阀图片

（1）四通阀在制冷状态下的原理图如图2-54所示。

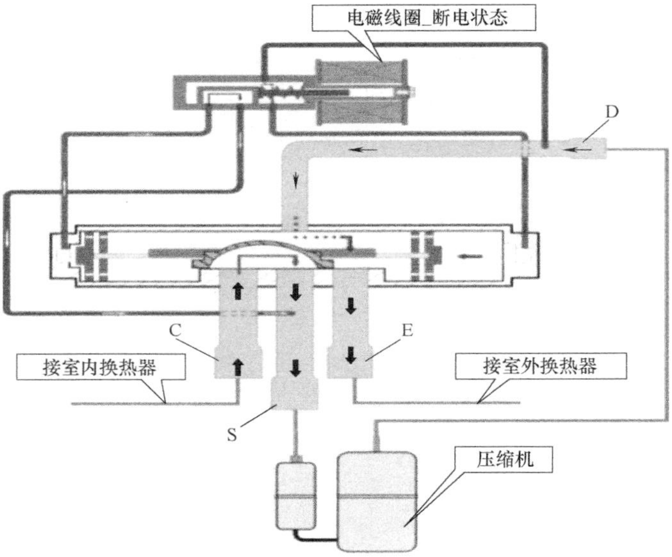

图2-54　四通阀制冷状态原理图

（2）四通阀在制热状态下的原理图如图2-55所示。

四、变频空调器电路原理分析

（一）变频空调控制电路的结构

1. 组成　主要由空调器室内机、空调器室外机、控制电路三部分组成。

2. 组成说明

1）空调器室内机的主要组成部分：热交换器、风扇电动机及室内机控制电路板。

2）空调室外机的主要组成部分：热交换器、冷却风机、制冷压缩机、四通阀、单向阀、两根毛细管和两个空调器截止阀。

3）控制电路主要由四块印制电路板组成，其中室内机一块，室外机三块，分别为室内

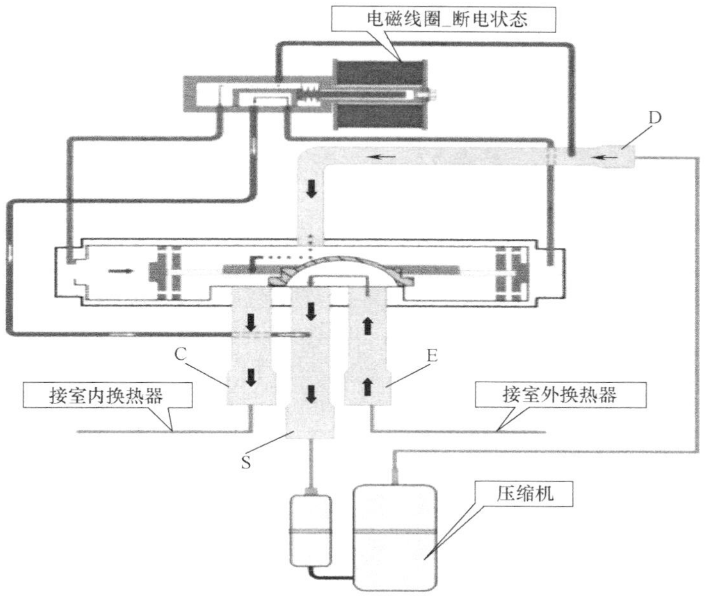

图 2-55　四通阀制热状态原理图

机控制电路板、室外机电源电路板、室外机控制电路板、功率驱动板。

（二）变频空调器控制电路的分析

1. 通信电路　通信电路如图 2-56 所示。

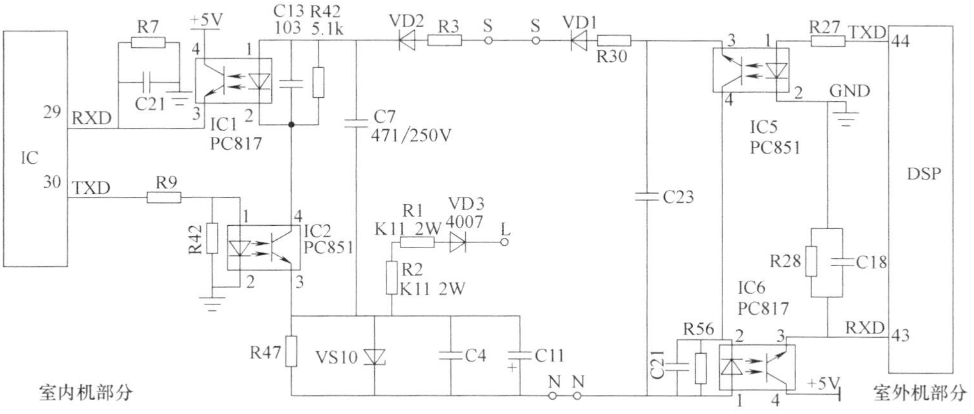

图 2-56　通信电路

通信电路工作原理：

电源（交流 220V）L，N 加在 VD3 和 C11 之间，经 VD3 的整流，R1、R2 的分压后加在 R47 的两端，用 VS 稳压为 DC 24V。在不发送信息时，室内 IC 的第 30 脚和室外 DSP 的 44 脚都为高电平。当室内向室外发送信息时，IC 的 30 脚发出矩形波，而室外则由 DSP 的 43 脚 RXD 来接收。当 IC30 脚为高电平时，IC2 的 3、4 脚导通。电流经过 N→IC6 的 1、2 脚→IC5 的 3、4 脚→R30、VD1、R3、VD2、R42→IC2 的 3、4 脚→DC 24V 的负极，形成一个回路，这样 IC6 的发光二极管工作，IC6 的 3、4 脚导通，DSP 的 43 脚得到一个高电平。当 IC 的 30 脚为高电平时，IC2 的 3、4 不导通，电流就无法形成回路，则 IC6 中的二极管不工作，IC6 的 3、4 脚不导通，则 DSP 的 43 脚得到一个低电平。室外向室内发送信息也是同样道理。

室外向室内发送信息：DSP 的 44 脚发送，IC 的 29 脚接收。

室内向室外发送信息：IC 的 30 脚发送；DSP 的 43 脚接收。

2. 过零检测电路　过零检测电路如图 2-57 所示。

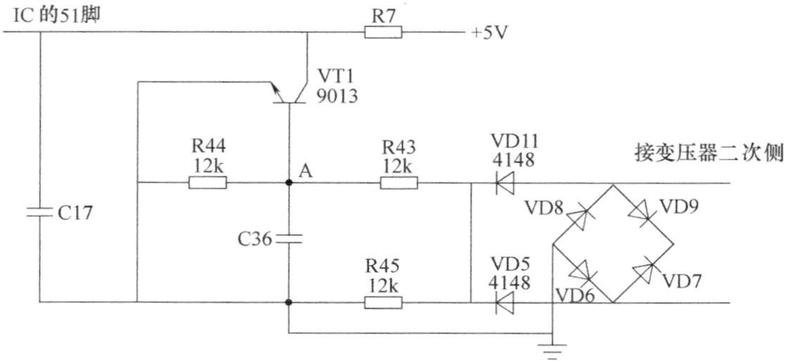

图 2-57　过零检测电路

过零检测电路的说明：

（1）过零检测电路的主要作用：用于检测交流电源的过零点，为室内风机的调速提供基准。

（2）电源回路：变压器一次侧交流电正半波→VD11→R43→VD6→变压器一次侧，变压器一次侧交流电负半波→VD5→R45→VD8→变压器一次侧。

这样在 VT1 的基极上形成一个全波整流直流电。当电压由零向上升，达到 0. 7V 时，VT1 导通，IC 的 51 脚为低电平。直流电同时向 C36 充电；当电压由波峰向下降时，由 C36 放电维持 VT1 的导通；当电压为零时，VT1 的基极电压也为零，VT1 断开，IC 的 51 脚收到一个高电平。

过零检测电路的波形如图 2-58 所示。

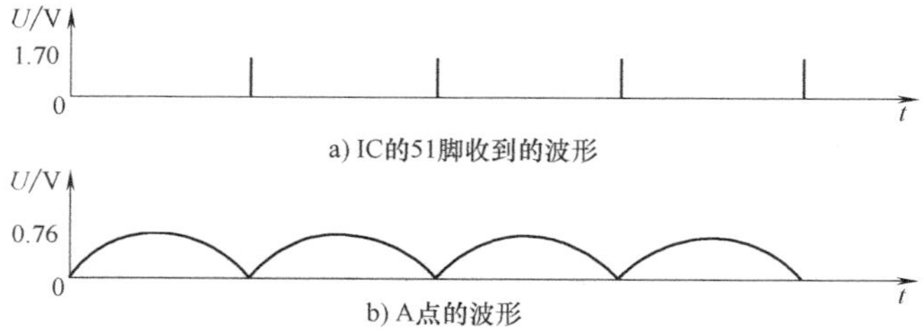

图 2-58　过零检测电路的波形

3. 室内风机调速及转速检测电路　室内风机调速及转速检测电路如图 2-59 所示。

室内风机调速及转速检测电路说明：

（1）室内风机调速及转速检测电路由室内风机调速、室内风机转速检测及过零检测三个电路组成。

（2）过零检测的作用是检测室内风机交流电源的过零点，为室内风机调速电路提供导通的基准。

（3）室内风机转速检测是为调速电路提供调速多少的基准。室内风机的内部设置了一个霍尔传感器，室内风机每旋转一周，霍尔传感器就输出一个高电平，经电阻 R23 从 IC 的第 56 脚进入 IC 中。

（4）调速电路由 IC 的第 1 脚输出一个矩形波来控制 VT2 的导通角，从而控制光耦晶闸管 7、8 两脚的导通角，进而控制室内风机的转速。

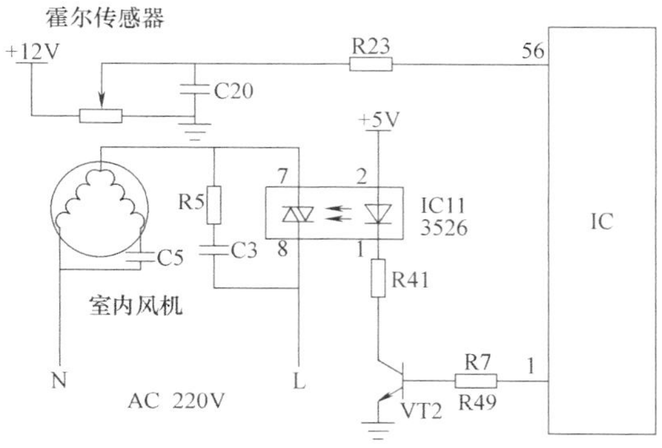

图 2-59　室内风机调速及转速检测电路

（5）IC 的 1 脚输出的矩形波的占空比大，则 IC11 的 7、8 两脚的导通时间就长，室内风机的转速就越高；IC 的 1 脚输出的矩形波的占空比小，则 IC11 的 7、8 两脚的导通时间就短，室内风机的转速就越低。

4. 复位电路　复位电路如图 2-60 所示

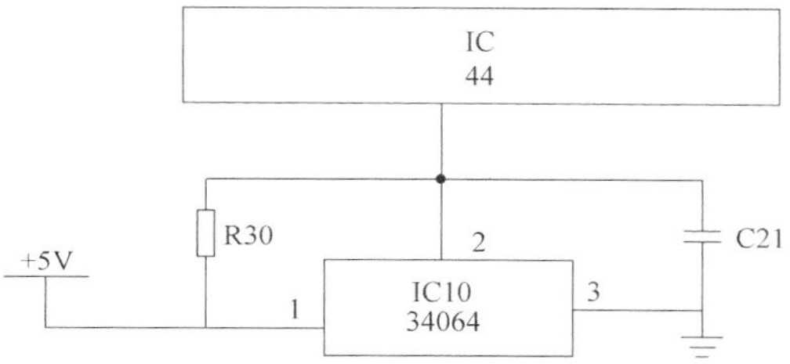

图 2-60　复位电路

复位电路说明：

（1）上电的瞬间，C21 是导通的，+5V 经电阻器 R30、电容器 C21 到负极，此时 IC 的 44 脚为低电平，IC 复位。

（2）上电后，C21 断开，这时的 IC 的 44 脚为高电平，复位结束。

（3）IC10（34064）为欠电压保护集成电路。当直流电压低于 DC 4. 5V 时，IC 的 44 脚被拉为低电平，IC 重新复位；当直流电压高于 DC 4. 5V 时，IC10 的 2、3 脚断开，IC 的 44 脚又为高电平，复位结束。

5. 温度保护、状态显示、强制运行、温度检测电路　电路如图 2-61 所示。

温度保护、状态显示、强制、温度检测电路说明：

图 2-61 含有室内风机温度保护电路、遥控接收及空调运行状态显示电路、强制运行电路、温度检测电路四个电路。

（1）在室内风机上设置了一个 75℃温度熔丝，当室内风机的表面温度超过 75℃时熔丝断开，IC 的 36 脚则为低电平，整个电路板停止工作，转入保护状态。

（2）遥控接收电路接收遥控器发射来的信号，并转为相应的脉冲信号经 R56 和 IC 的 55 脚进入 IC 中。

（3）四个指示灯用来指示空调的运行状态和故障代码，它们的含义分别为：LED1 为定时指示，LED2 为化霜指示，LED3 为自动运行指示，LED4 为运行指示。

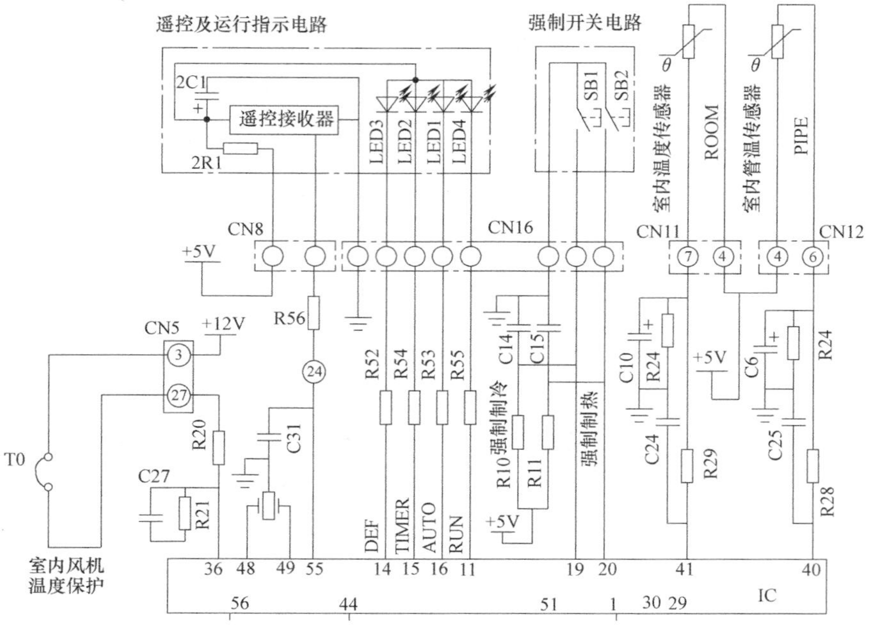

图 2-61　温度保护、状态显示、强制运行、温度检测电路

（4）强制运行电路：当 SB1 闭合时，可将 IC 的 19 脚强制拉到低电平，则空调器强制进入制冷状态；当 SB2 闭合时，可将 IC 的 20 脚强制拉到低电平，则空调器强制进入制热状态。

（5）温度检测电路中设置了两个负温度系数的热敏电阻器作为温度传感器分别检测室内回气温度（ROOM）和室内换热器的表面温度（PIPE）。ROOM 用于室内的温度控制，PIPE 用于防止换热器表面结霜。当检测的温度升高时，IC 相应的检测脚的电压就会升高，反之下降。

6. 功率驱动模块　功率驱动模块如图 2-62 所示。

（1）功率驱动模块原理说明：由 DSP 通过功率模块控制电路来控制，此模块根据控制信号将直流电源改变成各种频率的交流电源来驱动制冷压缩机，当此频率高时，压缩机的转速就高，制冷量就大；当此频率低时，压缩机的转速就低，制冷量就小，从而达到调节制冷量的目的。

1）功率模块的作用是将 220V 直流电变为可变频率的交流电，并用此电源驱动压缩机电动机旋转。

2）改变压缩机用电频率是为了改变压缩机的转速，从而达到对空调制冷量进行调节的目的。

3）压缩机电动机由 3 个阻值相等的电磁绕组组成，当其用电频率大时，电动机的转速也相应增大；当其用电频率降低时，电动机的转速也相应减小。

4）功率模块用 6 个功率管来驱动压缩机，而功率管则由 DSP 通过光耦合器来控制。

5）6 个功率管组成 3 个桥臂，即 1VT1 与 1VT2 组成一个桥臂，1VT3 与 1VT4 组成一个桥臂，1VT5 与 1VT6 组成一个桥臂。每个桥臂上的功率管不能同时导通。

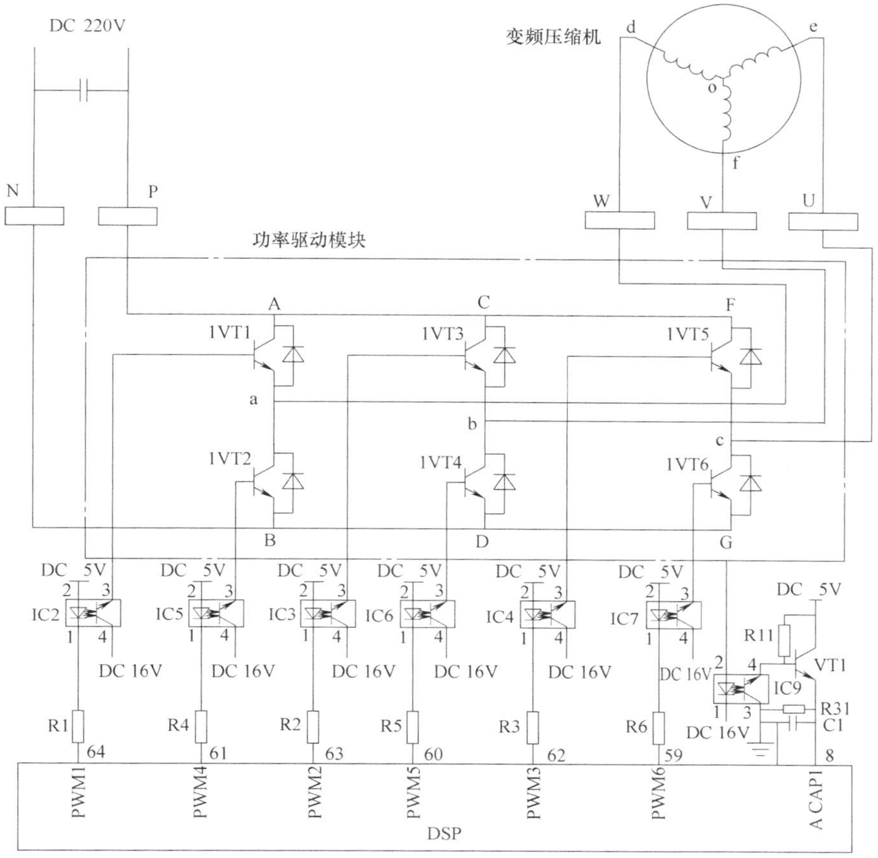

图 2-62　功率驱动模块

6）直流电源 220V 通过 P、N 两点加到功率模块上，P 为正极，N 为负极。

（2）功率驱动模块的工作过程：

1）DSP 的 64、59 脚同时为低电平（其他控制脚为高电平），则 1VT1 和 1VT6 同时导通，如图 2-63 所示。

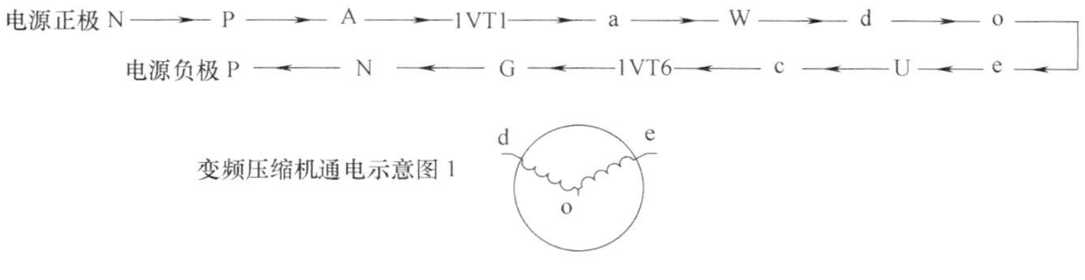

图 2-63　功率驱动模块工作过程一

2）DSP 的 62 脚、60 脚同时为低电平（其他控制脚为高电平），则 1VT5 和 1VT4 同时导通，如图 2-64 所示。

3）DSP 的 63、61 脚同时为低电平（其他控制脚为高电平），则 1VT3 与 1VT2 同时导通，如图 2-65 所示。

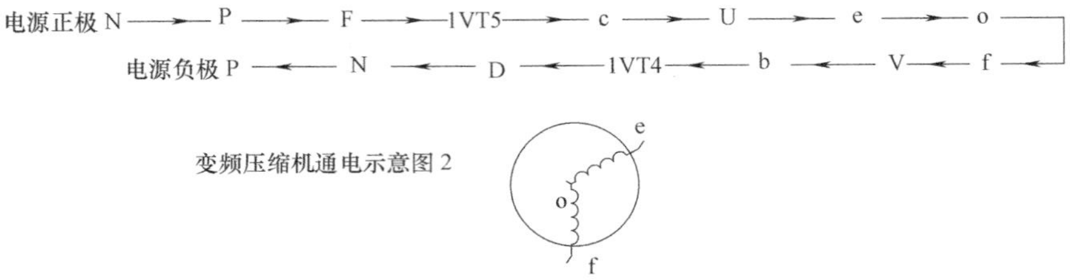

图 2-64　功率驱动模块工作过程二

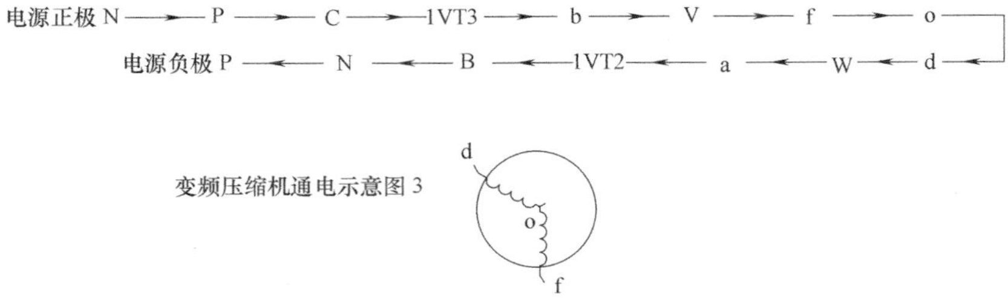

图 2-65　功率驱动模块工作过程三

4）通过以上分析可以看出，压缩机电动机被驱动时，在其绕组上产生一个顺时针旋转的磁场，从而带动电动机转子顺时针旋转，而 DSP 控制功率驱动模块改变电动机旋转一周所用的时间长短，从而决定了电机转速的多少，即旋转一周所用的时间短则电动机的转速就快，所用的时间长则电动机的转速就慢。这个时间就是电动机的用电频率，而这个频率则由 DSP 来控制。

5）DSP 是根据空调实际运行工况来决定压缩机用电频率的多少的。例如，空调房内的温度与空调器设定温度的差值的大小就可以决定压缩机的用电频率。这个差值越大，电动机的用电频率就越高；这个差值越小，电动机的用电频率就越低。同时在防霜保护、电源欠电压保护方面也都把压缩机的用电频率设定在一定的范围内，从而保护整个空调及压缩机。

6）当 DSP 的 8 脚为低电平时，为驱动模块保护，整个电路停止工作。其工作原理如下：当功率驱动模块由于某种原因而引起电流过大或电压过高时，为保护功率模块，其内部的保护电路设置 IC9 的 2 脚（与功率驱动模块连接）为低电平，即 VT1 的集电极与发射极断开，则 VT1 的发射极为低电平，从而使 DSP 的 8 脚为低电平，整个电路为保护状态。

7. 开关电源

（1）整个变频控制电路由室内一块，室外三块印制电路板组成，室内控制电路板配置了一个电源稳压电路，而室外则在驱动电路板上设置了一个开关电源，如图 2-66 所示。该开关电源提供了三个直流电源，5V、12V 和 16V，除 16V 专供功率驱动模块使用外，其他两个供室外的三块印制电路板使用。

（2）变压器的一次侧上串联了一个开关管 IC11，它用来控制输入电源的频率，以达到稳压的作用。二次绕组线圈有六个，其中 2，3，4，5 的输出经半波整流、滤波和分压且向功率模块电路提供四个 DC 16V 电源，而其中 1 的输出经半波整流、滤波、稳压后输出一个 DC 12V 和一个 DC 5V 电源，供室外机的使用。

（3）二次绕组 6 则向振荡及控制电路提供一个采样电压，用这个电压和振荡及控制电路内的基准电压进行比较，来控制 IC11 的开关频率，以达到稳定输出电压的目的。

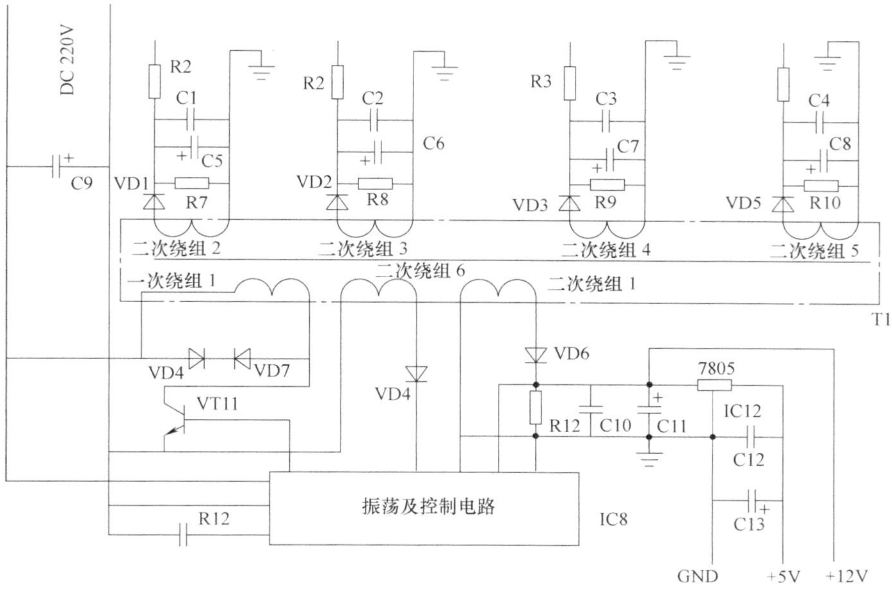

图 2-66　开关电源

8. 电源控制、室外冷却风机、四通阀控制电路　电源控制、室外冷却风机、四通阀控制电路如图 2-67 所示。

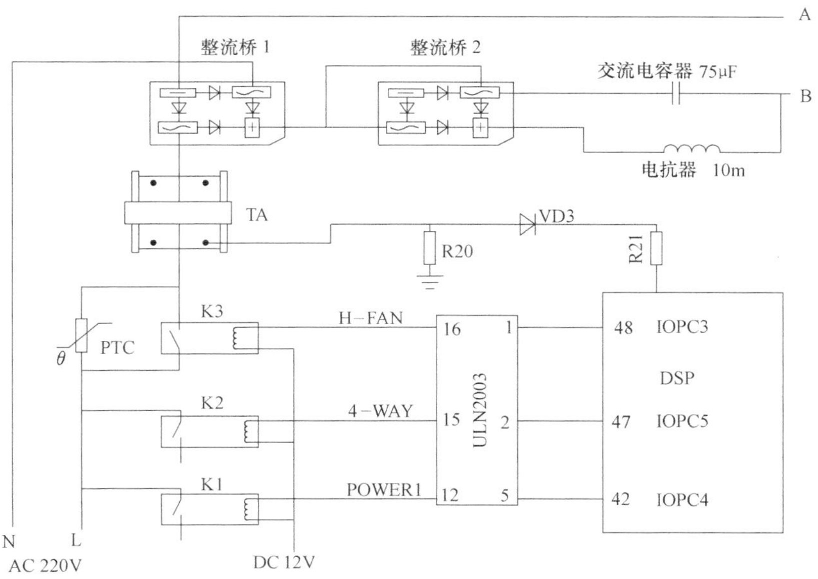

图 2-67　电源控制、室外冷却风机、四通阀电路

（1）室外机的电源是从室内机直接引到室外机的电源控制电路板上，零线 N 直接加在整流桥 1 上，而火线 L 经 RT、互感器 TA1（检测负载电流）也加载到整流桥 1 上。

（2）交流电经整流桥 1 全波整流，再经几个电容器的滤波（图上未画）加载到驱动电路板上的开关电源上，同时也加载到驱动模块上。

（3）整流桥2、交流电容器、电抗器用于吸收开关电源上的反向电动势。

（4）起动压缩机时先起动冷却风机30s，DSP的48脚输出一个高电平，ULN2003的1脚就为低电平，则继电器K2电磁线圈通电，触头闭合，室外冷却风机起动运行。30s后DSP的43脚输出一个高电平，则继电器K3电磁线圈通电，触头闭合，电源L经K3的触头加载到整流桥1上，因为RT无法承受大电流，电源只能通过K3的触头引入。

（5）制热时，DSP的47脚输出一个高电平，ULN2003的3脚则为低电平，继电器K1电磁线圈通电，其触头闭合，四通阀通电，整个空调为制热状态。

9. 室外温度检测　室外温度检测电路如图2-68所示。

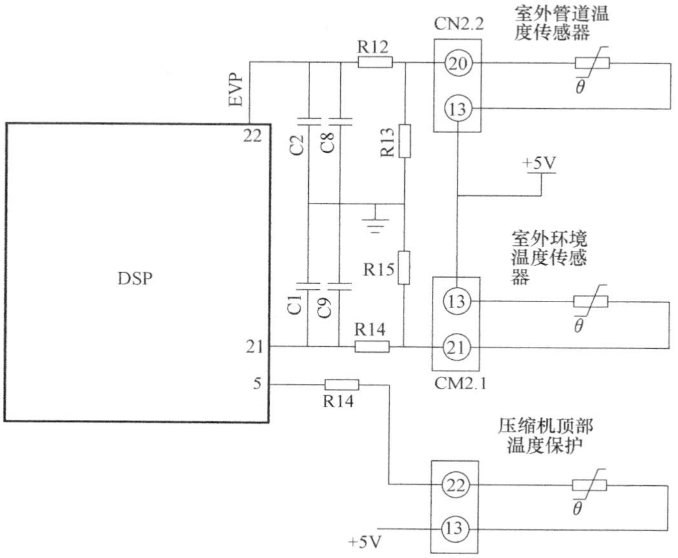

图2-68　室外温度检测电路

室外温度检测电路说明：

（1）室外温度检测电路：设置了两个负温度系数的热敏电阻器作为温度传感器分别检测室外的环境温度和室外换热器的表面温度。室外环境温度的检测是用于DSP对空调器运行工况的综合评定，从而控制压缩机在最佳状态下运行；而换热器表面温度检测用于空调器在制热状态下，防止换热器表面结霜。

（2）压缩机保护电路：压缩机顶部温度保护器设置在压缩机的顶部，当由于制冷系统出现异常现象（如系统的制冷剂减少）引起压缩机过热时，此保护器会自动断开，使DSP的5脚变为低电平，整个电路停止工作，转入保护状态，并输出故障代码。

（三）其他变频空调器的控制电路

变频空调器的电路原理都大同小异，但不同的生产厂家设计方式不一样。有分立元器件的，有采用集成芯片的，也有采用单片机形式的。例如，KFR—36型美的变频空调器采用的形式分别见附录D和附录E。

📖 实施操作

以亚龙YL—海尔变频空调控制电路检测板设备为实训装置，该装置通过与计算机连接的考核系统设置故障，YL—海尔变频空调实训控制电路部分总共设置有22个故障，其中室内风机控制电路部分设有13个常见故障。室外机控制电路部分设有9个故障。以下K1表示1号故障，如故障检测里的1点或01点表示检测点的编号，如图2-69圆圈中的数字所示，学生可通过实际测量排除电路故障。

各故障的现象与故障检测结果如下：

（一）K1——室内熔丝断路

故障现象：整机不工作，开机遥控无反应。电源指示灯不亮。

故障检测：通电开机，用万用表交流电压挡，红表笔接1点，黑表笔接6点，正常时应为交流220V，故障时为0V。

（二）K2——变压器一次绕组断路

故障现象：整机不工作，开机遥控无反应。

故障检测：通电开机，用万用表交流电压挡，红表笔接18点，黑表笔接19点，正常时应为AC 13～18V之间，故障时为0V。

（三）K3——桥式整流管DB1损坏

故障现象：整机无法工作，无法开机。

故障检测：通电开机，用万用表直流电压挡，红表笔接7点，黑表笔接30点，正常时应为DC 13～18V之间，故障时为0V。

（四）K4——室内整流二极管D3被击穿

故障现象：整机无法工作，无法开机。

故障检测：通电开机，用万用表直流电压挡，红表笔接11点，黑表笔接30点，正常时应为DC 12～14V之间，故障时为0V。

（五）K5——稳压二极管7805被击穿

故障现象：整机无法工作。

故障检测：通电开机，用万用表直流电压挡，红表笔接8点，黑表笔接30点，正常时应为DC 5V，故障时为0V。

（六）K6——遥控接收头失效

故障现象：无法进行遥控开机。

故障检测：通电开机，用万用表直流电压挡，红表笔接9点，黑表笔接30点，正常时应为DC 4.5～5V之间，故障时为1～2V之间。

（七）K7——霍尔传感器损坏

故障现象：遥控开机，压缩机工作正常，但室内风机无法连续工作，而是间隔工作，工作5s，停30s。

故障检测：通电开机，用万用表直流电压挡，红表笔接10点，黑表笔接30点，正常时应为DC 2.4～2.5V之间，故障时为DC 4.8～5V之间。

（八）K8——内风机调速晶闸管PC1损坏

故障现象：室外机工作正常，但室内机不工作。

故障检测：通电开机，用万用表直流电压挡，红表笔接11点，黑表笔接30点，正常时应为DC 12～15V之间，故障时为DC 2～3V之间。

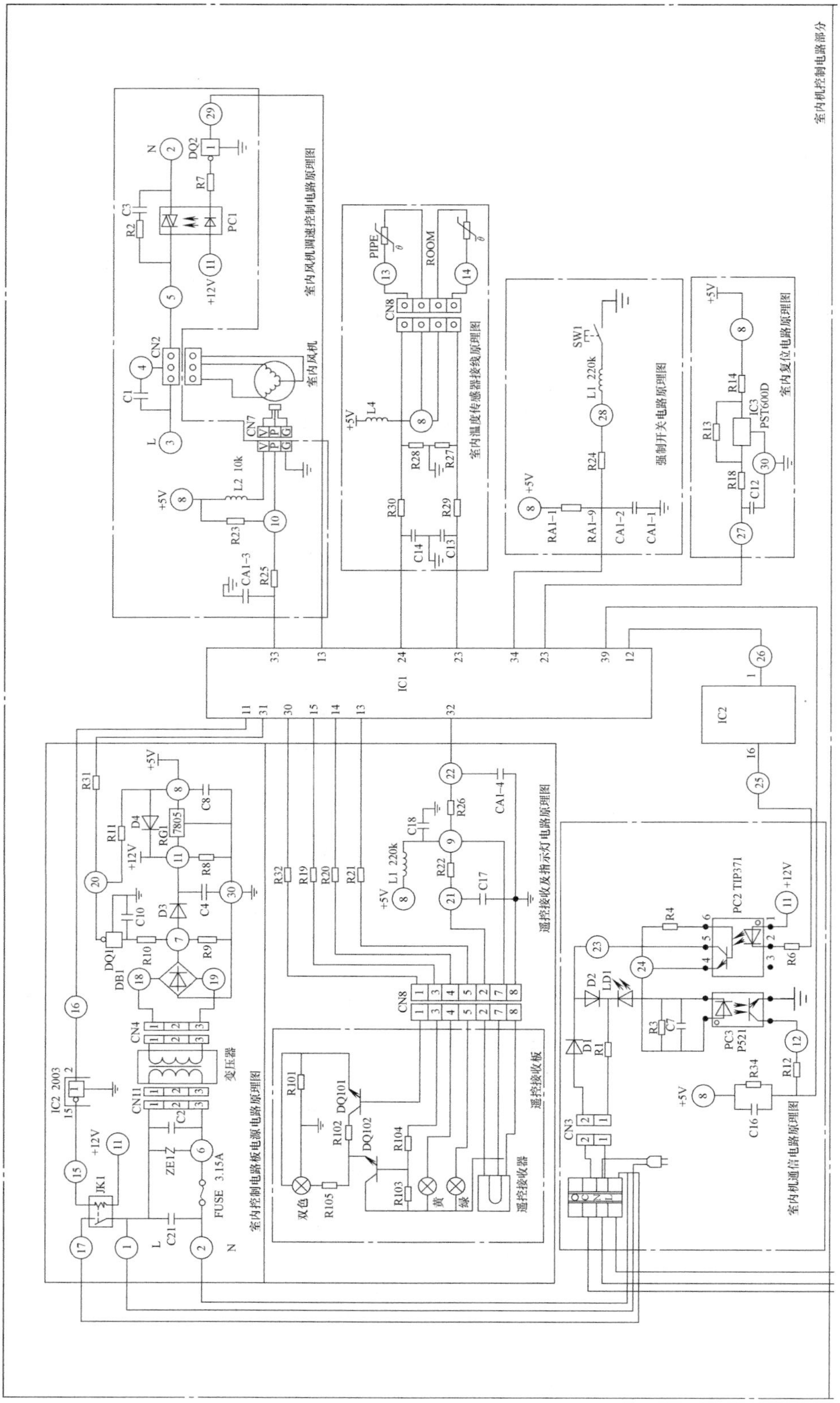
室内机控制电路部分
室内风机调速控制电路原理图
室内风机
室内温度传感器接线原理图
强制开关电路原理图
室内复位电路原理图
遥控接收及指示灯电路原理图
遥控接收板
遥控接收器
室内控制电路板电源电路原理图
变压器
室内机通信电路原理图

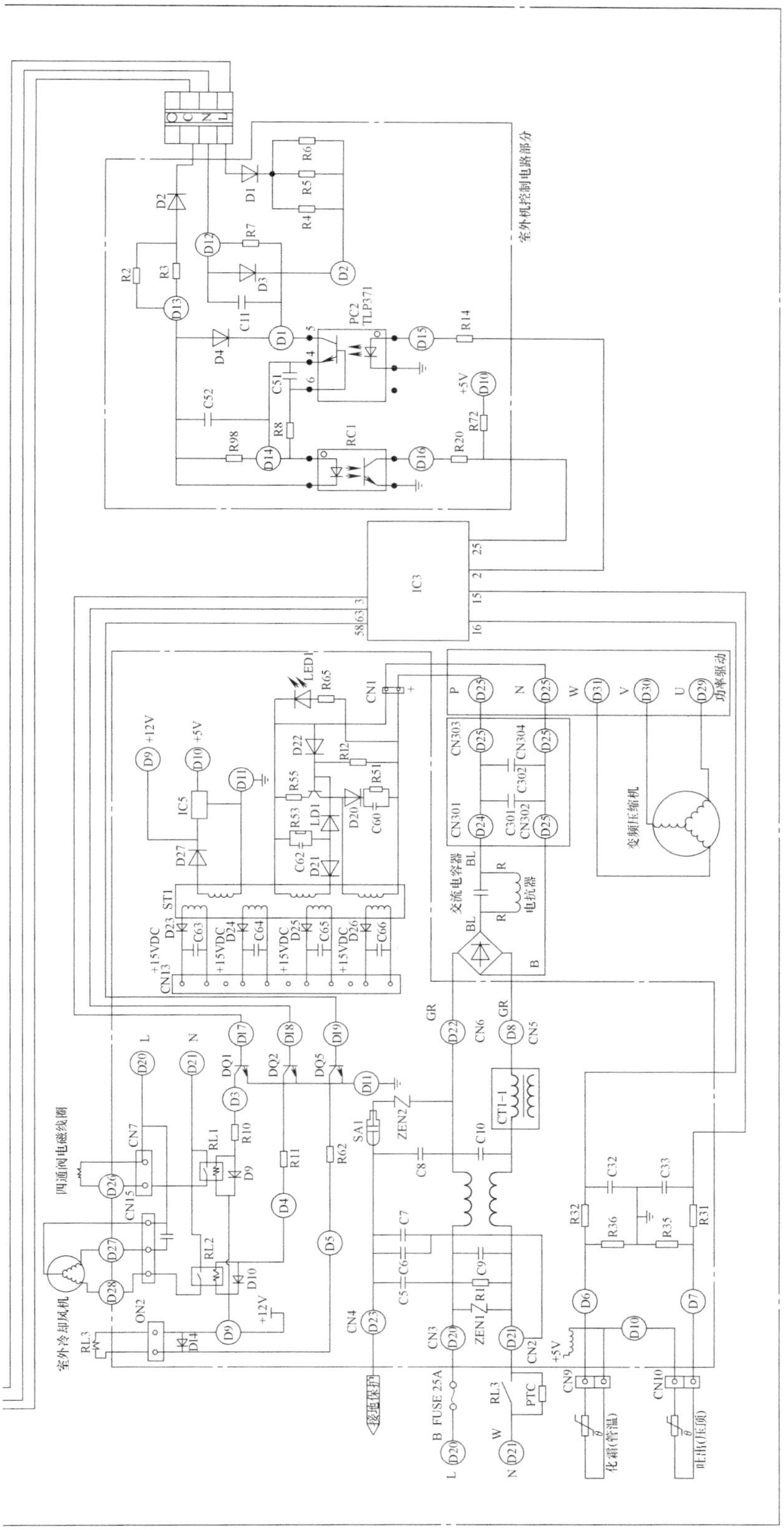

图2-69　亚龙YL—海尔变频空调控制电路检测板

（九）K9——光耦合管 PC3 损坏

故障现象：整机无法工作，遥控接收板上的故障灯显示保护，红灯闪、黄灯灭、绿灯灭。

故障检测：通电开机，用万用表直流电压挡，红表笔接 12 点，黑表笔接 30 点，正常值应为 DC 2～3V 之间，故障时为 0V 以下。

（十）K10——室内管道热敏电阻器断路

故障现象：整机无法工作，遥控接收板上显示保护，电源灯闪（红色）、定时灯亮（黄色）、运行灯亮（绿色）。

故障检测：通电开机，用万用表直流电压挡，红表笔接 8 点，黑表笔接 13 点，正常时应为 DC 1～4V 之间，故障时为直流 5V。

（十一）K11——室内环境热敏电阻器断路

故障现象：整机无法工作，遥控接收板上的故障灯显示保护，红灯闪、黄灯灭、绿灯灭。

故障检测：通电开机，用万用表直流电压挡，红表笔接 8 点，黑表笔接 14 点，正常值应为 DC 1～4V 之间，故障时应为直流 5V。

（十二）K12——复位电路 IC3 击穿

故障现象：整机工作正常，但无法进行复位。

故障检测：通电开机，用万用表直流电压挡，红表笔接 27 点，黑表笔接 30 点，正常时应为 DC 5V，故障时应为直流 4V。

（十三）K13——IC2（ULN2003）集成电路损坏

故障现象：整机无法工作。

故障检测：通电开机，用万用表直流电压挡，红表笔接 15 点，黑表笔接 30 点，正常时应为 DC 12V，故障时为 0V。

（十四）K14——通信电路整流二极管 D3 被击穿

故障现象：整机无法工作，室内印制电路板上的通信指示灯灭（正常时为闪）3min 后停机保护，故障灯为红灯闪、黄灯灭、绿灯闪。

故障检测：通电开机，用万用表直流电压挡，红表笔接 01 点，黑表笔接 001 点，正常时应为 DC 100～150V 之间，故障时为 DC 0～1V 之间。

（十五）K15——晶体管 DQ1 被击穿

故障现象：四通阀不工作，无法进行制冷。

故障检测：通电开机，用万用表直流电压挡，红表笔接 09 点，黑表笔接 03 点，正常时应为 DC 12V，故障时为 0V。

（十六）K16——晶体管 DQ2 被击穿

故障现象：室内机和室外压缩机均工作正常，但室外风机不工作。

故障检测：通电开机，用万用表直流电压挡，红表笔接 09 点，黑表笔接 04 点，正常时应为 DC 12V，故障时为 0V。

（十七）K17——晶体管 DQ3 被击穿

故障现象：整机正常工作几秒后停止工作。

故障检测：通电开机，用万用表直流电压挡，红表笔接 09 点，黑表笔接 05 点，正常时应为 DC 12V，故障时为 0V。

（十八）K18——室外管道（化霜）热敏电阻器断路

故障现象：整机无法工作，遥控接收板上的故障灯显示保护，为红灯亮、黄灯亮、绿灯闪。

故障检测：通电开机，用万用表直流电压挡，红表笔接 010 点，黑表笔接 06 点，正常时应为 DC 1～4V 之间，故障时为直流 5V。

（十九）K19——压缩机吐出（压顶）热敏电阻器短路

故障现象：整机无法工作，遥控接收板上的故障灯显示保护，红灯亮、黄灯亮、绿灯闪。

故障检测：通电开机，用万用表直流电压挡，红表笔接 010 点，黑表笔接 07 点，正常时应为 DC 4～5V 之间，故障时为 0V。

（二十）K20——过电流检测电路 CT1-1 损坏

故障现象：室内工作正常，室外机无法工作。

故障检测：通电开机，用万用表直流电压挡，红表笔接 022 点，黑表笔接 08 点，正常时应为 DC 220V，故障时为 0V。

（二十一）K21——整流二极管 D27 击穿

故障现象：整机无法工作。

故障检测：通电开机，用万用表直流电压挡，红表笔接 09 点，黑表笔接 011 点，正常时应为 DC 12V，故障时为 0V。

（二十二）K22——稳压二极管 IC5（7805）击穿

故障现象：整机无法工作。

故障检测：通电开机，用万用表直流电压挡，红表笔接 010 点，黑表笔接 011 点，正常时应为 DC 5V，故障时应为 0V。

工作页

变频空调器控制电路的维修				工作页编号：KTQ2-5	
一、基本信息					
学习小组		学生姓名		学生学号	
学习时间		指导教师		学习地点	
二、工作任务					
1. 变频空调器控制电路结构的认识。 2. 变频空调器的故障检修。					
三、制定工作计划（包括人员分工、操作步骤、工具选用、完成时间等内容）					

（续）

四、安全注意事项（人身及设备安全）
五、工作过程记录
六、任务小结
七、教师评价
八、成绩评定

考核评价标准

序号	考核内容	配分	要求及评分标准	评分记录	得分
1	变频空调器控制电路的分析	30	口述如下变频空调器控制电路的工作过程： 1. 通信电路 2. 过零检测电路 3. 室内风机调速及转速检测电路 4. 复位电路 5. 温度保护、状态显示、强制运行、温度检测电路 6. 功率驱动模块 7. 开关电源 8. 电源控制、室外冷却风机、四通阀控制 9. 室外温度检测电路 评分标准：通信电路、过零检测电路、功率驱动模块4分，其余电路3分。描述准确得满分，一般1～3分，不能描述不得分		
2	控制电路故障检修	40	控制电路部分22个故障的检修 评分标准：K1、K2、K3、K4故障1分，其余每个故障2分。能正确检查出故障得满分，否则不得分		
3	工作态度及与组员合作情况	20	1. 积极、认真的工作态度和高涨的工作热情，不一味等待老师安排指派任务。 2. 积极思考以求更好地完成工作任务。 3. 好强上进而不失团队精神，能准确把握自己在团队中的位置，团结学员，协调共进。 4. 在工作中谦虚好学，时时注意自己不足之处，善于取人之长补己之短。 评分标准：四点都表现好得20分，一般得10～15分		
4	安全文明生产	10	1. 遵守安全操作规程 2. 正确使用工具 3. 操作现场整洁 4. 安全用电，防火，无人身、设备事故。 评分标准：每项扣2.5分，扣完为止；因违规操作发生人身和设备事故的，此项按0分计		

任务六　空调器的安装

任务描述

1）美的分体挂壁式空调器的安装。

2）美的分体柜式空调器的安装。

任务目标

1）知道空调器安装的安全注意事项。

2）知道空调器的安装方法与步骤。
3）懂得空调器移机的操作方法。

任务准备

1. 工具器材
1）一字、十字螺钉旋具；卷尺、水平仪。
2）内六角扳手、活动扳手、扭力扳手。
3）冲击钻、锤子、电锤或水钻、钻头；割管器、喇叭口扩管器、铰刀。
4）电笔、温度计、复合表、钳形电流表、万用表、钢丝钳。
5）R22 制冷剂一瓶。
2. 实施规划
1）掌握家用空调器的安装知识。
2）完成美的分体挂壁式和分体柜式空调器的安装。
3）完成工作页的填写。
3. 注意事项
1）严格遵守分体空调器的安装规程。
2）安装过程中注意人身安全。

任务实施

知识准备

一、分体式空调器的安装

（一）空调器的选用

1. 影响空调器制冷、制热效果的主要因素
（1）房间内人员数量：人员越多，散热量越大。
（2）房间内家用电器的散热量。
（3）房间的密闭程度。
（4）阳光照射程度及门窗所占比例。
（5）使用空调房间所处楼层高度。
（6）使用空调人员所需的舒适温度值。

2. 各场所制冷量的选择　根据影响空调器制冷、制热效果的主要因素，在选择空调时，须综合考虑多方面因素，并经周密计算，确定使用房间所需制冷量及机型，可参考表 2-5 给出的空调器选用参照表。

表 2-5　空调器选用参照表

使用场所	每平方米所需制冷量/W
普通房间	160～210
客、饭厅	160～230
办公室	170～220

（续）

使用场所	每平方米所需制冷量/W
图书馆	150～200
商铺、商场	220～300
中餐厅	200～260
火锅店	240～340

（二）安全原则

空调器必须由经过培训的专业人员进行安装，在安装过程中应注意安全，以免由于安装不当而引入不安全的因素而影响用户的使用。

1. 电气安全

（1）严禁使用不符合标准的插头、插座及电源线；所有空调器的专用线路上都应装有断路器、漏电保护等线路保护装置（特别是制冷量为5000W及以上的空调器），否则，可能会因为插头、插座、电线等发热而引发火灾；如没有相应的断路器或漏电保护开关，会造成由机器故障或意外情况引起短路、漏电事故时，无法断开电源，造成火灾及人身伤亡事故。

（2）分体空调器的室内外机连接线必须使用氯丁橡胶线（GB 4706.32—2004）。

（3）检查电源：单相220V、50Hz，三相380V、50Hz，其电压波动范围±10%，如不符则应采取措施修正，否则不能安装。

（4）空调器一般应安装在电源插头附近，以确保电源线长度能覆盖。严禁在电源线或室内外机连接线不够长时自行加接，而必须更换整个电线；否则，可能会因接触不良或加长部分不符合要求而产生发热、打火，引发火灾或漏电，危及人身安全。过长时，严禁缠绕成小圈，以免产生涡流发热。

（5）电源线或信号线必须使用压线卡（电线卡）固定后连接；否则，会造成松动并产生打火现象。

（6）空调器必须正确接地，接地线不允许接在煤气管、自来水管、避雷线或电源接地线上，接地线必须使用铜线并有足够的线径，以确保接地电阻小于4Ω；安装人员应检查用户提供的电源插座是否做到有效接地。否则，会引起机器外壳带静电、漏电，使人容易触电，危及人身安全。

（7）电线应整齐布置，盖子要装牢，不可把多余的电线塞进机组里，应正确固定。

（8）严禁用铜丝或导线代替熔丝管，熔丝管烧断应换同规格的熔丝管；否则，熔丝管不起作用，使电路板失去保护，容易烧坏电路。

（9）进行电气作业时，必须同时参照空调器说明书及机器内粘贴的电气线路图，查明实物正确无误才能进行。不允许随意更改线路；不准偷工减料，否则会引起空调器不能正常运转或制冷/制热效果差。

2. 机械安全

（1）安装架：大部分安装架是用钢材制造的，有用焊接结构的，也有用螺栓联接的。因此要注意材料的防腐蚀，应采取对钢材先进行镀锌，然后再涂漆或涂塑处理的方法，以确保其能耐腐蚀。如果是焊接结构，应由专业焊工进行焊接以保证焊透；如用螺栓联接，应用4.8级以上的螺栓，并加装防松装置。安装架要求其承重能力在180kg以上，对柜机应有更重的承重能力。安装架不但要承受空调器自重，还要承受安装人员（或维修人员）的重量，还要考虑风的荷载。

（2）安装架固定在外墙上，应用膨胀螺栓固定，膨胀螺栓的螺母应加防松垫圈以防因振动引起移动。

（3）室外机的固定：室外机必须与安装架用螺栓固定，螺栓应加防松垫片，以免在不停振动下引起室外机跌落或螺栓、螺母坠落而引起事故。

（4）严禁在安装室内外机时，不上或少上固定螺栓，室内外机安装必须牢固；否则，会因机器振动而产生较大噪声，甚至会从高空坠落，给人身安全带来隐患。

3. 其他安全注意事项

（1）凡属二楼以上空调室外机的安装、维修都应系安全带，安全带另一端应牢固地固定，以防坠落。

（2）高空作业时，应注意防止工具和配件跌落，砸伤行人。

（3）带电检查线路时应防止人体任何部位触及电路，发生电击事故，检查电容时，应先给电容放电，（用带绝缘把的螺钉旋具将电容两极短路）。

（4）更换电器配件时应先断开空调电源，防止触电。

（5）更换室外机制冷配件时，应先将制冷剂排出室外机并妥善处理，防止制冷剂受热爆出，造成人身伤害，换室内机制冷配件时应先将制冷剂收到室外机。

（三）安装前的准备

1. 安装所需工具

（1）一字、十字螺钉旋具。

（2）卷尺、水平仪。

（3）内六角扳手、活动扳手、扭力扳手。

（4）冲击钻、锤子、电锤或水钻、钻头（应与安装机型匹配）。

（5）割管器、喇叭口扩管器、铰刀。

（6）电笔、温度计、压力表、钳子、钳形万用表。

2. 空调器的安装附件

（1）连接管。用于连接空调器室内与室外机的管道，应采用具有一定强度和韧性的优质铜管，且经过退火处理。为保证空调器的正常使用，铜管内应确保干燥清洁，且保证没有泄漏。连接管在出厂时一般都应在两端有封帽封住，以免湿气和异物进入管内。当安装过程中需现场使用时，就应在确认好并在管两端用干净白布包扎后，再进入安装现场。

尽量缩短室内机与室外机连接的长度，分体机（含2匹以下柜机）配管距离最长不能超过15m，高度差应不超过5m，管道弯曲数不能超过10个；柜机（3匹以上）配管距离最长不能超过30m，高度差应不超过20m，管道弯曲数不能超过15个。

（2）连接件。铜管和室内机、室外机的连接，应选用锻铜螺母的圆锥形管接头或其他等效的连接方法。螺母的好坏将直接关系到空调器的泄漏问题，连接管选用的锻铜螺母不应出现裂纹、沟痕等质量问题。连接管和连接件一般作为空调器附件由生产厂提供，若销售商作为配件提供者时，必须符合生产厂要求。

（3）配管护套。连接管隔热保温很重要，一般是套在连接管上配套供应的；如无配套供应，则需要按技术要求选用独立发泡的隔热材料及适宜厚度（一般8～10mm）和发泡密度且耐老化的护套，并应对配管护套和电气配线进行正确、合理包覆。

（4）电气配线。空调器的电气配线及室内外的信号连线为氯丁橡胶护套线，线径应按标准选用，按照 GB 4706.32—2004 规定，再不能使用塑料护套线。

（5）安装件。此部分是空调器安装能达到目的，并进行正常运转、安全运转时的必要保证，安装时必须予以重视；对于用于湿热或特殊地区（如酸雨区）的安装件更应注意环境而进行全面考虑。

1）安装支架。安装支架的使用应符合国家标准 GB 17790—2008《家用和类似用途空调器安装规范》中的要求。安装支架应能承受空调器室外机重量和安装人员操作时的人体重量，是很关键的承重部件，应充分考虑其承重强度、耐锈蚀、抗风能力等，而且要便于修理。在制造安装支架时应充分考虑强度，一般考虑承载能力不低于 180kg（空调器室外机自重的 4 ~5 倍以上），使用金属材料制造时其表面应作良好的防锈处理（如表面镀锌后再进行静电喷涂），如结构件焊接则应检查焊接强度及进行现场检查，如用螺栓联接，一般采用的螺栓不能低于 4.8 级。

2）紧固件。空调器安装时，将安装架装于墙上或平台上时，应使用符合国家标准的紧固件，如膨胀螺栓等。

（四）安装前的检查项目

1. 用户电源的检查

（1）检查用户的电表容量是否足够，括号内的最大值不能低于空调总功率的 1.5 倍，见表 2-6。

表 2-6　各机型对电源的要求

机型（制冷量/W）	断路器/A	电源线截面面积/mm^2	连接线截面面积/mm^2
$Q \leqslant 3500$	10	1.5	1.0
$3500 < Q \leqslant 5000$	16	2.5	1.5
$5000 < Q \leqslant 8000$	32（三相 16）	4（三相 2.5）	2.5（三相 1.5）
$10000 < Q \leqslant 16000$	25	2.5	2.0
$Q = 28000$	32	6	4

（2）检查用户家里是否装有断路器或剩余电流断路器，若没有则需建议用户安装，严禁使用刀开关。

（3）检查用户的空调电源是否是专线及插座是否可靠接地，无接地线时应向用户阐明利害关系，提出加装接地线，用户不愿意的须出具书面证明并签字。

（4）柜式空调应尽量建议用户将插座更换为断路器，避免因使用插座接触不良造成插座及插头烧坏或引起其他事故。

（5）检查用户的电源电压、导线规格、剩余电流断路器是否能满足待装空调器的要求及插座的相线（L）和零线（N）是否接反，见表 2-7。

表 2-7　电表容量与允许最大功率值

电表容量/A	5	10	15	20
允许功率值	1600	3200	4800	6400

2. 待装空调例行检查

（1）打开包装箱，检查内装空调器品牌、型号与包装箱和发票机型是否一致；检查随机附件是否齐全，配管型号与空调器型号是否一致，外观是否有破损情况。

（2）检查机器上铭牌所示数据及长城标志、认证编号等是否已清楚标明；依照装箱单，检查所有随机安装附件及随机文件（使用说明书、安装说明书、用户服务指南）是否齐全，并同时检查文件的一致性。

（3）对挂机的室内机须通电测试，检查遥控、运转及噪声是否正常。

（4）拧松室外机接头螺母，打开阀门检查有无制冷剂，避免安装后才发现问题而造成不必要的麻烦。

（5）检查连接管喇叭口是否完好，表面是否平滑。

（6）仔细阅读安装和使用说明书，了解待装空调器的功能、使用方法、安装要求及安装方法。

3. 安装前对空调器进行检查

（1）窗式空调器。

1）应检查空调器面框及机壳有无划伤、生锈、碰凹。

2）通电试机，检查空调器功能是否正常，运行时是否有噪声，各功能旋钮开关、遥控器遥控功能是否正常。

（2）分体挂壁式空调器。

1）室内机的检查。

① 检查室内机组塑料外壳和装饰面板、风轮、出风框有无损坏、破裂。

② 通电运行，用遥控器检测遥控功能是否正常，检查各功能转换是否正常，运行时是否有噪声等。

2）室外机的检查。

① 检查室外机金属壳体有无划伤、生锈、碰凹，风叶有无损坏。

② 检查室外机阀门：二、三通阀的螺纹锥形口有无滑牙，并对室内外机的所有锥形口涂上冷冻机油，增强密封能力。

③ 室外机已充入 R22，打开螺母时有气体排出，可认为无泄漏。

（3）分体落地式空调器。

1）室内机的检查。检查室内机组塑料外壳和装饰面板、风轮、出风框有无损坏、破裂。

2）室外机的检查。

① 检查室外机金属壳体有无划伤、生锈、碰凹，风叶有无损坏。

② 检查室外机阀门：二、三通阀的螺纹锥形口有无滑牙，并对室内外机的所有锥形口涂上冷冻机油，增强密封能力。

③ 室外机已充入 R22，打开螺母时有气体排出，可认为无泄漏。

（五）安装位置的选择

1. 室内机安装位置的选择

（1）测算房间面积，并根据使用情况及环境估算出所需制冷量，确定其所购机型与房间是否匹配并向用户说明。

（2）安装室内机的墙面应能承受室内机重量且不易产生振动。

（3）选择容易排出冷凝水、方便就近连接室外机的地方。

（4）选择的位置下面应无衣柜等障碍物阻碍气流循环。

（5）远离热源及易燃易爆物品。

（6）距离计算机、电视机等其他家电 1m 以上的地方。

（7）为确保制热效果及美观，建议室内机安装高度控制在 2.2m 内，以室内机下沿为准，特殊情况下室内机离屋顶不得少于 20cm。

（8）柜式空调墙洞高度不得超过机身开孔高度 5cm。

（9）室内机安装位置应选择最利于整间屋的气流循环的地方。

2. 室外机安装位置的选择

（1）选择平稳、坚固的墙面或平台、天台上。

（2）选择安装、维护和检修方便、安全且儿童不易触及的地方。

（3）选择通风良好的地方，确保室外机散热良好。

（4）排出的冷热空气和发出的噪声不能影响邻居住户。

（5）冷凝水排放不得妨碍他人的正常工作和生活。

（6）远离相邻的门窗和绿色植物。

（7）选择远离热源、油烟、易燃易爆物品及腐蚀性气体泄漏的地方。

（8）协助用户选定空调器的安装位置，并确定是否已取得物业管理、房产管理等部门的同意。

（六）挂机安装指南

1. 安装室内机

（1）安装内机壁挂板。

① 用水平尺找准水平，如排水管口在左侧的，可左侧略偏低。

② 将壁挂板用螺钉或水泥钉固定在墙壁上。

③ 安装后用力拉动挂板，确认是否牢靠。

④ 壁挂板安装后应能承受住一个成年人的重量（60kg）。

⑤ 壁挂板安装高度应控制在 1.8 ~2.2m 之间。

（2）开墙孔。确定配管孔位置后，钻一向外倾斜的孔（ϕ50mm）。

（3）安装排水管。

① 将排水软管套在内机排水管接头上，并用粘胶带将接头扎好。

② 排水软管要布置成流水顺畅的下斜形式。

③ 不能被扭曲、挤压，或高低起伏不平直，不要将出水口置于水中。

（4）安装连接管。

① 根据安装位置确定走管方向，切去室内机底座上相应的配管下料。

② 将室内机配管弯曲布置到所需位置，应注意掌握弯曲力度。

③ 拧松接头螺母，放出保压气体。

④ 将连接管锥口与室内机两根引出管相应接头锥面对应连接。

⑤ 先用手拧紧连接管螺母，再用扳手拧紧。

⑥ 过大的转矩会损坏喇叭口或螺母。

（5）电气接线。

① 打开电器盒盖，将电源连接线从底壳过线孔由下往上穿过。

② 将相线、零线、地线接头完全插入对应位置后拧紧螺钉并确保接线可靠。

③ 将信号连接线插件与室内机插件对应插好，应注意退出插针，以免造成接触不良或断路。

④ 连接线应在室内机多留 10cm 左右，再用压线夹将连接线压紧。

（6）管路包扎。

① 用保温管将接头包好后再用扎带包扎。

② 包扎管道时应将连接线及水管理顺拉直，避免互相缠绕造成包扎不美观或压扁水管。

③ 应注意将水管包扎在两连接管下端，便于排水。

（7）完成室内机的安装。

① 将包扎好的连接管小心地穿过墙孔，应避免划破包扎带。

② 将室内机挂在壁挂板的挂钩上，左右移动机身确保挂牢。

③ 将室内机连接管调整后将室内机下端压下，扣入卡扣。

2. 安装室外机

（1）安装室外机支架。

① 确定室外机安装位置后，用水平尺找准水平，用膨胀螺栓将支架牢固地固定在墙壁上。制冷量在 4500W 以下的膨胀螺栓不得少于 6 颗，4500W 以上不得少于 8 颗。

② 确保安装墙面坚固结实，如遇空心墙或砂砖墙应采取加固措施。

（2）安装室外机。将室外机小心地移到支架上，调整后装上四个地脚螺栓固定。

（3）安装连接管。

① 将连接管根据安装位置调整，做到横平竖直。

② 将连接管锥口对准相应阀门接头锥面。

③ 先用手拧紧连接管螺母，再用扳手拧紧。注意：力度过小会拧不紧，力度过大易造成损坏喇叭口。

④ 将连接管及连接线包扎完整、美观。

⑤ 将墙帽卡在墙内侧的连接管上，并调整保证美观。

⑥ 用随机配的胶泥将内外墙洞的缝隙堵塞。

（4）配线连接。

① 拆下室外机大提手部件。

② 拆下压线夹，将连接线用压线夹固定好。

③ 将电源连接线的相线、零线、地线分别接到相对应的接线端子上并固定。

④ 将信号连接线插件与内机插件对应插好，应注意退出插针，以免造成接触不良或断路。

⑤ 确定所有连接线均已固定好后，装上大提手部件。

（5）排空气及检漏。

① 取下液阀和气阀上的阀盖及注制冷剂嘴螺母。

② 用内六角扳手拧开液阀阀芯半圈，同时用螺钉旋具顶开气阀上的气门芯，此时应有气体排出。

③ 排气大约15s左右，排出气体有微冷感觉时，松开气门芯，拧紧注制冷剂嘴螺母。

④ 完全打开液阀和气阀的阀芯，连通系统管路。

⑤ 拧紧阀盖，然后用肥皂水或检漏仪检查管路连接部分是否漏气。

（6）冷凝水排放。将接水嘴装在室外机底座的排水孔上卡好，把排水管接到接水嘴上，将室内外排水管统一接到下水管或适当的地方排放。

3. 试运行及安装后检查的项目

（1）试运行准备。

① 所有安装工作未完成不能通电源。

② 确保控制线路连接正确，所有电线连接牢固。

③ 检查墙帽是否装好，内外墙洞是否堵塞。

④ 气、液管截止阀是否完全打开。

⑤ 所有零散物件，特别是金属屑、线头等应从机体中取出。

（2）试运行方法。

① 插上电源，室内机蜂鸣器应发出响声，然后处于待机状态。

② 用遥控器开机，选择制冷、抽湿、制热、送风等工作方式，观察运转是否正常。

③ 检查拨动开关或按键开关是否处于正常位置。

（3）安装后检查项目。

① 室内外机安装是否牢固可靠。

② 是否进行了系统检漏。

③ 检测机组的绝缘电阻是否在10MΩ以上。

④ 连接管、管接头是否包扎完整。

⑤ 电源电压是否符合使用要求，是否安全接地。

⑥ 室内外机组的进出风口是否有障碍物。

⑦ 检测进出风口温差是否正常（制冷时10℃以上，制热时25℃以上）。

⑧ 加长管道后是否补充制冷剂（加管达到3m时必须补加制冷剂）。

⑨ 检查内机排水是否畅通，可倒一杯水，从室内蒸发器往里倒注，看排水是否正常。检查室内、外机组连接的四个接口和二、三通阀的阀芯处，可用泡沫法检查是否有漏点。

4. 安装加管数据　安装时各机型所允许的最大管长、最大落差及每米补加制冷剂量见表2-8。

表2-8　安装加管数据表

机　型	最大管长/m	最大落差/m	每米补加制冷剂量/（g/m）
$Q \leqslant 3500$	10	5	30
$3500 < Q \leqslant 5000$	15	5	40
$5000 < Q \leqslant 8000$	20	10	50
$10000 < Q \leqslant 16000$	20	10	80
$Q = 28000$	30	15	180

（七）柜机安装指南

1. 安装室内机

（1）开穿墙孔。根据安装位置确定穿墙孔位置后，开一个内高外低直径60mm的孔，高度以内机背板孔为准。

（2）包扎管道。

① 根据安装位置将室内机水管、连接管、连接线预留好长度后，将两根连接管、室内外机连接线和水管包扎好。

② 包扎管道时应将连接线及水管理顺拉直，避免互相缠绕挤压。

③ 应注意将水管包扎在两连接管下端，利于排水。

④ 如不需加长连接管，应将多余的室内外机连接线计划好，内外机各放一部分，避免造成在同一地方堆放过多电源线，存在安全隐患。

（3）安装室内机。

① 室内机过管孔敲开，将上下挡板按正确方法安装好。为方便穿管，先只用两颗螺钉将上下挡板轻轻固定，待管道调整好后再将上下挡板卡紧固定好。

② 将连接管穿出过墙孔，留适当长度在室内，穿管同时应将室外管道引到所需位置。

③ 将室内机移到安装位置，同时将室内段连接管经过管孔穿到机内。

④ 拧松接头螺母，放出保压气体。

⑤ 将连接管锥口与室内机两根引出管相应接头锥面对应连接。

⑥ 先用手拧紧连接管螺母，再用扳手拧紧，注意过大的转矩会损坏喇叭口或螺母。

⑦ 拆下电器盒盖，将电源线及内外机连接线先穿过过线胶圈后，再用压线卡压好。然后再将电源线及信号线插件一一对应接好。

⑧ 将多余连接线理顺后平放在机内，严禁缠绕成圈。

2. 安装室外机

（1）安装室外机支架。

① 确定室外机安装位置后，用水平尺找准水平，用不少于8颗膨胀螺栓将支架牢固地固定在墙壁上。

② 确保安装墙面坚固结实，如遇空心墙或砂砖墙应采取加固措施。

（2）安装室外机。

① 将室外机附件里的胶堵头卡在室外机底盘上多余的排水孔上。

② 将室外机小心地移到支架上，调整后装上四个地脚螺栓固定。

（3）安装连接管。

① 根据安装位置调整连接管，做到横平竖直。

② 将连接管锥口对准相应阀门接头锥面。

③ 先用手拧紧连接管螺母，再用扳手拧紧。注意：力度过小会拧不紧，力度过大易造成损坏喇叭口。

④ 将连接管及连接线包扎完整、美观。

（4）配线连接。

① 拆下外机前侧板。

② 将电源及信号连接线用扎带包扎好，再经室外机过线孔穿到室外机内。

③ 拆下压线夹，将室内、外机连接线用压线夹固定好。

④ 分别将电源连接线的相线、零线、地线接到相对应的接线端子上并固定。

⑤ 将信号连接线插件与室内机插件对应插好，应注意退出插针，以免造成接触不良或断路。

⑥ 确定所有连接线均固定好后，装上前侧板。

（5）排空气及检漏。

① 管道较短的可参照挂机安装的机内制冷剂排空法。

② 管道较长（超过 10m）的尽量采用真空泵抽空 15min 以上，并参照表 2-8 补加制冷剂。

（6）冷凝水排放。

① 将接水嘴装在室外机底盘的排水孔上并卡好，把排水管接到接水嘴上。

② 将室内外排水管统一接到下水管或适当的地方排放。

3. 试运行及安装后检查的项目

参照挂机安装指南。

（八）嵌入式空调器安装指南

安装前须仔细阅读和研究安装、使用说明书和安装工艺过程卡，熟悉嵌入式空调器的结构、性能、电控和整机安装过程，了解建筑物的基本构造。整个过程应非常仔细，并反复检查，特别注意安全可靠性、振动和水的问题（包括渗透、漏水、凝露和溢水）。

1. 选择安装位置

（1）确认楼顶或房顶安装处的强度足以承受室内机的重量（两匹、三匹机的重量约为 36kg，五匹机的重量约为 48kg），保证长期吊装的安全性，否则请与用户协商新的安装位置或经同意后采取加强措施。

（2）避免强烈的高频电磁和静电干扰，以免电控特别是水位开关误动作。

（3）安装使用环境的相对湿度应不大于 80%，否则出风口处可能凝露，甚至滴水。

（4）天花板面水平且强度足够，以免引起振动。

（5）室内外机高度差最大 20m，连接管长度最大 30m，弯曲处数最多 15 处。

（6）根据具体安装和使用环境的特殊情况考虑采取特别措施。

2. 安装室内机

（1）室内机安装位置的选定。

① 确定顶棚吊顶空间大于室内机主体厚度 10cm 以上。

② 室内机位置尽量选在使用空间的中间位置。

③ 确保吊装室内机的顶板能承受四倍室内机重量且不增加运转噪声及振动的地方。

④ 指定内机安装位置后，由专业装修人员开一符合室内机尺寸的主体安装孔，在接连接管的一边再开一 400mm × 400mm 的检修口。

（2）预装连接管及排水管

① 天井机安装一般是在装修吊顶前，预装连接管。

② 将市购铜管套上保温管，并将保温管相互之间的连接处用胶粘带包扎。在穿保温管时须将铜管口封严，避免进入杂物和水。

③ 将连接管和电源及信号连接线用包扎带包扎，电源及信号连接线须预留足够长度，

再用吊杆将连接管固定在顶棚内适当位置，每间隔2m安装一个吊杆。

④ 用 ϕ25mm 的PVC管作冷凝水排水管，同时须在PVC管上套保温管隔热，避免排水管上结露，造成漏水。

⑤ 可单独使用吊杆吊装排水管或与连接管共用吊杆。

⑥ 排水管在吊装时须保持一定坡度，以利于排水。因天井机采用水泵（最大扬程1.2m）排水，内机侧排水管口可高于内机主体。

⑦ 管道吊装好后须将内外墙洞多余缝隙填塞。

（3）吊装室内机主体。

① 吊装螺杆定做尺寸：顶棚与屋顶尺寸10cm。吊装螺杆直径10mm，车丝大于12cm，每根吊装螺杆须配双螺母和大垫圈。

② 每根吊杆要求用两颗膨胀螺栓固定，四根吊装螺杆间距参照安装用纸板确定吊装螺杆固定位置。

③ 将室内机主体的吊架座附在吊杆螺杆上，务必在吊架座的上下两头分别使用螺母和垫圈，并使用垫圈定位板防止垫圈脱落。

④ 使用水平尺找准水平，调节吊装螺杆上的下螺母，使内机主体的四个角保持水平。

⑤ 拆除用以防止垫圈脱落的垫圈定位板，拧紧上边的螺母，使吊架座固定牢靠，防止空调掉落。

（4）连接室内机管道。

① 将机内所配的波纹软管焊接在粗管上，将细管套上接管螺母后再按要求扩喇叭口。

② 将连接管锥口与室内机两根引出管相应接头锥面对应连接。

③ 先用手拧紧连接管螺母，再用扳手拧紧。

④ 在检漏后用保温材料将波纹软管及管接头完全包好进行隔热，再用包扎带包扎。

⑤ 拆下电器盒盖板，将室内、外机连接线从室内机主体的过线孔穿到机内，按出厂设计要求布线。

⑥ 拆下压线卡，按要求将连接线用压线卡固定。

⑦ 按接线标识一一对应接线，严禁接错线，造成内外机主板被烧坏，并确定接线螺钉都已拧紧。

⑧ 确定已操作完毕再装上电器盒盖板。

3. 外机安装操作　参照柜机室外机的安装。

4. 试运行

① 室内机运行时有无振动顶棚的情况。

② 室内外机运行时有无异声。

③ 是否有因包扎不严而产生的凝露滴水。

④ 打开进风格栅，检查是否有渗透或漏水，特别是排水塞处。

（九）分体式空调器安装注意事项

① 安装挂机时室内机信号线插件要留出来，不能随管道一起包扎，给以后维修带来不便。

② 连接管的包扎均应做到室外段由下往上包扎，这样可避免雨水渗入包扎带内，室内段包扎时应将排水管放在两铜管下面，电源线及信号线在上面，再用包扎带扎好，应注意要

包扎均匀、平直。

③ 对于室内外机安装位置较近的空调，包扎时应将多余连接线分一部分放在室内，避免缠绕在室外，既影响美观又存在安全隐患。

④ 挂机的室内机有压线卡的必须将压线卡压好，室外机必须按要求将线分别压好后再可靠连接。

⑤ 安装柜机室内机时须将电源线和信号线分别穿过电器盒上的过线胶圈再用压线卡压好后再接到端子排上。如因压线卡太小，也可只压电源线，不压信号线。

⑥ 使用压线卡压线时应注意将线放在压线卡中间，避免压破电源线或被螺钉划破。

⑦ 室内机挂墙板安装应尽量水平且牢固可靠，挂板与墙壁间不应有间隙，以免室内机挂上后不能紧贴墙壁。

⑧ 室内连接管接头在安装检漏完成后，必须用保温管包好后再用包扎带包扎好，避免接头表面凝露造成漏水。

⑨ 在弯曲室内机连接管时，应注意不要压扁或在相同位置来回弯曲次数超过 3 次。

⑩ 电源插头线过长时须将多余线收回室内机里，并注意要拉直顺放，严禁悬挂在机外或缠绕在机内。

⑪ 柜机安装时将过管孔打开后应先将上下挡板用螺钉上好后再穿连接管，最后将上下挡板卡紧后再拧紧螺钉固定；上下挡板的作用是防止水管和电源线被铁板划破，避免铜管靠在铁板孔上因长时间振动磨穿漏制冷剂。

⑫ 连接管过长时须用管卡将其固定在墙上，并做到横平竖直。

⑬ 外墙洞须用胶泥等材料密封好，连接管往上翻的要先弯一回水弯，避免雨水倒灌渗入室内。

⑭ 开取穿墙孔时必须采取防尘措施，完成后必须清扫现场。

⑮ 不要用力拉扯电源线；在确需加长信号连接线时，连接头必须错开连接，并用防水胶布分别包扎好。

⑯ 二楼以上室外作业必须系安全带，安装室外机时必须采取安全措施，以防物品坠落。

⑰ 在连接线不够长时，严禁从除过线孔外的其他地方穿进室外机，如在柜机提手上钻孔穿线。

⑱ 连接管在携带和穿墙孔时必须将接头密封好，避免雨水和灰尘等异物进入管道，造成系统堵塞。

⑲ 安装室外机时必须处理好排水问题，避免滴水影响邻里关系或损坏用户墙面。

（十）安装引起的常见故障及检修

因安装不当而引起的故障及处理方法见表 2-9。

表 2-9　故障检修表

故障现象	故障原因	分析及处理
空调器不起动	电源故障	检查电源插座是否断线，或与插头接触不良，电压是否低于正常电压的 10%。修复电源线路及插座，电压低时可装稳压电源
	线路故障	检查室内外机组的连线是否接牢、接好，并及时更改

（续）

故障现象	故障原因	分析及处理
不制冷（热）或制冷（热）差	制冷剂不足或泄漏	用压力表测压力，高、低压力均低则表明制冷剂不足，检漏，补漏后抽真空，按规定补足制冷剂
	管道弯扁	将室内机的制冷剂回收到室外机，割去弯扁处，重新焊接，抽真空，加制冷剂
	高、低压阀门未全部打开	把高、低压阀门全部打开
	室外环境温度过高	将室外机组远离热源，避免日晒
运转声音异常	机组放置不平	调整水平，加设减振胶垫
	室内外机组安装架不稳	加固安装架
	连接管未固定，共振	调整并固定配管
室内机漏水	排水管折弯或压扁	检查排水管，有损坏时更换新的排水管
	排水管走向不对	重新设计排水方案
	排水管接头部分不严或脱落	将接头处紧固，并用胶带绑扎
	室内机安装不水平	调整室内机位置至水平
	室内机配管包扎不严	重新包扎
	未考虑室外侧管道的除水整形	室外机组高于室内机组，出管时应向下弯曲一段距离后再向上走管，否则雨水会通过管道浸入墙内，形成滴水
空调器漏电	接线错误，电线碰外壳	检查接线，并使接线端子线头不接触其他部位
	接地故障	按规定要求，可靠地接地

二、分体式空调器的移机

（一）试机

测试空调器在移机前各项功能工作是否正常。

（二）回收制冷剂，拆除室内外连接线

最好能在连接线两端做好标记，就不至于在装机时出现将连接线接错引起故障的可能。

（三）保持连接管接口的清洁

由于使用过的空调一般都附着有尘污，在拆卸连接管接口螺母时，要注意喇叭口及接头处的清洁，防止灰尘及脏物进入管路，防止移机后工作时引起管路堵塞。安装对接接口前，应再次检查喇叭口及内侧是否有脏物，清除后方可盖上螺母。如刚好碰上下雨，更应在拆开连接管时，用塑料袋包扎好管口，防止雨水进入引起冰堵。

（四）拆卸室内机时，应防止冷凝水流进电路板

由于室内机接水盘、排水管内残留着一些冷凝水，因而拆卸室内机及搬移时，不能使室内机装有电路板的那头朝下，甚至翻转过来，而应使装有电路板的这端稍高，让水从另一端流出来，这样可以避免冷凝水灌进电路板，防止开机时发生电气故障。

（五）对连接管的喇叭口要检验

连接管子上的喇叭口由于长期被挤压，有些喇叭口根部有很深的一圈压痕，这些喇叭口极易折裂、拉断、开机时发生漏气现象，因而，对喇叭口必须拆下后进行仔细检查，不合格

的一定要割掉重扩，这样才能避免隐患的发生。

（六）搬运注意事项

在室外机搬运、安装过程中，不能翻转，倾斜角太大，切忌用手抓截止阀抬机。

除此之外，还应在移机时注意把握轻拿轻放、拆装程序科学、抽管方向合理、弯管力度适中等原则。

（七）安装注意事项

（1）接线端子或其他有接线的地方是否有松动的现象，防止出现打火或其他隐患的发生，电线是否有老化的现象，如有老化的一定要加以更换。

（2）检查连接管，接头处是否有漏制冷剂的现象，用过一段时间的机器，如有漏制冷剂现象，在漏点一般会有油污的出现。

（3）测量空调器的绝缘电阻，防止空调器出现漏电的现象。

（4）出水管排水是否合理。

（5）清洗过滤网、风道系统。

（八）数据测量

安装完成后试机应测量以下几方面的数据并做好记录：

（1）有无异常噪声。

（2）高压压力和低压压力。

（3）进风口温度，出风口温度，温差，室内外环境温度。

（4）电源电压。

（5）空调器的工作电流。

（九）现场清理

移机完成后，应把工作现场清扫干净，家具等物品归还原位，努力为用户提供一个满意的服务。

三、R410A 制冷剂家用空调器的安装

（一）基础知识

1. R410A 基本参数　R410A 与 R22 的对比见表 2-10。

表 2-10　R410A 与 R22 的对比

序号	制冷剂	消耗臭氧潜能值 ODP	全球增温潜能值 GWP	可燃性	毒性	压力
1	R22	0.055	1.700	不燃	无	1
2	R410A （R32/R125 = 50/50）	0	1.730	不燃	无	约 1.6

注：R12 对臭氧层破坏系数为 1，压力参数以 R22 饱和压力为 1，R410A 制冷剂是 R22 制冷剂的倍数。

2. 冷冻机油　根据制冷剂的使用不同，压缩机使用的冷冻机油的种类大体可分为矿物油和合成油两种。目前 R22 制冷剂使用的冷冻机油基本上都是矿物油，R410A 制冷剂使用的是合成油。合成油可以分为 AB、PVE、PPE、PAG、POE、PC 等几种。

多数压缩机使用的冷冻机油是 PVE（醚类）和 POE（酯类）两种。

两种常见冷冻机油的特性见表 2-11。

表 2-11 常见冷冻机油的特性

	PVE（醚类）	POE（酯类）
运动粘度/（mm^2/s）	64.2（4℃）/7.67（100℃）	60.2（4℃）/7.68（100℃）
粘度指数	77	77
密度（15℃）/（g/cm^3）	0.926	0.960
流动点/℃	-40	-35
中和值/（mgKOH/g）	0.01	0.01
电阻率（RT）/（Ω·m）	1.0×10^{16}	8.0×10^{15}
加水分解稳定性	稳定	反应

注：PVE 没有加水分解作用，其稳定性和互溶性比 POE 好，使毛细管堵塞的可能性小，可以不使用干燥过滤器。

3. 压力特性　R410A 制冷剂大约是 R22 制冷剂压力的 1.6 倍左右，其饱和气体压力比较见表 2-12。由于压力较高，安装和维修过程中要使用 R410A 制冷剂专用工具和安装材料。

表 2-12 R410A 和 R22 饱和气体压力比较　　（单位：MPa）

温度/℃	R410A	R22
-20	0.30	0.14
0	0.70	0.4
20	1.35	0.81
40	2.32	1.43
60	3.73	2.33
65	4.15	2.60

4. 混合制冷剂组成变化　按其定压下相变时的热力学特征，混合制冷剂有非共沸混合物制冷剂和共沸混合物制冷剂两种。R410A 属于近似共沸混合物制冷剂，因非共沸混合物制冷剂在液态、气态的成分不同，所以充填制冷剂时只能使用液态充注。

（二）安装说明

1. 安全事项　R410A 比 R22 制冷剂的压力要高约 1.6 倍左右，所以，在施工与售后服务的过程中一旦发生错误的操作，将有可能发生重大的事故。在安装 R410A 制冷剂的空调时，要使用 R410A 专用工具以及材料，并注意安全操作。

（1）操作之前，确认空调制冷剂的名称，然后对不同制冷剂实施不同的操作，在使用 R410A 制冷剂的家用空调中，绝对不能使用 R410A 之外的制冷剂。在使用 R22 制冷剂的空调机中，也绝对不能使用 R410A 制冷剂。

（2）在操作中如有制冷剂泄漏，请及时进行通风换气。

（3）在进行安装或移动空调时，请不要将 R410A 制冷剂以外的空气混入空调的制冷剂循环管路中。如果混入空气等不凝气体，将导致制冷剂循环管路高压异常，从而造成循环管路破裂并产生裂纹。

（4）安装工作结束后，请仔细确认，不能有制冷剂泄漏的现象。如果制冷剂泄漏在室内，一旦与电风扇、取暖炉、电炉等器具发出的电火花接触，将会形成有毒气体。

（5）在安装一拖多空调时，由于封入的制冷剂量比较多，尤其是在小房间进行安装，即便是万一发生制冷剂泄漏，其浓度也不能超过规定值。否则，将造成缺氧的现象。

（6）在安装或移动空调时，请依据说明书的要求可靠地实施。当发生安装不良时，将造成制冷剂循环管路工作不正常、漏水、触电、引起火灾等现象。

（7）请绝对不要私自对空调进行改造，修理时请专业人员进行。修理不当同样会引起漏水、触电，并引发火灾。

2. 施工、维护事项

（1）请不要与其他的制冷剂、冷冻机油进行混合。R410A 专用工具主要是在售后服务方面，与使用其他制冷剂的空调不同，不要混合使用。

（2）由于 R410A 的压力比较高，所以配管、工具等要专用。

（3）由于与以前使用的其他制冷剂不同，R410A 更容易受到水分、氧化层、油脂等不纯物的影响，所以，在施工操作时需充分注意，并使用洁净的配管，防止水分等杂质混入。另外，还要注意的是不能使用用过的配管，在安装施工时必须保证使用新配管。在焊接的过程中需保证在配管内一边流通氮气，一边焊接。

（4）从保护大气环境的角度出发，需要使用真空泵。

（5）由于 R410A 是一种近似共沸混合物制冷剂，在添加制冷剂时，应使用液体方式添加。因使用气体方式添加时，制冷剂的组成成分会发生变化，从而导致空调的特性也发生变化。

3. 施工流程

（1）确认使用的制冷剂（要点：R410A 使用的配管和工具，和以前的 R22 制冷剂不同）。

（2）选择安装场所（室内机、室外机确保占用最小的墙壁面积，以减少对周围的影响）。

（3）墙壁打孔。

（4）向室内机单元连接配线。

（5）辅助配管、排水管成型。

（6）室内机安装。

（7）喇叭口加工。

① 连接配管时使用与 R410A 相匹配的洁净铜管。

② R410A 要求的喇叭口加工尺寸与 R22 的要求不同。

（8）向室内机连接配管。

① R410A 使用 ϕ12.7mm 的喇叭口螺母，与以前的 R22 的要求不同。

② 连接紧固请使用扳手按照规定的力矩进行。

（9）配管弯曲加工、包装隔热材料。

（10）喇叭口加工。

（11）向室外机连接配管。

（12）向室外机连接配线。

（13）空气处理（使用真空泵）。

（14）气密检压测试（请使用 HFC 专用检压检测仪器）。

（15）接地处理。

（16）检查并试运转。

4. 配管材料　在制冷剂配管中主要是使用铜管和连接头类。这种使用的材料基本与 R22 制冷剂相同，只是其规格要求有所变化。另外，在选用配管和连接头方面，需要使用附着在内面上不纯物较少的材料。

5. 配管工具　连接配管时使用专用的配管工具一般与 R22 制冷剂相同。但由于制冷剂不同，所以，配管的壁厚、喇叭口加工尺寸、喇叭口、螺母等材料也就不同。

6. 长尺寸的配管　使用 R410A 制冷剂配管以外的长尺寸配管时，铜管材料要求使用 TP2M 和附着油量小于 40mg/10m 的配管。发现配管有裂纹、变形、变色（尤其是内壁面变色）时则不要使用，以防不纯物导致膨胀阀以及毛细管堵塞。

需要注意的事项：

（1）使用 R410A 制冷剂的家用空调，压力比传统的 R22 制冷剂的空调要大得多，所以，在选择材料方面，一定要与 R410A 相适应。

（2）关于铜管的壁厚，要遵守《配管设计规范》的规定，按照表 2-13 的要求选择 R410A 允许使用的铜管壁厚，严禁使用壁厚为 0. 7mm 的铜管以及铜铝管。

表 2-13　铜管壁厚的选择

外径/mm	铜管壁厚/mm
6. 35	0. 80
9. 52	0. 80
12. 7	0. 80

7. 专用工具

（1）必需的器材。为了防止其他的制冷剂误封入使用 R410A 制冷剂的空调中，不能更改室外机倒置阀门维护专用喷嘴的直径。另外，由于提高耐压强度以后，制冷剂配管的喇叭口加工尺寸以及喇叭口螺母的对边尺寸变大。如果错误地使用冷冻机油，油混入以后，将会产生油泥堵塞毛细管路的现象。因此，必须使用 R410A 专用工具（不能使用以前的 R22 专用工具），R410A 专用的工具也可以使用在 R22 方面。表 2-14 给出了专用工具的规格变化与 R410A 专用工具的互换性。

表 2-14　专用工具的规格变化与 R410A 专用工具的互换性

使 用 工 具	用　　途	使用 R410A 新材料（R410A 空调）	是否可以使用以前（R22 空调）的材料	新材料是否可使用在 R22 空调中
喇叭口工具	配管喇叭口加工	有	△①	○
代替调整用量规	以前的喇叭口加工	有	△①	△①
扳手 ϕ12. 7mm 专用②	连接喇叭口螺母	有	×	×
进气压力表	抽真空、添制冷剂	有	×	×
充气软管	抽真空、添制冷剂	有	×	×
真空泵	抽真空	有	×	○
添制冷剂电子秤	添制冷剂	有	×	○
制冷剂瓶	添制冷剂	有	×	×
泄漏检测仪	气体泄漏检测	有	×	○
制冷剂罐（粉红色）	添制冷剂		×	×

① 使用以前的喇叭口加工工具对 R410A 的喇叭口进行加工时，需要对其进行调整，根据需要准备调整测量铜管使用的量规。

② 如果使用活动扳手，则使用方式与 R22 制冷剂相同。

（2）一般工具（在传统制冷剂空调机中使用）。除以上专用工具以外，可以在 R22 中兼用的一般工具和器材如下：①真空泵；②金属扳手（ϕ6.35mm、ϕ9.52mm）；③割管器；④扩孔器；⑤弯管机；⑥水准仪；⑦螺钉旋具（十字形、一字形）；⑧扳手或活动扳手；⑨冲击钻；⑩六角扳手；⑪卷尺；⑫直尺。

（3）为了能进行运转状态的确认，还可以配备以下的器材：①温度计；②绝缘电阻仪；③试电笔。

（4）R410A 专用工具

① 扩口工具。由于在加工时夹紧工具的支撑孔会变大、扩管力矩增强，导致工具内部的弹簧受力增加。使用 R410A 的扩管工具时须将加工铜管的夹紧工具的配合尺寸定在 0～0.5mm，R410A 的专用扩管工具上都标注有使用条件，例如：制冷剂色（粉红色）。在 R410A 中使用的工具可以在 R22 的配管加工中使用。

② 调整加工余量使用的量规。加工其他制冷剂配管的这种工具可以在 R410A 中使用，量规中铜管加工的余量上限范围应在 1.0～1.5mm 之间。

③ 扭力扳手（ϕ12.7mm 专用）。

由于耐压强度高，R410A 使用的喇叭口螺母的对角线尺寸要比 R22 的大。所以，要使用对角线尺寸大的专用扭力扳手，见表 2-15。

表 2-15　扭力扳手与以前产品的异同点

	R410A 专用	以前的工具
1/2 专用（对边尺寸 × 力矩）	26mm × 55N · m①	24mm × 55N · m

① 1N · m≈0.1kgf · m

④ 多连管测量表（压力表）R410A 的压力比较高，不能使用 R22 的多连管测量表。虽外形基本相同，但压力值不同。高压、低压表与以前的产品异同点见表 2-16。

表 2-16　高压、低压表与以前产品的异同点

	R410A 专用	以 前 产 品
高压表（红）	−0.1～5.3Pa	−76cmHg①～35kgf/cm²②
	−76cmHg～53kgf/cm²	
连续测量仪（绿）	−0.1～3.8Pa	−76cmHg～17kgf/cm²
	−76cmHg～38kgf/cm²	

① 1cmHg = 1333.22Pa。

② 1kgf/cm² ≈0.098MPa。

多连管的本体各进气口为了防止封入其他型号的制冷剂，其形状进行了更改，见表 2-17。

表 2-17　多连管进气口尺寸与以前产品的异同点

	R410A 专用	以 前 产 品
进气口尺寸	1/2 UNF 20 齿	7/16　UNF　20 齿

R410A 专用多连管测量表使用本体标记字符或制冷剂颜色（粉红）进行区分。

⑤ 充填软管。由于 R410A 的压力较高，充填软管的耐压也提高，在材质以及耐受 HFC 方面也进行了更改，多连管本体的连接部件的尺寸同样也进行了更改，还在接口的附近处安装了防止气体反冲的阀门，见表 2-18。

表 2-18 充填软管与以前产品（R22 制冷剂）的异同点

制冷剂		R410A	R22
耐压	常用压力	5.1MPa（52kgf/cm²）	3.4MPa（35kgf/cm²）
	破坏压力	27.4MPa（280kgf/cm²）	17.2MPa（175kgf/cm²）
材质		HNBR 橡胶	CR 橡胶
		内部尼龙	
接口尺寸		1/2 UNF 20 齿	7/16 UNF 20 齿

⑥ 真空泵附件。使用 R410A 时，为了防止真空泵润滑油向充填管倒流，需要安装一个电磁阀。在 R410A 制冷剂中一旦混入真空泵的润滑油（矿物油），将会产生油泥，导致空调的损伤。

⑦ 填充制冷剂的电子秤。在添加制冷剂时使用制冷剂容器和电子秤，进行重量计量。

⑧ 制冷剂罐。R410A 专用的制冷剂罐，直接使用制冷剂的名称进行标注，同时，还按照美国 ARI 的要求进行颜色标注（粉红色）。

制冷剂罐使用的充填口和接头应与充填软管的接头相同，需要使用 1/2 UNF 20 齿的。

为了进行液体填充，请使用虹吸管式容器，或者进行倒立充注制冷剂。

⑨ 泄漏检测仪。不能使用以前 R22 的检测产品。必须使用高灵敏度 HFC 制冷剂专用泄漏检测仪。

新制冷剂使用的泄漏检测仪也可以使用在以前的制冷剂检测中。

（5）扩口加工。R410A 使用的扩口加工尺寸，根据《配管设计规范》的修改方案，与以前的 R22 使用的尺寸有所不同。所以，建议使用按照 R410A 规定的工具。如果按照以前的工具使用，参照表 2-19 对铜管的误差进行修正以后，才可以使用。

表 2-19 扩口加工尺寸

铜管外径/mm	$A^{+0}_{-0.4}$	
	R410A	R22
6.35	9.1	9
9.52	13.2	13
12.7	16.6	16.2

① 扩口加工尺寸：A

② 扩口时铜管的偏差调整：B。

使用以前的扩管工具对 R410A 配管进行扩管时，使用表 2-20 所示的尺寸进行扩管加工，比使用 R22 多 0.5mm 的尺寸。偏差的调整使用铜管量规测量比较方便。

表 2-20 扩口时铜管的偏差调整

铜管外径/mm	使用 R410A 工具		使用以前的工具	
	R410A	R22	R410A	R22
6.35	0～0.5	0～0.5	1.0～1.5	0.5～1.0
9.52	0～0.5	0～0.5	1.0～1.5	0.5～1.0
12.7	0～0.5	0～0.5	1.0～1.5	0.5～1.0

为保证制冷剂不泄漏的要求，外径大于 ϕ12.7mm 的喇叭口螺母的尺寸、形状，R410A 和 R22 是不一样的。使用时，应对尺寸进行确认。

③ 喇叭口螺母水平对角线尺寸见表 2-21。

表 2-21 喇叭口螺母水平对角线尺寸 （单位：mm）

铜管外径	R410A	R22
6.35	17	17
9.52	22	22
12.7	26	24

（6）配管折弯加工

室内、室外机配管的折弯 *R* 按照表 2-22 所示的尺寸加工。按照最小弯曲 *R* 值使用时，请使用硼砂混合物配合加工，并注意在加工的过程中会有变形、破裂的现象。

表 2-22 配管折弯加工 （单位：mm）

铜管外径	正常 *R*	最小 *R*
6.35	大于 100	大于 30
9.52	大于 100	大于 30
12.7	大于 100	大于 30

（7）配管连接。

① 扩口配管连接部的紧固力矩见表 2-23。R410A 的压力比 R22 要高 1.6 倍左右。因此，连接室内、室外各单元的扩管配管时，要使用扭力扳手并按照规定的力矩进行可靠的紧固连接。一旦出现连接不良，不仅仅是气体泄漏的问题，还会导致制冷剂系统发生问题。

表 2-23 扩口配管连接部的紧固力矩

铜管外径/mm	R410A	R22
6.35	16～18N · m（1.6～1.8kgf · m）	16～18N · m（1.6～1.8kgf · m）
9.52	30～42N · m（3.0～4.2kgf · m）	30～42N · m（3.0～4.2kgf · m）
12.7	50～62N · m（5.0～6.2kgf · m）	50～62N · m（5.0～6.2kgf · m）

注意：

（1）在喇叭口面上不能涂冷冻机油。

（2）紧固力矩与以前不同，R410A 使用的铜管扩口螺母尺寸要大，需要按照新的规定重新制定力矩（螺母的尺寸为 6.35mm 或 9.52mm 的可以使用以前的力矩）。

② 截止阀的紧固力矩（见表 2-24）。截止阀部分的阀帽和充填口的紧固力矩与 R22 不

同，需要使用规定力矩进行紧固。

表 2-24　截止阀的紧固力矩

	管径/mm	R410A	R22
阀　　盖	6.35	16N·m（1.6kgf·m）	—
	9.52	30N·m（1.6kgf·m）	—
	12.7	30N·m（1.6kgf·m）	—
充填进口帽		9N·m（1.6kgf·m）	—

（8）空气清洗。在进行安装时，使用空气真空泵（排出连接配管中的空气），以便达到保护地球大气环境的目的。使用真空泵时，请使用防止泵内润滑油倒流的真空泵。真空泵的润滑油一旦混入 R410A 的空调器，将导致制冷系统的损坏。

管路抽真空步骤：

① 按照类似图 1-93 所示的操作工艺，对空调抽真空，全部关闭三通压力表。

② 将针阀突起部位的连接口安装在进口处（三通阀加液口）。

③ 阀门全开。

④ 真空泵运转，开始抽真空㊀。

⑤ 稍微松动阀的喇叭口螺母，确认少量空气进入㊁。

⑥ 再一次关闭喇叭口螺母。

⑦ 抽真空 10min 以上，确认多连管压力表的指示值应达到 -0.1MPa（-76cmHg）。

⑧ 全部关闭阀门。

⑨ 停止真空泵的运转。

⑩ 持续 1～2min 的时间内，多连管指示表的指针不返回。

⑪逆向截止阀（单向阀）的顶针全部打开（液侧全开，随后气侧全开）。

⑫从充填口处拆下软管。

⑬可靠紧固单向阀和充填口处的紧固帽。

（9）泄漏测试。泄漏测试时应使用 R410A 专用的 HFC 制冷剂（R410A 或是 R134a 等）检漏仪，因以前的 HCFC 制冷剂（R22 等）使用的检漏仪灵敏度低，约为 HFC 制冷剂的 1/40，所以不能使用。

R410A 制冷剂大约是 R22 制冷剂压力的 1.6 倍左右。在安装的过程中如果操作不慎，运转过程中压力上升，将成为气体泄漏的主要原因。所以，配管的连接部位要可靠实施泄漏检查。

检测泄漏有多种方式，如使用气体检测液体、卤素检测、泄漏检测仪等。虽使用检测液体和卤素检测方式是一种简便有效的方式，但是，对于检测安装过程中出现的泄漏时，推荐使用检测灵敏度比较高的泄漏检测仪。

㊀ 使用之前认真阅读各种使用指南说明，正确使用真空泵、真空泵连接器以及指示表。真空泵的润滑油添加量不要超过指定的油液面刻度线。

㊁ 不能进入空气时，再一次确认阀芯是否在突起侧，或者是进料口的软管是否连接良好。

（10）试运转。在安装以后，必须进行试运转，对运转的状态进行确认。

（三）移机操作

1. 拆卸工作

（1）室外机的制冷剂回收。

① 在制冷模式下通电开机，若在冬天可以直接给室外机通电强制制冷运行，或者冬天在制热模式下开机，在开机中间将四通阀断电，转为制冷模式。

② 关闭高压阀。

③ 制冷方式下进行 5～10min 左右制冷运行后，关闭低压阀。

④ 吸氟完成后，即可进行拆卸。

（2）室内外机拆卸。

① 把电源插头从插座拔下。

② 拆下室内外机的联机配管和联机线。

③ 按照规定力矩安装室外机截止阀的充注口封帽。

④ 室内外机的配管连接部封帽按照规定力矩拆卸。

⑤ 拆下室内外机。

2. 制冷剂再填充　再填充时须按照以下顺序填充规定的制冷剂量。

① 确认制冷剂回收后机器内没有制冷剂。

② 室外机气侧截止阀充填口连接。

③ 真空泵连接。

④ 保持液侧、气侧截止阀全开状态。

⑤ 确认多连管压力表的指示值达到 -0.1MPa（-76cmHg）时，关闭阀门，关闭真空泵。

⑥ 1～2min 内确认保持原状态的压力表的指针不变。

⑦ 制冷剂罐放在电子秤连接后，进行液相充注。

注意：

① 充注不能超过规定制冷剂量的 2%。

② 规定制冷剂量充注不足时，可以在制冷运行模式下进行充注。

制冷剂泄漏后，不能直接添加，因组合制冷剂会由于泄漏导致成分发生变化，可能会引起异常高压、破裂、损伤等。

📖 实施操作

实例一　美的分体挂壁式空调器的安装

安装分体挂壁式空调器不仅工艺要求高、技术要点多、劳动强度大，而且安装质量是保证空调器使用的重要环节。安装行业有一句流行的话："四分机子六分装"，就形象地说明了空调器制冷效果和寿命与安装质量的关系。

分体挂壁式空调器的安装应注意以下十个环节，任何一个环节不当，都将影响空调器的使用效果和寿命。

一、安装前的准备

安装前必须对室内机和室外机进行检查。这样可以将机器的故障在安装前予以解决，从而提高安装的合格率，避免重复安装和换机损失。具体检查要求如下：

（1）检查室内机组的塑料外壳和装饰面板是否受损；室外机组的金属壳体是否碰凸起；机器表面是否划伤、生锈。拧松密封螺母，看是否有气体排出，如无气体排出，则说明室内机内漏，不能安装。

（2）在检查室外机时，首先打开二通阀、三通阀帽及接头螺母，用内六角扳手试打开二通阀、三通阀的阀芯，看是否有制冷剂排出，再用连接管上的锁母试拧二通阀、三通阀上的螺母，看是否有滑扣现象，应注意在检查后一定要将二通阀、三通阀复原。

二、安装位置的选择

分体挂壁式空调器室内机、室外机安装位置的选择应符合下列要求：

1. 室内机安装位置要求

（1）室内机与室外机的安装位置应尽量靠近，相距以不超过5m为宜，最大距离不超过12m。距离超过5m时，每增加1m，需补充制冷剂20g。室内机与室外机之间的高度差一般不超过6m，要尽量使室外机的安装位置低于室内机的安装位置，这样有利于制冷剂和冷冻机油的良好循环。

（2）室内机的位置要选择在不影响出风口送风的地方，同时，应考虑装饰性和维修的便利性。

（3）室内机的位置应选择在距离电视机1m以外的地方，以避免空调器工作时电视机图像受干扰。另外，室内机的安装也不要靠近荧光灯和有高功率无线电装置、高频设备的地方，以免这些设备干扰室内机主芯片的正常工作。

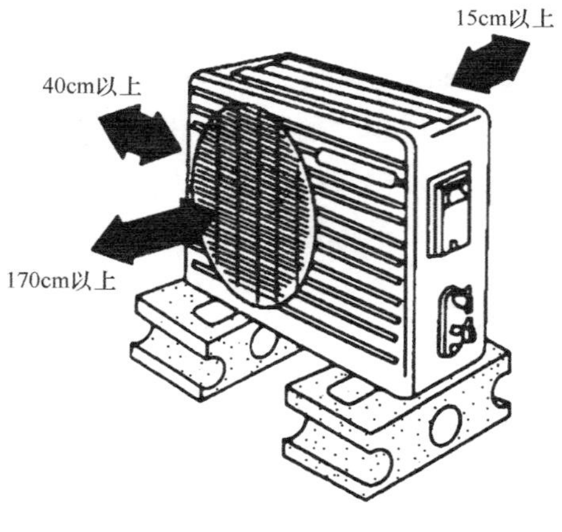

图2-70　室外机的安装位置要求

2. 室外机安装位置要求

室外机应安装在空气易于流通的地方，并避开热源、灰尘、烟雾和易燃气体，防止阳光的直射。出风口应远离障碍物，以免扩大噪声，排出的热风或噪声不应干扰邻居。室外机的安装位置要求如图2-70所示。

三、室内机的安装

室内机是靠挂板固定在墙上的，安装前，要根据过墙孔的走向确定好挂板的位置，以保证穿墙管线与室内机的合理连接。安装时，首先把挂板水平贴在墙上（为了让冷凝水能顺利流出，出水口一侧要低0.2cm以上，但也不可太低，如果超过0.5cm会影响整体美观），如图2-71所示。先用螺钉旋具在墙上画出挂板的固定位置，再用6颗螺钉钉牢。常用的固定方法是用冲击钻钻出6个墙壁孔，再放进塑料胀塞或木塞，旋入螺钉将挂板固定，也可以根据墙体情况用水泥钉固定挂板。挂板安好后可双手用力向下拉一拉，检查安装是否牢固，一般情况下要求挂板能承受30kg以上的重量。

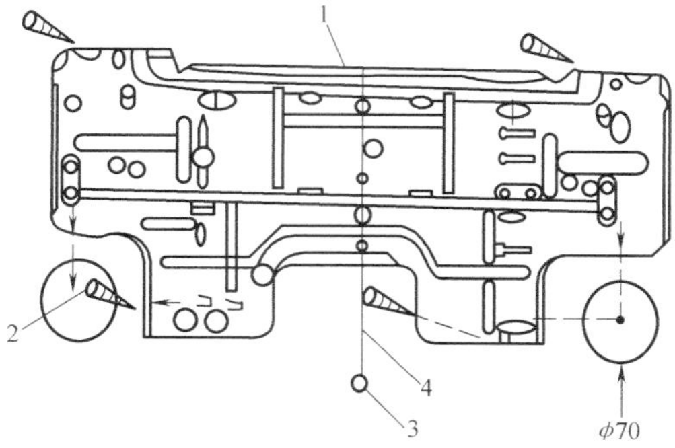

图2-71　室内机挂板的固定方法

1—挂板　2—木螺钉　3—重锤　4—吊线

四、室外机的安装

1. 钻过墙孔的方法　因室内机与室外机的连接管路和电线要穿墙而过，所以安装室外机之前必须钻过墙孔。为保持墙体的牢固和美观，专业安装人员须用水钻钻孔。钻孔前，要观察、了解墙壁钻孔位置是否有暗埋的电线及钢筋构件，避免造成事故或进钻困难。从室内向室外钻孔时，水钻要抬高5°，使过墙孔里高外低，便于冷凝水流出，下雨时雨水不倒流进室内，如图2-72所示。

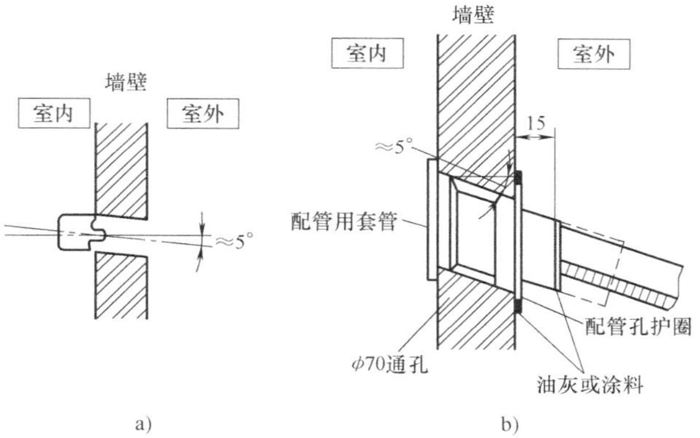

图2-72　钻过墙孔配套管和方法

用水注钻孔要掌握好冷却水的注水量，若注水量过大，水会沿墙壁飞溅，周围被墙砖的灰浆弄脏后很难擦净；若注水量过小，容易烧坏钻头。合适的情况是，注进钻头的水正好被钻头的热量蒸发和被墙体吸收，这要在实践中逐渐掌握。钻孔时进钻宁慢勿快，如果钻头抖动剧烈，双手把握不住，说明应更换钻头。

2. 固定室外机支架的方法　分体挂壁式空调器室外机是安装在专用支架上的。安装室外机支架时，应先组装好支架，量出室外机底座两个安装孔的横向距离，根据量出的距离和支架的相应孔距等选好位置，将膨胀螺栓打入墙体。支架用四个直径ϕ10mm以上的膨胀螺栓紧固在承重墙上，拧紧螺母后不得有松动或滑扣现象，同时在螺母上再加拧一个螺母。安装室外机支架的方法如图2-73所示。

检查支架平正牢靠后，把室外机系上安全绳，由两人合作将室外机搬出就位。搬动室外机时倾斜不应大于45°，并注意不要碰坏机上突出的截止阀，在室外机没有就位之前，不要拧下截止阀的保护帽，否则尘土杂物等进入管路，会造成制冷系统故障。

在二楼以上安装室外机时，安装人员一定要系好安全带，使用的工具（如扳手），最好拴上安全绳或腕套，并注意室外机下面不能有人通行、滞留，避免物品不慎坠落，造成事故。

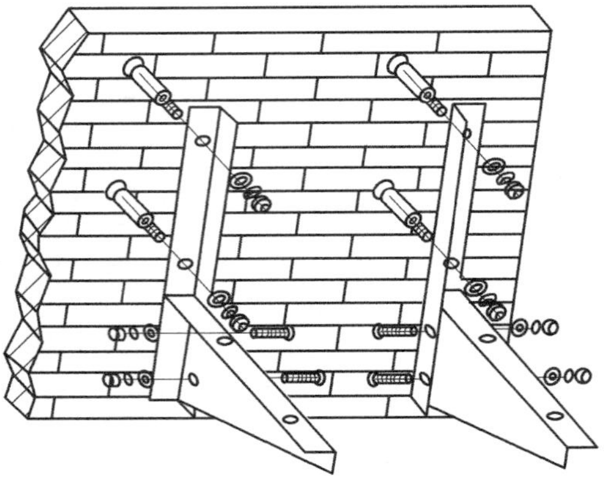

图 2-73　安装室外机支架的方法

五、连接室内机和室外机管路

分体挂壁式空调器室内机和室外机是靠连接管路与锁母的连接而组成完整的系统。连接管路的长短和方式的选择对分体挂壁式空调器的使用寿命有很大影响，另外，还须注意在安装低压气体管和低压液体管时，不得将外界的灰尘、杂物、空气和水带入管内，否则空调器制冷系统将不能正常工作。

在连接和安装管路的过程中，必须按下列要求进行：

1. 展开连接管方法　连接管在安装之前呈盘管状，安装时需先平直。平直的方法应正确，在同一个方向弯折不能有 3 ~4 次，否则将会使连接管硬化并出现裂损而造成泄漏。

2. 连接室内机的方法　将室内机低压气体管和低压液体管接头处的锁母取下，对准连接管的扩口中心，用手指用力拧紧锁母，然后用扭力扳手旋紧锥形锁母，直拧到不漏气为宜，如图 2-74 所示。

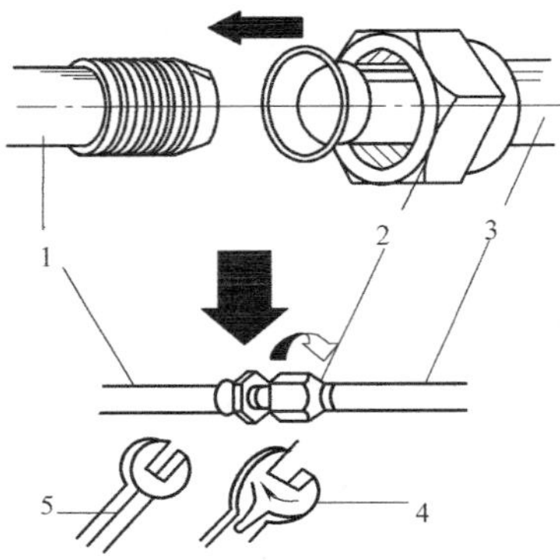

图 2-74　连接室内机的方法

1—室内机配管　2—连接螺母（锁母）　3—配管　4—扭力扳手　5—扳手

3. 连接室外机的方法　操作前，分别将管路端口堵头和截止阀密封帽卸下，将喇叭口接触部位擦干净后，抹上少许润滑脂（俗称黄油）。用手调整管路，使接触部位对准配管的中心，如图 2-75 所示。先用手指用力拧紧连接锁母，然后用扭力扳手拧紧锁母，直拧到不漏气为宜，如图 2-76 所示。

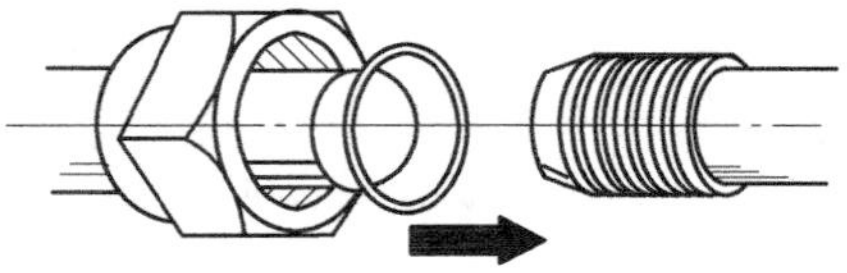

图 2-75　连接室外机的方法

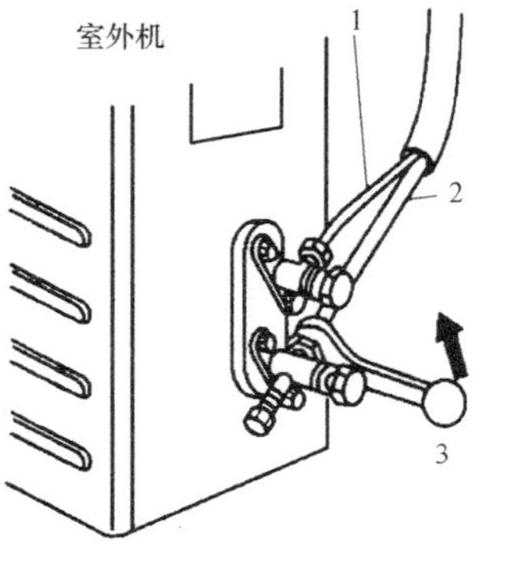

图 2-76　连接室外机低压气体管示意图

1—液侧配管　2—气侧配管　3—扭力扳手

在连接室内机和室外机管路时，所使用的扳手应规范，最好是有一把呆扳手和一把扭力扳手。这是因为呆扳手不会将锁母边角损坏，而扭力扳手可掌握力矩值，不至因用力过大而损坏喇叭口，也不至因用力过小造成密封不严而泄漏。

六、排除室内机及管路空气

排除室内机空气是安装过程中非常重要的环节。因为连接管及蒸发器内留存大量空气，同时空气中又含有水分和杂质，这些水分和杂质留在空调器系统内会造成压力增高、电流增大、噪声增加、耗电量增多等，致使制冷（制热）量下降，同时还可能造成冰堵和脏堵等故障。

排除空气时应先将低压气体阀锁母松开1/2圈，用内六角扳手逆时针旋转截止阀阀芯约90°，保持15s左右后关闭，这时从低压气体锁母处应有空气排出，当排出的空气渐渐减少时，再打开低压瓶体截止阀。重复上述操作2～3次，即可把室内机及管路空气排净。排气时间15s是一个参考值，实际操作时，还须用手去感觉喷出的气体是否变得稍凉来掌握适当的排气时间。如排气时间过长，会造成制冷系统中的制冷剂过量流失，从而影响空调器制冷效果；如排气时间过短，室内机及管道中的空气没有排净，也会影响制冷效果。管路中的空气排净后，应立即拧紧低压气体锁母，用内六角扳手把液体截止阀和气体截止阀按逆时针方向全部打开，并拧上外端密封保护帽，如图2-77所示。

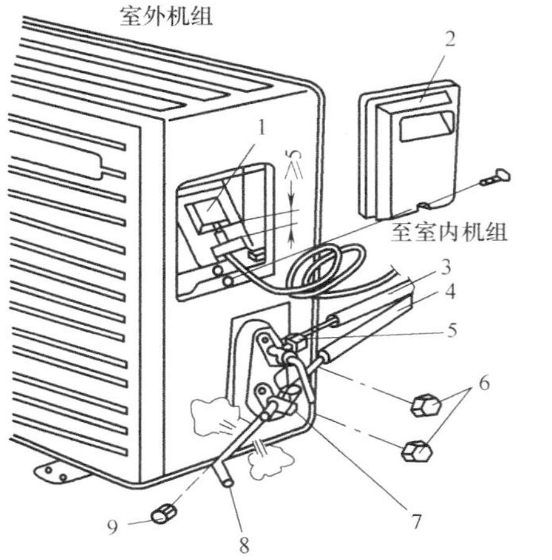

图2-77 排除室内机及管路空气示意图
1—端子板 2—控制板罩 3—液侧 4—气侧 5—二通阀（打开） 6—螺母 7—三通阀（打开） 8—内六角扳手 9—螺母

七、检查气体泄漏及排水试验

比较简便的检查气体泄漏的方法是用洗涤剂检漏。把洗涤剂溶液倒在一块毛巾上，搓出泡沫，分别涂在可能泄漏的室内机、室外机的两个接口和低压气体截止阀、低压液体截止阀的阀芯处，观察2min，不得有气泡出现，若有气泡产生，说明有泄漏，如图2-78所示。

检漏时一定要耐心、仔细，洗涤剂溶液的浓度要合适。在每个接头处都应看不到气泡冒出，保证确实没有泄漏点后将检漏处用毛巾擦干，完成检漏。然后可做排水实验，其方法是用手指将导风板调节到水平位置，卸下前格栅上的三个罩帽，用十字螺钉旋具旋下三个快攻螺钉。卸下室内机外壳，用杯子盛一杯水，倒入泡沫聚苯乙烯塑料排水槽中，观察水是否能畅通地从排水槽顺着泄水软管流向室外，如图2-79所示。如果水能畅通地流出，室内机也无溢流水滴落，可认为排水系统良好。

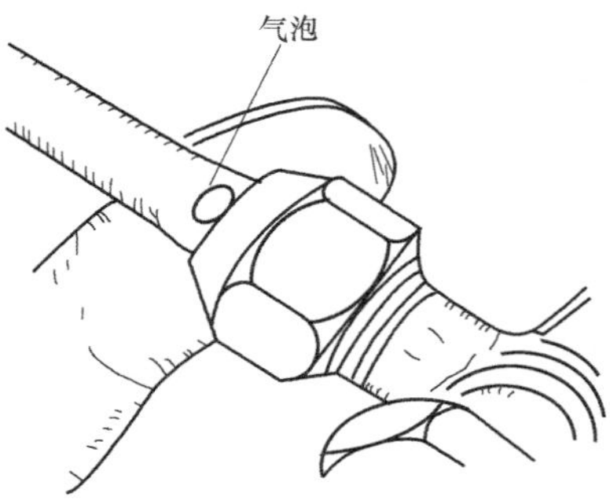

图 2-78　接头检漏方法

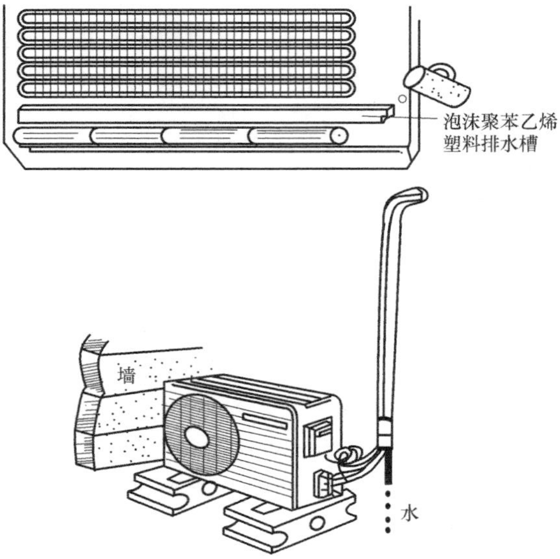

图 2-79　检查排水系统的方法

八、室内机与室外机控制线的连接

接线时，先卸下室内机右侧板的电器盒外盖，卸下电源连接线压板，把电源连线铜芯插入到端子板尽头并紧固连接好，再按照电路图连接室内机和室外机之间的接线。接线分布一定要与室外机相吻合，否则室外机不工作或工作不受遥控器控制。

九、整理管道

应注意接近低压气体截止阀和低压液体截止阀的连接管不要暴露在空气中，以免损失冷量。包扎时应将保温套包扎到截止阀根部，多余的电源线和信号线应顺管路包扎好，并用随机配备的尼龙扎带将其固定在墙上。将配管的过墙孔用密封胶泥填满，以免雨水、风及老鼠进入，如图 2-80 所示。

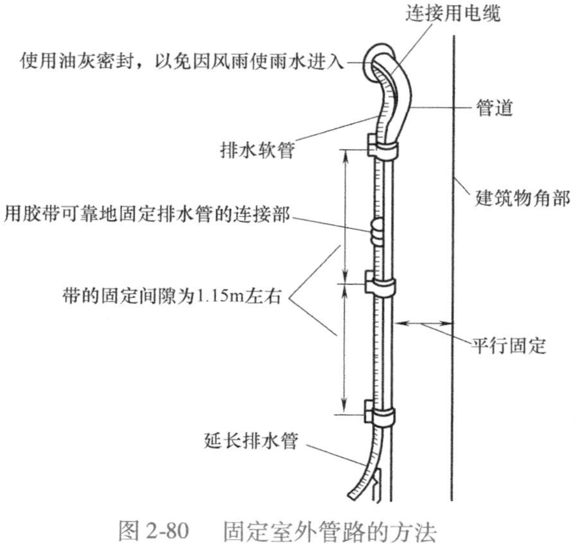

图 2-80　固定室外管路的方法

十、试运转及性能评定

1. 通电试运转　通电试运转时，工作电压应为 AC 220(1 ±10%) V；系统压力（低压侧）应为 0.5MPa；工作电流应比铭牌上标注的额定电流值低 0.2A 左右。在空调器运转 1.5min 或更长时间后，室内应有明显凉爽的感觉。

2. 用耳听

空调器室内机和室外机应没有异常噪声（气流的流动声音不是噪声）。

3. 测量进、出空气温度差

夏季室内机进气温度与出气温度差应大于8℃；冬季温度差应大于15℃。

检测各参数性能合格后，安装工作即告结束，空调器就可以投入正常使用了。

十一、分体挂壁式空调器整体安装

分体挂壁式空调器整体安装示意图如图2-81所示。

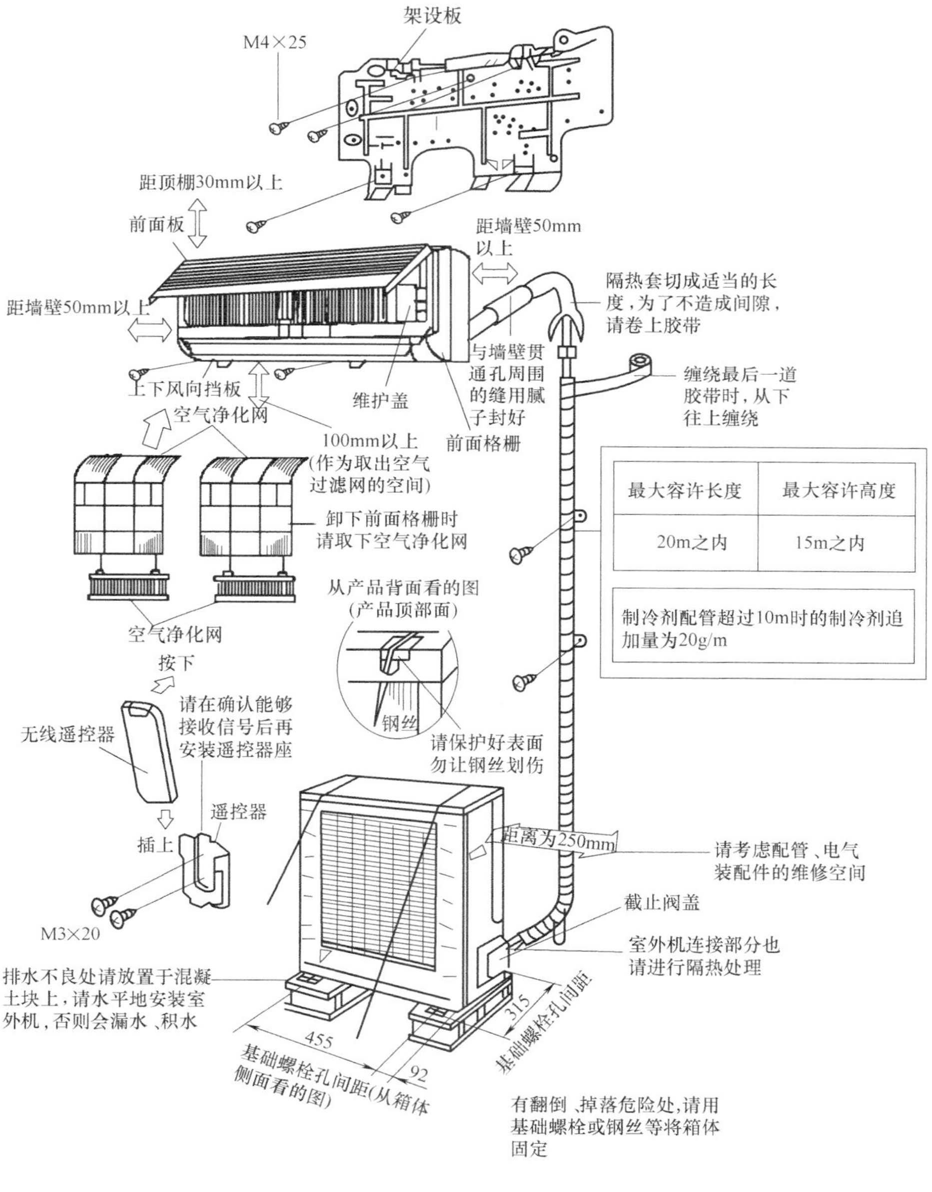

图2-81 分体挂壁式空调器整体安装示意图

实例二　美的分体柜式空调器的安装

分体柜式空调器也可称为分体柜机，是把室内机安装在房间地面上的一种空调设备，其安装方法及要求如下。

一、结构特点

分体柜式空调器把产生噪声比较大的压缩机、四通阀及轴流风扇连同冷凝器、控制板、毛细管（电子膨胀阀）等合为一体，独立构成室外机，具有与分体挂壁式空调器类似的各种优点。分体柜式空调器的液晶显示屏控制面板和内部制冷、制热主芯片等部件装在室内机上，有造型美观的进风格栅，立体感强。分体柜式空调器与分体挂壁式空调器相比具有制冷快、制冷量大的特点，适合客厅、医院、办公室和各种面积较大的饭馆等场合使用。分体柜式空调器的结构同分体挂壁式空调器一样，具有四个接口和两个阀芯，若安装不好，泄漏故障的发生率较高。

二、安装前的准备

在安装分体柜式空调器前，要充分考虑适用面积及保温隔热情况，以保证应有的制冷、制热效果。由于分体柜式空调器的制冷量、输入功率和起动电流都比较大，对供电线路要求高，主干线与分体柜式空调器之间必须采用独立供电线路。另外，为了使用安全，在供电端必须安装漏电保护器。

三、安装位置的选择

1. 室内机安装位置的要求

室内机安装位置应能使其进出的气流不会受阻，且能循环到室内各处。同时还应能防止水气、油污、易燃气体及泄漏气体滞留。安装地点的地面应结实平坦，不平坦时必须垫平。

选择位置时还应考虑留出以后维修的空间以及安装时制冷系统管路进出方便等，如图 2-82 所示。

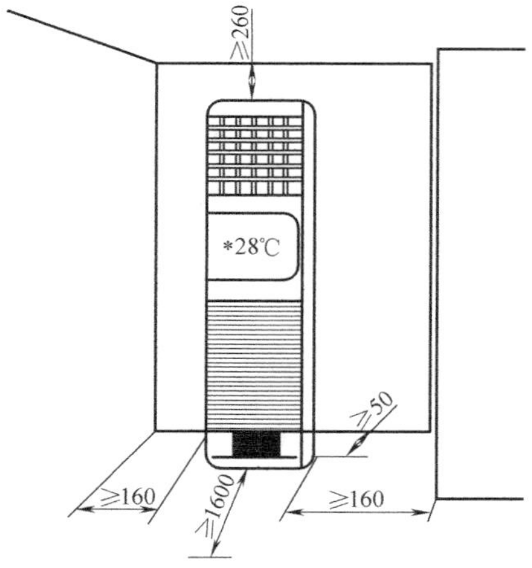

图 2-82　室内机安装及维修空间尺寸

2. 室外机安装位置的要求

分体柜式空调器的制冷量一般都在 5.8kW 以上，室外机前面要求有较大的出风距离，还应便于接通室内装置的管路和电源线，避免易燃气体滞留，避免机组噪声对邻居造成干扰。选择安装位置时，应尽可能使室内机高于室外机，以利于制冷剂和冷冻机油的循环，否则，不但影响制冷效果，还有可能使压缩机抱轴。室外机安装方法如图 2-83 所示。

当几个室外机装于同一处时，应避免机组之间热气流产生短路，若热气流短路会降低空调器热交换的效率。室外机安装在楼顶时，应避免强风直吹室外机的排风口。

四、钻过墙孔

室内机和室外机安装位置确定以后，就可以钻过墙孔。钻过墙孔之前，要把周围的物品搬开以免碰坏。然后接通水钻的水路和电路，与室内机底孔平行量出过墙孔的高度尺寸。要提醒安装人员的是，确定过墙孔位置时，一定要避开墙内暗埋的电线。从室内向室外钻孔时，水钻要抬高3°~5°；从室外向室内钻孔时，水钻要降低3°~5°。这样钻出的过墙孔，便于冷凝水流出，在下雨时，雨水不容易流入室内。如果用户住在高层且室内装饰豪华，可用电锤在过墙孔圆中心先钻一个ϕ10mm的孔（打通），然后再用水钻钻过墙孔，采用此方法可使钻过墙孔的冷却水流出室外。

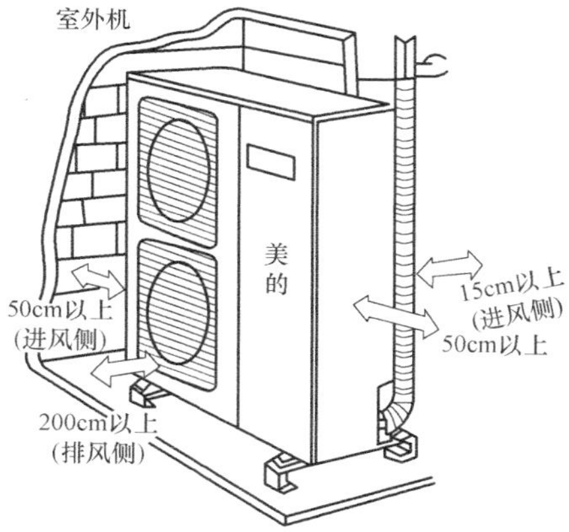

图2-83　室外机安装方法

五、室内机的安装

安装前，打开室内机外包装，检查防倒配件、配管配件及布线配件等是否齐全。分体柜式空调器的室内机是细高形状，为防止工作时倾倒和把管子震裂，必须在分体柜式空调器的顶部安装防护固定板（防倾板），室内机的安装固定方法如图2-84所示。

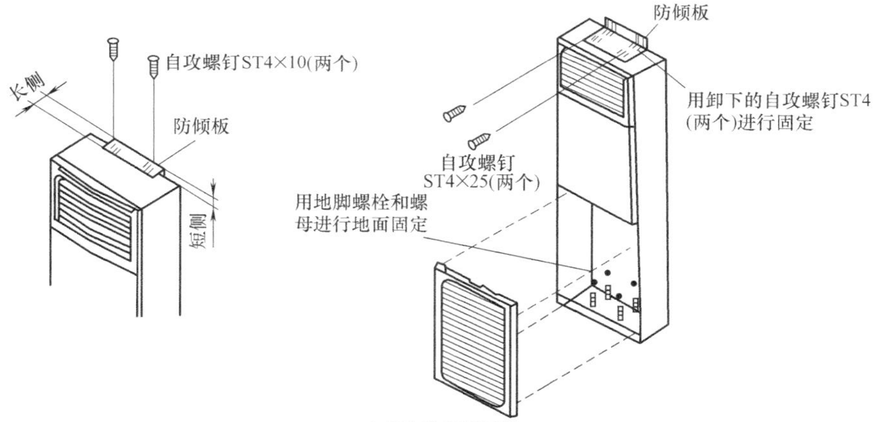

a) 室内机安装固定

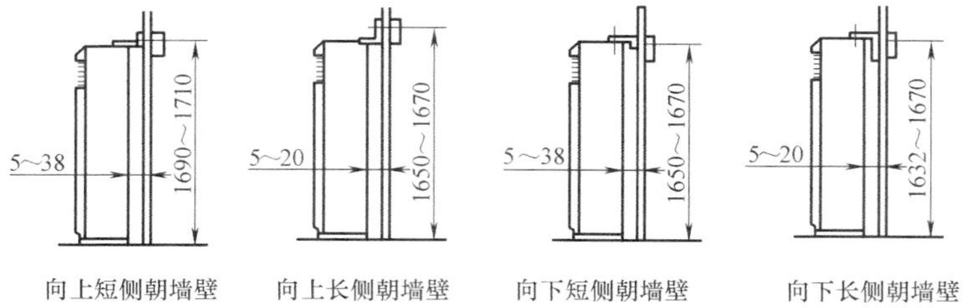

b) 防侧板的安装方法

图2-84　室内机的安装固定方法

六、室外机的安装

室外机应用原包装运到安装地点，搬运过程中不要倾斜45°以上，更不得倒置。室外机的安装有下列三种情况。

1. 把室外机直接放在地上　安装的地面要平整坚固，室外机与地面要垂直。用膨胀螺栓把室外机固定在地面上时，应固定牢固，以免室外机振动把喇叭口振裂造成制冷剂泄漏。

2. 把室外机安装在高层的室外　先根据分体柜式空调器的尺寸用钢卷尺量好室外机螺栓孔的横向距离，再通过打入膨胀螺栓等工作把支架固定好。然后，把绳子一头系好室外机，另一头系在室内固定处，四个人配合把室外机放到支架上，并用螺栓固定好。

3. 把室外机安装在楼的顶层　注意室外机排风口不要面向季风方向；固定室外机时，切忌在楼顶打眼，以防止房屋漏雨，最好的办法是用槽钢制作一个底架并固定。

七、制冷剂管路的安装和绑扎

分体柜式空调器随机附带的制冷剂管路是盘成圆圈的，展开时，应把管路放在平整的地面上，用脚尖轻踩的同时用双手慢慢解开盘管。

若管路长度不够，可购买材质和直径相同的铜管焊接加长。3匹柜机连接管最长不能超过20m，落差不能超过12m，弯曲处不能多于8处；5匹柜机连接管最长不能超过26m，落差不能超过16m，弯曲处不能多于9处。带有保温套的铜管、控制线、电源线以及出水管应一同包扎起来，包扎应从室外端向室内端绑扎，以防雨水进入保温套内。管路包扎完成后，末端用胶布绑扎2圈。绑扎好的管路穿过墙孔时，不得去掉保护帽，以避免杂质进入铜管内，使制冷系统堵塞。管路与机组连接时，应先连接好室内低压液体管路。先将管路调整对位，用手将接头锁母旋紧，再用专用扳手拧紧接头锁母。连接室外机时，要把多余铜管盘绕起来，然后先接低压气体管，后接低压液体管。

八、排除分体柜式空调器内部及管路空气

1. 用空调器自身排除空气的方法　分体柜式空调器室内机和室外机管路连接好后，应排除系统管路中的空气。操作方法：打开低压液体管截止阀1/2圈，听到低压气体锁母处发出的“嘶嘶”声后立即关上，待“嘶嘶”声快消失时，再打开低压液体截止阀约1/2圈，立即关上，重复3~4次，即可将空气排净，此时拧紧低压气体管锁母。具体排空操作次数和时间的长短应视空调器的匹数大小及连接管的长短灵活掌握。最后将两个截止阀完全打开，拧上二次密封保护帽。

2. 使用R411B环保型制冷剂排除空气的方法（没有真空泵的特殊情况下）　用加气管带顶针的一端连接好低压气体口的工艺口，再松开低压液体锁母1~2圈，打开R411B制冷剂瓶阀门，这时从低压液体锁母处有“嘶嘶”的空气排出声。1~2min后关上制冷剂瓶阀门，拧紧低压液体阀门锁母，卸下加液装置，再将两个截止阀门全部打开，拧上二次密封保护帽和加液阀口上的二次密封保护帽即可。若打开制冷剂瓶阀门后，低压液体锁母处没有空气排出，可能是加液单向顶针阀的顶针没有顶开，应调整加液管顶针。

九、连接控制线及电源线

分体柜式空调器控制线的连接方式有四种，即单冷单相220V/50Hz、冷暖单相220V/50Hz、单冷三相380V/50Hz及冷暖两用型三相380V/50Hz。

接线方法：先卸下前侧板，打穿室外过线孔，套好过线方圈。从室外机五位接线板上引出连接线，穿过室外机和室内机的过线孔，接到室内机五位接线板上，并用固定夹固定。

要严格按电器盒外壳上的电气原理图接线，分清相线、零线和保护地线，裸露部分不能超过0.75mm，且不能有毛刺露出。铜线与接线端子的接触面积应尽量大一些，连接要牢固可靠，用手轻拽不得掉下。线路接好、检查无误后可以试机。试机时如有电源指示但室内机和室外机均不起动，说明安装人员把380V电源的相序接错，把三根相线任意调换两根，空调器不运转故障即可排除，最后用固定夹将调换的控制线固定。

十、检漏

完成分体柜式空调器的安装接线、排除空气等工作后，要对室内两个连接处、室外两个连接处的锁母及阀门、工艺口进行检漏。

先将洗涤剂倒在一块含水海绵上，搓出泡沫，再将带泡的洗涤剂逐个涂在四个锁母和两个阀门处。若有气泡产生，说明接好的导线头有漏点，应用扳手再次拧紧。检漏时，一定要仔细、耐心，保证每个锁母和阀门处都看不到有气泡冒出。确认没有泄漏点后，再将检漏处擦干，用保温材料包扎好，不使有喇叭口的接头部位露出，最后将管路用夹条固定在柜机箱体内。室内机连接管接头处隔热和固定的方法如图2-85所示。

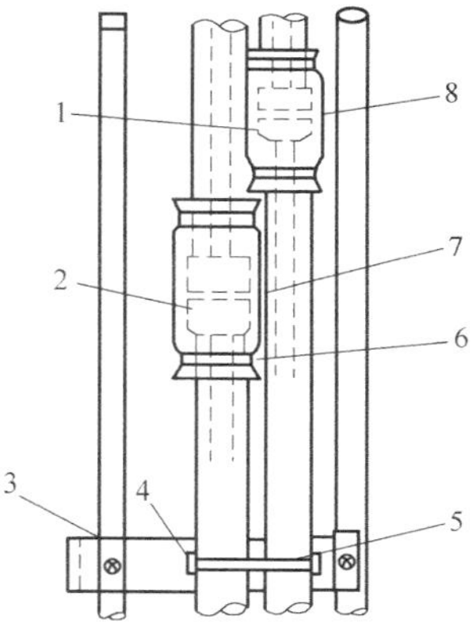

图2-85　室内机连接管接头处隔热和固定的方法

1—液体管　2—气体管　3—框架　4—角孔　5、6—夹头　7—气体管隔热材料　8—液体管隔热材料

十一、试机

分体柜式空调器试机前，要再次检查低压气体阀门和低压液体阀门是否全部打开；电源线和控制线是否按要求正确连接；室内机和室外机安装是否牢固；管路是否调整好；过墙孔是否用橡皮泥密封等。

上述检查确认良好后，接通电源，用手打开液晶屏幕显示开关。环境温度在24℃以上时，设定制冷状态；环境温度在18℃以下时，设定制热状态。运行时，室内机和室外机都不应有异常擦碰及振动声。

空调器运转15min后，在制冷状态下，室内机应有冷气吹出，约20min后，室外水管应有冷凝水流出。另外，如果低压气体管阀门处有结露现象，说明空调器制冷系统制冷剂压力在0.35～0.5MPa之间。

若是冷暖两用型空调器，空调器制热时，室外机形成的冷凝水及化霜时产生的化霜水应通过排水管排放到不影响邻居的地方，因此还应把室外机排水接头安装好。安装排水管时，应先把室外机排水接头卡进底盘的孔中，然后把排水管接到排水接头上，即可把冷凝水、化霜水引出。

📖 工作页

空调器的安装				工作页编号：KTQ2-6	
一、基本信息					
学习小组		学生姓名		学生学号	
学习时间		指导教师		学习地点	
二、工作任务					
1. 美的分体挂壁式空调器的安装。 2. 美的分体柜式空调器的安装。					
三、制定工作计划（包括人员分工、操作步骤、工具选用、完成时间等内容）					
四、安全注意事项（人身及设备安全）					
五、工作过程记录					

（续）

六、任务小结
七、教师评价
八、成绩评定

📖 考核评价标准

序号	考核内容	配分	要求及评分标准	评分记录	得分
1	美的分体挂壁式空调器的安装	35	安装步骤： 1. 安装前的准备 2. 安装位置的选择 3. 室内机的安装 4. 室外机的安装 5. 连接室内机和室外机管路 6. 排除室内机及管路空气 7. 检查气体泄漏及排水试验 8. 室内机与室外机控制线的连接 9. 整理管道 10. 试运转及性能评定 评分标准：按上述步骤要求安装，每出现一次失误扣2分		
2	美的分体柜式空调器的安装	35	安装步骤： 1. 安装前的准备 2. 安装位置的选择 3. 钻过墙孔 4. 室内机的安装 5. 室外机的安装 6. 制冷剂管路的安装和绑扎 7. 排除分体柜式空调器内部及管路空气 8. 连接控制线及电源线 9. 检漏 10. 试机 评分标准：按上述步骤要求安装，每出现一次失误扣2分		
3	工作态度及与组员合作情况	20	1. 积极、认真的工作态度和高涨的工作热情，不一味等待老师安排指派任务 2. 积极思考以求更好地完成工作任务 3. 好强上进而不失团队精神，能准确把握自己在团队中的位置，团结学员，协调共进 4. 在工作中谦虚好学，时时注意自己的不足之处，善于取人之长补己之短 评分标准：四点都表现好得20分，一般得10～15分		
4	安全文明生产	10	1. 遵守安全操作规程 2. 正确使用工具 3. 操作现场整洁 4. 安全用电，防火，无人身、设备事故 评分标准：每项扣2.5分，扣完为止；因违规操作发生人身和设备事故的，此项按0分计		

任务七　电冰箱、空调器综合考核

任务描述

1）204E 电子式温控冰箱电气故障的检测与维修考核。
2）智能温控冰箱电气故障的检测与维修考核。
3）空调电气故障的检测与维修考核。
4）考核软件的安装说明。

任务目标

1）观察实训设备的结构。
2）熟练掌握设备接线设置。
3）能准确判断电气系统是否能正常工作。
4）掌握冰箱、空调电气故障的检测方法。
5）熟悉故障考核软件的安装。

任务准备

1. 工具器材
1）亚龙 YL—REB—KB—TE 型冰箱组装与调试实训考核装置一套。
2）万用表。
2. 实施规划
1）掌握实训设备的组成结构。
2）完成各故障设置。
3）故障考核软件安装。
4）完成工作页的填写。
3. 注意事项
1）严格遵守故障检测要求，以防触电。
2）严格按照规程进行设备接线。
3）正确使用万用表进行故障检测。

任务实施

实训设备组成

亚龙 YL-REB-KB-TE 型冰箱组装与调试实训考核装置是专门为职业院校制冷类相关专业而研制的实训装置，根据制冷类行业中冰箱维修技术的特点，针对冰箱的电气控制以及制冷系统的安装与维修进行设计，强化了学生对冰箱系统管路的安装、电气接线、工况调试、故障诊断与维修等综合职业能力，适合制冷类相关专业的教学、培训和考核。

从结构上可以分为三大部分：实训平台、制冷系统部分和电气控制部分。如图 2-86 所示为亚龙 YL-REB-KB-TE 型考核装置示意图。

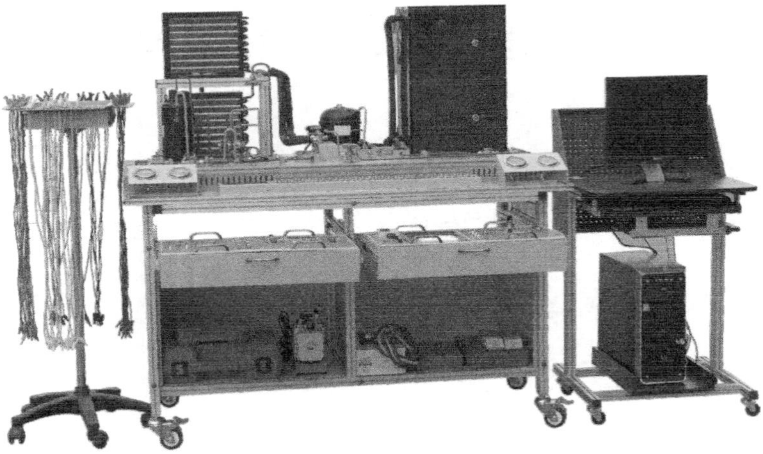

图 2-86　亚龙 YL-REB-KB-TE 型冰箱组装与调试实训考核装置示意图

一、实训平台

以铝型材为主框架，铝合金板作为辅材，搭建一个 150cm × 80cm，由 10 根 20mm × 80mm 型材敷设而成。下设两个抽屉，用来放置实训模块，抽屉下面是一个存放柜，可以放置一些专用工具及制冷剂瓶等，底脚采用 4 个带制动的小型万向轮，方便设备移动。

二、制冷系统部分

热泵式分体空调系统：由空调压缩机、风冷蒸发器、风冷冷凝器、节流装置（空调毛细管）、空调过滤器、单向阀及辅助器件组成，采用可拆卸（组装）式结构，通过管道螺纹连接方式，将各部件串到一个回路中去，最终组成一套完整的制冷系统。

直冷式电冰箱系统：由压缩机、蒸发器、冷凝器、节流装置及辅助器件组成；采用可拆卸（组装）式结构，通过管道螺纹连接方式，将各部件串到一个回路中去，最终组成一套完整的制冷系统。

1. 空调系统详细说明　空调系统采用热泵型分体式空调系统，结构简单，层次清晰，其主要部件由压缩机、压力表、电磁四通阀、室外换热器、视液镜、过滤器、毛细管节流组件、空调阀、室内换热器、气液分离器等组成，空调系统的结构组成及热力系统流程如图 2-87 所示。

2. 冰箱系统详细说明

冰箱系统的主要部件由压缩机、耐振压力表、丝管式冷凝器、视液镜、干燥过滤器、毛细管、手阀、冷藏式蒸发器、冷冻式蒸发器等组成。电冰箱制冷系统流程图如图 2-88 所示。

三、电气控制部分

采用模块式结构，根据功能不同分为电源及仪表模块挂箱、空调电气控制考核模块、冰箱电子温控电气控制考核模块挂箱、冰箱智能温控电气控制考核模块挂箱、同时在实训平台上设置有接线区，作为电气实训单元箱与被控元件的连接过渡区。接线区内采用加盖端子

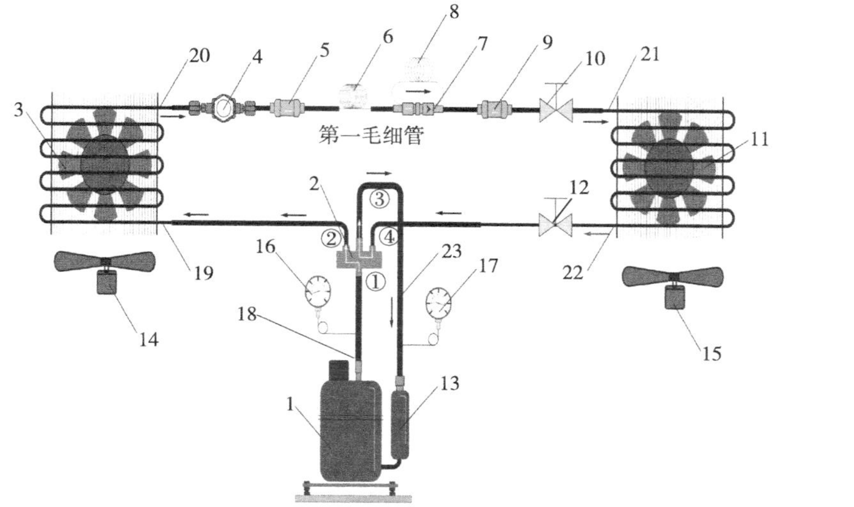

图 2-87　空调系统的结构组成及热力系统流程图

1—压缩机　2—四通阀　3—室外换热器　4—视液镜　5、9—过滤器　6、8—毛细管　7—单向阀　10、12—空调阀　11—蒸发器　13—气液分离器　14—室外风扇电动机　15—室内风扇电动机　16—高压压力表　17—低压压力表　18—高压出气管　19—室外换热器进气管　20—室外换热器出气管　21—室内换热器进气管　22—室内换热器出气管　23—低压回气管

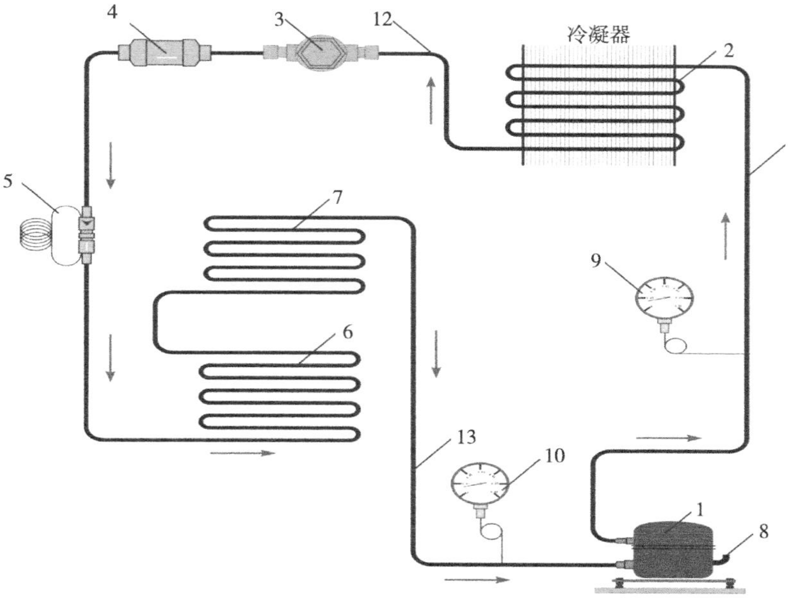

图 2-88　电子温控、智能温控电冰箱制冷系统流程图

1—压缩机　2—钢丝式冷凝器　3—视液镜　4—干燥过滤器　5—毛细管　6—冷冻室蒸发器　7—冷藏室蒸发器　8—工艺加液口　9—高压侧压力真空表　10—低压侧压力真空表　11—高压排气管　12—冷凝器出口　13—低压回气管

排，提高操作安全系统。该装置是根据分体式空调器控制电路、电冰箱电子式控制电路作为实训考核对象，能使学生熟练掌握空调器控制电路、电冰箱电子式控制电路基本原理及维修技术，考核板上印有分体式空调器电气、电冰箱电子式控制电路图并加有检测点，学生通过考核板上的电路图了解其原理，并通过计算机设置故障，用仪表在检测点上进行检测，查找故障位置，并排除故障，从而提高学生的排除故障能力。

1. 空调控制主板功能说明（见图 2-89）

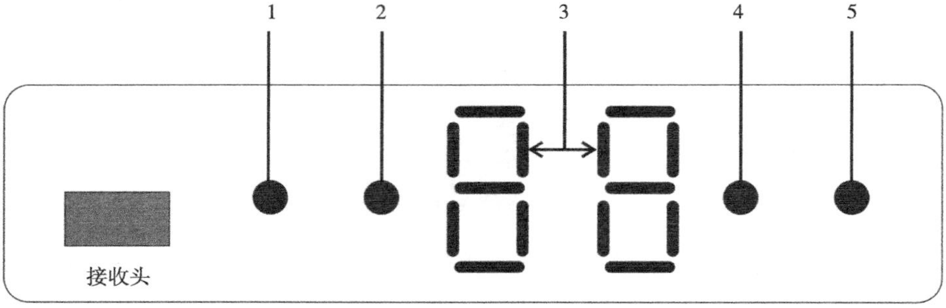

图 2-89　空调控制主板

1—制冷模式指示灯　2—制热（通风）模式指示灯　3—除湿模式指示灯　4—定时指示灯（空调定时时灯亮）
5—双 8 开机时显示室内温度，定时开机时显示剩余时间，空调机出现故障时显示故障序号

2. 智能电冰箱控制主板功能说明（见图 2-90）

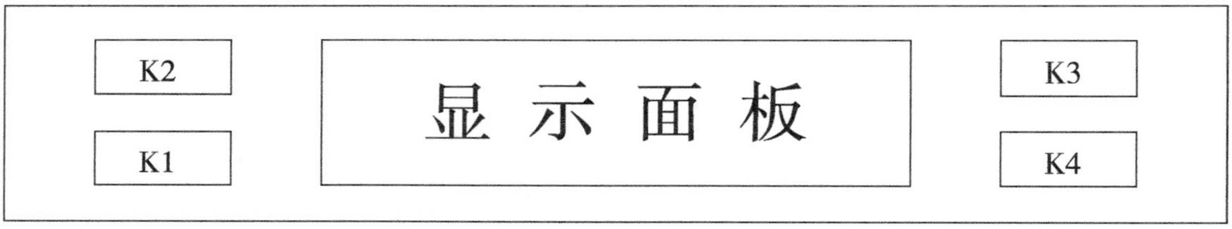

图 2-90　智能电冰箱控制主板

注：按键说明，K1 为标准，K2 为温度调节，K3 为节能，K4 为速冻。

3. 按键设置及操作功能（见图 2-91）　按键操作功能及 LED 相应的显示：

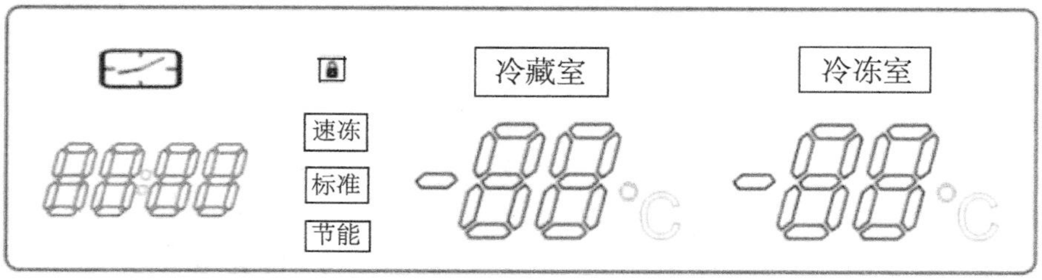

图 2-91　按键设置及操作

1）“调温/解锁”键：当操作键盘上锁后，按住此键 3s，则操作键盘解锁，蜂鸣器响一下，LED 的上锁标志不显示，可进行操作键盘的所有按键操作。

当解锁后，按“调温/解锁”键，原温度设定值闪烁，在闪烁期间，按“调温/解锁”

键进行温度挡位循环设定。变化规律是向上循环变化。按住“调温/解锁”键，则连续递增。如 5s 内不按任何按键，则设定值被确定。

再次进入“调温”设定时，接着上一次的温度挡位循环变化。

当操作键盘上锁后，按任何按键，操作无效。但“锁”标志闪烁 4s。

2）“标准”键：按“标准”键，冰箱进入标准状态，显示面板上“标准”字符点亮。

在标准状态下，按“标准”键，则退出标准状态，进入“调温”状态。显示板上“标准”字符点灭。

3）“节能”键：按“节能”键，冰箱进入节能状态，显示板上“节能”字符点亮。

在节能状态下，按“节能”键，则退出节能状态，进入“调温”状态。显示板上“节能”字符点灭。

4）“速冻”键：按“速冻”键，冰箱进入速冻状态，显示板上“速冻”字符点亮。

在速冻状态下，按“速冻”键，则退出速冻状态，进入“调温”状态。显示板上“速冻”字符点灭。

5）同时按“调温/解锁”、“标准”键，进入时钟调节状态，按“节能”键，调节小时，在 1 ~24 循环设定，按“速冻”，调节分钟，在 1 ~60 循环设定。按住设定键，则连续递增。时钟调节状态下，按“调温/解锁”、“标准”无效。如 5s 内不按任何按键，则设定值被确定。退出时钟调节状态。

6）最后一次按键 1min 后无按键操作，则操作键盘自动上锁。

4. 设备接线布图

（1）端子排与系统器件接线布图如图 2-92 所示。

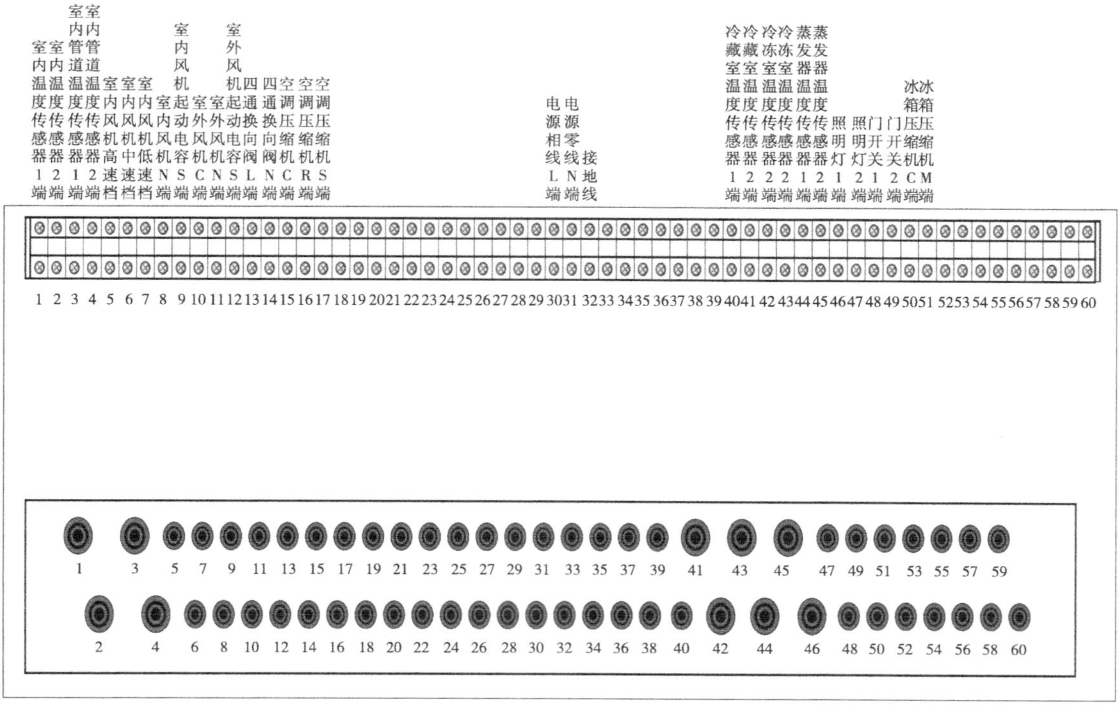

图 2-92　端子排与系统器件接线布图

（2）空调电气控制考核模块与端子排接线图如图 2-93 所示。

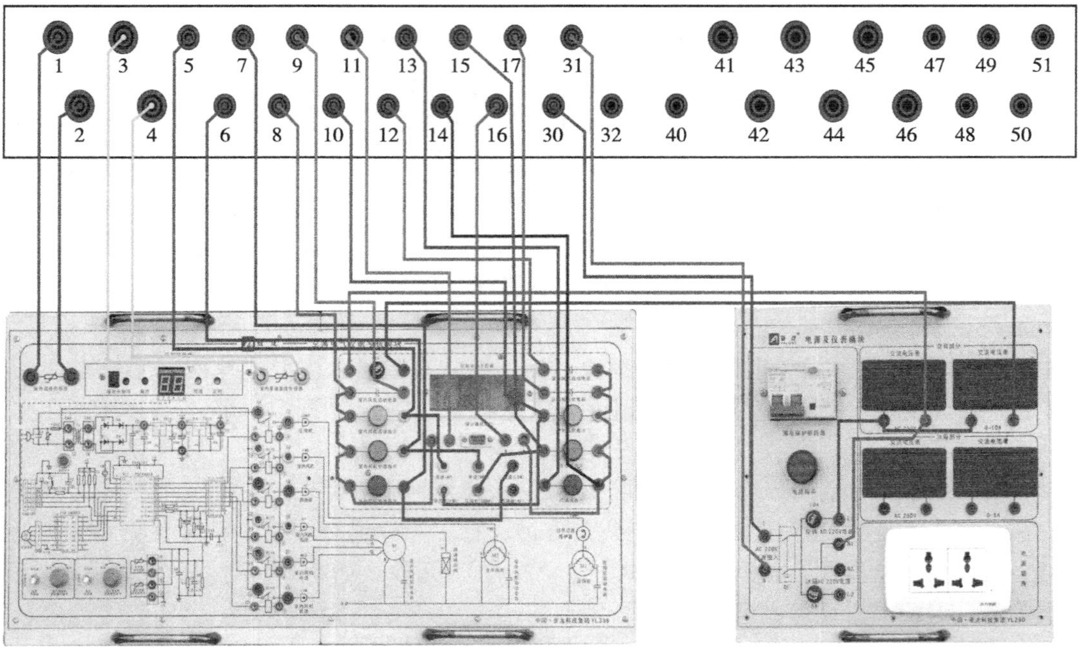

图 2-93　空调电气控制考核模块与端子排接线图

（3）冰箱智能温控电气考核模块与端子排接线图如图 2-94 所示。

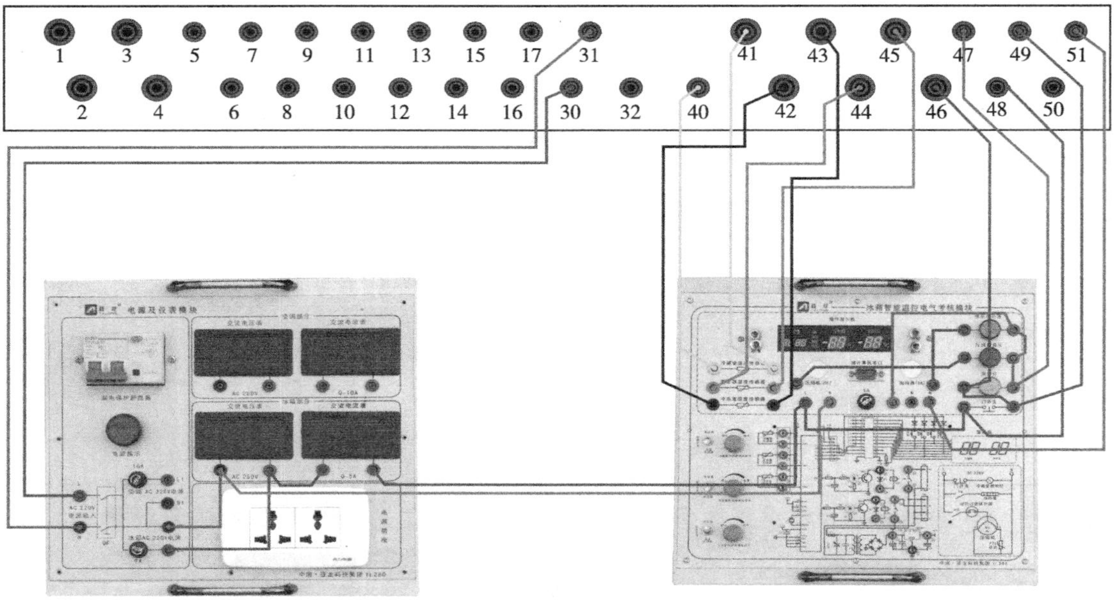

图 2-94　冰箱智能温控电气考核模块与端子排接线图

（4）冰箱 204E 电子式温控电气考核模块与端子排接线图如图 2-95 所示。

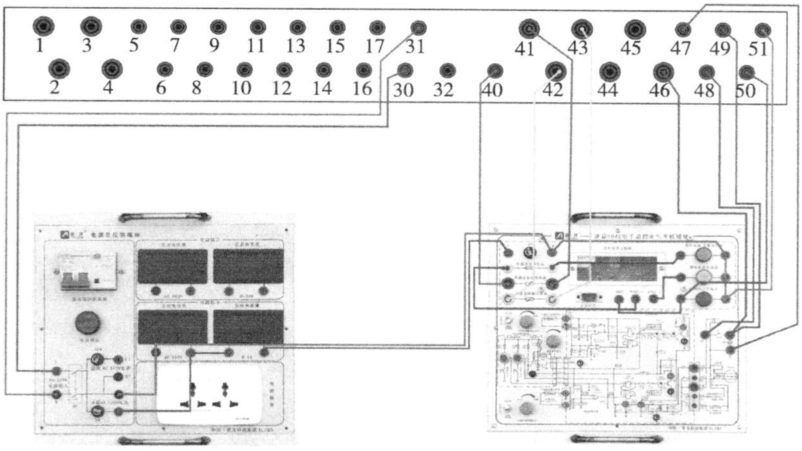

图 2-95 冰箱 204E 电子式温控电气考核模块与端子排接线图

📖 故障设置

设置一 冰箱 204E 电子式电气控制考核模块故障设置

（一）故障点编号及故障现象描述（见表 2-25）

表 2-25 故障点编号及故障现象描述

序号	故障名称	故障现象	故障检测方法	备注
K1	冷藏室温度传感器断路	压缩机无法工作，其他工作正常	用万用表直流电压挡 20V 挡，红表笔接 1 点，黑表笔接 2 点，正常值应为1～4V 之间，故障值为 6.8 V 左右	
K2	冷冻室化霜传感器短路	压缩机工作正常，将切换开关打至电位器，调节化霜传感器模拟调节至化霜位置仍无法进行化霜	用万用表直流电压挡 20V 挡，红表笔接 3 点，黑表笔接 4 点，正常值应为1～4V 之间，故障值为 0V	在化霜状态下设置该故障
K3	二极管 D801 坏	压缩机无法工作，其他工作正常	用万用表直流电压挡 20V 挡，红表笔接 6 点，黑表笔接 7 点，正常值应为 0.75V 左右，故障值低于 0.7V	在制冷状态下设置该故障
K4	晶体管 Q811 坏	压缩机无法工作，其他工作正常	用万用表直流电压挡 20V 挡，红表笔接 8 点，黑表笔接 7 点，正常值应为 0V，故障值为 14V 左右	在制冷状态下设置该故障
K5	晶体管 Q812 坏	压缩机工作正常，将切换开关打至电位器，调节化霜传感器模拟调节至化霜位置无法进行化霜	用万用表直流电压挡 20V 挡，红表笔接 9 点，黑表笔接 7 点，正常值应为 0V，故障值为 14V 左右	在化霜状态下设置该故障
K6	电阻 R812 坏	制冷压缩机和化霜都无法工作	用万用表直流电压挡 20V 挡，红表笔接 11 点，黑表笔接 7 点，正常值应为 6.8V，故障值为 0V	
K7	化霜继电器 RY02 触点不良	压缩机工作正常，流槽加热管和化霜加热管都不工作	用万用表交流电压挡 700V 挡，红表笔接 17 点，黑表笔接零线 13 点，正常值应为 220V，故障值为 0V	在制冷或化霜状态下设置该故障
K8	压缩机继电器 RY01 触点不良	流槽加热管和化霜加热管都工作正常，但压缩机不工作	用万用表交流电压挡 700V 挡，红表笔接 14 点，黑表笔接零线 13 点，正常值应为 220V，故障值为 0V	在制冷状态下设置该故障

（二）故障设置原理图

读图说明（见图 2-96）：

（1）如：K1 表示 1 号故障。

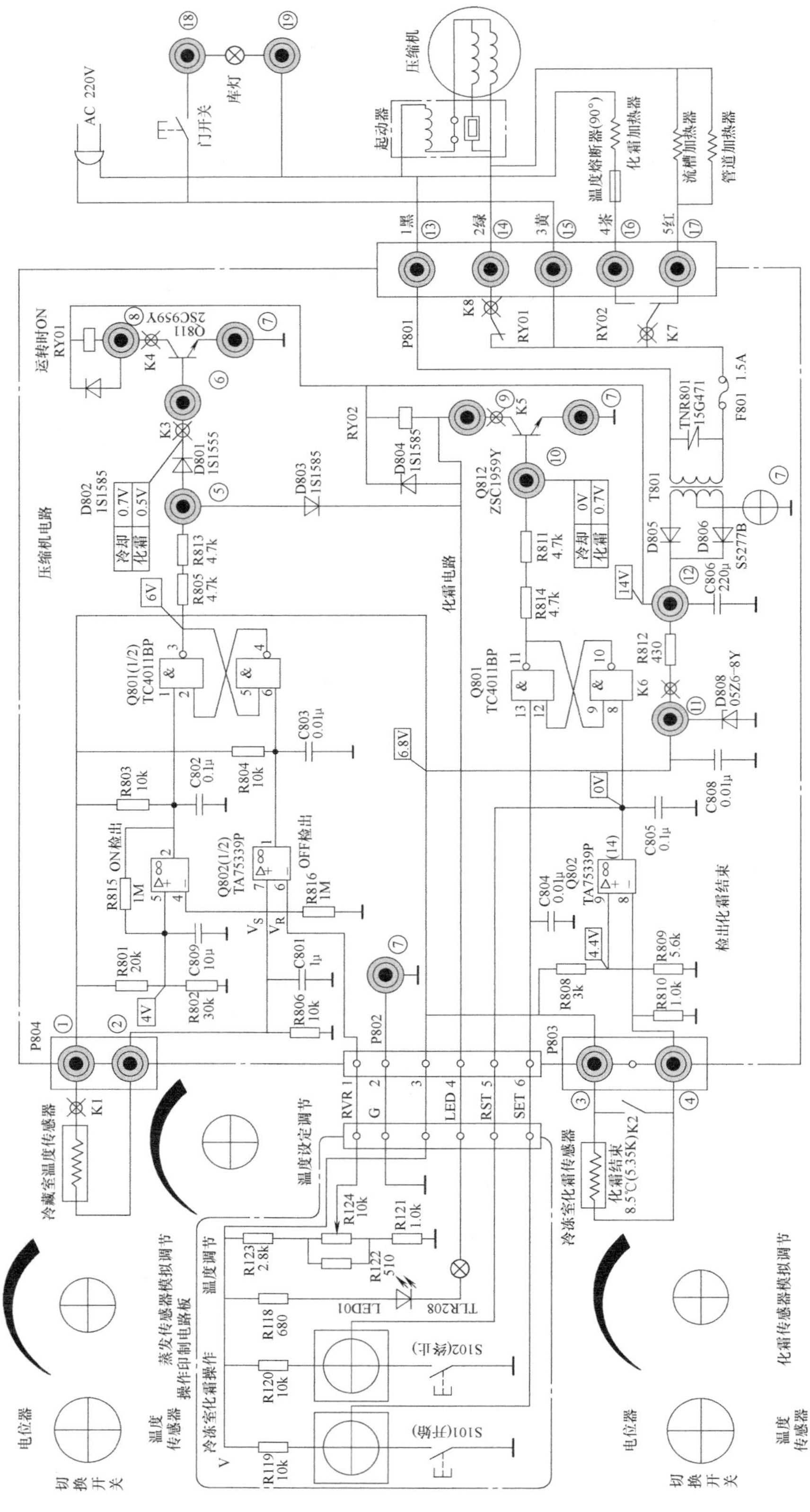

图2-96 故障设置原理图

（2）如：①表示检测点编号 1。

（三）故障检测方法示意表（见表 2-26）

表 2-26　故障检测方法

故　障　号	故障名称	故障现象
K1	稳压管 7812 坏	整机无法工作
K2	稳压管 7805 坏	整机无法工作
K3	室内温度传感器坏	进入保护状态，压缩机无法工作
K4	压缩机继电器 RLY1 坏	压缩机无法工作
K5	室外风机继电器 RLY3 坏	室外风机不工作
K6	四通阀继电器 RLY4 坏	四通阀不工作
K7	室内风机高速继电器 RLY7 坏	室内风机高速挡不工作
K8	集成 IC3 第 12 脚无输出	室内风机中速挡不工作

（四）举例说明故障检测方法

（1）1 号故障检测方法（见图 2-97）。

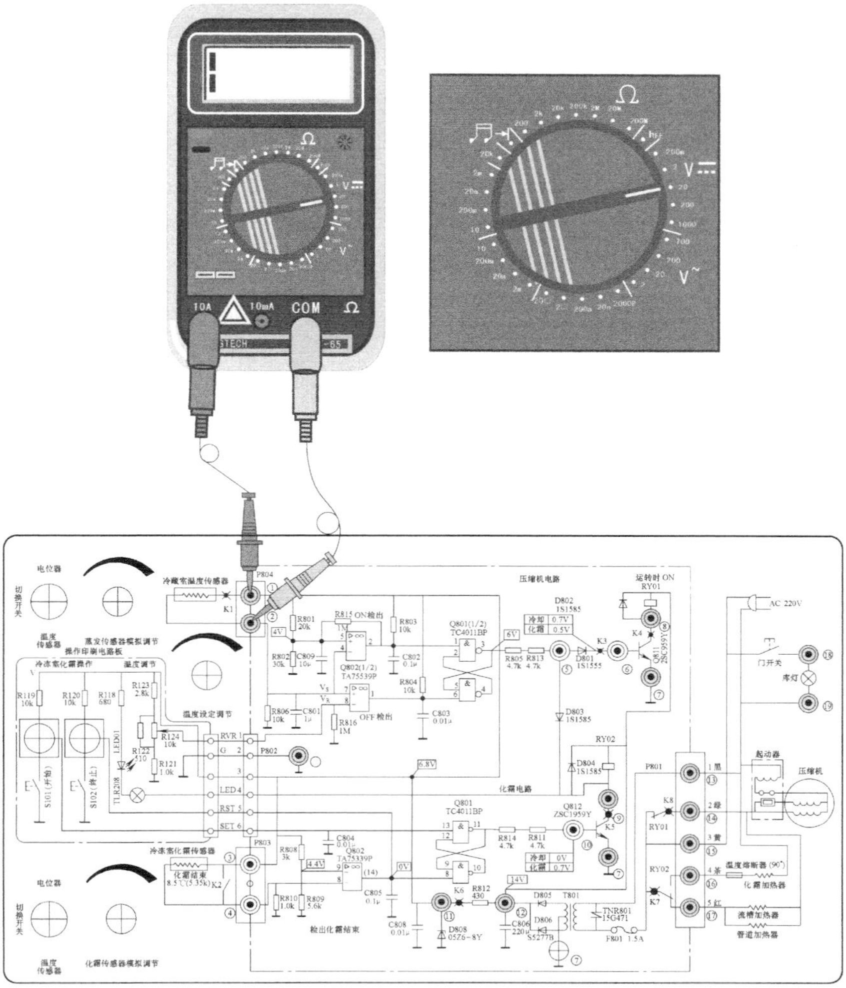

图 2-97　1 号故障检测方法

如图 2-97 所示，开机通电测量，用万用表直流电压挡 20V 挡，红表笔接 1 点，黑表笔接 2 点，正常值应为 1 ~4V 之间，故障值为 6. 8 V 左右。

（2）5 号故障检测方法（见图 2-98）。

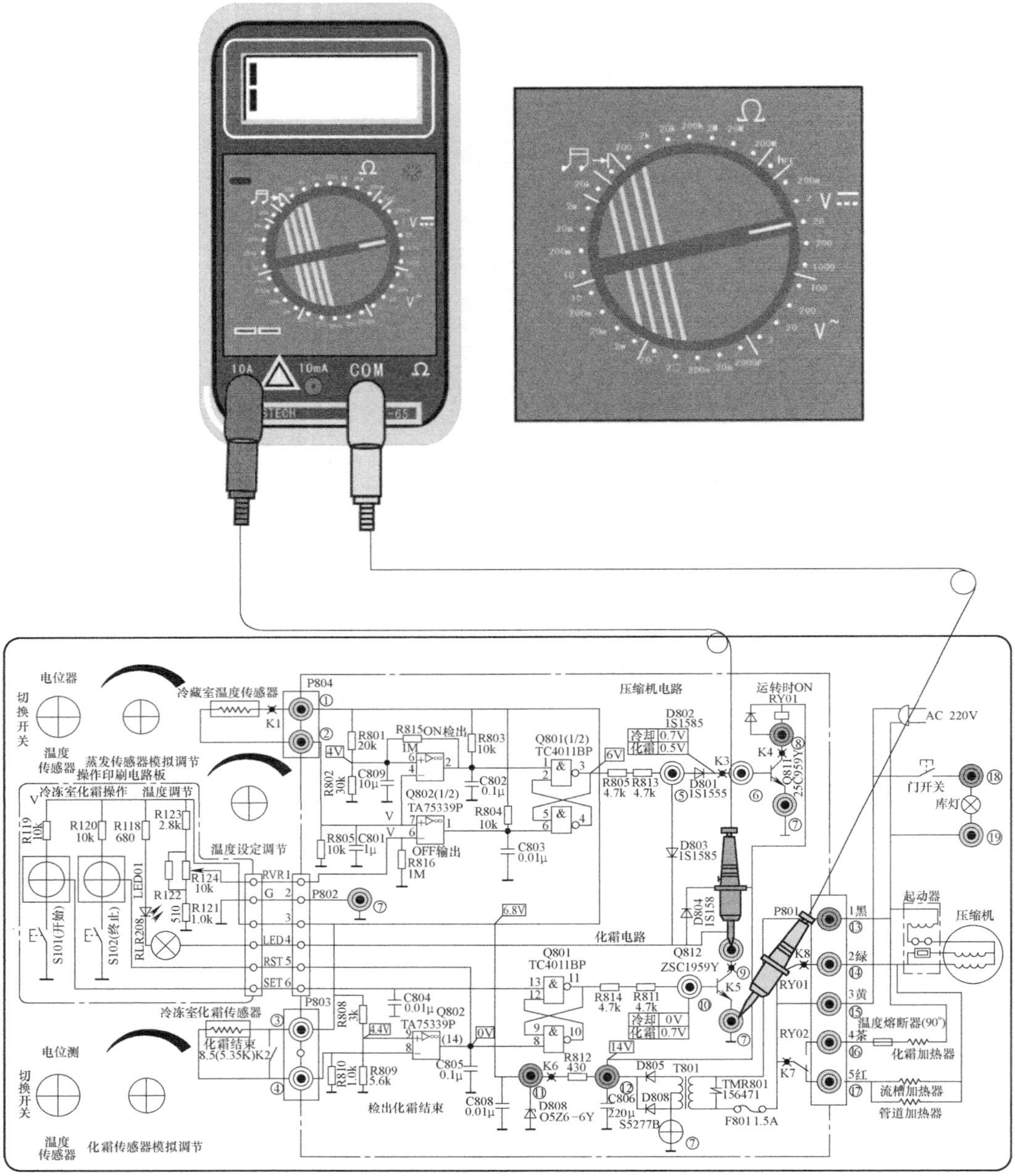

图 2-98　5 号故障检测方法

如图 2-98 所示，开机通电测量，用交流 20V 挡测 9（红表笔）和 7（黑表笔）点电压，正常值为 0V，故障值为 14V 左右。

设置二 空调电气控制考核模块故障设置

（一）故障点编号及故障现象描述（见表2-27）

表2-27 故障点编号及故障现象描述

序号	故障名称	故障现象	故障检测方法	备注
K1	稳压管IC7812损坏	开机无反应，整机无法工作	用万用表直流电压挡20V挡，红表笔接6点，黑表笔接14点，正常值应为12V左右，故障值应为0V	
K2	稳压管IC7805损坏	开机无反应，整机无法工作	用万用表直流电压挡20V挡，红表笔接7点，黑表笔接14点，正常值应为5V左右，故障值应为0V	
K3	室内温度传感器断路	无法正常开机，遥控接收板上显示故障码E1	用万用表直流电压挡20V挡，红表笔接7点，黑表笔接8点，正常值应为2～4V之间，故障值应为5V	
K4	压缩机主继电器RLY1触点断路	室内机工作正常，室外风机工作正常，但压缩机不工作	用万用表交流电压挡700V挡，红表笔接17点，黑表笔接2点，正常值应为220V左右，故障值应为0V	
K5	室外风机继电器RLY3触点断路	室内机工作正常，压缩机工作正常，但室外风机不工作	用万用表交流电压挡700V挡，红表笔接18点，黑表笔接2点，正常值应为220V左右，故障值应为0V	
K6	四通阀继电器RLY4触点断路	制冷模式下工作正常，制热模式下不制热	用万用表交流电压挡700V挡，红表笔接19点，黑表笔接2点，正常值应为220V左右，故障值应为0V	在制热模式下方可做该故障
K7	室内风机高速挡继电器RLY7触点断路	整机可工作，室内风机高速挡不运转，中、低速挡运转正常	用万用表交流电压挡700V挡，红表笔接20点，黑表笔接2点，正常值应为220V左右，故障值应为0V	制冷或制热模式下，将室内风机调到高速挡方可做该故障
K8	集成IC3第13脚无输出	整机可工作，室内风机中速挡不运转，高、低速挡运转正常	用万用表直流电压挡20V挡，红表笔接6点，黑表笔接14点，正常值应为12V左右，故障值应为0V	制冷或制热模式下，将室内风机调到中速挡方可做该故障

（二）举例说明故障检测方法：

（1）1号故障检测方法（见图2-99）。

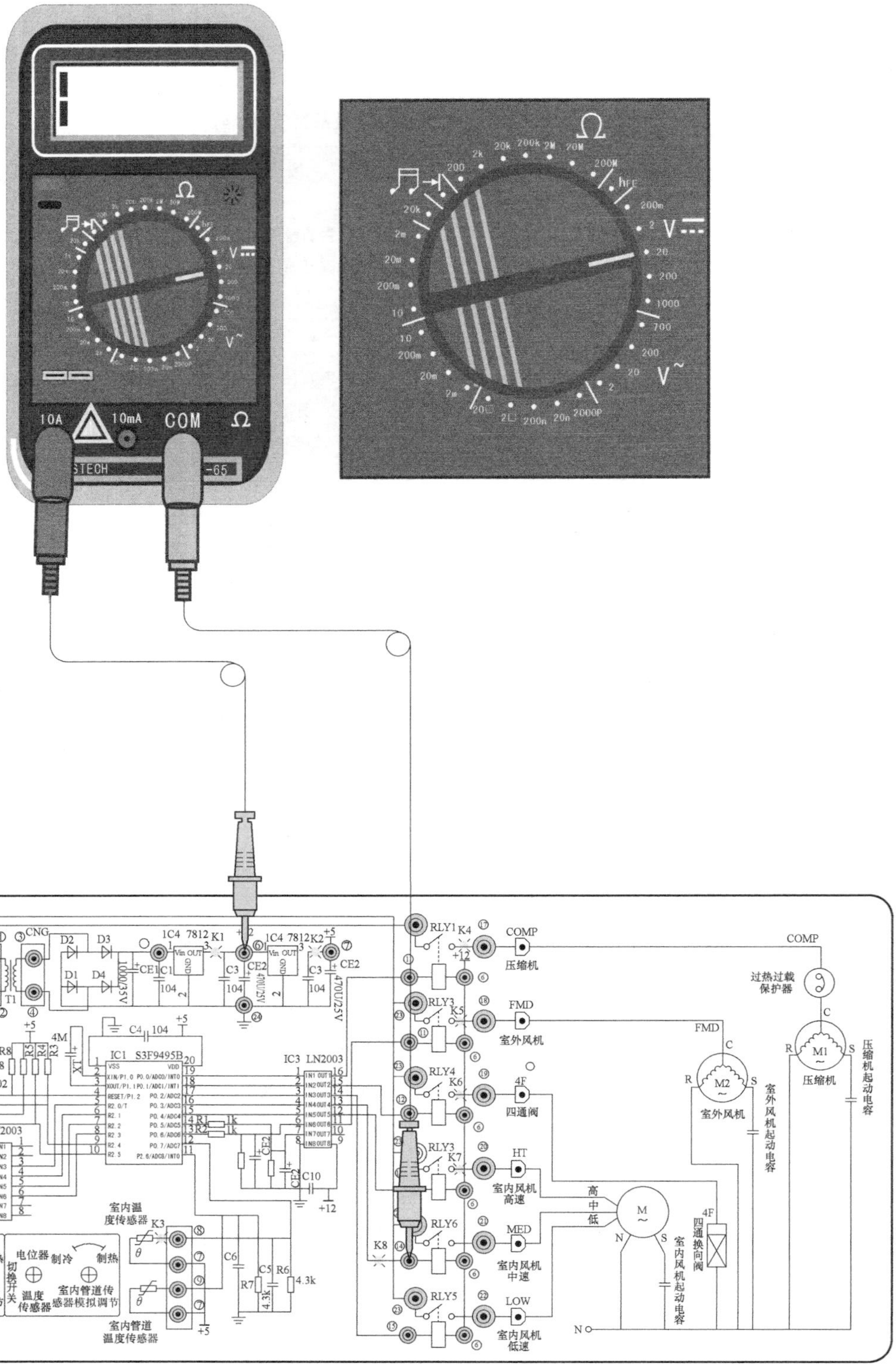

图 2-99　1 号故障检测方法

如图 2-99 所示，用万用表直流电压挡 20V 挡，红表笔接 1 点，黑表笔接 3 点，正常值应为 12～15V 之间，故障值为 0V 左右。

（2）5 号故障检测方法（见图 2-100）。

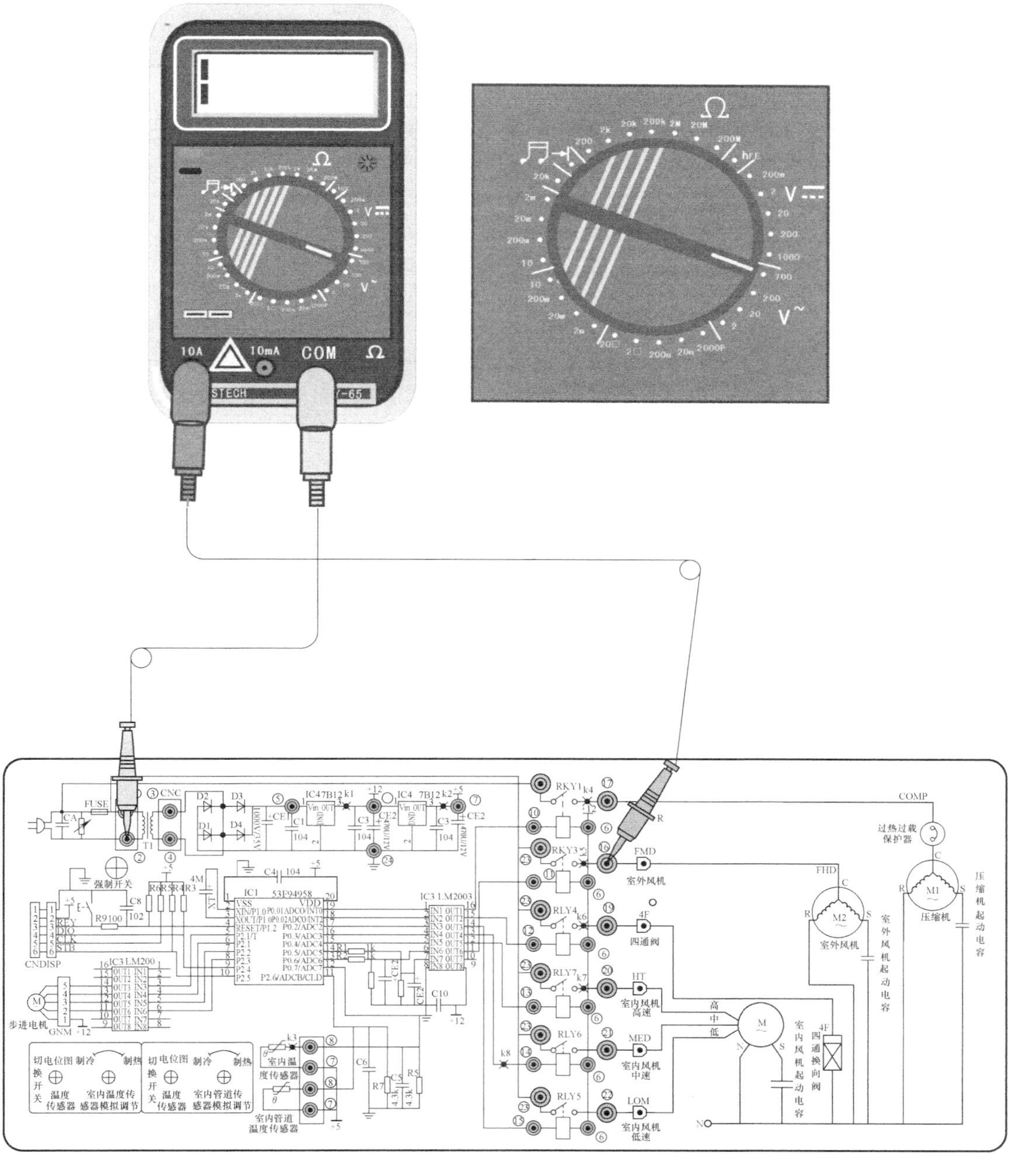

图 2-100　5 号故障检测方法

如图 2-100 所示，用万用表交流电压挡 700V 挡，红表笔接 18 点，黑表笔接 2 点，正常值应为 220V 之间，故障值应为 0V。

设置三　冰箱智能温控电气考核模块故障设置

（一）故障点编号及故障现象描述（见表2-28）

表2-28　故障点编号及故障现象描述

序号	故障名称	故障现象	故障检测方法	备　注
K1	整流二极管损坏	整机无法工作，显示屏无显示	用万用表直流电压挡20V挡，红表笔接1点，黑表笔接3点，正常值应为12～15V之间，故障值为0V左右	
K2	稳压管1N7805损坏	整机无法工作，显示屏无显示	用万用表直流电压挡20V挡，红表笔接2点，黑表笔接3点，正常值应为5V，故障值为0V	
K3	冷藏室温度传感器断路	压缩机无法工作，显示屏上冷藏室温度显示E1	用万用表直流电压挡20V挡，红表笔接2点，黑表笔接4点，正常值应为1～4V之间，故障值为5V	在制冷状态下设置该故障
K4	冷冻室温度传感器断路	压缩机无法工作，显示屏上冷冻室温度显示E2	用万用表直流电压挡20V挡，红表笔接2点，黑表笔接6点，正常值应为1～4V之间，故障值为5V	在制冷状态下设置该故障
K5	晶体管BQ1损坏	冷藏室温度达到化霜温度时化霜加热器不工作	用万用表直流电压挡20V挡，红表笔接7点，黑表笔接3点，正常值应为0.75V左右，故障值为0.7V以下	在化霜状态下设置该故障，将冷藏室传感器切换开关打到电位器位置，调节冷藏室传感器模拟电位器，使显示屏上冷藏室温度低于设定温度3℃才能化霜
K6	晶体管BQ2损坏	压缩机无法工作	用万用表直流电压挡20V挡，红表笔接8点，黑表笔接3点，正常值应为0.75V左右，故障值为0.7V以下	在制冷状态下设置该故障
K7	继电器HK触点断路	冷藏室温度达到化霜温度时化霜加热器不工作	用万用表交流电压挡700V挡，红表笔接13点，黑表笔接零线N点，正常值应为220V，故障值为0V	在化霜状态下设置该故障，将冷藏室传感器切换开关打到电位器位置，调节冷藏室传感器模拟电位器，使显示屏上冷藏室温度低于设定温度3℃才能化霜
K8	继电器YK触点断路	压缩机无法工作	用万用表交流电压挡700V挡，红表笔接15点，黑表笔接零线N点，正常值应为220V，故障值为0V	在制冷状态下设置该故障

（二）举例说明故障检测方法

（1）1号故障检测方法（见图2-101）。

如图2-101所示，用万用表直流电压挡20V挡，红表笔接1点，黑表笔接3点，正常值应为12～15V之间，故障值为0V左右。

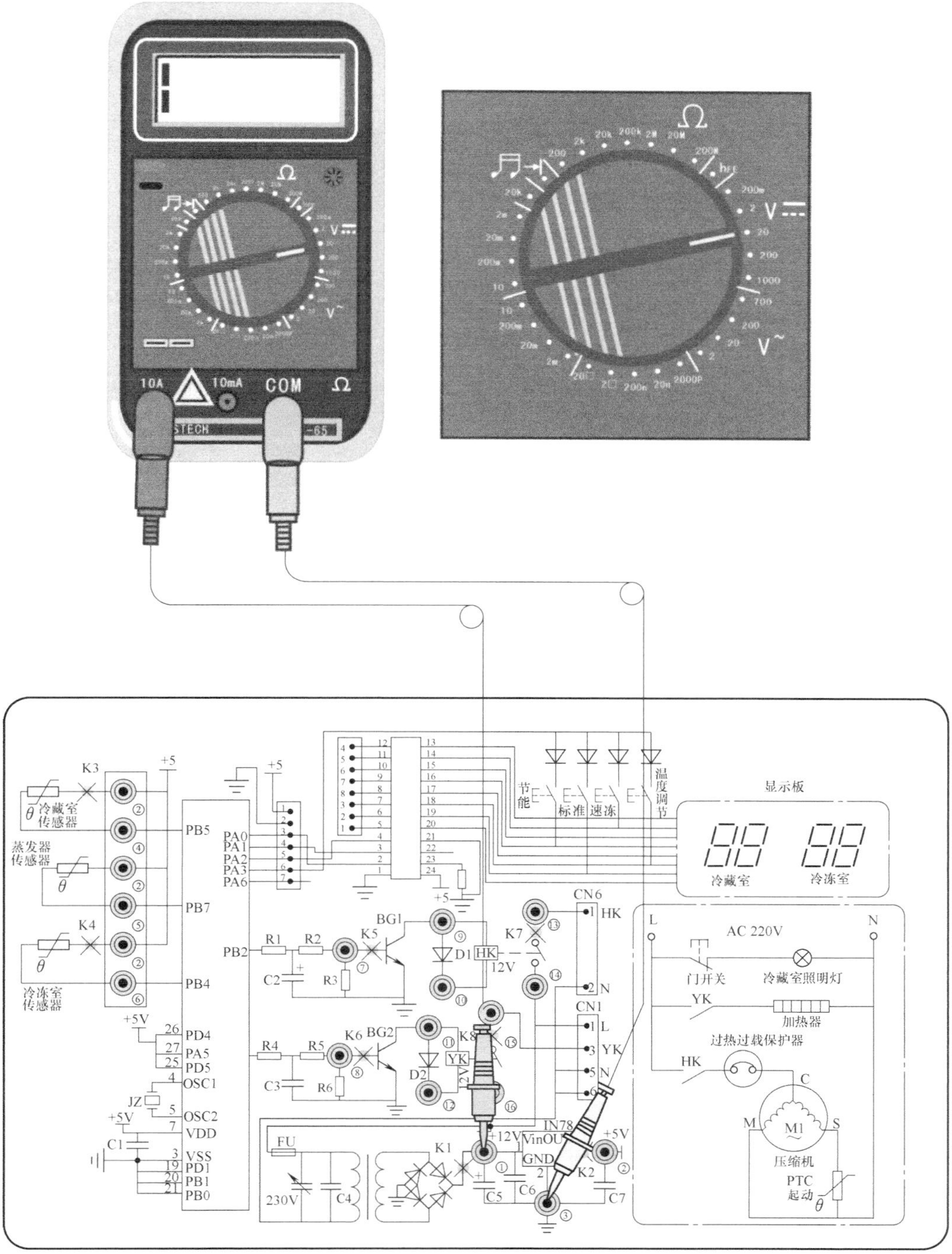

图 2-101　1 号故障检测方法

（2）5 号故障检测方法（见图 2-102）。

如图 2-102 所示，用万用表直流电压挡 20V 挡，红表笔接 1 点，黑表笔接 3 点，正常值应为 12～15V 之间，故障值为 0V 左右。

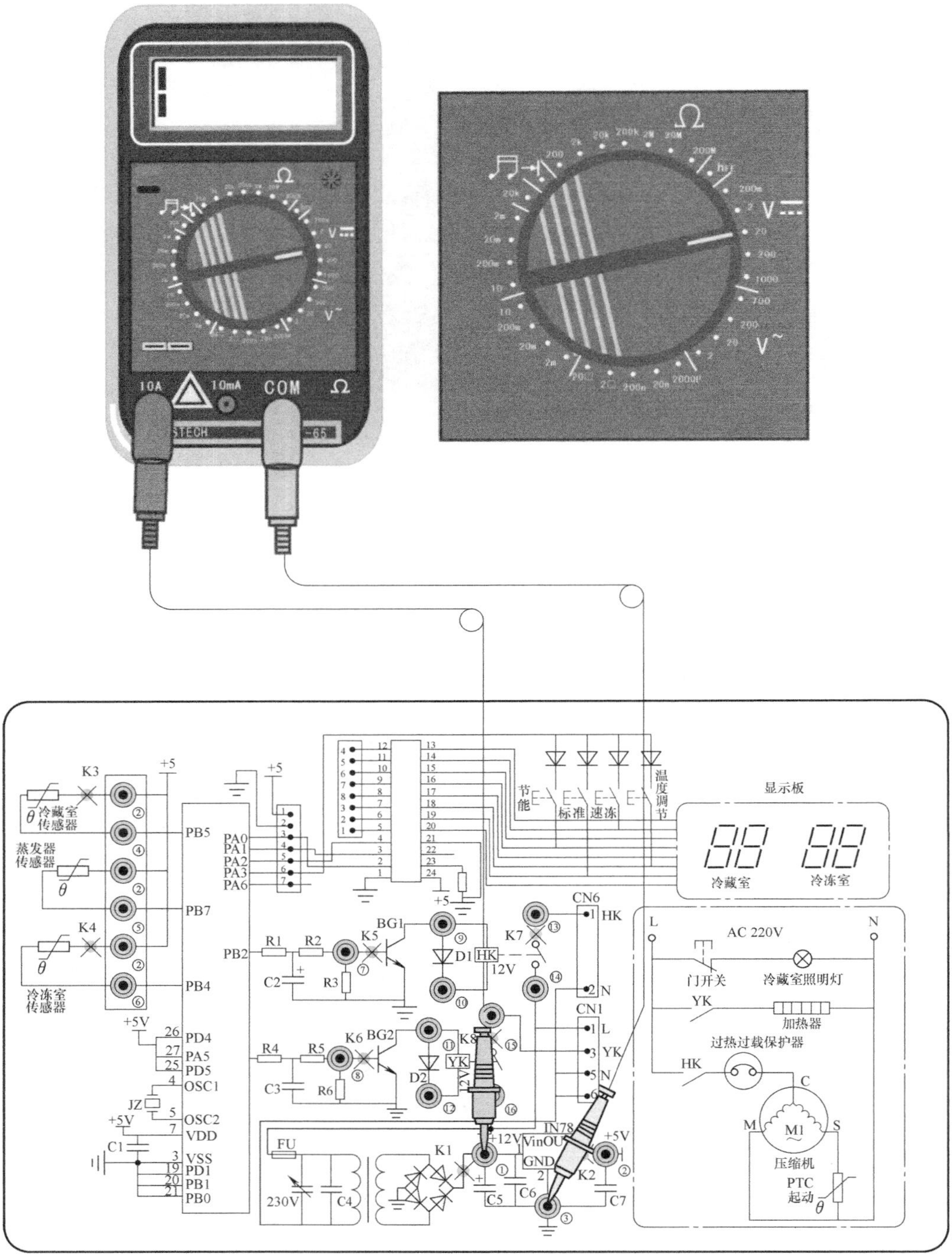

图 2-102　5 号故障检测方法

设置四　故障考核软件安装及使用说明

一、软件安装

（1）先将光盘放入光驱。

（2）双击桌面上“我的电脑”图标，然后找到 CD 驱动器，双击运行。

（3）双击制冷与空调考核软件包（

）进行解压。

（4）双击“亚龙制冷与空调实训考核. exe”（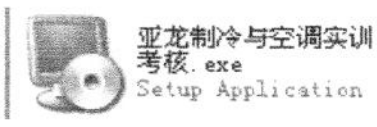

）进行安装。

（5）在出现的安装对话框里单击“下一步”（见图 2-103）。

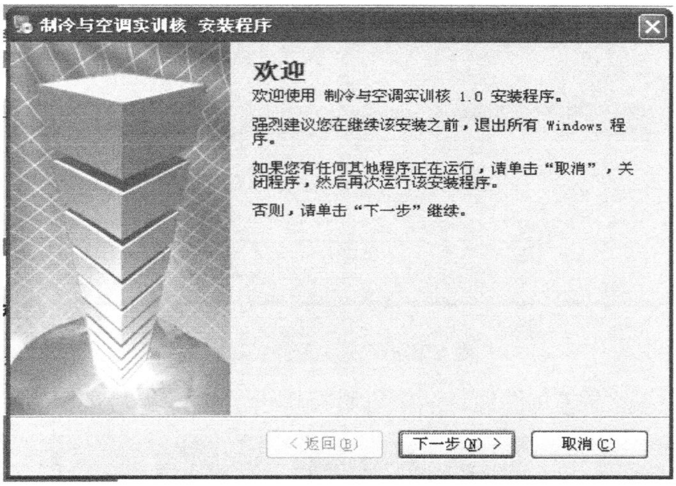

图 2-103　安装程序对话框

（6）在出现的用户信息对话框里直接单击“下一步”（见图 2-104）。

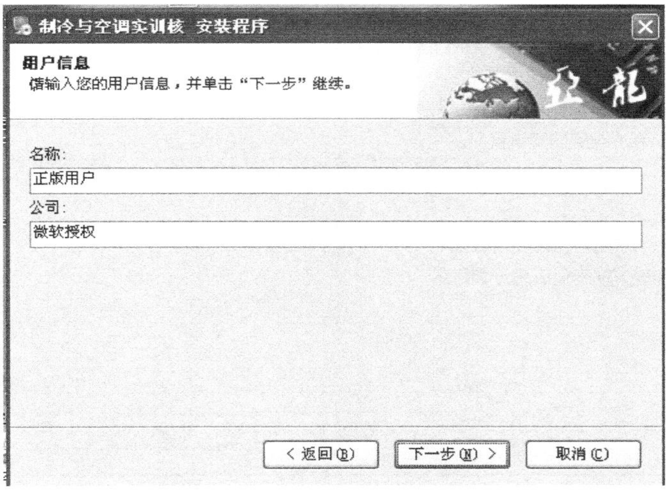

图 2-104　用户信息对话框

（7）在出现的安装文件夹对话框里，如果不想安装在 C 盘，可单击“更改”按钮选择其他盘，如不更改直接单击“下一步”（见图 2-105）。

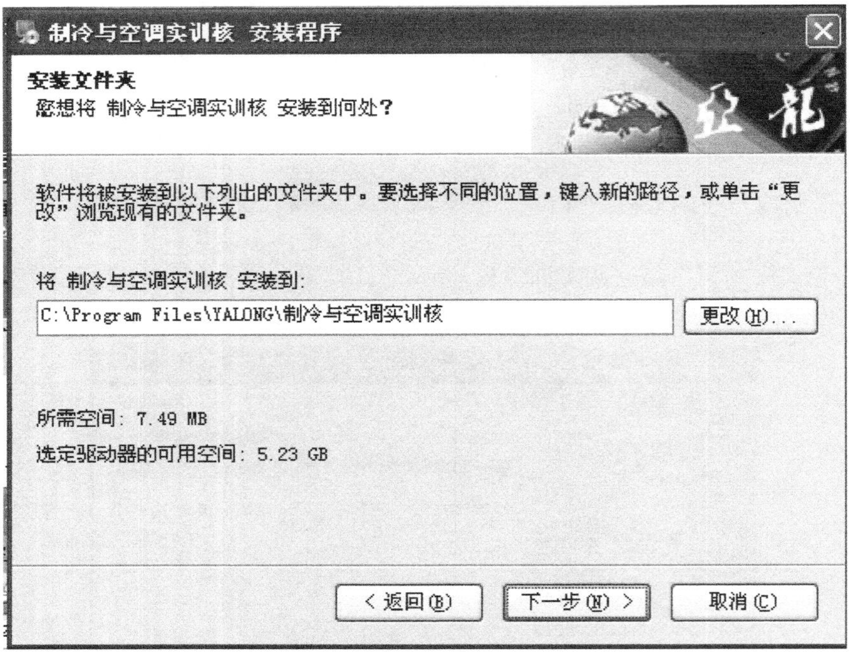

图 2-105 安装文件对话框

（8）在出现的快捷方式文件夹对话框里直接单击“下一步”（见图 2-106）。

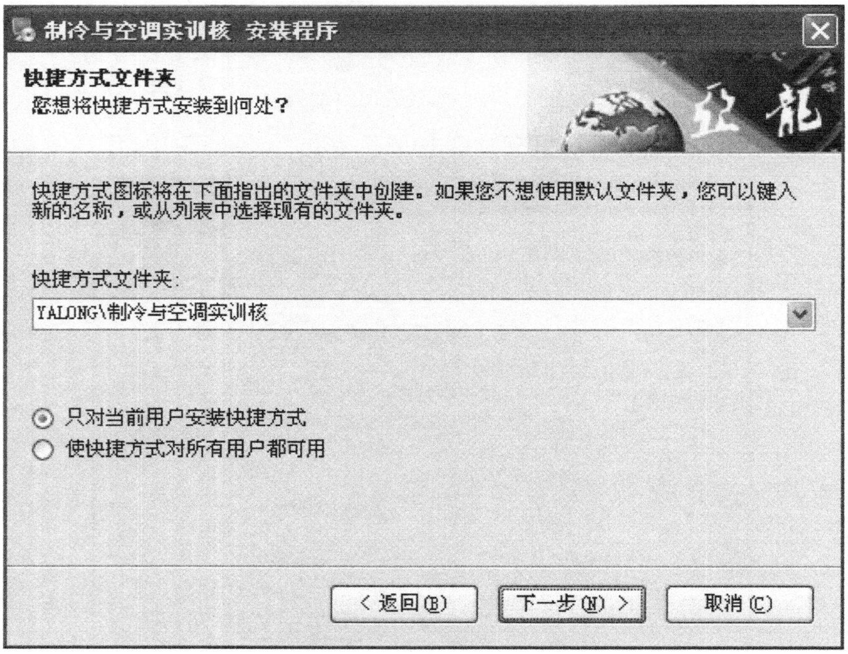

图 2-106 快捷方式文件夹对话框

（9）在出现的准备安装对话框里直接单击“下一步”（见图 2-107）。

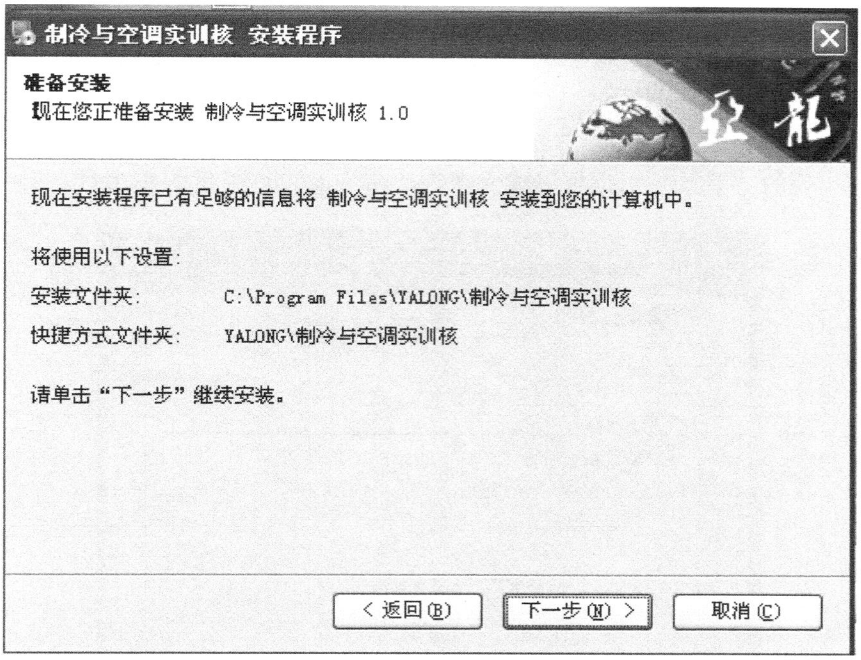

图 2-107　准备安装对话框

（10）安装完成后直接单击“完成”按钮（见图 2-108）。

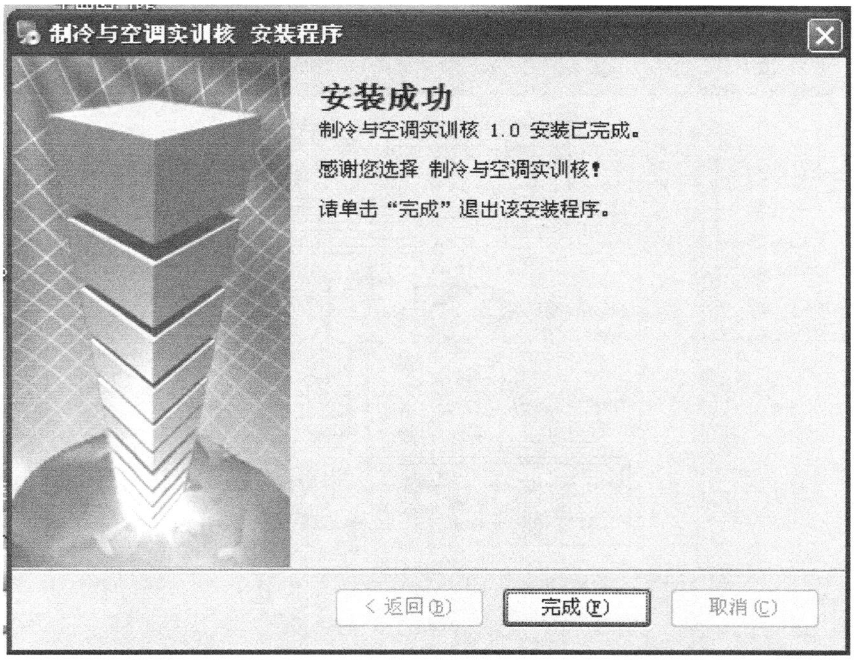

图 2-108　安装完成

二、软件使用说明

（1）注意：在使用考核软件前先用 AVR 串口线把计算机主机与模块连接好。

（2）双击桌面上“亚龙制冷与空调实训考核”软件图标（
）。

（3）在出现的“登录”对话框里输入密码（yalong2009）（见图 2-109）。

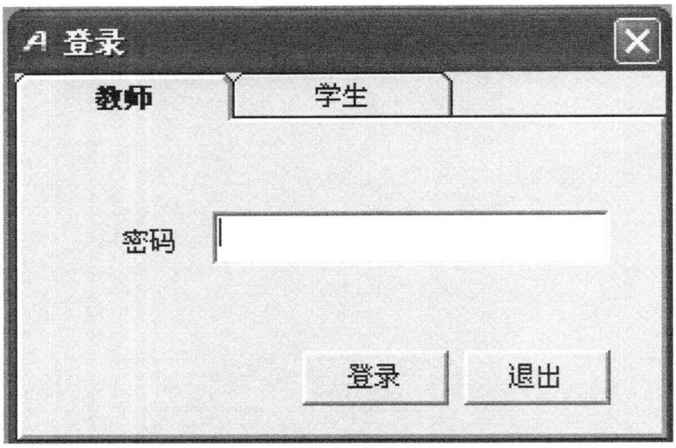

图 2-109　“登录”对话框

（4）然后单击“登录”，进入故障设置电路图（见图 2-110）。

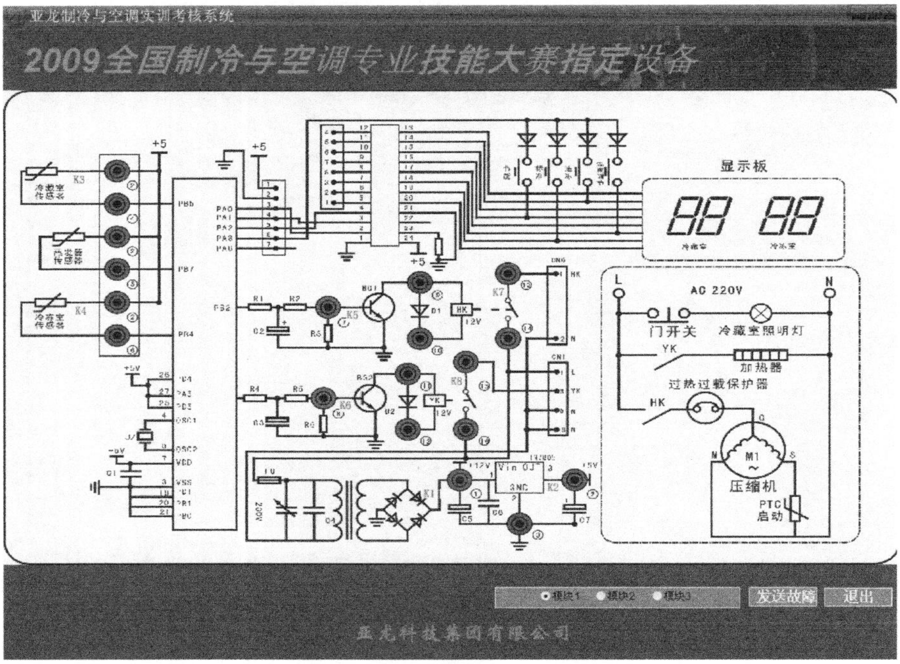

图 2-110　故障设置电路图

（5）要设置故障时，用鼠标左键单击电路图上的故障号，如 K1（可同时设置多个故障），此时单击过的故障号会变成红色，同时该电路会断开或短路（见图 2-111）。

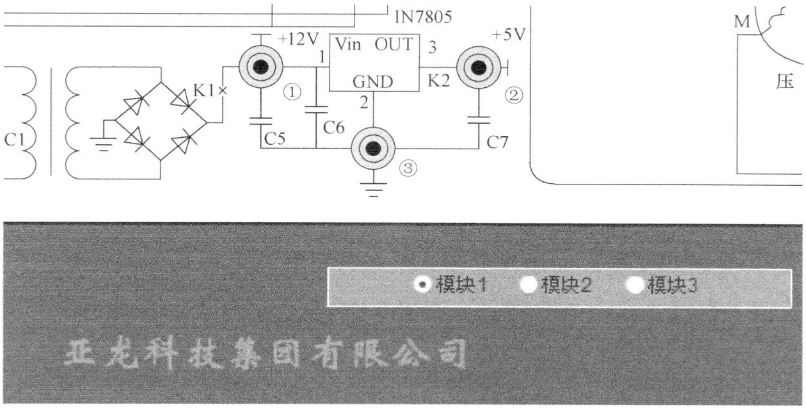

图 2-111　设置故障

（6）设置好故障后，单击右下角的“发送故障”按钮（见图 2-112）完成故障发送。

图 2-112　发送故障

（7）故障设置电路图底部分别有模块 1、模块 2、模块 3 可进行选择。注意：AVR 串口线连接哪种模块，这里就选择哪种模块。

（8）排除故障时，用鼠标左键单击电路图上的故障号，如 K1，然后单击右下角的“发送故障”按钮完成故障排除。

模块三　“四新”知识与安全讲座

讲座一　现代制冷新技术的发展与应用

任务描述

1）现代制冷新技术的有关知识。

2）制冷技术的历史与发展。

3）各种常见制冷的方法。

4）制冷技术的应用。

任务目标

1）了解现代制冷的基本概念与技术分类。

2）知道现代制冷和空调的历史与发展。

3）掌握各种不同的制冷方法与最新发展。

4）熟悉现代制冷新技术的应用。

任务实施

一、制冷新技术的发展过程

（一）制冷新技术的发展历史

制冷技术作为一门科学，是19世纪中期和后期发展起来的。在此之前，人类很早就知道利用天然冷源，如利用保存到夏季的冬季自然界的天然冰、雪或地下水资源，进行防暑降温和冷藏食物。

（1）机械制冷技术的发展。

1）1755年：库仑利用乙醚蒸发使水结冰；布拉克提出了汽化热的概念，并发明了冰量热器。

2）1809年：美国人发现了压缩式制冷的原理。

3）1824年：德国人发现了吸收式制冷的原理。

4）1834年：波尔金斯造出了第一台用乙醚为制冷剂的蒸气压缩式制冷机。

5）1844年：约翰·高里制成了世界上第一台制冷和空调用的空气制冷机。

6）1844 年：美国医生高里在佛罗里达州利用刚发明的制冰机造出了第一台空调器，并于 1851 年获得美国专利。

7）1858 年：尼斯取得了冷库设计的第一个美国专利。

8）1859 年：卡列设计制造了第一台氨水吸收式制冷机。

9）1874 年：皮特采用二氧化硫作为制冷剂。

10）1875 年：林德设计成功氨制冷机。

11）1910 年：马利斯·莱兰克在巴黎发明了蒸气喷射式制冷系统，第一台以氨为制冷剂的冰箱问世。

12）1918 年：科普兰发明家用冰箱。

13）1919 年：美国芝加哥兴建了第一座空调电影院。

14）1920 年：美国开利公司制造出第一台开启式压缩机的卧式柜型空调器。

15）1930 年：出现了舒适性空调列车，第一台以氟利昂为制冷剂（R12）的制冷机问世。

（2）制冷剂发展史。

在各种制冷机中，压缩式制冷机发展始终处于领先地位。随着制冷机的不断发展，制冷剂的种类也逐渐增多，从早期的乙醚、空气、二氧化硫到二氧化碳、氨、氯甲烷等。

1）1929—1930 年米杰里首次用 CC12F2 作为制冷剂，取得很好的效果。杜邦公司将其命名为氟利昂 12（Freon12），简称 F12，后称为 R12。

2）20 世纪 50 年代开始使用共沸混合物制冷剂。

3）20 世纪 60 年代开始应用非共沸混合物制冷剂。

4）直至 20 世纪 80 年代关于 CFC 具有消耗臭氧层的问题正式被公认以前，以各种卤代烃为主的制冷剂的发展已达到相当完善的程度。

5）CFC 问题的出现及其替代技术的发展，对制冷工业来说，是一次历史性的冲击，它打乱了制冷工业已有的发展现状，但又提供了新的发展机遇，使制冷剂进入一个以 HFC 为主体和向天然制冷剂发展的新的历史阶段。

（二）发达国家的一些学术组织

1）1888 年英国建立了“英国冷库和冰协会”。

2）1891 年美国成立了“美国冷藏库协会”。

3）1900 年法国成立了“法国和殖民地冷藏工业理事会”。

4）1903 年和 1904 年，美国先后成立了“美国制冷设备制造协会”、“美国制冷工程师协会（ASHRAE）”。

5）1908 年在法国巴黎成立了“国际制冷学会（International Institute of Refrigeration，IIR）”，现在大约有 60 个国家会员，我国于 1978 年加入该学会。

（三）我国制冷技术的历史及现状

我国的低温研究工作是从 20 世纪 50 年代开始的，直到 20 世纪 50 年代末期我国的制冷机制造业才发展起来。目前，现代制冷工业正处于一个飞速发展到成熟的过程中。

1）1951 年，第一台窗式空调器正式问世。

2）1964 年，我国第一台“双鹿”牌窗式空调器问世。

3）20 世纪 80 年代末，我国电冰箱产量占全世界第一位。

4）20世纪90年代中，我国空调器产量占全世界第一位。

二、各种制冷方法的最新发展

（一）常见制冷方法的制冷本质

1）利用液体汽化实现制冷的方法有：蒸气压缩式、蒸气吸收式、蒸气喷射式、蒸气吸附式。

2）气体膨胀制冷（利用做功实现制冷）。

3）涡流管制冷（利用热传递实现制冷）。

4）热电制冷（利用热电效应实现制冷）。

5）磁制冷（利用磁热效应实现制冷）。

6）电化学制冷（利用化学反应实现制冷）。

（二）各种制冷方法的原理与最新发展

1. 方法一：蒸气压缩式制冷　制冷剂液体在蒸发器内以低温与被冷却对象发生热交换，吸收被冷却对象的热量并汽化，产生的低压蒸气被压缩机吸入，经压缩后以高压排出。压缩机排出的高压气态制冷剂进入冷凝器，被常温的冷却水或空气冷却，凝结成高压液体。高压液体流经膨胀阀时节流，变成低压低温的气液两相混合物，进入蒸发器，其中的液态制冷剂在蒸发器中蒸发制冷，产生的低压蒸气再次被压缩机吸入（见图3-1），如此反复，实现持续制冷。研究了各种最新的压缩机（交流/直流变频压缩机）与制冷剂（R134a、R600a、R410A），此种方法是目前应用最为广泛的一种制冷方法。

2. 方法二：蒸气吸收式制冷　蒸气吸收式制冷系统如图3-2所示。

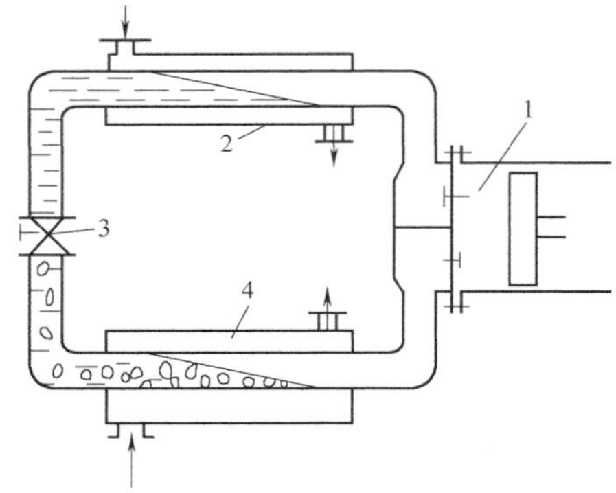

图3-1　蒸气压缩式制冷系统

1—压缩机　2—冷凝器　3—膨胀阀　4—蒸发器

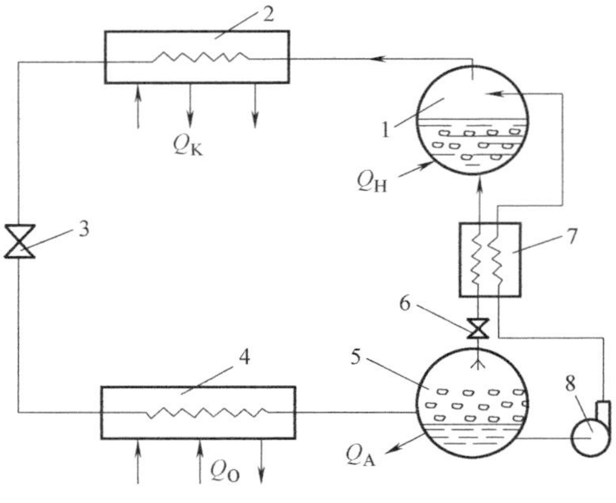

图3-2　蒸气吸收式制冷系统

1—发生器　2—冷凝器　3—节流阀　4—蒸发皿

5—吸收皿　6—节流阀　7—热交换器　8—溶液泵

（1）氨水吸收式制冷机：氨为制冷剂，水为吸收剂。

（2）溴化锂吸收式制冷机：水为制冷剂，溴化锂为吸收剂。

吸收式制冷机和蒸气压缩式制冷机都是利用制冷剂的汽化热制取冷量的。

吸收式制冷可避免使用对大气臭氧层有破坏作用的CFCs或HCFCs制冷剂，故它对节能和环保均具有非常重要的意义，是一种大有发展前途的制冷方法。但传统吸收制冷的制冷温度不低，大大限制了吸收制冷的应用范围，特别是在既有大量余热又需冷冻的场合，例如生物、制药、食品加工、化工等行业。在这些场合，一方面大量余热白白被浪费掉，另一方面又要消耗高品位电力网的电能来实现冷冻。

3. 方法三：蒸气喷射式制冷　蒸气喷射式制冷系统的组成部件包括：喷射器、冷凝器、蒸发器、节流阀、泵。喷射器又由喷嘴、吸入室、扩压器三个部分组成，如图3-3所示。

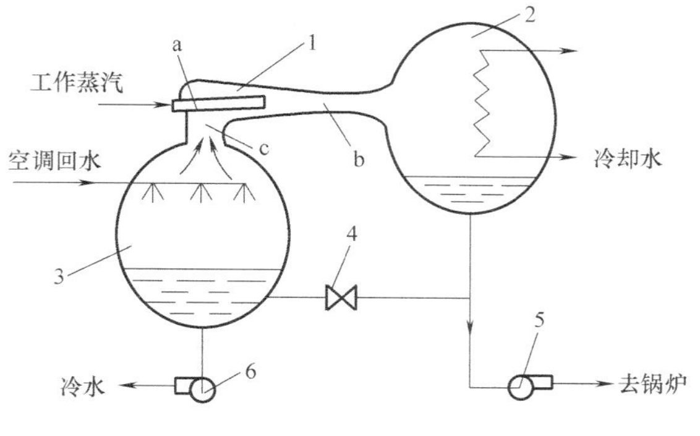

图3-3　蒸气喷射式制冷系统

1—喷射器（a—喷嘴；b—抗压器；c—吸入室）　2—冷凝器　3—蒸发器　4—节流阀　5、6—泵

(1) 工作过程。用锅炉产生高温高压的工作水蒸气。工作水蒸气进入喷嘴，膨胀并以高速流动（流速可达1000m/s以上），于是在喷嘴出口处造成很低的压力，这就为蒸发器中水在低温下汽化创造了条件。由于水汽化时需从未汽化的水中吸收汽化热，因而使未汽化的水温度降低（制冷）。这部分低温水便可用于空气调节或其他生产工艺过程。蒸发器中产生的冷剂水蒸气与工作水蒸气在喷嘴出口处混合，一起进入扩压器；在扩压器中由于流速降低，于是压力升高；到冷凝器，被外部冷却水冷却变为液态水。液态水再由冷凝器引出，分两路：一路经过节流阀降压后送回蒸发器，继续蒸发制冷；另一路用泵提高压力送回锅炉，重新加热产生工作水蒸气。

(2) 蒸气喷射式制冷机特点。以热量为补偿能量形式，结构简单，加工方便，没有运动部件，使用寿命长，故具有一定的使用价值，但其效率低。

(3) 蒸气喷射式制冷机现状。蒸气喷射式制冷机与吸收式制冷机都是以热能为动力的，后者是用两种物质组成的溶液作为循环工质，而前者共用单一的物质作为工质。目前，通常都是用水。因为水的汽化热大、无毒、无危险、价格低廉又极易获得，但它存在着系统真空度高、只能制取0℃以上低温等缺陷。

近年来，为了达到特殊的目的（例如想获得0℃以下的低温），蒸气喷射式制冷机系统中已可以采用其他工质（如氟利昂等）作为制冷剂。也有人将喷射式系统用于压缩式制冷系统的低压级作为增压器使用，以便用单级往复式制冷压缩机制得更低的温度。蒸气喷射式制冷机以热能代替机械能或电能，但它的效率远低于溴化锂吸收式制冷机，因此在空调系统中已逐渐被溴化锂吸收式制冷机所取代。

4. 方法四：吸附制冷　如图3-4所示为太阳能沸石—水吸附制冷原理。

吸附制冷机原理：一定的固体吸附剂对某种制冷剂气体具有吸附作用。吸附能力随吸附剂温度的不同而不同。周期性地冷却和加热吸附剂，使之交替吸附和解吸。解吸时释放并使之凝为液体吸附体时，制冷剂液体蒸发，产生制冷作用。吸附工质（吸附剂、制冷剂）（沸石—水）（硅胶—水）（活性炭—甲醇）（金属氢化物）（氯化锶—氨）。

目前投入使用的吸附制冷系统主要集中在制冰和冷藏两个方面，用于空调领域的实践很少，只有少量在车辆和船舶上应用的报道。这主要是因为吸附制冷系统暂时尚无法很好地克服COP值偏低、制冷量相对较小、体积较大等固有的缺点，此外其冷量输出的连续性、稳

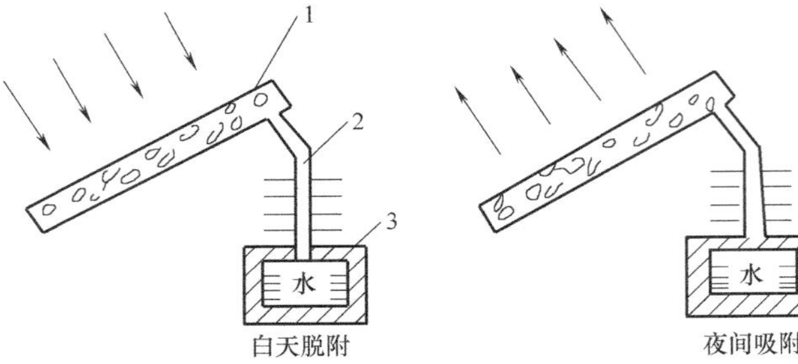

图 3-4　太阳能沸石—水吸附制冷原理

1—吸附床　2—冷凝器　3—蒸发器

定性和可控性较差也使其目前不能满足空调用冷的要求。如今有人提出，在现有的技术水平下，可以结合冰蓄冷或作为常规冷源补充两种方式将吸附制冷用于建筑空调方面。吸附制冷与常规制冷方式相比，其最大的优势在于利用太阳能和废热驱动，极少耗电，而与同样使用热量作为驱动力的吸收式制冷相比，吸附式制冷系统的良好抗震性又是吸收系统无法相比的。在太阳能或余热充足的场合和电力比较贫乏的偏远地区，吸附制冷具有良好的应用前景。

5. 方法五：热电制冷　热电制冷又称温差电制冷或半导体制冷。它是利用热电效应（即珀尔帖效应）的一种制冷方法。如图 3-5 所示为由 P 型和 N 型半导体组成的热电制冷元件。

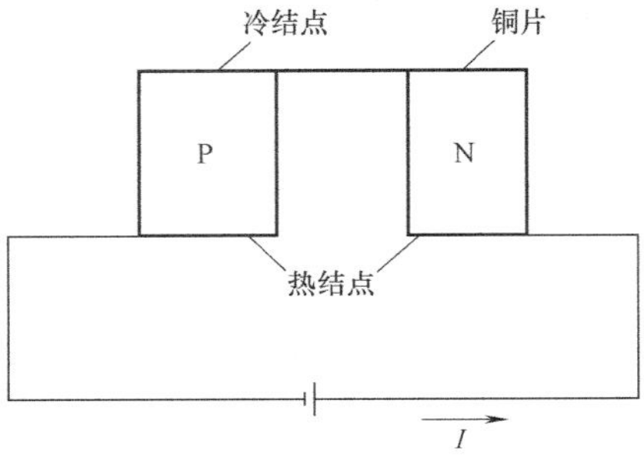

图 3-5　由 P 型和 N 型半导体组成的热电制冷元件

热电制冷器，也被称为珀尔帖制冷器，是一种以半导体材料为基础，可以用作小型热泵的电子元件。通过在热电制冷器的两端加载一个较低的直流电压，热量就会从元件的一端流到另一端。此时，制冷器的一端温度就会降低，而另一端的温度就会同时上升。值得注意的是，只要改变电流方向，就可以改变热流的方向，将热量输送到另一端。所以，在一个热电制冷器上就可以同时实现制冷和加热两种功能。因此，热电制冷器还可以用于精确的温度控制。

热电制冷技术是一种环保型制冷技术，应用越来越广泛，可以满足一些特殊制冷场合的制冷要求，在先进电子封装的高精度温度控制、高品质电子元器件性能检测和电子芯片冷却的应用中体现了其他制冷方法所不具备的优越性。

当前尽管国内外热电技术发展很快，但仍然有许多问题亟待解决，主要是受材料制约。热电制冷的制冷量有限，制冷效率太低，而且随着所需温差的增大，所需级数越多，制冷效率就越低，所以不能完全代替传统的制冷技术，目前只适合于要求产冷量小的领域。要使热电制冷得到更为广泛的实际应用，就应努力提高其制冷效率，其关键在于开发出更好的半导体制冷材料。

6. 方法六：磁制冷　磁制冷是利用磁热效应的制冷方式。

机理：固体磁性物质在不受磁场作用磁化时，系统的磁有序度加强（磁熵减小），对外放热，再将其去磁，则磁有序度下降（磁熵增大），又要从外界吸热。磁制冷分为低温磁制冷（16K 以下）和高温磁制冷（20K 以上）。

磁制冷被认为是一种“绿色”的制冷方式，有望代替现在正在使用的耗能大且有害环境的气体压缩制冷方式。和现在最好的制冷系统相比，磁制冷可以少消耗 20% ~30% 的能源且不破坏臭氧层和排放温室气体。作为磁制冷技术的心脏，磁制冷材料的性能直接影响到磁制冷的功率和效率等性能，因而性能优异的磁制冷材料的研究激发了人们极大的兴趣。

7. 方法七：涡流管制冷　涡流管制冷首先是由法国人兰克（Ranque）提出的，1931 年兰克发现旋风分离器中旋转的空气流具有低温。于是他在 1933 年发明了一种装置，可以使压缩气体产生涡流，并将气体分成冷、热两部分，该装置称为涡流管，又叫兰克管。这种制冷方法称为涡流管制冷。涡流管制冷装置如图 3-6 所示。

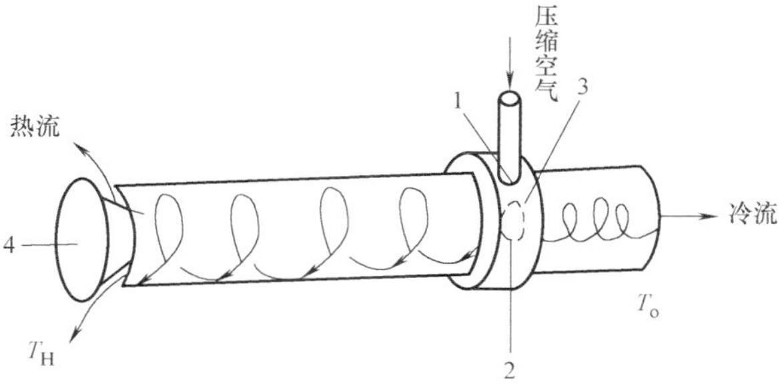

图 3-6　涡流管制冷装置

1—喷嘴　2—孔板　3—涡流室　4—控制阀

涡流管制冷方法的缺点：效率低、噪声大。其优点：结构简单、维护方便、使用灵活、起动快。

研究表明，涡流管制冷的单极最低制冷温度可达 -75℃。

8. 方法八：空气膨胀制冷

机理：高压气体绝热膨胀时膨胀做功，同时气体的温度降低。用此法可获得低温。

工质：空气、CO_2、O_2、N_2、He 或其他理想气体。

（1）定压循环空气制冷机如图 3-7 所示。

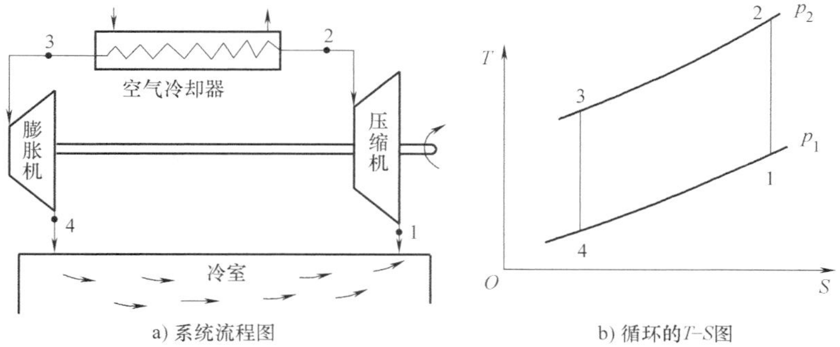

图 3-7　采用定压循环的空气制冷机

（2）有回热循环空气制冷机有回热循环可降低压力比（入口温度升高）。

（3）有定容回热循环/可逆循环，又称斯特林制冷循环，如图 3-8a 所示。图 3-8b 所示为斯特林制冷机示意图。

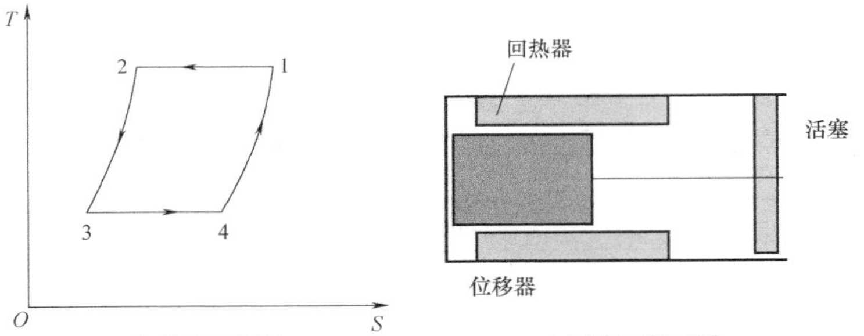

a）系统流程图　　b）循环的T-S图

图 3-8　斯特林制冷机

菲利浦冷机制冷情况：1954 年，单级，173～73K；1963 年，双级，12～15K；1970 年，三级，7.8K。

9. 方法九：绝热放气制冷　刚性容器中的高压气体在绝热放气时温度降低，利用此效应可以制冷。

（1）G－M 制冷机：

制冷情况：单级　22～77K；双级　12K；三级　10～77K。

（2）脉管制冷机（见图 3-9）：

制冷情况：单级 28K（法）；23.5K（日本）。

在多级研发中，浙江大学已研究出 10K 以下的脉管制冷机。

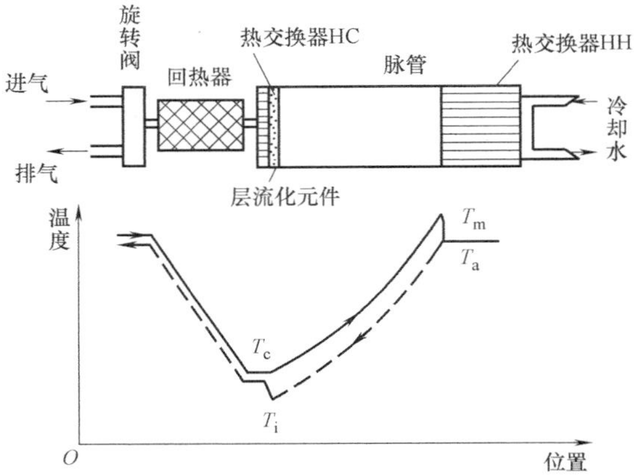

图 3-9　基本脉管制冷机

10. 方法十：电化学制冷　利用化学反应伴随的热效应也可以制冷。

1）负极板上发生氧化反应——放热；

2）正极板上发生还原反应——吸热。

制冷的方式方法很多，任何伴随有吸热的物理现象原则上都有可能用来制冷。

三、制冷新技术的应用

制冷技术可应用于商业及人民生活、工业和农业、建筑工程、科学实验研究、医疗卫生等，如图 3-10 所示是典型制冷技术应用。

（一）空气调节

（1）制冷和空调的关系相互联系又独立。两者的关系如图 3-11 所示。

（2）制冷在空调中的作用：①干式冷却；②减湿冷却；③减湿与干式冷却混合。

（二）人工环境

用人工方法构成各种人们所希望达到的环境条件，包括地面的各种气候变化和高空宇宙及其他特殊的要求。与制冷有关的人工环境试验有以下几种：①低温环境试验；②湿热试验；③盐雾试验；④多种气候试验；⑤空间模拟试验。

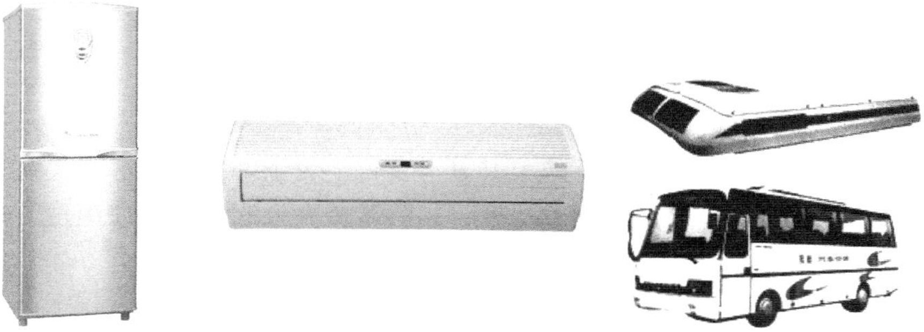

图 3-10 典型制冷技术应用

（三）食品冷冻与冷冻干燥

根据对食品处理方式的不同，食品低温处理工艺可分三类：①食品的冷藏与冷却；②食品的冻结与冻藏；③冷冻干燥。

（四）低温生物医学技术

低温生物学：研究低温对生物体产生的影响及应用的学科。

低温医学：研究温度降低对人类生命过程的影响，以及低温技术在人类同疾病作斗争中应用的学科。

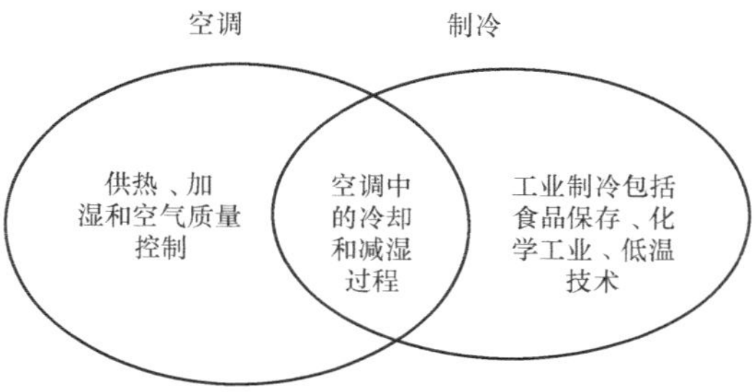

图 3-11 制冷和空调的关系

低温生物医学：低温生物学和低温医学的统称。

典型应用例子：①细胞组织程序冷却的低温保存；②超快速的玻璃化低温保存方法；③利用低温器械使病灶细胞和组织低温损伤而坏死的低温外科。

（五）低温电子技术

1. 微波激射器　必须冷到液氮或液氦温度，以使放大器元素原子的热振荡不至于严重干扰微波的吸收与发射。

2. 超导量子干涉器　被用在相当灵敏的数字式磁力计和伏安表上。

在 MHD 系统、线性加速器和托克马克装置中，超导磁体被用来产生强磁场。

（六）机械设计

1）运用与超导电性有关的 Meissner 效应，用磁场代替油或空气做润滑剂，可以制成无摩擦轴承。

2）在船用推进系统中，无电力损失的超导电机已获得应用。偏差极小的超导陀螺也已经被研制出来。

3）时速 500km/h 的低温超导磁悬浮列车已经在日本投入试验运行。

（七）红外遥感技术

采用红外光学镜头可以拍摄热源外形，并可以对热源进行跟踪。一些红外材料往往工作在 120K 以下的低温下，使得热源遥感信号更为清晰，为了拍摄高灵敏度的信号，往往需要更低的温度。一般红外卫星需要 70～120K 的低温，往往通过斯特林制冷机、脉管制冷机、辐射制冷器来实现；空间远红外观测则需要 2K 以下的温度，往往通过超流氦的冷却技术来实现。

（八）加工过程

1）炼钢时氧起到某些重要的作用。

2）制取氨时也用到低温系统。

3）压力容器加工时，将预成形的圆柱体放在冷却到液氮温度的模具中，在容器中充入高压氮气，让其扩胀15%，然后容器被从模具中移开并恢复到室温。使用这个方法，材料的屈服强度能增加4～5倍。

（九）材料回收

目前低温技术是回收钢结构轮胎中橡胶的唯一有效的方法，这种方法采用了低温粉碎技术。低温粉碎技术的应用如图3-12所示。

a）低温冷冻粉碎机

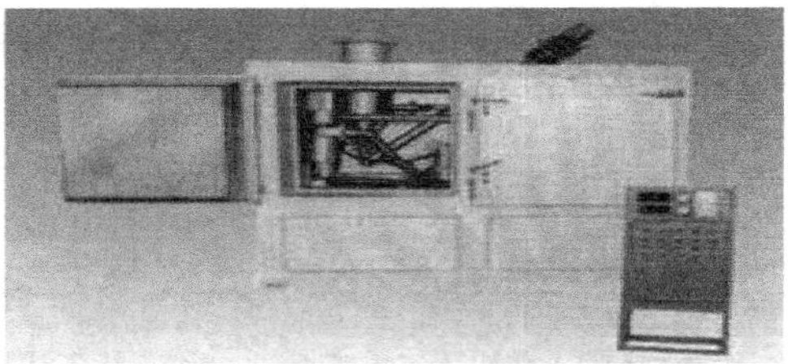

b）生物低温切片机

图3-12　低温粉碎技术的应用

低温粉碎技术利用材料在低温状态下的冷脆性能，对物料进行粉粹。当材料温度降低到一定程度时，材料内部原子间距显著减小，结合紧密的原子无退让余地，吸收外力使其变形的能力很差，从而失去弹性而显示脆性。

（十）火箭推力系统与高能物理

所有大型的发射的飞行器均使用液氧做氧化剂。宇宙飞船的推进也使用液氧和液氢。观察研究大型粒子加速器产生的粒子的氢泡室要用到液氢。

讲座二　新型制冷剂

任务描述

1）制冷剂的种类和符号。

2）制冷剂的性质。

3）新型制冷剂与环保。

任务目标

1）了解制冷剂的种类和符号。

2）熟悉制冷剂的化学、物理性质。

3）知道制冷剂的回收技术。

4）了解循环知识。

任务实施

制冷剂又称制冷工质，是制冷循环的工作介质，利用制冷剂的相变来传递热量，即制冷剂在蒸发器中汽化时吸热，在冷凝器中凝结时放热。

一、制冷剂的种类和符号表示

工业上常用的制冷剂按组区分，有单一制冷剂和混合物制冷剂。按化学成分，主要有三类：无机物，氟利昂和碳氢化合物。

制冷剂符号由字母“R”和它后面的一组数字或字母组成。

制冷剂的种类与符号表示：

（1）无机化合物 R7（　）（　）。无机化合物 R7（　）（　）的种类与符号表示见表3-1。括号内是该无机物的相对分子质量（取整数部分）。

表 3-1　无机化合物 R7（　）（　）的种类与符号表示

制冷剂	NH_3	H_2O	CO_2	SO_2	N_2
相对分子质量的整数部分	17	18	44	64	44
符号表示	R717	R718	R744	R764	R744a

（2）氟利昂和烷烃类。

烷烃化合物分子通式：C_mH_{2m+2}；

氟利昂的分子通式：$C_mH_nF_xCl_yBr_z$（$n+x+y+z=2m+2$）；

它们的简单符号为 R（$m-1$）（$n+1$）（x）B（z）。

目前氟利昂还采用另一种更直观的符号方法：将上述氟利昂符号中的首字母“R”换成物质分子中的组成元素符号。例如：

CFC（完全卤代烃）类：R11、R12，表示为　CFC11、CFC12；

HCFC（不完全卤代烃）类：R21、R22，表示为　HCFC21、HCFC22；

HFC（无氯卤代烃）类：R134a、R152a，表示为　HFC134a、HFC152a。

（3）共沸混合物。

共沸：符号 R5（　）（　）。括号中的数字为该混合物命名先后的序号，从 00 开始。例如 R500、R501。

非共沸：用“/”分开，例如，R22 与 R152a 的混合物写成 R22/R152a。

此外，其他物质的符号规定为：环烷烃及环烷烃的卤代物的首字母为 RC；链烯烃及链烯烃的卤代物的首字母为 R1，其后数字列写与烷烃类相同，例如，丙烯 C_3H_6 的符号为 R1270。

二、选择制冷剂的考虑事项

（1）具有环境的接受性，消耗臭氧潜能值（ODP）、全球增温潜能值（GWP）。

（2）热力性质满足指定的使用要求。
（3）传热性和流动性。
（4）化学稳定性和热稳定性，使用可靠。
（5）无毒害、无刺激性气味、不燃、不爆、使用安全。
（6）价格便宜，来源广，其中 ODP、GWP 是硬指标。

三、环境影响指标

（1）三大公害：温室效应、臭氧损耗、酸雨。

（2）ODP、GWP。R11 的 ODP 和 GWP 值规定为 1，即以 R11 为基准，其他物质的 ODP 和 GWP 是相对于 R11 的比较值。

四、制冷剂的物理、化学性质

（1）电绝缘性。在全封闭和半封闭式压缩机中，电动机的绕组与制冷剂和冷冻机油直接接触。因此，要求制冷剂和冷冻机油有较好的电绝缘性。

（2）燃烧性和爆炸性。制冷剂的燃烧性用燃点表示。它是制冷剂蒸气与空气混合后能产生闪火并继续燃烧的最低温度。制冷剂的爆炸性用爆炸极限表示。它是制冷剂蒸气与空气混合比例的一个范围，制冷剂在空气中的含量超过该范围时，则气体混合物遇到明火将发生爆炸。

（3）毒性。美国将制冷剂毒性划分为 6 个基本等级。从 1 级到 6 级，毒性逐次递减。每相邻两级之间还有 a、b、c 等更细的划分。目前，国际性研究项目 PAFA（替代物氟利昂毒性研究）尚在对新制冷剂 R123、R124、R125、R134a 和 R141b 进行其毒性研究。

注意：虽然有些氟利昂制冷剂的毒性较低，但是它们在高温或是火焰作用下会分解出极毒的光气，使用时要特别注意！

（4）制冷剂的溶水性。氟利昂和烃类物质都很难溶于水，氨易溶于水。

难溶于水：出现冰堵；

易溶于水：水解作用后会有腐蚀危害。

（5）热稳定性与化学稳定性。

1）热稳定性：在普通制冷温度范围内，制冷剂是稳定的。制冷剂的最高温度不允许超过其分解温度。例如，氨的最高温度（压缩终温）不得超过 150℃；R22 和 R502 不允许超过 145℃。

如果在温度较高，又有油、钢铁、铜存在，长时间使用时会发生变质甚至热解。

2）制冷剂对金属的作用：烃类制冷剂对金属无腐蚀，纯氨对钢铁无腐蚀、对铝钢或铜合金有轻微腐蚀，若含水，则对铜和几乎所有铜合金（磷青铜除外）产生强烈腐蚀作用。

3）制冷剂的非金属作用：氟利昂是一种良好的有机溶剂，很容易溶解天然橡胶和树脂材料，故使用密封材料时应采用耐氟材料如氯丁乙烯、氯丁橡胶、尼龙或其他耐氟塑料制品。

五、混合制冷剂

混合制冷剂是由两种或两种以上纯制冷剂组成的混合物。

（1）共沸混合物制冷剂。共沸混合物制冷剂已发现不到50种，满足要求的仅10种，命名了7种，有商业用途的仅3种：R501、R502、R503。

优点：具有纯制冷剂的所有特征，标准沸点比各组成成分沸点低，故蒸发压力高，可以扩大应用温度范围和提高单位容积制冷量。至于混合物其他性质的调制，取决于其组成物质的性质，但共沸混合物中总有CFC类物质。

（2）非共沸混合物制冷剂。非共沸混合物制冷剂最初的研究出于节能的目的，可以减小冷凝器和蒸发器的传热不可逆损失，并可以提高单位容积制冷量、调制容量、拓宽工作温度范围以及具有环境可接受性等。

缺点：系统泄漏会引起混合物成分的变化。

六、R12及R22的替代物

R22的替代物：R23/R152a。

R12的检漏方法：用肥皂水、卤素喷灯或者电子卤素检漏仪。

R12的替代物：R134a、R152a；还有一些混合物如R134a/R152a、R22/R152a、R22/R142b、R22/R124R22/R152a/R124。

R22新型的替代物：R410系列。

七、制冷剂的回收

回收是指在任意条件下，把制冷剂从制冷系统中取出并将其储存在外部容器内，不进行任何测试或加工。

（1）制冷剂回收的注意事项。把制冷剂灌进备用容罐是一种有危险的操作。在进行这一工作时必须使用制冷剂制造商所规定的方法。特别要注意以下事项：

1）不要过量地把容罐装满，充装量为0.75kg/L（水容量）。容罐的水容量应印在容罐的保护环上。不同制冷剂的允许充装量应加以换算。

2）回收的制冷剂等级应与容罐标明的制冷剂等级相同。

3）容罐应该是内部没有油污染、酸污染、水分污染的洁净容器。

4）容罐应是经过压力检验合格的。

5）回收容罐应有特定标志（颜色），使之不与原始制冷剂容罐混淆。颜色各国不同：美国用黄色，法国用特殊绿色。

6）容罐必须有单独的液阀和气阀，并装有压力释放装置。

（2）制冷剂容器的使用规定。制冷剂装在一次性使用或可以多次使用的供运输用的容器中，通常称为“容罐”。应列入压力容罐进行监察管理。一般不提倡使用一次性容罐，因其残留制冷剂会漏入大气中。

制冷剂制造厂已经自愿设立颜色标志系统以识别其产品，并印刷在一次性使用或多次使用的容罐上。供参考的普通制冷剂的颜色和符号如下：

R11：橘黄色；R12：灰色；R13：灰蓝色；R22：浅绿色；R113：紫色；R114：暗蓝色；R500：黄色；R502：淡紫色；R503：海蓝色；R717：银灰色。

由于不同的制造商有不同的颜色标志，因此，除用颜色识别制冷剂外，还应用其他方法来核实容罐内的制冷剂。每一个制冷剂容罐上都刷有产品名称、安全及注意事项等信息。另外，制造商根据用户要求还会提供有关技术报告及安全信息等说明资料。

一般，不同制冷剂的容罐均按照承受 R502 的饱和压力来设计和制造。仍然建议不应采取对容罐重新涂装不同颜色以用于另一种制冷剂。

由于容罐内制冷剂的饱和压力是随环境温度的升高而升高的，因此，每一个罐上均装有释放压力的安全装置。按照预计的 R502 的最高气体压力预先设定。

（3）回收制冷剂再利用的注意事项。回收的制冷剂可以在同一制冷系统内再使用，也可经过加工处理后用于另一制冷系统，回收的制冷剂内有酸、水分、不凝气体及其他颗粒物等污染物。因此，回收的制冷剂在重新使用前应进行检验。

如果回收装置安装有油分离器和干燥过滤器，经过多重循环后回收的制冷剂可以再次使用。必要时应该用检测仪器来检验润滑油的酸值。

（4）回收技术。用以连接真空泵的软管，应该是长度尽量短、直径尽量大，以提高回收装置的效率，缩短回收时间。一般，软管的最小直径不能小于 9.5mm（3/8in），推荐采用半英寸软管。

回收过程不允许有制冷剂泄漏到大气中。

根据具体情况，可以使用回收装置或使用系统本身的压缩机进行制冷剂回收。

1）液体传输法回收技术。回收装置内无液体泵或设计过程中不考虑处理制冷剂液体时，一般应使用两个容罐和一个回收装置。回收容罐必须有两个通口和两个阀。一个供液体连接，另一个与气体连接。把容罐的液体通口直接连接到旧制冷系统上，连接点应该是可以倒出液体制冷剂的出口。把同一容罐的气体通口与回收装置的进气口相连接。利用回收装置把气体从容罐中抽出，借以降低容罐的压力，使旧制冷系统的制冷剂液体流到容罐中。此过程较快，需小心处理。最好在液体传输管线上装设一个液体窥视镜，便于观察制冷剂液体是否回收完毕。

第二个容罐的用途是在回收装置从第一个容罐抽制冷剂气体时，从回收装置收集制冷剂。如果回收装置内有足够的随机的储存容量，则可不需要第二个容罐。

液态制冷剂回收完毕，旧制冷系统内剩余的制冷剂气体可以用气体回收形式回收。

这种方式需要进行两次回收。

2）推/拉液体传输回收技术。这是液体回收方法中更为普遍采用的一种方法，称为“推拉法”，如图 3-13 所示。使用一个回收容罐和电子秤、一个回收装置。回收容罐的气阀与回收装置的吸气入口连接，而把回收容罐的液体阀与报废制冷系统的液侧连接，并把回收装置的排气出口与报废制冷装置的气侧连接。

利用回收装置降低回收容罐内的压力来抽出报废制冷装置内的制冷剂液体。由回收装置的压缩机从回收容罐中抽出的制冷剂蒸气则被推回到报废制冷装置的气侧。液体回收管中应装设液体窥视镜。

要注意不能把回收容罐的液体阀接到回收装置上。否则会损坏回收装置的压缩机。

3）蒸气传输回收技术。报废制冷装置内的制冷剂也可以采用气态回收方式进行回收。但是在大型报废制冷装置应用时，这种方法比液体传输要花费更长的时间，因此宜应用于小型制冷装置。但应注意报废制冷装置及回收容罐之间的连接软管应尽可能短，而直径应尽可能大。

蒸气回收如图 3-14 所示，利用一个回收容罐和电子秤、一个回收装置。回收装置的吸

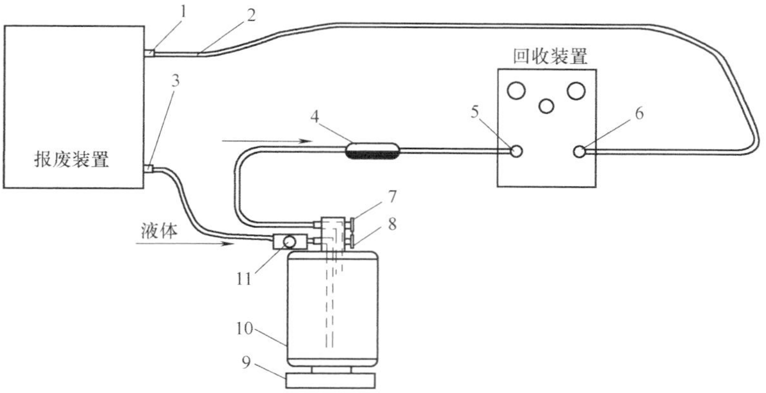

图 3-13　推/拉液体传输回收

1—气侧　2—蒸气　3—液侧　4—干燥过滤器　5—吸气口　6—排气口
7—气体阀开　8—液体阀开　9—电子秤　10—回收容罐　11—窥视镜

气口与报废制冷装置的气侧连接，而回收装置的排气口则与回收容罐的气体阀连接，容罐的液体阀关闭。回收装置应具备将从报废制冷装置中抽出的制冷剂蒸气变成制冷剂液体的功能，然后送入回收容罐。

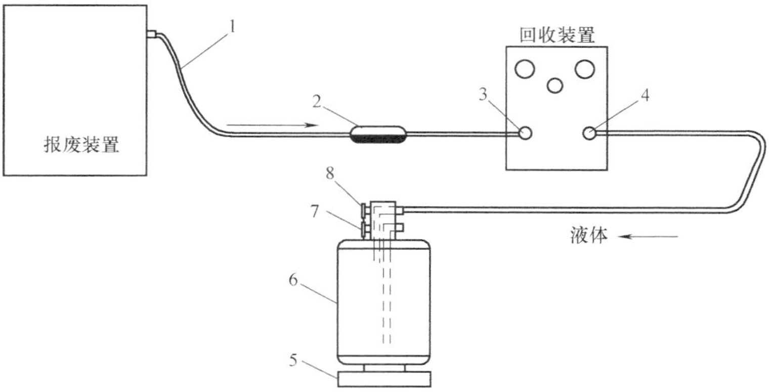

图 3-14　蒸气传输回收

1—蒸气　2—干燥过滤器　3—吸气口　4—排气口　5—电子秤　6—回收容罐　7—液体阀关闭　8—气体阀打开

4）使用系统本身压缩机的回收技术。报废制冷装置内的制冷压缩机仍可工作时，也可利用该压缩机回收制冷剂。它是用一个既是冷凝器又是储槽的回收容罐安装在制冷压缩机的排出口。该回收容罐是已经冷却的，或回收容罐具备冷却功能。

（5）回收技术的应用示例。

1）蒸气传输法应用示例。应用于小型制冷装置，如家用电冰箱、汽车空调。如图 3-15 所示，采用刺入阀插入压缩机的回气管中，经过干燥过滤器进入制冷剂回收装置，经压缩、冷凝成为制冷剂液体，经过回收容罐的气体阀进入回收瓶。

2）液体传输的推/拉法 + 蒸气传输法应用示例。应用于房间分体空调、商用制冷装置。图 3-16 所示是房间空调器制冷剂的液体推/拉传输回收的示意图。图 3-17 所示是房间空调器

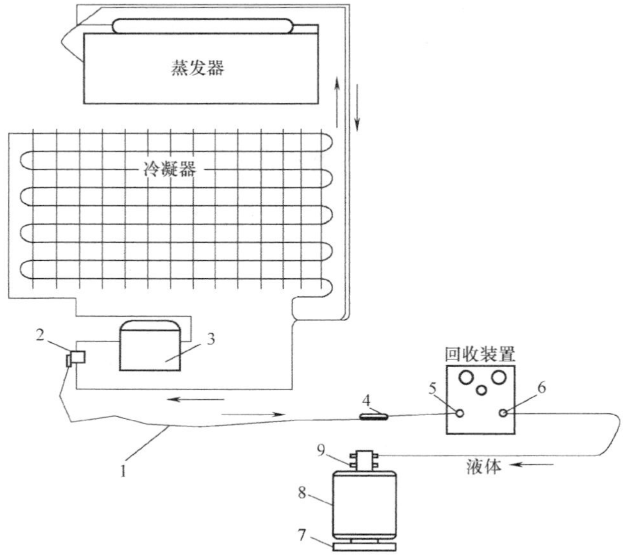

图 3-15　采用刺入阀与冰箱连接的蒸气传输回收

1—气体侧蒸气　2—刺入阀　3—压缩机　4—干燥过滤器　5—吸气口
6—排气口　7—电子秤　8—回收容罐　9—液体阀关闭

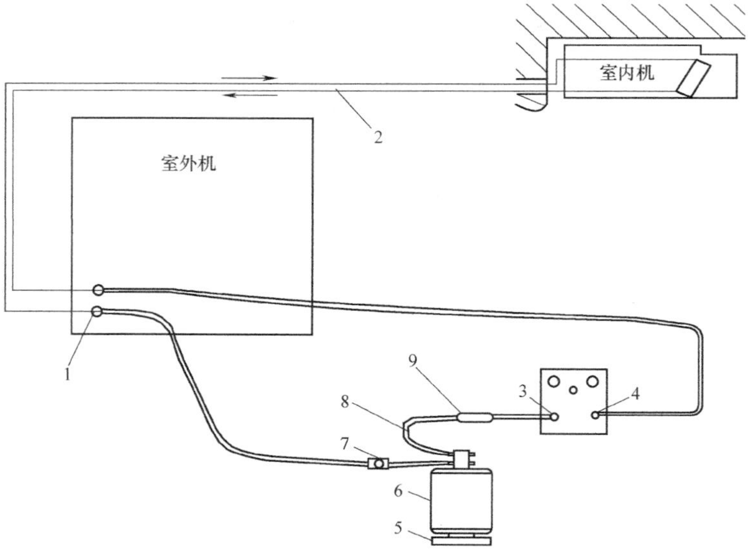

图 3-16　房间空调器制冷剂的液体推/拉传输回收

1—检查接头　2—回气管　3—吸气口　4—排气口　5—电子秤
6—回收容罐　7—窥视镜　8—蒸气　9—干燥过滤器

制冷剂的蒸气传输回收的示意图。图 3-18 所示是商用制冷系统制冷剂的液体推/拉传输回收的示意图。图 3-19 所示是商用制冷系统制冷剂的蒸气传输回收的示意图。这两类制冷装置都需先后采用液体推/拉传输回收和蒸气传输回收两次回收。

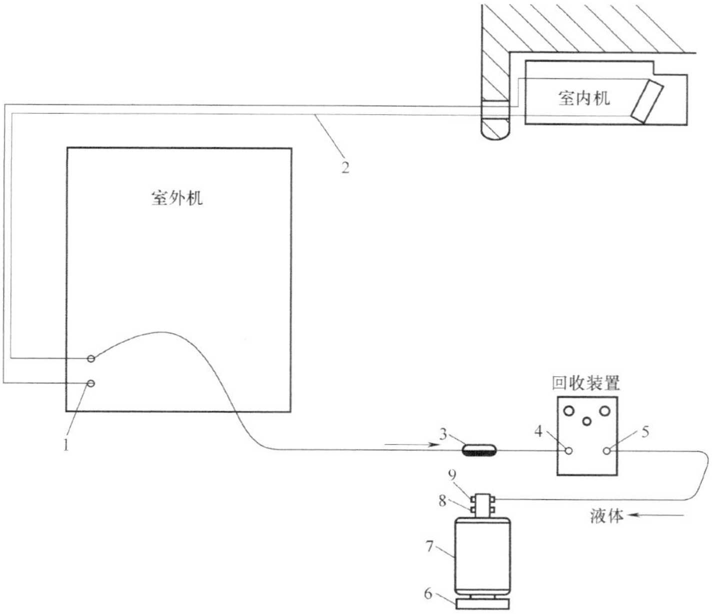

图 3-17 房间空调器制冷剂的蒸气传输回收

1—检查接头 2—回气管 3—干燥过滤器 4—吸气口 5—排气口
6—电子秤 7—回收容罐 8—液体阀关闭 9—气体阀关闭

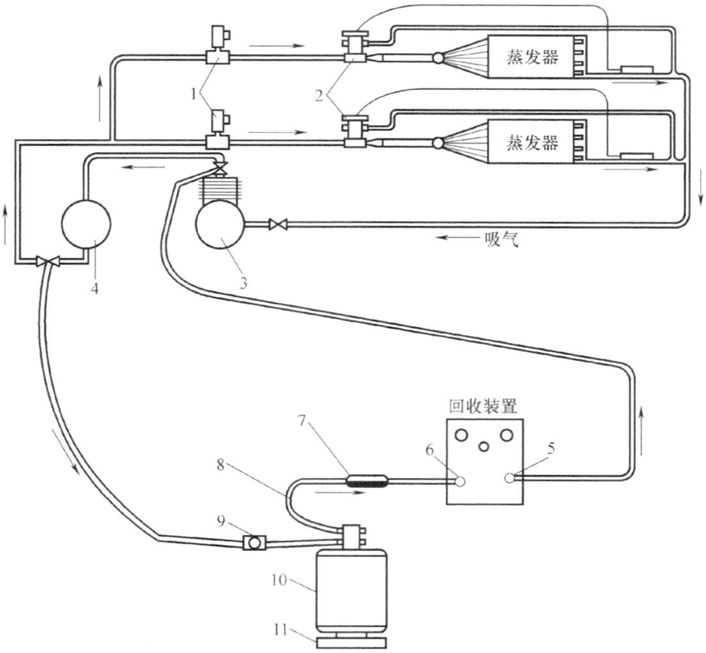

图 3-18 商用制冷系统制冷剂的液体推/拉传输回收

1—电磁阀 2—热力膨胀阀 3—压缩机 4—冷凝器、储液器 5—排气口 6—吸气口
7—干燥过滤器 8—蒸气 9—窥视镜 10—回收容罐 11—电子秤

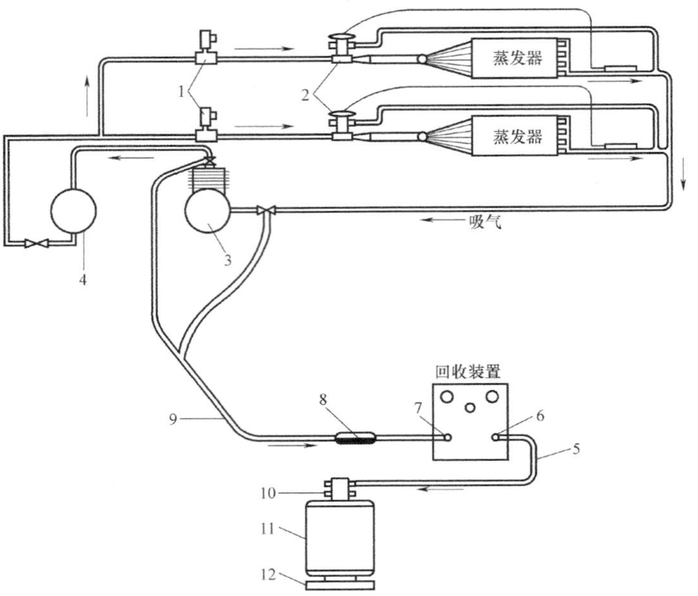

图 3-19 商用制冷系统制冷剂的蒸气传输回收

1—电磁阀 2—热力膨胀阀 3—压缩机 4—冷凝器、储液器 5—液体 6—排气口 7—吸气口 8—干燥过滤器 9—蒸气 10—液体阀关闭 11—回收容罐 12—电子秤

八、循环

循环是制冷设备维修操作不可缺少的部分，它是通过分离制冷剂中的油，排除不凝气体，以及把制冷剂的含水量、酸度、微粒降低到符合使用要求的水平上。循环可以分为单程循环和多程循环。

（1）单程循环。单程循环是通过干燥过滤器或者分离设备对制冷剂进行处理，通过一个行程处理后将制冷剂回收储存于储罐中。

（2）多程循环。多程循环是通过干燥过滤器对回收制冷剂进行多次循环。循环的次数或时间长短取决于制冷剂的污染程度。多程循环装置多数用于需要将处理后的制冷剂返回系统再使用的场合，如图 3-20 所示。

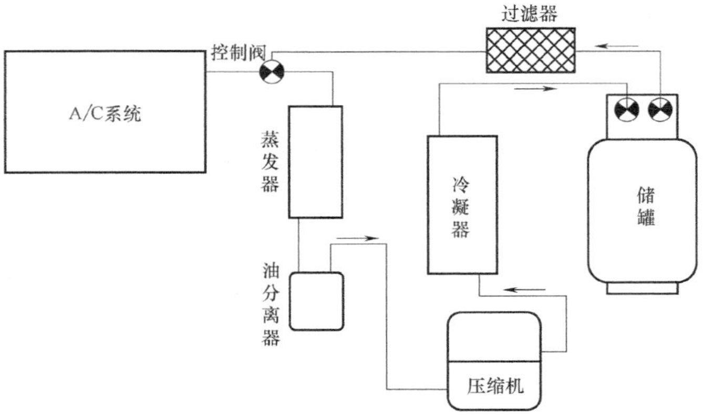

图 3-20 多程循环过滤系统

讲座三 制冷新技术与新工艺

任务描述

1）半导体制冷技术。
2）热声制冷技术。
3）太阳能制冷技术。
4）电冰箱新技术。
5）空调新技术。
6）汽车空调新技术。

任务目标

1）了解各种制冷新技术。
2）熟悉制冷新技术的起源及其应用。

任务实施

一、半导体制冷技术

（一）半导体制冷技术的起源

半导体制冷又称热电制冷，或者温差电制冷，是从20世纪50年代发展起来的一门介于制冷技术和半导体技术边缘的学科，它利用特种半导体材料构成的P－N结，形成热电偶对，产生珀尔帖效应，即通过直流电制冷的一种新型制冷方法，与压缩式制冷和吸收式制冷并称为世界三大制冷方式。

1834年，法国物理学家珀尔帖在铜丝的两头各接一根铋丝，再将两根铋丝分别接到直流电源的正负极上，通电后，他惊奇地发现一个接头变热，另一个接头变冷；这个现象后来就被称为“珀尔帖效应”。“珀尔帖效应”的物理原理是：电荷载体在导体中运动形成电流，由于电荷载体在不同的材料中处于不同的能级，当它从高能级向低能级运动时，就会释放出多余的热量。反之，就需要从外界吸收热量（即表现为制冷）。所以，“半导体制冷”的效果就主要取决于电荷载体运动的两种材料的能级差，即热电动势差。纯金属的导电导热性能好，但制冷效率极低（不到1%）。半导体材料具有极高的热电动势，可以成功地用来做小型的热电制冷器。但当时由于使用的金属材料的热电性能较差，能量转换的效率很低，热电效应没有得到实质应用。直到20世纪40年代，前苏联科学院半导体研究所对半导体进行了大量研究，研究成果表明碲化铋化合物固溶体有良好的制冷效果。这是最早的也是最重要的热电半导体材料，至今还是温差制冷中半导体材料的一种主要成分。直到20世纪60年代半导体制冷材料的优值系数达到相当水平，才得到大规模的应用。20世纪80年代以后，半导体的热电制冷的性能得到大幅度的提高，进一步开发了热电制冷的应用领域。

（二）半导体制冷片制冷原理

半导体制冷片（TE）也叫热电制冷片，是一种热泵，它的优点是没有滑动部件，应用在一些空间受到限制、可靠性要求高、无制冷剂污染的场合。

半导体制冷片的工作运转是用直流电流，它既可制冷又可加热，通过改变直流电流的极性来决定在同一制冷片上实现制冷或加热，这个效果的产生就是利用热电的原理。如一个单片的制冷片，它由两片陶瓷片组成，其中间有N型和P型的半导体材料（碲化铋），这个半导体元件在电路上是用串联形式连接组成。

半导体制冷片的工作原理：当一块N型半导体材料和一块P型半导体材料连接成电偶对（如图3-21所示）时，在这个电路中接通直流电流后，就能产生能量的转移。电流由N型元件流向P型元件的接头吸收热量，成为冷端，电流由P型元件流向N型元件的接头释放热量，成为热端。吸热和放热的大小是通过电流的大小以及半导体材料N、P型元件对数来决定。制冷片内部是由上百对电偶连成的热电堆，以达到增强制冷（制热）的效果。以下三点是热电制冷的温差电效应。

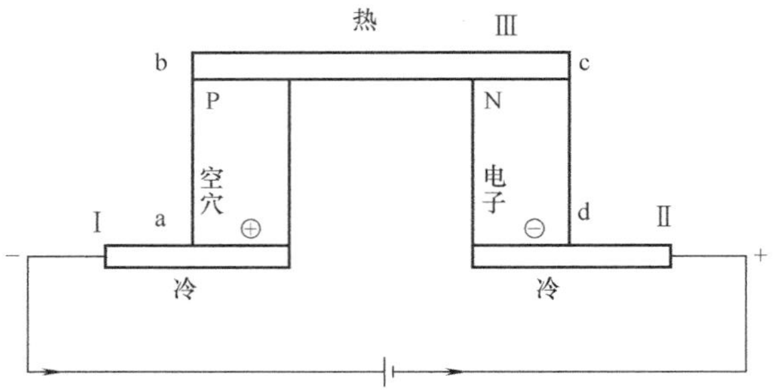

图3-21　基本热电偶

（三）制冷片的技术应用

半导体制冷片作为特种冷源，在技术应用上具有以下优点和特点：

（1）不需要任何制冷剂，可连续工作，没有污染源，没有旋转部件，不会产生回转效应，没有滑动部件，是一种固体片件，工作时没有振动、噪声，寿命长，安装容易。

（2）半导体制冷片具有两种功能，既能制冷，又能加热，制冷效率一般不高，但制热效率很高，永远大于1。因此使用一个片件就可以代替分立的加热系统和制冷系统。

（3）半导体制冷片是电流换能型片件，通过输入电流的控制，可实现高精度的温度控制，再加上温度检测和控制手段，很容易实现遥控、程控、计算机控制，便于组成自动控制系统。

（4）半导体制冷片热惯性非常小，制冷制热时间很快，在热端散热良好、冷端空载的情况下，通电不到1min，制冷片就能达到最大温差。

（5）半导体制冷片的反向使用就是温差发电，半导体制冷片一般适用于中低温区发电。

（6）半导体制冷片的单个制冷元件对的功率很小，但组合成电堆，用同类型的电堆串、并联的方法组合成制冷系统的话，功率就可以做得很大，因此制冷功率可以做到几毫瓦到上万瓦的范围。

（7）半导体制冷片的温差范围+90℃～-130℃都可以实现。

通过以上分析，半导体温差电片件的应用范围有制冷、加热、发电，制冷和加热应用比较普遍，有以下几个方面：

1）军事方面：导弹、雷达、潜艇等方面的红外线探测、导航系统。

2）医疗方面：冷力、冷合、白内障摘除片、血液分析仪等。

3）实验室装置方面：冷阱、冷箱、冷槽、电子低温测试装置、各种恒温、高低温实验仪片。

4）专用装置方面：石油产品低温测试仪、生化产品低温测试仪、细菌培养箱、恒温显影槽、计算机等。

5）日常生活方面：空调、冷热两用箱、饮水机、电子信箱、计算机以及其他电器等。

（四）半导体冰箱

半导体冰箱是一种在制冷原理上与普通冰箱完全不同的产品，半导体冰箱是以一块面积为40mm×40mm、厚4mm的半导体芯片通过高效环形双层热管散热及传导技术和自动变压变流控制技术实现制冷，被喻为世界最小的“压缩机”。由于半导体制冷器属电子物理制冷，根本不用制冷剂和机械运动部件，从而彻底解决了介质污染和机械振动等机械制冷冰箱所无法解决的应用问题，并在小容量低温冷藏箱方面具有更加显著的节能特性，极具开发推广价值。

二、热声制冷技术

（一）热声学的发展历史

众所周知，声波在空气中传播时会产生压力及位移的波动。其实，声波的传播也会引起温度的波动。当声波所引起的压力、位移及温度的波动与一固体边界相作用时，就会发生明显的声波能量与热能的转换，这就是热声效应。

热声效应即声场中的时均热力学效应。根据能量转换观点可将热声效应分为两类：一是用热来产生声，即热驱动的声振荡；二是用声来产生热流，即声驱动的热量传输。其相应的机械装置分别为热声压缩机和热声制冷机。热声压缩机和热声制冷机在原理上是一致的，只是由于某些参数不同而导致了运行结果的迥异。

人们在很早以前就发现了热声效应。1777年，Higgins在实验中发现：当把氢焰放到一根两端开口的大管子的适当位置时，会在管子中激起声波振动。由此演化而来的Rijke管现在已经在大学课堂上广泛用作演示热声效应的装置了。另一种较早的热声装置——Sondhauss管也是在19世纪就提出来了。它与Rijke管的不同之处在于，它是在一根只有一端开口的管中利用热声效应来发出声音的。

1878年，Rayleigh首先给出了热声振荡现象定性解释，他指出：对作声振动的介质，若在其最稠密的时候向其提供热量，而在其最稀疏时从其中吸取能量，声振动就会得到加强（热能转变为声能）。反之，若在其最稠密的时候从其中吸取热量，而在其最稀疏时向其提供能量，声振动就会得到衰减（声能转变为热能）。这就是所谓Rayleigh准则。

现代实验热声学最重要的发展之一是美国新墨西哥大学的Carter教授和他的研究生Feldman在1962年对Sondhauss管进行的改进。在美国Los Alamos国家实验室，Swift和Wheatley首先开展了对热声制冷机的研制工作。Wheatley教授认为声谐振驻波和表面泵热效应的组合可以形成一种完全新型的“自然发动机”。通常的制冷循环需要提供外在的机械部件来保证循环中各过程的切换，而热声制冷机能自发调节相位，从而自动在各循环过程中进行切换。因此，热声制冷机具有部件少、成本低、结构简单、可靠性强等优点。

1986年，Hofler设计并制作了世界上第一台有效的热声制冷机。

1990年，G. W. Swift、R. Radebaugh和R. A. Martin建议用热声驱动器（TAD）代替机械压缩机来驱动小孔型脉管制冷机。因为在热声脉管中无运动部件，所以具有潜在的低成本和极高的可靠性。

在驻波热声机械获得极大发展的同时，行波热声机械也取得了很大的进展。美国George

Mason 大学的 Ceperley 于 1979 年提出了一种共振型行波热声制冷机。

我国对热声理论的研究起步较晚，但也取得了一定的成果。

（二）热声制冷原理

热声制冷技术是一种涉及声学和热力学两大学科的边缘技术。即利用声能达到热量从冷端转移到热端的一门技术。在热力学中，最基本的热机有两类：发动机和制冷机。发动机将从高温热源吸收的热量部分转化为机械能输出，并向低温热源释放热量。制冷机则消耗外界提供的功，由低温热源泵热，并向高温热源释放热量。这里它没有对热机中功的形式加以限制，它可以是机械能形式的功，也可以是电能、磁功等。声能是一种振荡形式的能量，如果能够实现热能与声能的相互转化并与外界热源的热量交换，即可制成热声发动机和热声制冷机。利用热声效应可以实现声能与热能的相互转化以及与外热源的热量交换。

热声制冷是一种利用热声效应的新型制冷技术，具有许多传统制冷方法无法比拟的优势，表现在：采用氦气、氮气或者空气等惰性气体做工作介质，是真正意义上的环保制冷技术；热驱动的热声制冷机完全没有机械运动部件，具有高度的可靠性；热声制冷几乎可以覆盖现有制冷方式的所有制冷温区，从冰箱、空调的普通制冷直到液氦温区的制冷均可能采用同一种制冷方式来完成，这是其他传统制冷技术所不能完成的。新型热声制冷还具有实现高效率的潜力，近期研究表明，行波热声制冷所进行的声学斯特林循环具有与卡诺循环相同效率的潜力。由于热声技术具有环保、可靠和适应性广的突出优势以及可实现高效率的潜力，因此，其研究受到了国内外相关行业的高度重视，已成为业内的研究热点和竞争焦点。

目前的电冰箱及空调器所使用的制冷技术多为通过压缩机由制冷剂制冷。长期以来得到广泛应用的制冷剂是氟利昂，它被称为电冰箱和空调器中不可缺少的“血液”。但近年来人们发现，由于全世界大量使用氟利昂已使地球臭氧层变得稀薄，温室效应日益明显，人类赖以生存的生态环境受到严重的危害。国际上已制定了控制氟利昂使用的“蒙特利尔议定书”。一些国家相继宣布，到20 世纪末，将全部停止氟利昂的使用。因此，制冷技术科技界将面临两条途径：一是寻求氟利昂的替代物，这方面国内外正在进行大量的试验研究工作。就目前情况看，这些替代物并不十分理想，例如它的制冷效率以及和润滑油的兼容性并不理想，而且这些替代物是否对人类生存环境绝对无害，还要经历很长时间的考验才能下定论；另一条途径则是广泛地开发新的制冷技术。在此情况下，热声制冷技术是值得关注和研究的课题之一。

1. 热声效应　热声效应是指可压缩的流体的声振荡与固体介质之间由于热相互作用而产生的时均能量效应。可产生热声效应的流体介质必须有可压缩性、较大的热膨胀系数、小的普朗特数，而且对于要求较大温差、较小能量流密度的场合，流体比热容要小，对于要求较小温差、较大能量流密度的场合，流体比热容要大。因此，理想气体如空气、氦气，特别是氦气，适用于较大温差、较小能量流密度的场合；在近临界区的简单液体，如 CO_2、简单的碳氢化合物 C_mH_m等，适用于较小温差、较大能量流密度的场合。显然，后者适用于家用电器的制冷。其实，在人们的日常生活中，存在着大量的“热声效应”。例如，在讲演者周围建立起的声场中，声波在空气介质中传播，会引起压强与位移的变化。而压强与位移的变化又会导致气体介质的温度振荡，这些变化与振荡以及它们与周围固体边界发生相互作用就会产生热声效应。但是这里由热声效应引起的局部温度振荡和热流的量都很小，所以人们不易感觉得到，更无法加以利用了。

从能量转换角度，可以将热声效应分为两类：一是用热来产生声，即热驱动的声振荡；二是用声来产生热流，即声驱动的热传输。对应这两类热声效应制成的热机也分为两类：热声发动机和热声制冷机（简称声制冷机）。

2. 热声制冷的基本原理　热声发动机和热声制冷机都是利用热声效应制成的热机。现以共振热声制冷机为例，说明其工作原理。

共振热声制冷机是由声源和声共振器构成。声源 S 可以是低频活塞式声发生器或改装的中频扬声器，它的作用是实现声功的输入。声共振器里又包括热声管组、热端热交换器、冷端热交换器和气体介质。冷端热交换器从外界热源吸收热量，实现热量的输入。热端热交换器向外界热源释放热量，实现热量的输出。热声管组实现声功和热量的相互转换。声共振器是为了在内部建立起声驻波场，这样声源输出功率虽不太大，但波腹处的声压级却很高。

首先，声源发出声音，在气体介质中传播时产生声压，声压引起了气体介质的绝热压缩或绝热膨胀（即与外界无热量交换的压缩和膨胀）。这样，会导致气体温度变化，然后与管组发生热交换。右边气团因声波作用发生绝热膨胀时，内能减少，温度降低，此时右边气团温度低于当时与之相近的管组温度，因此右边气团从管组得到能量的。同时左边气团发生绝热压缩，内能增加，温度升高，因此左边位置的气团会将热量传递给与之相近的管组。这样，在一个声波周期内，气团就使热量沿管组从右边移到左边，通常一个气团和温度变化及其转移的热量都是微量的。因此，必须有一系列的气团，以合适的相位接力式地工作，才能将足够的热量泵向声压波腹处而产生显著的热声效应。这样就要求热声管组的整体长度和宽度都必须足够大，才能沿管组方向产生定向热流，使热由低温端泵到高温端，使低温端得以制冷。

（三）热声制冷机的类型

1. 共振型声制冷机　共振型声制冷机又分为共振型驻波声制冷机和共振型行波声制冷机。

共振型驻波声制冷机是以驻波声场的热声理论为指导，利用在管内产生的接近共振的驻波声场来产生热声效应进行工作。它的声源是一个声发生器，声发生器提供动力产生声振动。声共振器的终端是一个共振球体，这样可使在热声管组末端的冷端热交换器处的阻抗为零（使质点速度最大），因而在热声管组中产生声驻波。这种制冷机只有一个运动部件，即声发生器。它能达到的最低温度为 198K，在 246K 时制冷量为 3W，性能系数为卡诺循环的 12%。

共振型行波声制冷机包括声发生器、室温热端热交换器、热声管组、冷端热交换器及行波声导管。这些部件构成一个行波回路，而回路的长度正好应为一个声波长。声发生器提供动力产生声振荡。在声回路中产生接近共振的行波声场。冷端热交换器从低温热源吸收能量，热量由热声管组消耗声功从低温端泵向高温端，热端交换器将热声管组来的热流释放给环境。这种声制冷机也只有一个运动部件，即声发生器。

2. 回热式声制冷机　Stirling 声制冷机是回热式声制冷机的典型。

Stirling 声制冷机实际上是一种带有声吸收器的行波式制冷机。最基本的 Stirling 声制冷机包括以下部件：声发生器、热端热交换器、热声管组、冷端热交换器和声吸收器。这种声制冷机是通过声发生器活塞和声吸收器活塞的协调运动来建立行波声场的，即声发生器活塞运动超前声吸收器活塞运动一个相位角 $\theta(0<\theta<\pi)$。当 θ 约为 $\pi/2$ 时，其中声场的行波

能量可达到最大。还有一种Stirling制冷机带有排出器结构，即分置式声制冷机。其中排出器作用是一端吸收声功，而在另一端输出声功，它起到了声功流反馈作用，其他部件作用与基本的Stirling制冷机相同。

Stirling制冷机的特点是工作温度范围宽、效率较高、结构紧凑、分置式结构、体积小、重量轻，特别适用于机载冷却设备。

3. 脉冲管制冷机　脉冲管制冷机是一个行波声制冷机和驻波声制冷机的组合。它由声发生器、热端热交换器1、热声管组、冷端热交换器、脉冲管和热端热交换器2等部件组成。其中脉冲管和热端热交换器2的作用是接受由冷端热交换器输入的声功流以建立驻波场。

脉冲管制冷机近几年来得到了很大发展，由基本型脉冲管制冷发展到小孔型脉冲管和双向进气型脉冲管制冷机等。小孔型脉冲管制冷机在带有脉冲管的热端热交换器2处又加了一个亥姆霍兹共振器，它是一种共振吸收结构。当其工作在共振频率附近时，由于小孔声阻产生强烈的声吸收作用，声功被吸收耗散为热。这样制冷机中声场的行波分量得以增强，热声管组泵热量增加。小孔型脉冲管制冷机的性能比基本型脉冲管制冷机性能大为改善，其泵热能力和达到的最低温度与Stirling制冷机接近，但其行波分量的增强是以共振器耗散功为代价的，其制冷系数小于Stirling制冷机。

双向进气式脉冲管制冷机在小孔型脉冲管制冷机的基础上，用一段旁路管道将带脉冲管的热端热交换器2与热端热交换器1连接起来，管道中的气柱相当于排气结构。这些在热交换器1处形成“双向进气”，当阻抗匹配合理时，可通过该管道吸收一部分声功，使制冷能力和效率有所提高。

上述声制冷机所用的声介质多为气体介质。气体介质适用于较大温差、较小能量流密度场合，而不适合用于家电行业中的电冰箱和空调器。液体介质适用于较小温差、较大能量流密度场合，所以将声制冷机中的气体介质改为液体介质，无疑会带来较佳效果。美国的Los Alamos实验室采用了液态丙烯作为声介质，因其较大的热膨胀系数和较小的体积压缩率，在高压下工作时，制冷功率和效率都会显著提高。

（四）热声制冷机的发展前景

热声制冷机的研究和开发兴起于20世纪80年代。当前，声制冷原理已用于红外传感、雷达及其他低温电子器件的降温。低温电子器件的制冷问题与常规民用制冷相比，有自己的独特之处。它要求制冷温度低（-50℃～-200℃），但制冷量不大，要求制冷机的机械振动小，可靠性高和小型轻量化。声制冷技术刚好适合了这些方面的要求，因此可以期望声制冷技术在低温电子学器件制冷方面有好的应用前景。

三、太阳能制冷技术

（一）太阳能空调的意义

人类赖以生存的地球正在逐渐变暖，地球表面的温度正在逐步上升，我国的年平均气温也正在逐年升高。人们对夏季空调的要求越来越强烈，安装空调已成为我国大部分地区的一股消费热潮。

随着我国国民经济的迅速发展和人民生活的逐步提高，在全国用电量不断增加的同时，温室气体的排放量也正在快速增长，我国目前已成为世界上温室气体排放第二大国。因此，节约能源、减少温室气体排放是一项需要全社会作出不懈努力的重要任务。

太阳能是一种取之不尽、用之不竭的洁净能源。在太阳能热利用领域中，不仅有太阳能热水和太阳能采暖，而且还有太阳能制冷空调。换句话说，在太阳能转换成热能后，人们不仅可以利用这部分热能提供热水和采暖，而且还可以利用这部分热能提供制冷空调。从节能和环保的角度考虑，用太阳能替代或部分替代常规能源驱动空调系统，正日益受到世界各国的重视。太阳能制冷具有很好的季节匹配性，在夏季天气越热，空调的负荷越大，需要的制冷量就越大，而此时太阳辐射最强，提供的热能最多，太阳能空调提供的冷量也就最高。冬季，太阳能辐射减弱，但所需的制热循环水温度不高（65℃即可），在满足制冷工况的集热面积下，同样能满足制热负荷要求，这一特点使太阳能制冷技术受到重视和发展。

当前，世界各国都在加紧进行太阳能空调技术的研究，据调查，已经或正在建立太阳能空调系统的国家和地区有意大利、西班牙、德国、美国、日本、韩国、新加坡、中国香港等。太阳能空调对节约常规能源、保护自然环境都具有十分重要的意义。

（二）太阳能空调的优点

利用太阳能制冷不仅继承了太阳能利用的种种好处，同时也有它独特的优势。下面以太阳能溴化锂吸收式制冷机为例进行对比。首先，传统的制冷机是以氟利昂为介质，它对大气层有极大的破坏作用，而太阳能吸收式制冷机所用的是无毒、无害的溴化锂水溶液，几乎对环境没有任何影响。其次，与其他太阳能热利用相比，太阳能制冷具有很好的季节匹配性，即天气越热，太阳辐射越好，系统制冷量越大。但人们不需要热水，需要制冷空调，而依靠太阳能的制冷空调系统在夏季能产生更多的冷量，能满足人们的需求，这一特点使太阳能制冷技术受到重视和发展。

实现太阳能制冷有“光-热-冷”、“光-电-冷”、“光-热-电-冷”等途径。太阳能半导体制冷是利用太阳电池产生的电能来驱动半导体制冷装置，实现热能传递的特殊制冷方式，其工作原理主要是光伏效应和珀尔帖效应。

太阳能驱动的半导体制冷系统结构紧凑、携带方便，可以根据用户需要做成小型化的专用制冷装置。它具有使用维护简单、安全性能好、可分散供电、储能比较方便、无环境污染等特点。另外，利用珀尔帖效应的半导体制冷系统与一般的机械制冷相比，它不需要泵、压缩机等运动部件，因此不存在磨损和噪声；它不需要制冷剂，因此不会产生环境污染，也省去了复杂的传输管路。它只需切换电流方向就可以使系统由制冷状态变为制热状态。

太阳能空调可以用多种方式来实现，每种方式又都有其自身的特点。以目前使用较多的太阳能吸收式空调为例，将太阳能吸收式空调系统与常规的压缩式空调系统进行比较，除了季节适应性好这个最大优点之外，它还具有以下几个主要优点：

（1）传统的压缩式制冷机以氟利昂为介质，它对大气层有一定的破坏作用，特别是蒙特利尔议定书签订后，国际上将禁用氟氯烃化合物，迫切要求寻找代用工质；而吸收式制冷机以不含氟氯烃化合物的溴化锂为介质，无氟、无毒、无害，有利于保护环境。

（2）压缩式制冷机的主要部件是压缩机，无论采取何种措施，都仍会有一定的噪声，而吸收式制冷机除了功率很小的屏蔽泵之外，无其他运动部件，运转安静，噪声很低。

（3）同一套太阳能吸收式空调系统可以将夏季制冷、冬季采暖和其他季节提供热水三种功能结合起来，做到一机多用，从而可以显著地提高太阳能系统的利用率和经济性。

（三）太阳能空调在现阶段的局限性

在强调太阳能空调具有诸多优点的同时，也应当看到它现阶段存在的一些局限性，因而需要进一步加强研究开发，努力在推广应用过程中逐步解决这些问题。

（1）太阳能空调虽然可以显著减少常规能源的消耗，大幅度降低运行费用，但由于现有太阳能集热器的价格较高，造成太阳能空调系统的初始投资偏高，因此目前尚只适用于较为富裕的用户。解决这个问题的途径，应当是坚持不懈地降低现有太阳能集热器的成本，使越来越多的单位和家庭具有使用太阳能空调的经济承受能力。

（2）虽然太阳能空调可以无偿利用太阳能资源，但由于自然条件下的太阳能辐照密度不高，使太阳能集热器采光面积与空调建筑面积的配比受到限制，因此目前尚只适用于层数不多的建筑。解决这个问题的途径，应当是加紧研制可产生水蒸气的中温太阳能集热器，以便将中温太阳能集热器与蒸气型吸收式制冷机结合，进一步提高太阳能集热器采光面积与空调建筑面积的配比。

（3）虽然太阳能空调开始进入实用化示范阶段，愿意使用太阳能空调的用户不断增多，但由于已经实现商品化的都是大型的溴化锂吸收式制冷机，目前尚只适用于单位的中央空调。解决这个问题的途径，应当是积极研究开发各种小型的溴化锂吸收式制冷机或氨水吸收式制冷机，以便将小型制冷机与太阳能集热器配套，逐步进入千家万户。

（四）太阳能制冷系统

1. 太阳能半导体制冷的工作原理和基本结构　太阳能半导体制冷系统就是利用半导体的热电制冷效应，由太阳电池直接供给所需的直流电，达到制冷制热的效果。

太阳能半导体制冷系统由太阳能光电转换器、数控匹配器、储能设备和半导体制冷装置四部分组成。太阳能光电转换器输出直流电，一部分直接供给半导体制冷装置，另一部分进入储能设备储存，以供阴天或晚上使用，以便系统可以全天候正常运行。

1）太阳能光电转换器可以选择晶体硅太阳电池或纳米晶体太阳电池，按照制冷装置容量选择太阳电池的型号。晴天时，太阳能光电转换器把照射在它表面上的太阳辐射能转换成电能，供整个系统使用。

2）数控匹配器使整个系统的能量传输始终处于最佳匹配状态。同时对储能设备的过充、过放进行控制。

3）储能设备一般使用蓄电池，它把光电转换器输出的一部分或全部能量储存起来，以备太阳能光电转换器没有输出的时候使用，从而使太阳能半导体制冷系统达到全天候的运行。

2. 太阳能溴化锂吸收式制冷系统的技术　太阳能溴化锂吸收式制冷系统的主要构成是太阳集热器、溴化锂吸收式制冷机、空调箱（或风机盘管）、辅助燃油锅炉、储水箱、自动控制系统等。下面主要介绍太阳集热器、溴化锂吸收式制冷机这两大太阳能溴化锂吸收式制冷系统的核心部分。

1）太阳能集热器是指吸收太阳辐射并将产生的热能传递到传热工质的装置。几乎所有太阳能的转化利用都离不开太阳能集热器。它有很多种类型。概括地讲，主要可分为平板型集热器、真空管集热器、聚焦型集热器。平板型集热器成本相对较低，但提供较小的热源温度；而聚焦型集热器能提供较高的热源温度，但成本比较高。在目前太阳能制冷应用中，比较多地使用平板型集热器。

2）溴化锂吸收式制冷机原理最为突出的地方在于：为了连续制冷，将已蒸发的制冷剂，通过一定手段回复到液体状态，实现制冷循环。

具体过程如下：

通过太阳能集热器产生的热媒水流经发生器，加热发生器中的溴化锂水溶液，溶液中的水汽化成水蒸气，从而导致溴化锂水溶液的浓度升高，进入吸收器。而产生的水蒸气进入到冷凝器中，由于冷却水的作用，液化成低温高压的液态水。低温高压的水通过节流阀到达蒸发器中，因为体积的膨胀而汽化，汽化的过程需要吸热，因此蒸发器中的制冷剂水的热量被大量夺走，达到制冷的效果。同时，低温的水蒸气进入吸收器，被其中的高浓度的溴化锂水溶液吸收，变回稀溶液。利用溶液泵，将溴化锂稀溶液泵回发生器中，进行下一轮的循环。如此反复循环，不断制冷。而且整个装置中为了节约加热溴化锂稀溶液的热量，在发生器和吸收器之间加入一个换热器——让从发生器流出的高温高浓度溶液与从吸收器中泵回的低温低浓度溶液进行热交换，使得循环回去的稀溶液温度升高，提高装置热效率。

3. 太阳能半导体制冷的关键问题　太阳能制冷系统最大的不足是制冷效率较低，同时成本也较高。这严重阻碍了太阳能制冷系统的推广和应用，可以从以下几个方面来提高和改善太阳能制冷系统的性能。

1）改善半导体制冷材料的性能。太阳能半导体制冷系统的核心在于半导体制冷材料，半导体制冷系统效率较低的主要原因在于半导体制冷材料热电转换效率不高。因此，如何改进材料的性能，寻找更为理想的材料，成为了太阳能半导体制冷的重要问题。

2）系统的能量优化。太阳能半导体制冷系统自身存在着能量损失，如何减少这些损失、保证系统稳定可靠地运行是十分重要的问题。光电转换效率和制冷效率是衡量能量损失的主要指标。光电效率越高，在相同的功率输出情况下，所需的太阳电池的面积越小，这有利于太阳能半导体制冷系统的小型化。目前普遍使用的太阳电池的光电效率最高为17%。对于任何制冷系统来说，制冷效率COP是最重要的运行参数。目前，半导体制冷装置的COP一般约0.2~0.3，远低于压缩式制冷。经过试验研究发现，冷、热端温差对于半导体制冷的效率有很大的影响，通过强化热端散热方法能使半导体制冷系统性能得到很大的改善。

3）系统运行的有效控制和优化匹配。与一般的制冷设备不同，太阳能半导体制冷系统受太阳辐射和环境条件影响，系统工况一天内往往有很大的变化。因此在太阳能半导体制冷系统中，除了太阳电池和半导体制冷装置外，还需配备蓄电池和数控匹配器。蓄电池是保证太阳能制冷系统连续运行的重要条件。

数控匹配器使太阳电池阵列输出阻抗与等效负载阻抗匹配，使功率输出处于最佳状态，同时对储能设备的过充、过放进行控制。要实现整个能量传递环节在最优工况下进行，保证系统的可靠性、稳定性和高效率，就必须对整个系统的运行进行有效的控制。因此，选择合适的储能设备、研制有效的控制器对整个太阳能制冷系统来说是非常重要的。

另外，提高太阳电池转换效率问题，同样是实现太阳能制冷系统大规模应用的重要问题。

四、电冰箱新技术

电冰箱行业是个传统行业，但并不是夕阳产业，仍有许多新技术要开发，操作的方便性、功能的多元化以及环保、节能、低噪等都是其主要的发展方向。

（一）节能、环保和降噪

节能环保是家用电器的永恒主题。美国、欧洲对新一代的电器都有节能要求，我国也已开始对节能产品进行认证。目前冰箱厂家采用的节能办法一般是加厚保温层，采用高效压缩机，优化系统匹配等。以后随着更高效压缩机、更好保温材料的出现，节能冰箱将会进一步发展，其途径是采用环保型制冷剂、发泡料和原材料。另外，降低冰箱噪声是消费者的要求，也是生产厂家努力的方向。

节能冰箱采用了先进冰箱压缩机，制冷量、能效比等技术参数实现了最优化，冰箱的保温性能增强，整个冰箱箱体的导热系数因此就优于一般冰箱。

1. 线性压缩机　电冰箱线性压缩机将制冷剂气体吸入至气缸中，并通过利用线性电动机的线性驱动力使活塞在气缸内进行线性往复运动来压缩流体，继而排出压缩状态的流体。由于线性压缩机在结构上省去了运动转换装置，直接驱动活塞运动，而且其行程可以由电压直接控制，因而使其具有结构紧凑、效率高、寿命长等优势。

此外，电动机采用直线运动，电力消耗大为降低，以往压缩机是通过将电动机的旋转运动转换成直线运动来压缩制冷剂的，该过程中约有20%的能量损失，而线性压缩机的电动机直接采用直线运动，几乎没有能量损失和噪声。

2. 电冰箱压缩机电动机转矩控制技术　此种技术采用了以按需方式来控制压缩机带动电动机转矩的结构，以降低噪声和能耗。压缩机为往复式压缩机，驱动压缩机所需的转矩按照如下周期循环：在制冷剂压缩过程中急剧增大，压缩过程结束时立即变小。这样的变化周期为每分钟要循环1000次左右。产品是根据压缩机转矩的变化而改变电动机转矩的。

根据压缩机所需的转矩来控制电动机转矩，这样做的目的就在于实现静声。要想实现静声就得控制振动，一般来说，如果能减少电动机的转动次数就能减少振动。但如果太慢，压缩时电动机就会停止，因为以往采用的技术是通过一定速度的高速转动来积蓄惯性力，以此来补充压缩时需要的峰值转矩。然而，这种技术压缩制冷剂所必需的转矩与电动机转矩之间存在差值，在压缩过程中所需转矩大于电动机转矩、膨胀过程所需转矩小于电动机转矩，于是就产生了振动。而电动机转矩控制技术基本上不依靠惯性力驱动压缩机，从而可大幅降低电动机的转动次数。此外，还能减少摩擦损失，而且由于电动机转矩与压缩机所需转矩大致相当，基本上不会产生振动。

3. 双压缩机电冰箱　配备有两台压缩机的冰箱，可将制冷速度提高35%，温区和温度均可自由调节，使得一台冰箱能够按照需要产生各种变化，比如：整个冰箱变成零度箱，保鲜不结冰；整个冰箱可以变成冷冻箱或冷藏箱，关闭冷冻室，冷藏室照常工作，关闭冷藏室，冷冻室照常工作，所有变化过程中温度均可精确调控；在没有水的情况下，可以加湿，使食物不会风干。

4. 变频技术与模糊控制　一般冰箱是通过开停机来调节冰箱的制冷量和保持箱内温度，变频冰箱则是通过调节压缩机的转速来调节制冷量的大小，以保持箱内适宜的温度。

普通冰箱是通过检测蒸发器温度来控制冰箱的，这种方法简单可靠，但控温精度低，且需要随季节不同对温控器进行调节。采用模糊控制技术，则可以对环境温度、箱内温度、箱内温度变化率等条件综合判断，来调节冰箱的运行。它还可以根据用户的不同习惯，调节制冷、化霜等运行过程，完全不需要人工干预。

（二）抗菌和除臭

统计分析发现，冰箱中存放的生冷食品大多数没有经过消毒处理，难免将细菌带入。冰箱采用抗菌板材后，就能有效地抑制、杀死细菌。冰箱在长期使用过程中，难免会产生硫化氢、氨气等臭味。而采用臭氧发生器、活性触媒、生物除臭剂等，可对冰箱中的臭味进行清除。另外，如何保持果菜的湿度（特别是无霜冰箱）是冰箱行业的重要课题，国内外正在对透气保湿膜进行研究和试用。

1. 发光二极管保鲜技术　通过在电冰箱的保鲜室中装配发光波长为375am的紫外线发光二极管（LED），能够增加蔬菜中的多酚含量，抑制还原糖的自我消耗，防止果蔬变质；在冰箱的保鲜室中装配发光波长为590am的橙色发光二极管可利于果蔬的光合作用，使蔬菜的叶绿素活性化，促进还原糖的生成（光合成），从而提高了维生素C的含量，在冰箱的制冰室中装配发光波长为380am的发光二极管具有除菌功能。

2. 除臭光触媒片　除臭光触媒片里填充有活性炭粉末和二氧化钛（TiO_2），可吸附产生恶臭的物质。在每隔10～14天把薄片放在阳光下晾晒，可以分解薄片中的二氧化钛所吸附的物质。通过光触媒反应，薄片基材本身也慢慢分解，由于光触媒反应速度很慢，所以可使用两年左右。

3. 电冰箱银离子技术　银离子技术是目前世界上先进的杀菌技术。银离子能穿透细胞膜进入细菌体内，直接破坏蛋白酶，干扰其DNA的合成，使细胞丧失分裂繁殖的能力而死亡，从而起到抗菌、杀菌的目的。杀灭细菌后，银离子还能再次游离其他细菌体，发挥新一轮的杀菌作用，周而复始，形成良好的循环杀菌效果。银离子的杀菌效果是一般杀菌剂的100倍以上，且杀菌范围更广泛，可有效杀死超过600种病原菌。银离子除了杀菌效果彻底外，还能对家电形成保护膜，持续抑菌，防止家电被二次污染。

4. “门送冷”保鲜技术　采用“门送冷”保鲜技术冰箱的独到之处，就是在冰箱门上增设冷气出风口，与后壁出风口双面送冷形成对流，从而构成了立体的冷气循环保鲜系统，解决了冷气不均匀导致食物易失鲜、变质的问题。普通冰箱由于只有后壁出风，冷气单方向流动，使放在冰箱前部及门架上的食物受冷缓慢，而“门送冷”冰箱在箱体内实现立体的冷气循环，无论食物放置在哪个角落，都可快速均匀受冷。经测试，普通冰箱内部后侧与前侧特别是近门处温差为4～6℃，而“门送冷”冰箱前后温差只有1℃，冰箱内温度恒定均匀，这就大大延长了食物的保鲜期限。普通冰箱里的果蔬3天鲜度就会下降，实验证明，采用“门送冷”保鲜技术的冰箱里的果蔬7天后仍能达到国家一级鲜度标准。

最后需要补充说明的是，高保鲜度冰箱和普通冰箱一样，对于放在其中的食品，除了使用上述保鲜技术外，是没有消毒作用的。合理使用也是提高冰箱的保鲜效果的途径之一。也就是说即使冰箱应用好几种保鲜技术，倘若使用不当，冰箱保鲜效果也会大打折扣。

5. 正负离子群（即派离克）保鲜技术　正负离子群技术能将空气中的水分子生成正离子（H^+）和负离子（O^{2-}），利用离子可附着在微粒表面并产生化学反应（生成水）的特性，形成由水分子和氢氧根离子组成的集合体（即所谓的正负离子群“派离克”），正负离子群在空气中游离，与霉菌、臭味等有害物质的分子接触后，就立刻将它们包围、隔离。

然后，正负离子群中化学性能活跃的氢氧根离子（OH^-）与霉菌、臭味等有害物质的分子发生剧烈的化学反应，改变它们的化学成分，分解成水和其他无害、无臭的物质。能有效抑制霉菌、病毒、应变原等物质的活性。由于化合反应后仍还原为水蒸气和二氧化碳，因此对人体无害。

与以往“守株待兔”式的滤网除臭和灭菌的效果相比，正负离子群以5m/s的速度主动出击，杀灭有害物质，有效清洁冰箱内的各个角落。

负离子可以有效抑制果蔬代谢过程中的酶活力，降低果、菜内具有催熟作用的乙烯的生成量；又可有效抑制并延缓有机物的分解，抑制病源菌的生长繁殖，从而延长保鲜贮藏期。

6. 钛光抗菌保鲜技术　传统的抗菌技术为接触性抗菌，只有细菌与抗菌塑料表面长时间接触后，才会发生显著的抗菌效果。但这种方式存在明显的局限性，如在冰箱中，容易携带有害细菌的一般为食品，此外为冰箱内空间中漂浮的少量细菌，但食品与抗菌塑料部件的接触是很有限的，因此抗菌效果发挥不充分，不能有效阻碍食品表面上细菌的繁衍及对食品中营养成分的破坏。当细菌被杀死后，尸体可释放有害的组分，如内毒素，这可是导致霍乱和伤寒等疾病的物质，金属离子体系的抗菌剂对内毒素的消除是无能为力的。而通过将钛光抗菌运用到冰箱的材料上，当受到光源照射时，发生催化激发，而且还分解了细菌尸体释放出的毒素，也就是说还具有解毒的功能。

不仅如此，采用钛光抗菌技术的冰箱对去除异味气体也有很强的效果。冰箱材料将异味吸附后，在光催化作用下，将异味气体分解成水、二氧化碳和氮气等无色无味无害的最终产物，达到完全的除臭的效果，对去除鱼、鸡蛋和蔬菜等食物腐烂变质后散发的异味有显著效果。

7. 速冻保鲜技术　食品细胞在冷冻降温时会有变化，当食品温度降至 -5 ~ 1℃时，细胞内的水会结冰成冰晶，这个温度带称为“最大冰晶生成带”。食品冷冻速度的快慢使冰晶生成的大小不同，时间越短冰晶越小；冷冻速度越慢，生成的冰晶就大，便会刺破细胞膜。一旦解冻，细胞液就会流失，使食品没有鲜味，丧失营养。速冻可以使食物以最快的速度完成这一冻结过程。在食物被速冻过程中，将形成最细小的冰晶，这种细小的冰晶不会刺破食物的细胞膜，这样，在化冻时细胞组织液得到完整保存，减少营养流失，食物达到了保鲜目的。

8. 冰箱除臭保鲜技术　冰箱由于长期存放各种食物，因此会在箱内滋生一些细菌，这不仅使食物保鲜期缩短，更严重的是对人体不利。针对上述情况，电冰箱采用的除臭保鲜技术有多种：高压放电产生臭氧除臭法；活性炭吸附除臭法；加热管触媒除臭法等。

1）高压放电产生臭氧除臭法。利用臭氧氧化能力强的特点，对异常气味进行氧化分解。这种方式需要一套产生臭氧的装置，一般采用高压放电的方法。装置结构复杂，臭氧本身的气味不好闻，对冰箱内的塑料零件有侵蚀作用，故不宜使用。

2）活性炭吸附除臭法。结构简单，但它对异味没有分解能力，吸附后需要人为定时取出，进行处理，使用不方便。

3）加热管触媒除臭法。通过涂覆在风冷冰箱内的化霜加热管表面的触媒，对循环气体进行吸附，并对吸附的臭气进行加热分解而达到除臭目的，其吸附分解率达95%以上，彻底消除了异味。这种结构无需人工控制，使用寿命长，可靠性高，是最先进的除臭方式。这种触媒涂层在常温下能吸附冰箱内的异味。冰箱通电化霜过程中，触媒涂层表面的催化剂氧化，使吸附剂得到再生，同时，吸附的臭味被氧化为无色无味的二氧化碳和水。通过吸附→氧化分解/再生→再吸附→再氧化分解/再生，不断循环工作，从而达到除去冰箱内臭气成分的效果。与活性炭吸附除臭法相比，它能循环再生，无需定期理换，可靠性高，寿命达十年以上。与高压放电产生臭氧除臭法相比，它无须安装复杂的臭氧发生装置，无异味，对冰箱内的塑料零件无侵蚀作用，故广泛用于除臭冰箱中。

（三）双温双流程多重冷流风直冷混合式冰箱

特点：冷冻室为风冷，冷藏室为直冷，其中冷冻室为翅片式蒸发器、风扇强制换热，冷冻速度快且均匀，蒸发器自动化霜；冷藏室自然对流换热，食物保温。

制冷时，制冷剂的循环流程：

压缩机→排气连接管→右冷凝管→除露管→左冷凝管→干燥过滤器→电磁三通阀→

1　冷冻室毛细管
2　冷藏室毛细管
→冷冻室蒸发器→冷冻室套管→冷冻室连接管→冷藏室蒸发器→冷藏连接管→储液器→回气管→压缩机。

电冰箱制冷时，形成了类似直冷抽屉式制冷回路的常开回路和类似单门冷冻箱制冷回路的常闭回路。

（四）多重冷流多间室冰箱和迷你型冰箱

人们生活越来越多样化，对冰箱的要求也多样化。大型冰箱应有冰温室、解冻室（微冻室）、高度保鲜果菜箱、自动制冰装置、非食品储藏室（如储藏胶卷、化妆品等）来满足人们的要求。小型迷你冰箱也有相当的市场，像野外工作、外出旅行对此都有需求。

（五）网络化冰箱

目前生产厂家已开发出网络化家电产品，它将所有家电包括冰箱联网，由计算机控制，再与 Internet 相联，超市还可以通过网络，了解你冰箱里的食品存货情况，并及时送货，使你享受各种网络化服务。

五、空调器新技术

（一）网络控制技术

空调网络控制技术是在一般变频空调的基础上增加了与 Internet（国际互联网）的控制接口，通过 Internet 可对其进行远程控制、远程故障诊断和控制软件升级等功能，从而便于维修和实行集中控制及控制最优化等。

变频空调网络控制技术主要是利用 Internet 的接口，通过电话线或光缆来传输控制信号，同时在变频空调器上安装信号接收器、信号传输器，将传输的控制信号接收，转变为操作信号来指导变频空调的操作，同时变频空调器控制信号又通过 Internet 显示控制信号，从而达到对其进行远程控制、远程故障诊断和控制软件升级等功能。

（二）冷触媒技术

这一技术采用日本专利的 LTG—M2 触媒，这是一种低温低吸附的材料，根据吸附催化原理，在常温下就能对甲醛等有害物质边吸附边分解成二氧化碳和水，这种触媒不需要再生，不需更换，使用寿命长达 10 年以上。

（三）光触媒技术

光触媒是一种催化剂，主要成分是活性炭、酸化酞、陶瓷纤维等，并以静电纤维纸浆做成的网为载体，可以吸附空气中由绝缘材料、胶合板、地毯、油漆、粘合剂等挥发出的甲醛、苯、酮、氨、二氧化硫等有害气体，并能清除室内的香烟雾、饭菜味、体臭等异味。这种物质使用一段时间后，需要强烈的紫外线照射下，将吸附在触媒网上的有害物质彻底分解成二氧化碳和水，从而恢复其吸附性。

（四）纳米杀菌技术

格兰仕美国科研中心将纳米技术引入了空调产品，他们利用纳米技术在纳米尺度范围内通过操纵尘埃等污染分子、原子、分子团或原子团，使它们重新排列组合成无害无污染的新物质，从而提高空调的杀菌、抑菌功效，具有自洁、防污、防附着、保湿性好、耐高温、耐摩擦、耐冲击等特点的纳米材料使得杀菌空调的诞生变为现实。

该项技术从内部心脏——低噪声压缩机着手进行降噪，并且内部结构也采取进一步优化；另外采用计算机仿真技术进行风道设计，完全模拟自然风的流向，使风道和风向自然吻合，把由于风速而引起的噪声降到最低限度。

（五）体感温度控制技术

遥控器上的智能感温元件，能感知室内人们活动范围的温度，并将信息发射到主机的接收器上，使主机随时调整运行状态，实现真正的体感温度控制自动化。

（六）无病害健康技术

为了克服空调给人们带来的“空调病”，国外竞相开发的无病害健康空调技术，研究将负离子发生技术、三重保护技术和防毒、抗菌、吸尘技术用于空调中，它能生成活化氧，还能除尘、杀菌。无病害健康技术的最大特点是解决了空调换气难题，室内烟雾、悬浮的尘埃在空调启动10s后就会消失得无影无踪，出风口还能飘出悠久的清香，使室内香气四溢。该项技术采用了超强的送风系统和气流控制技术，送风距离可达15m之远。气流控制技术可使风向从左到中、从中到左、从右到中、从中到右循环，随意选择送风方式。

六、汽车空调新技术

（一）汽车空调制冷剂应用现状及未来发展

当前环境变暖引起的气候变化、臭氧层空洞等已成为全球性的环境问题，如果任其发展下去，将对人类的生存和发展构成严峻的挑战。因此在汽车空调制冷剂的替代研究过程中应该加强对生态环境的保护意识，不能只看到眼前利益，而同时要注重生态环境与人类的协调和可持续的发展。

1. HFC134a制冷剂的应用　HFC134a广泛地应用于制冷空调中，尤其是成功地用于汽车空调。这是因为：一是由HFC134a的特性使然，二是通过选择单一的制冷剂，可以避免制冷剂经过胶皮软管时组成发生变化。目前全球生产的HFC134a制冷剂中50%用于汽车空调，由于汽车空调的特殊工况，一般情况下每两年就要加注一次制冷剂。我国汽车空调市场巨大，对制冷剂的需求也是巨大的。

根据欧盟已通过的含氟温室气体控制法规的要求，自2017年1月1日起，欧盟将禁止新生产的汽车空调使用GWP值大于150的制冷剂，由于HFC134a的GWP值为1300，故将被禁用；在2011年1月1日至2017年1月1日的6年间，在用汽车空调将按比例逐步淘汰GWP值大于150的制冷剂；自2017年1月1日起，将禁止所有汽车空调使用GWP值大于150的制冷剂。因而，汽车空调使用低GWP值的制冷剂成为趋势和必然，CO_2、碳氢化合物、HFC152a以及一些可作为汽车空调制冷剂的混合物成为研究热点。

2. 天然工质制冷剂的应用

（1）碳氢化合物。目前作为制冷剂应用的碳氢化合物主要是丙烷（R290）、丁烷

（R600）和异丁烷（R600a）等，其中 R600a 已在欧洲和一些发展中国家广泛用于冰箱中，其 ODP = 0，GWP = 15，环保性能好，成本低，运行压力低，噪声小，但其易燃、易爆。此外 R290 和 R600a 组成的混合制冷剂也有一定的发展使用。

（2）氨（R717）。氨已被使用达 120 年之久而且至今仍在使用，其 ODP = 0，GWP = 0，具有优良的热力性质，价格低廉且容易检漏。不过氨有毒性而且可燃，应当引起注意，虽然一百多年的使用记录表明，氨的事故率很低，但是今后必须找到更好的安全办法，如减少氨的充灌量，采用螺杆式压缩机，引入板式换热器等，其油溶性、与某些材料不溶性、高的排气温度等问题也需合理解决。

（3）二氧化碳（R744）。CO_2是自然界天然存在的物质，其 ODP = 0，GWP = 1。CO_2 来源广泛、成本低廉，且安全无毒，不可燃，适应各种润滑油常用机械零部件材料，即使在高温下也不分解产生有害气体。CO_2的蒸发汽化热较大，单位容积制冷量相当高，故压缩机及部件尺寸较小；等熵指数较高，压缩机压比比其他制冷系统低，容积效率相对较大，接近于最佳经济水平，有很大的发展潜力。

天然工质在车用空调里面的使用主要是 CO_2 制冷剂。CO_2 的制冷性能已经得到了认可。然而它的稳定性却受到质疑，在 CO_2系统中不允许泄漏到车内影响到乘客。CO_2系统能耗比较高，配件价格也很高，不适合用在经济型轿车中。该类系统的噪声和振动也是亟需解决的技术难题，而且不易于维护。

3. 发展趋势　虽然现在国际社会对 HFC134a 的替代呼声很高，但实际对我国市场影响不大。HFC134a 在我国正处于发展时期，即使在欧美国家，它的替代也刚刚起步。

当然，在当前环保和节能双重压力下，发展绿色制冷剂是大势所趋。由于当前国际上已商品化批量生产的（替代）制冷剂还不够理想，国内外科研工作者还在作不懈的探索，并在某些领域取得了一定的成果和突破，但对新产品不断研究和开发的工作仍需继续下去。

（二）客车空调节能性技术

1. 我国客车空调业现状　随着高速公路和空调客车数量的迅速增长，制造大中型客车空调机的企业也如雨后春笋般地涌现。就客车技术发展的大趋势来看，节能环保是客车空调技术升级换代的首要条件。目前，我国客车空调的环保性要求绝大部分已满足国家政策的强制规定，制冷剂均采用了 HFC134a，但在节能性方面差距较大。

2. 客车空调节能性技术的研究方向　从目前客车空调的技术现状看，应从以下几个方面来着手研究，提高节能性。

（1）优化制冷系统设计、制造，提高能效比。在客车空调设计中优化管片式换热器的管流走向和分布；采用更高效换热器形式（如平行流冷凝器等）；优化气流走向（如利用客车的迎面风速等）；增加过冷管路；优化制冷系统的参数，降低冷凝温度等。这些措施的采用，可在不增加成本的条件下，明显提高能效比。

（2）采用可变排量压缩机技术，实现客车空调的能量调节。在大部分采用的活塞式压缩机上加装能调阀，可实现能量 50% 或 100% 的转换调节；采用轿车空调广泛使用的可变排量压缩机组合，可解决部分客车（8m 以下）空调能量调节问题，但要注意解决小排量压缩机使用的边界条件；采用螺杆式压缩机，可实现客车空调冷量的 0 ~ 100% 的无级调节。

（3）提高客车空调的自动化控制水平，实现舒适与节能的最优化。精准的控制调节不但使舒适性大大加强，也完全杜绝了能量的浪费。这也是客车空调必然的发展趋势。

(4) 改善客车及空调的保温密封，杜绝冷量的无谓损失。在客车上要解决发泡厚度及消除热桥问题；在客车顶置空调上，壳体可采用轻质的隔热性能良好的新型复合材料。

(5) 注意流线型外形设计，减少行驶阻力系数。现在客车空调向超薄型发展，在保证客车整体造型美观和减小风阻系数方面，客车厂要与空调厂开展联合技术设计。

(6) 采用新技术、新材料，努力减轻客车空调重量。小型化、轻量化是技术进步的必然体现，不但节约了原材料的消耗，而且减轻了客车整备质量，降低了油耗。以上提到的平行流冷凝器的应用、壳体复合材料的应用，甚至传动机构的改进，均可以达到目的。

讲座四　安全防护

任务描述

1）焊接安全知识。

2）空调器相关作业安全知识。

任务目标

1）掌握焊接安全卫生防护知识。

2）掌握空调器相关作业的安全知识。

任务实施

一、焊接安全知识

在制冷与空调设备维修操作中，焊工是极其重要的技术工种之一。由于制冷系统长期处于正压状态，如发生泄漏，就会影响制冷效果；且泄漏的制冷剂会对环境造成污染，从而对人体造成危害，因此，对制冷系统有很高的密封要求，这就要求高质量的焊接技术来保证。因此，焊接质量的好坏，将会直接影响到制冷与空调设备的安装与维修质量。

金属的焊接作业是属于对操作者本人、他人和周围设施的安全有重大危害因素的特种作业，对从事作业的人员，必须进行安全教育和安全技术培训，经考核合格取得操作证者，方准独立作业。焊接操作的安全技术应贯彻“安全第一、预防为主”的方针，焊工应遵守安全操作规程，并进行有效的个人防护。

（一）个人防护

1. 个人防护的意义　由于焊接操作时经常要与易燃、易爆的介质（如气体或液体）接触，会与焊接过程中产生的一些有害气体、金属烟尘以及弧光辐射、高温热源等直接接触，还会与弧焊电源等用电器具相接触；有时为了工作需要还会在高空，或在内有易燃、易爆介质的压力容器及管道上进行焊接作业。因此，在上述环境与条件下进行工作，存在着许多危险、有害的因素，在一定条件下会发生火灾、爆炸、触电、灼烫、高处坠落、物体打击及急性中毒、窒息等事故，导致死亡事故或发生焊工肺尘埃沉着病、电光性眼炎、慢性中毒及皮肤病等职业病，有些作业还会受到高温、高频电磁场、X 射线、激光、噪声等影响，更直接影响焊接操作人员及其他人员的安全和健康。

因此，为了防止焊接作业时有害因素对焊工身体健康造成的不良影响，焊工在操作时必须穿戴规定的劳动防护用品，即做好个人防护。

2. 个人防护用具 焊接时，焊工穿戴的个人防护用具通常有面罩、护目遮光镜片、工作服、焊工手套及工作鞋等。

（1）面罩。面罩是为防止焊接时弧光、飞溅及其他辐射物对焊工面部及颈部造成伤害的一种遮蔽工具，有手持式（见图3-22）和头盔式两种。

面罩应能遮住焊工的脸部和耳部，结构牢靠，无漏光。在面罩的正面有安置护目遮光镜片和白玻璃片的一长方形框，内有弹簧钢片压住护目镜片（俗称黑玻璃），起固定作用。

手持式面罩适用于焊条电弧焊；头盔式面罩适用于手工钨极氩弧焊和高空焊接作业。

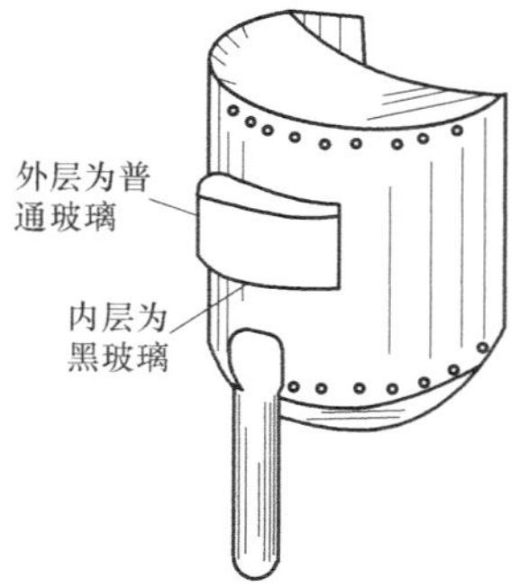

图3-22 手持式面罩

（2）护目镜片。护目镜片的作用是减弱电弧光的强度，并过滤红外线和紫外线，从而防止弧光及有害射线损伤焊工的眼睛。焊接时通过面罩上的护目镜片可以清楚地观察焊接熔池的情况，并使焊工能清楚地看到作业位置以进行正常操作。护目镜片的规格是以镜片的遮光号来表示的，遮光号越大颜色越深。遮光号的大小，可根据焊接时所使用的电流值来选取，见表3-2。

表3-2 焊工护目遮光镜片选用

焊接种类	镜片遮光号			
	焊接电流/A			
	≤30	30～75	75～200	200～400
电弧焊	5～6	7～8	8～10	11～12
焊接辅助工	3～4			

护目镜片内有各种添加剂和色素，目前以墨绿色的最多，为改善防护效果，受光面可镀铬。使用时，护目镜片应夹在两块普通透明玻璃之间。透明玻璃受到金属飞溅物沾污、烧坏或破裂后，可加以更换。护目镜片的常用尺寸为2mm×50mm×107mm。

焊工在停止焊接作业后，应戴白光透明眼镜，其好处是：

1）白玻璃有过滤紫外线的作用，戴白光眼镜在极短时间内，能起到遮挡弧光、防止电光性眼炎的作用。

2）防止飞溅、焊渣等异物伤眼，尤其在铲除红炽的焊渣时，更有益处。

（3）工作服。焊工在从事焊接工作时，应穿戴特殊的工作服，其要求如下。

1）一般焊工的工作服用白色棉帆布制作。

2）气体保护焊在紫外线作用下，会产生臭氧等气体，应选用粗毛尼或皮革等面料制作工作服，以防焊工在操作中被烫伤或体温增高。

3）全位置焊接工作的焊工，应配用皮制工作服。

4）仰焊时，为了防止火星、焊渣从高处溅落到头部和肩上，焊工在颈部应围毛巾，穿着用防燃材料制作的护肩、长袖套、围裙和护脚等。

5）焊工穿的工作服不应潮湿。工作服的口袋应有袋盖，上身应遮住腰部，裤长应遮住鞋面。工作服不应有破损、孔洞和缝隙，不允许沾有油脂。

6）焊工工作服切忌用合成纤维织物制作。

（4）焊工手套。焊接时，为了保护焊工的手和腕部不受电弧辐射热、焊渣和金属飞溅的损伤，以及为了防止触电，焊工应使用专用手套。对焊工使用的手套要求如下。

1）焊工手套应选用耐磨、耐辐射热的皮革或棉帆布和皮革合制材料制成，其长度不应小于300mm，缝制要结实。焊工不应戴有破损和潮湿的手套。

2）焊工在可能导电的焊接场所工作时，所用的手套须用具有绝缘性能的材料（或附加绝缘层）制作，并经耐电压5000V试验合格后，方能使用。

（5）绝缘胶鞋。穿绝缘胶鞋的主要作用是为了防止触电及防滑。对绝缘胶鞋的要求如下。

1）焊工工作鞋应具有绝缘抗热、不易燃、耐磨损和防滑的性能。

2）焊工穿用工作鞋的橡胶鞋底不能有铁钉，并经耐电压5000V的试验合格。

3）在有积水的地面焊接时，焊工应穿用经过耐电压6000V试验合格的防水橡胶鞋。

（6）护脚。焊接时为了保护焊工的脚和脚腕不受电弧辐射热、焊渣和金属飞溅的损伤而使用的专用脚罩，也叫脚盖。一般用皮革或帆布制成。

（7）其他劳动保护用品。焊工在操作时，根据需要还应该准备好下列用品。

1）焊工使用的工具袋、保温筒应完好无孔洞。焊工常用的锤子、渣铲、钢丝刷等工具应连接牢固。

2）焊工所用的移动式照明灯具的电源线，应采用YQ或YQW型橡胶套绝缘电缆，导线应完好无损，灯具开关无漏电，电压应根据现场情况确定或用12V的安全电压，灯具的灯泡应有金属网罩保护。

3）焊工登高或在可能发生坠落的场所进行焊接作业时，应使用坚固、结实的安全带。

4）焊工在噪声强烈的场所作业，可采用隔音耳塞。常用的是耳研5型橡胶耳塞，其隔音效能低频为10～15dB，中频为20～30dB，高频为30～40dB。

（二）安全用电、用气

1. 安全用电

（1）发生触电的原因。焊接时，接触触电的机会很多，如果电气设备有毛病，防护用品有缺陷或违反安全操作规程等，都有可能导致触电事故。

实践证明，通过人体的电流超过0.05A时，就会有生命危险；当0.1A的电流通过人体仅1s时就会使人死亡。在人体出汗、潮湿的情况下，其电阻值可由50000Ω骤降至800Ω，根据欧姆定律，40V的电压形成的电流足以对人体造成伤害。焊接时，一般焊接设备所用的电源电压均为220V或380V，弧焊电源的空载电压一般也在60V以上。因此焊工操作时首先应该注意防止触电。

焊接时发生触电事故的主要原因有以下几种。

1）在接线和调节焊接电流时，手和身体某部碰到裸露的接线头、接线柱、极板、导线及破皮或绝缘失效的电线、电缆而触电。

2）在更换焊条时，手或身体某部接触焊钳带电部分，而脚和其他部位对地面或金属结构之间绝缘不好。如在金属容器、管道、锅炉及金属结构的焊接或在阴雨天、潮湿的地方焊接以及焊工身体大量出汗时，容易发生触电事故。

3）焊接变压器的一次绕组和二次绕组之间的绝缘损坏时，手或身体部位碰到二次侧线路的裸导体而触电。

4）电焊设备的外壳漏电，人体碰触外壳而触电。

5）由于利用厂房的金属结构、管道、轨道、天车吊钩或其他金属物搭接作为焊接回路而发生触电事故。

6）防护用品有缺陷或违反安全操作规程而发生触电事故。

7）在危险环境中作业。电焊工作业的危险环境一般指：潮湿；有导电粉尘；被焊件直接与泥、砖、湿木板、钢筋混凝土、金属或其他导电材料铺设的地面接触；焊工身体能够同时在一方面接触接地导体，另一方面接触电器设备的金属外壳。

（2）触电防护的一般措施：

1）电焊机外壳必须牢靠接地或接零。焊接工作前，应首先检查弧焊电源外壳是否接地；然后再检查电焊设备和工具是否安全，如各接线点接触是否良好、焊接电源的绝缘有无损坏等。

2）改变弧焊电源接头、更换焊件需要改接二次回路、转移工作地点、更换熔丝等时，必须切断电源后进行。推拉刀开关时，必须戴绝缘手套，同时头部偏斜，防止电弧火花灼伤脸部。

3）焊工工作时，必须穿戴防护工作服、绝缘鞋和绝缘手套。绝缘鞋、手套须保持干燥、绝缘可靠。在潮湿环境工作时，焊工应用绝缘橡胶衬垫确保焊工与焊件绝缘。

4）焊钳应有可靠的绝缘，中断工作时，焊钳要放在安全的地方，防止焊钳与焊件短路而烧坏弧焊电源。焊接电缆应尽量采用整根，避免中间接头。有接头时应保证连接可靠、接头绝缘可靠。

5）在金属容器内或狭小工作场地施焊时，必须采取专门的防护措施，保证焊工身体与带电体绝缘。要有良好的通风和照明。不允许采用无绝缘外壳的自制简易焊钳。焊接工作时，应有人监护，随时注意焊工的安全动态，遇险时及时抢救。

6）在光线较暗的环境工作时，必须用手提工作行灯，一般环境行灯电压不超过36V，在潮湿、金属容器等危险环境工作时，照明行灯电压不超过12V。

7）焊接设备的安装、检查和修理必须由电工完成。若设备在使用中发生故障，应立即切断电源，通知维修部门修理，焊工不得自行修理。

8）焊工应熟悉和掌握安全用电、预防触电及触电抢救等相关知识，严格遵守有关安全操作规程，防止发生触电事故。

（3）触电抢救措施：

1）切断电源。遇到有人触电时，不得赤手去拉触电人，应先迅速切断电源。如果远离开关，救护人可用干燥的手套、木棒等绝缘物拉开触电者或者挑开电线。千万不可用潮湿的物体或金属件作防护工具，以防自己触电。

2）人工抢救。切断电源后如果触电者呈昏迷状态，应立即使触电者平卧，进行人工呼吸，并迅速送往医院抢救。

2. 安全用气　气焊与气割中所使用的乙炔、液化石油气、氧气等都属于易燃易爆品，充装这些气体的氧气瓶、乙炔瓶、液化石油气瓶等也都属于压力容器。因此，气焊与气割作业必须注意防火防爆。

气焊与气割作业时，为了安全用气，应采取以下防护措施。

1）气焊与气割作业人员必须是经过安全性教育，并接受过专业安全理论培训和实际训练，经考试合格后并持有证书和体格健康的人。未经专门培训，不懂安全操作知识的人员，不准进行气焊、气割作业。

2）不了解作业地点有无易燃易爆物品，被焊工件内部是否有易燃易爆、有毒有害危险品时，不得进行气焊、气割作业。

3）盛装过易燃易爆等危险物体的容器，在没有彻底清理干净前及未经有关部门检查、批准的情况下，不得进行气焊、气割作业。

4）用可燃材料制作保温层的部位及火星能飞溅到的地方，应采取可靠的安全措施，否则不得进行气焊、气割作业。

5）有压力或密封的管道、容器等在未经确认已经释放压力，易燃易爆、有毒等危险化学品未经彻底置换并经检测浓度及氧含量合格后的情况下，不得进行气焊、气割作业。

6）禁火区内未经办理动火证、未经主管部门批准，不得进行气焊、气割作业。

7）进入设备、舱室等狭窄场所进行气焊、气割必须事先了解内部情况，如直接通入的电源、水管、蒸汽管、压力管等，首先要切断电源、气源或物料来源，并且作业时要挂警告牌（“不准合闸”、“不准启动”等），以引起他人注意。

8）进入容器进行气焊、气割时，应有专人进行监护（监护人不得离开现场），并要和容器内的作业人员经常取得联系。

9）对气焊、气割作业人员必须经常进行消防知识的培训，掌握安全防火知识，了解各种性能的灭火器材和灭火措施。

（三）防火、防爆

1. 焊接现场发生爆炸的可能性　爆炸是物质在瞬间以机械功的形式释放出大量气体和能量的现象。通常将爆炸分为物理性爆炸和化学性爆炸两大类。

物理性爆炸是由于物理变化引起的。如蒸汽锅炉的爆炸，是由于过热的水迅速变化为蒸汽，且蒸汽压力超过锅炉强度的极限而引起的，其破坏程度取决于锅炉蒸汽压力。发生物理爆炸的前后，爆炸物质的性质及化学成分均不改变。一般来说，焊接生产中发生物理爆炸的可能性较小，但有时操作不当也会引起。例如，某单位用货车运回新灌的氧气，装卸工为图方便，把氧气瓶从车上用脚蹬下，第一个气瓶刚落下，第二个气瓶跟着正好砸在上面，立刻引起两个气瓶的爆炸，造成一伤一亡。主要原因是两个气瓶相互碰撞，压缩气体在氧气瓶碰撞时受到猛烈振动，引起压力升高，气瓶碰撞时升高后的压力，在气瓶某处产生的应力超过了该瓶壁的极限强度，即引起气瓶爆炸。

化学性爆炸是由于物质在极短时间内完成化学变化，形成其他物质，同时放出大量热量和气体的现象。发生化学性爆炸的物质，按其特性可分为两类：一类是炸（火）药；另一类是可燃物质与空气形成爆炸性混合物。可燃气体、可燃蒸气及粉尘的爆炸性混合物都属于后一类。可燃性物质与空气的混合物，在一定的浓度范围内才能发生爆炸。可燃物质在混合物中发生爆炸的最低浓度称为爆炸下限，反之，则称为爆炸上限。在低于下限和高于上限的浓度时，是不会发生着火爆炸的。爆炸下限和爆炸上限之间的范围，称为爆炸极限。凡是化学性爆炸，总是在下列三个条件同时具备时才能发生：可燃易燃物；达到爆炸极限；火源。

防止化学性爆炸的全部措施的实质，即是制止上述三个条件的同时存在。

焊接生产中通常使用的乙炔、液化石油气、丙烷等都属于易燃气体，所以在焊接生产中要特别注意防止化学性爆炸。可燃气体由于容易扩散流窜，而又无形迹可察觉，所以不仅在容器设备内部，而且在室内通风不良的条件下，容易与空气混合，浓度能够达到爆炸极限。因此在生产、储存和使用可燃气体的过程中，要严防容器、管道的泄漏。厂房内应加强通风，严禁明火。

焊接作业时，可采取如下防火防爆措施。

1）在焊接现场要有必要的防火设备和器材，诸如消火栓、砂箱、灭火器（四氯化碳、二氧化碳、干粉灭火器）。焊接施工现场发生火灾时，应立即切断电源，然后采取灭火措施。必须注意，在焊接车间不得使用水和泡沫灭火器进行扑救，预防触电伤害。

2）禁止在储有易燃、易爆物品的房间或场地进行焊接。在可燃性物品附近进行焊接作业时，必须有一定的安全距离，一般距离应大于10m。

3）严禁焊接有可燃性液体和可燃性气体及具有压力的容器和带电的设备。

4）对于存有残余油脂、可燃液体、可燃气体的容器，应先用蒸汽吹洗或用热碱水冲洗，然后开盖检查，确实冲洗干净时方能进行焊接。对密封容器不准进行焊接。

5）在周围空气中含有可燃气体和可燃粉尘的环境严禁焊接作业。

2. 特殊环境焊接安全技术　比正常状态下危险性大，容易发生火灾、爆炸、触电、坠落、中毒、窒息等类事故以及各种其他伤害的环境称为特殊环境，它包括易燃、易爆、有毒、窒息焊接环境，有限空间场所焊接作业环境和高处焊接作业环境等。特殊环境焊接作业既有焊接作业一般环境的特点，又有焊接作业特殊环境的特征。

（1）电焊工高空作业安全措施。离地2m（含2m）以上的作业称为高空作业。在高空进行焊接作业，比在平地上作业具有更大的危险性，必须遵守下列安全操作规程。

1）在高空焊接作业时，电焊工必须戴上安全帽，要系上带吊钩的安全带，并把身体可靠地系在构架上，以防碰伤、坠落。

2）高空焊接作业时，焊工使用的攀登物、脚手架、梯子必须牢固可靠。梯子要有专人扶持，焊工工作时应站稳把牢，谨防失足摔伤。

3）高空作业时，焊接电缆要紧绑在固定处，严禁绕在身上或搭在背上工作。应使用头盔式面罩，不得用手持式面罩代替头盔式面罩。辅助工具如钢丝刷、锤子、錾子及焊条等，应放在工具袋里。更换焊条时，焊条头不要随便往下扔。

4）高空作业的下方，要清除所有的易燃、易爆物品。

5）在高处焊接作业时，不得使用高频引弧器，预防万一触电、失足坠落。高处作业时应有监护人，密切注意焊工安全动态，电源开关应设在监护人近旁，遇到紧急情况立即断电。

6）遇到雨、雾、雪、阴冷天气和干冷时，应遵照特种规范进行焊接工作。电焊工工作地点应加以防护，免受不良天气的影响。

7）患有高血压、心脏病、癫痫病、恐高症、不稳定性肺结核及酒后的工人不宜从事高空焊接作业。

（2）内有易燃、易爆介质的容器与管道的焊补作业的安全技术。内有易燃、易爆介质的容器（包括罐、塔等）与管道在使用中经常出现裂缝和蚀孔，在生产过程中要进行抢修。

容器与管道的焊补要在高温、高压、易燃、易爆、有毒的情况下进行；稍有疏忽，就会发生爆炸、着火、中毒，造成严重事故。容器与管道焊补作业属于特种焊接作业，除了遵守焊接作业安全技术要求外，必须采取切实可靠的防爆、防火和防中毒安全技术措施。

用于焊补内有易燃、易爆介质的容器与管道的方法有置换法和带压不置换法两种。置换法就是在焊补前用惰性气体或水将原有的可燃物彻底排出，使容器内的可燃物含量降到不能形成爆炸性混合物的条件，以保证焊接操作安全。为了确保安全，置换焊补必须采取下列安全技术措施。

1）安全隔离。在现场检修时，先要停止燃料容器与管道工作，并与整个生产系统前后环节隔离好。安全隔离的最好办法是在厂区或车间划定一个安全作业区，将要焊补的设备、管道运到作业区内焊补。安全作业区必须符合下列防火、防爆要求：

① 作业区 10m 范围内无可燃物管道和设备。

② 室内作业区要与可燃物生产现场隔离开。

③ 正在生产的设备由于正常放空或一旦发生事故时，气体和蒸汽不能扩散到安全作业区。

④ 要准备足够数量的灭火工具和设备。

⑤ 禁止使用各种易燃物质。

⑥ 作业区周围要划定界限，悬挂防火安全标志等。

2）实行彻底置换。做好安全隔离后，应把容器及管道内的易燃、易爆介质彻底置换。常用的置换介质有氮气、水蒸气或水等。置换时，应考虑到置换介质与被置换介质之间的密度关系，当置换介质的密度大时，从容器最低部进气，从最高点向外排放。在置换过程中要不断地取样分析，直至易燃、易爆介质的含量符合要求为止。未经置换处理或虽经处理但未取样分析的可燃容器均不得动手焊补。

3）正确清洗容器。容器及管道置换处理后，其内外都必须仔细清洗。因为容器内表面积垢里或外表面的保温材料中吸附和潜存着可燃气体，它们难以被彻底置换，这样在焊补过程中，因受热可燃气体陆续散发出来，导致爆炸着火事故。油类设备、管道的清洗可用火碱水溶液清洗，但应先加水，后放碱。在容器里灌满清水也可保证安全，但要尽量多灌水，以缩小容器内部可能形成爆炸性混合物的空间。

4）空气分析的监测。焊补过程中还要一直用仪表监视容器内外的气体成分，一旦发现可燃气体含量上升，应立即寻找原因，加以排除，当可燃气体含量上升到接近危险浓度时，要立即停止焊补，再次清洗到合格。

5）严禁焊补未开孔洞的密封容器。焊补前应打开容器的人孔、手孔、清洁孔及料孔等，并应保持良好的通风，严禁焊补未开孔洞的密封容器。

带压不置换焊补，就是严格地控制容器的含氧量，使可燃气体的浓度大大超过爆炸上限，从而不能形成爆炸性混合物，并在正压的条件下让它以稳定的速度，从管道口向外喷出，使其与周围空气形成一个稳定的燃烧系统，点燃气体燃烧后，再进行补焊。为了确保安全，带压不置换焊补燃料容器及管道时，必须采取下列严格的安全防范措施。

① 严格控制容器内含氧量。焊补过程中，要加强气体成分的分析，当发现含氧量超出安全值时，应立即停止焊补。

② 正压操作。焊补前和焊补过程中，容器内必须连续保持稳定的正压，这是关键，

一旦出现负压，空气进入正在焊补的容器中，必然引起爆炸。正压大小要控制在0.02～0.067MPa之间。

③ 严格控制工作地点周围可燃气体的含量。周围可燃气体的含量，必须小于该可燃物爆炸下限的1/3或1/4，否则不得施焊。

④ 进行正确的焊补操作。

在焊补时，正确的操作方法如下：焊工应避开点燃的火焰，防止烧伤；预先调好焊接工艺参数。焊接电流太大，会在介质的压力作用下，产生更大的熔孔，造成事故；遇到周围条件发生变化，如系统内压力急剧下降或含氧量超过安全值等，都要立即停止焊补；焊补过程中，如果发生猛烈喷火，应立即采取消防措施，但火未熄灭以前不得切断可燃气体来源，不能降低系统压力，以防止容器吸入空气形成爆炸性混合物；焊补前应先弄清楚焊补部位的情况，如形状、大小及补焊范围。

3. 焊接安全卫生　焊接作业中主要存在金属烟尘、有毒有害气体、弧光、热辐射、高频电磁场、放射性及噪声等危害。为防止这些危害，应采取相应措施进行防护。

（1）金属烟尘和有毒有害气体的防护。金属烟尘是一种有害的物质，尤其是焊条电弧焊的烟尘。金属烟尘的主要成分是铁、硅、锰、铝、铜、氧化锌等，其中主要毒物是锰。焊工长期吸入金属粉尘，有可能引起肺尘埃沉着病、锰中毒和金属烟热等职业危害。金属烟尘也是造成焊工硅沉着病的直接原因，焊接硅沉着病多在10年后，甚至15～20年后发病，主要症状为气短、咳嗽、胸闷、胸痛。锰及其化合物主要作用于末梢神经系统和中枢神经系统，轻微中毒表现为头晕、失眠，舌、眼睑和手指细微震颤。中毒进一步发展，出现转弯、下蹲困难，甚至走路失去平衡。金属烟尘的防治措施主要如下。

1）加强通风。金属烟尘的主要防护措施为排除烟尘和有害气体，采取通风技术措施。根据焊接现场及工艺技术条件，可采取车间整体通风、焊接工位局部通风、小型电焊排烟机组或送气罩等方法进行通风换气，并将金属烟尘净化后排出室外。当在容器内部焊接时，应安装抽风机，随时更换内部空气。通过采取通风技术措施，改善岗位劳动条件，减少尘毒的危害。

2）加强个人防护。必要时戴静电口罩或防尘口罩。在条件恶劣、通风不良的情况下，必须采用通风头罩、送风口罩等防护设备。

3）工艺改革。焊接时尽量选用对环境污染小的焊接工艺，如采用埋弧自动焊代替焊条电弧焊，采用低尘低毒焊条代替普通焊条，采用单面焊双面成形代替双面焊等。

（2）焊接弧光防护。电弧光辐射主要包括红外线、紫外线和可见光。弧光辐射作用到人体上，被体内组织吸收，引起组织的热作用、光化学作用或电离作用，致使体内组织发生急性或慢性的损伤。

紫外线主要造成对皮肤和眼睛的伤害。眼睛受到紫外线的照射后能引起电光性眼炎，表现为眼睛疼痛、有砂粒感、流泪、怕风、头疼头晕、发烧等症状；皮肤受到紫外线照射会发红、触痛、变黑、脱皮。紫外线对纤维组织有破坏和褪色作用。

焊接电弧可见光的光度比人所能承受的光度大10000倍。被照射后眼睛疼痛，看不清东西，通常叫电焊“打眼”。远处看电焊弧光禁止直视，特别是引弧时。不戴防护面罩禁止近处观看电焊弧光。防止弧光辐射的措施如下。

1）电焊工作业时，应按照劳动部门颁发的有关规定使用劳保用品、穿戴符合要求的工作服、鞋帽、手套、鞋盖等，以防止电弧辐射和飞溅烫伤。

2）焊工进行焊接作业时，必须使用镶有吸收式滤光镜片的面罩。滤光镜片应根据电流的大小进行选择。使用的手持式或者头盔式保护面罩应轻便、不易燃、不导电、不导热、不漏光。

3）为了保护焊接工地其他工作人员的眼睛，一般在小件焊接的固定场所安装防护屏。在工地焊接时，电焊工在引弧时应提醒周围人注意避开弧光，以免弧光伤眼。

4）夜间工作时，应有良好的照明，否则光线亮度反复变化而引起焊工眼睛疲劳。

5）当引起电光性眼炎时可到医院就医。也可用奶汁（人奶或牛奶）滴眼，每隔1～2min滴一次，4～5次即可。

（3）热辐射防护。焊接作业场所由于焊接电弧、焊件预热以及焊条烘干等热源的存在，在焊接过程中会产生大量热辐射，使操作者受到高温的烘烤，严重时还会使人产生中暑。防止热辐射的措施如下。

1）加强通风。采用自然通风、全面通风、局部机械通风等技术措施进行通风换气。当在锅炉、舱室、狭小空间内焊接时，应不断输送新鲜空气用来降温和降低烟尘浓度。

2）加强个人防护。根据工艺要求，正确穿戴个人劳动保护用品。

3）改革工艺。如采用单面焊双面成形工艺、将手工焊改为自动焊等。

4）防止中暑。高温季节作业时，要加强清凉饮料的供应，预防中暑事故。

（4）噪声防护。焊接时防止噪声的措施如下。

① 焊工采用隔音耳塞。

② 在噪声区用消声材料进行屏蔽。

③ 用弧焊整流器来代替弧焊发电机。

二、高处作业安全

空调安装维修作业往往在建筑外墙上展开，其中不乏高层楼宇，其作业特点确定了该施工作业过程危险性较大，因此，在空调器的安装维修工程中，认真做好高处作业安全，防止高空坠落事故，对于保障作业者的生命以及相关方面的生命安全和财产安全，营造和谐祥和的社区环境，具有举足轻重的意义。

（一）高处作业的定义

高处作业有多种形式，就目前小型空调器安装维修工作而言，主要是选择攀高作业和悬空作业。所谓高处作业是指作业人员在以一定位置为基准的高处进行的作业活动。国家标准GB/T 3608—2008《高处作业分级》规定：凡在坠落高度基准面2m以上（包含2m）有可能坠落的高处进行作业，均称为高处作业。

“可能坠落”是指判断高处作业时，不但要看它是否具有规定的高度，而且还应看它是否存在着坠落的危险性。

根据空调器安装维护施工作业的特点，从上述定义出发，对建筑物和构筑物结构范围以内的各种形式的洞口与临边性质的作业、悬空与攀登作业、操作平台与立体交叉作业等作业现场或环境的施工作业，均为高处作业，并应予以防护。

脚手架和各种吊装机械设备在施工使用中所形成的高处作业，其作业安全要求，应遵循有关部门就该设备、设施所制定的安全技术专项规定或安全防范措施（本行业在施工过程中极少使用这两种设备)。

(二) 高处作业施工的基本安全要求

为保证施工作业的顺利进行，避免伤害事故的发生，根据高处作业伤害的共性特点，提出空调安装维修高处作业施工的基本要求：

(1) 高处作业的安全技术措施，必须在施工前根据作业场所、环境、施工条件的实际状况，有针对性地提出并纳入施工作业方案。

(2) 为了明确职责，加强安全管理工作，在作业前，应由管理人员或领班人员按有关规定进行安全技术交底，做好各有关安全防护设施的检查验收工作。凡发现有关安全技术措施和人身防护用品未解决和落实、措施未完善之前，不能进行施工。

(3) 高处作业人员，一般每年要进行一次体格检查。凡患有心脏病、高血压、精神病、癫痫病等从事高处作业禁忌症的人员，严禁从事这类作业。

(4) 高处作业人员的衣着要灵便，但不能赤膊裸身。脚下要穿软底防滑鞋，严禁穿着拖鞋、硬底鞋和带钉易滑的靴鞋。操作时要严格遵守各项安全操作规程和劳动纪律。

(5) 小型空调器安装和维护作业不可避免地要进行攀登和悬空作业，这对作业者本人，尤其对他人和周围环境设施具有相当的危险因素，其符合特种作业的基本属性。为此，安全生产监督管理行政部门将该作业纳入特种作业管理范畴。因此，该类人员必须参加培训，并接受地、市以上安全生产监督管理行政部门组织的考试，成绩合格取得操作证后始能上岗作业。

(6) 高处作业中所用的物料应该堆放平稳，妥善放置，不可放置在临边或易于倾覆、坠落的地方，同时不可妨碍通行和设备的安装和拆卸。对作业中的通道板和登高用具等，都应随时清扫干净。拆卸下来的物体、剩余材料和废料等都应予以清理和及时运走，不得任意乱置或向下丢弃。传递物体时不能抛掷。施工作业现场凡有坠落可能的任何物料，都必须先行撤除或者加以固定，以防跌落伤人。

(7) 高处作业施工过程中，其下方地坪应有足够的安全防护设施和安全标志，设置一定区城的警戒线，以防止其他人员进入危险地区。在施工结束前，任何人都不得毁损或擅自移位和拆除。有些确因施工需要而暂时拆除或移位的都要报经施工负责人审批、知会施工人员后才能动手拆移，并在工作完毕后即行复原。

(8) 不良的环境不应安排进行高处作业，非作业不可者，必须采取可靠的防滑、防寒和防冻措施。水、冰霜、雪等应及时清除。遇有六级以上强风、浓雾等恶劣气候，不得进行露天攀登与悬空高处作业。

(9) 施工过程上若发现高处作业的安全设施有缺陷或隐患，必须及时报告并立即处理解决。对危及人身安全的隐患，应立即停止作业。

(10) 在高空作业过程中，作业者由于站立失稳，被安全带、绳悬挂在空中，或身体不适，发生晕眩时，此时受困者应保持冷静，减少不必要的挣扎，以保持体力。同时利用一切可能的手段和物件，如红布、手电筒等向外界发出呼救信号，等待救援。

(三) 空调安装维护的攀登作业和悬空作业

小型空调器安装维修工程的登高施工作业形式，就大多数而言，主要是两种基本形式：攀登作业和悬空作业。就其安全防护措施，简单分述如下：

1. 使用梯子的攀登施工作业　在施工现场，凡借助于登高用具或登高设施，在攀登条件下进行架设、搭设等的高处作业，均称为攀登作业，如钢结构安装、架空线路安装、招牌安装、脚手架、棚架、井架搭等。就小型空调器安装维护作业而言，登高用具大多是借助梯子攀登。梯子的种类和形式很多。材质有竹制、木制、钢制和合金制等多种，其结构构造都有国家标准。因此，在制作、购置时要注意是否符合国家的规定，是否为合格品，至于另外一些较少用的伸缩梯、支架梯、手推梯等，作为施工设施取用时，都应该事先按有关标准加以检查和验算。梯子与安全有关的条件通常有以下几个方面：

（1）任何登高用具，其结构构造都要牢固可靠。供作业人员踩踏的踏板，其使用荷载应不大于1100N。这是以人和衣着的重量750N，乘以动荷载安全系数1.5而定的。当梯面上有特殊作业，压在踏板上的重量有可能超过上述荷载值时，应按实际情况对梯子踏板加以验算。如果不适合使用，就要更换或予以加固，以确保安全。利用任何梯子上下时，都须面向梯子，不允许手中携带任何器物。

（2）移动式梯子，种类甚多，使用次数也较频繁，往往随手搬用，不加细察。因此，除新梯在使用前须按照现行的国家标准进行质量验收外，对在用的梯子，还须经常性地进行检查和保养。

（3）梯脚底部要坚实，并且要采取加包扎或打胶皮或锚固或夹牢等防滑措施，以防滑跌倾倒。梯子不准垫高使用，以防止受荷后发生不均匀下沉或梯脚与垫物之间松脱产生危险。梯子的上端要加设固定措施。立梯的工作角度以75°±5°为宜，过大容易翻倒，过小则易发生倾滑，具有危险性。踏板上下间距以300mm为宜，不能有缺挡。

（4）如果将梯子接长使用，稳定性便会降低。因此，除对连接处须采取安全可靠的连接措施外，规定只允许接长一次，即不允许以三把或三把以上梯子相连接。连接后梯梁的强度，不能低于单梯梯梁的强度。

（5）折梯使用时，上部尖角以35°～45°为宜。铰链必须牢固，并要设置可靠的拉、撑措施。

（6）固定式直爬梯通常采用金属材料制成。使用钢材制作时，应采用Q235BF钢。梯宽应不大于500mm，支撑应采用不小于∟70×6mm的角钢，均须埋设和焊接牢固。梯子顶端的踏棍与攀登的顶面两者应该齐平，并须加设1～1.5m高的扶手以备临时拉扶。如使用直爬梯进行攀登作业，攀登高度以5m为限，超过2m时，即应加设安全防护圈。作业高度超过8m的，则需在中间设置梯间平台，以备稍歇之用。

2. 悬空施工作业　在建筑物或构筑物周边临空状态下，无立足点或无牢靠立足点的条件下进行高处作业，称为悬空作业。在进行悬空高处作业时，需要寻求或建立牢固的立足点，并视其具体情况，配置其他安全设施。这里所指的悬空作业人员是指在建筑上从事空调器安装、维修施工的操作人员。

悬空作业人员中所使用的索具、脚手板、安全带等设施、产品的购置要经过试验、鉴定是否为合格品，投入使用前要加以查验和认证，使用后要妥善保管。

悬空作业在小型空调器安装维修施工现场是较为常见的，主要有主机支承架的安装、主机就位固定、管道的接驳，以及检修等作业环节。现将有关安全防护的要点叙述如下：

（1）主机支承架的安装、紧固。

1）能在地面上（或楼板上）完成的作业，应先予完成，如支承架的焊接制作、涂装等，以减少悬空作业工作量。

2）现场制作的支承架，应根据重量、工程现场的位置条件，充分考虑换热条件、气流走向，对相邻方的影响等因素，选用合理的钢型材，准确测量主机的安装螺栓孔尺寸，力求支承架能在载荷上满足焊缝要牢固、尺寸上适配，安装工程上便利的要求。支承架制作完毕，从坚固耐用的角度出发，还应涂上防锈底漆（不少于两道）及面漆。在涂漆过程中，尤要注意两个方面的问题：一是作业现场的防火，一方面喷涂工场在严禁烟火的同时要采取必要的防火灭火措施，准备足够灭火器材，以防患于未然；另一方面，作业人员在涂漆作业过程中，要佩戴防毒口罩，以防有机溶剂进入体内，造成对身体的伤害，引发职业病。

3）凡悬空作业，应设专人监护，严禁单独一人或虽有多人但无人监护的作业。且必先按规范要求系好安全带，安全带的保险绳应按高挂低用的原则，利用牢固的支持点可靠地系固，支持点应能承受不少于15kN的载荷，在作业过程中不允许解脱。作业前系牢，作业后返回安全地域时方可解脱。

4）支承架安装应正确，符合安装要求，不得歪斜偏倾，特别需要注意的是要保证支承架与墙体的牢固。这中间，起关键作用的就是紧固件——螺栓。

安装小型空调器支架用的螺栓大致有两类：

①膨胀螺栓，这是最为常用的一种紧固方式。膨胀螺栓的紧固原理是利用锥形斜度来促使膨胀产生摩擦阻力，以达到锚定效果。一般说来，膨胀螺栓埋入深度以其固定用螺栓径的4倍为计算基准。当然埋入越深其所能承受的拉力、紧固力也越大。一般而言，安装小型空调器支承架用的膨胀螺栓规格应以国家标准为准，膨胀螺栓使用的紧固力及紧固寿命与下列因素有关：

载荷的种类：对于膨胀螺栓，因其紧固力主要依靠膨胀套与混凝土或墙体的摩擦力产生，所以其静载荷的使用紧固寿命较长，而对于动载荷的适应能力就较差。膨胀螺栓长期在动载荷的环境下工作，可能会发生松脱而导致紧固失效。因此，操作人员在支承架上安装室外主机时，应考虑加装减振垫，以缓和衰减因主机工作时所产生的振动而导致的动载荷，延长螺栓的坚固寿命。

墙体的种类：膨胀螺栓在搅拌质量较好的钢筋混凝土结构上固定能产生较强的紧固力，在红砖砖墙上紧固也较为可靠，而在一些其他的墙体上，如轻质砖、灰砂砖、空心砖及一些新型墙体材料，对于它们的紧固效果就不那么理想，尤其是对于一些使用日久、已严重风化的墙体上，使用膨胀螺栓作为支承架的紧固件，会是一件非常危险的事情。轻者难以紧固，重者，导致主机连同机架从高空坠落，造成严重事故。因此，在安装主机支承架时，要求作业人员对锚固的壁体要通过向客户了解、敲击或试验，取得一个较清晰的认识，以采取正确的紧固方式，对于无法或不应采用膨胀螺栓紧固的安全场合，应改用过墙螺栓紧固或其他方式安装室外主机。

②过墙螺栓（又称穿墙螺栓）。对于不适用膨胀螺栓的墙体安装支承架，应使用过墙螺栓，对于较为结实的墙体，可用冲击钻在墙体上钻孔，钻嘴直径应比螺栓直径大1～2mm为宜，螺栓头（或螺母处）套上垫片（减少墙体压强）再行紧固；对于条件较差的墙体，可在墙体上打一个洞，然后捣灌混凝土，待其固结后，再按上述工艺穿孔安装。

对于墙体条件实在太差，无法安装室外主机者，则应采用其他方法锚固主机（如安装在某一平台上等）或作退货处理。

（2）室外主机的就位固定。室外主机支承架安装完成后，下一步的工作就是将室外机移出室外，在支承架上安装固定了。施工人员在跨出室外前，首先要系好安全带，戴好安全帽，并确认保险绳已锚固牢固，施工人员应熟知室外机的重心所在，并对机体牢固捆扎，方可移出室外，正确安放在支承架上。

施工人员在悬空作业时，必须找寻立足支点，若墙体上确无借用的支承点，施工人员应制作临时支承点或辅助支架（该临时支承点必须锚固可靠），在安装完成后再行拆卸。

主机就位固定时，应使用足够直径的螺栓，在紧固螺栓时，应如前所述，加装弹簧垫圈和光垫圈，以防振动和螺栓返松。

（3）管道的连接。完成了主机安装就位，接着就是管道连接，应注意如下事项：

1）管道安装接驳尤应注意连接质量，铜管的喇叭口扩管要注意作业质量，防止铜管异形或龟裂。

2）管道连接应紧固，不得松动、虚接。

3）管子连好后，应装上保温套，捆好扎带。

（4）检修作业。小型空调室外主机检修作业，应如前述，采用必要的安全措施，在高处作业过程中，所使用的检修工具和材料应妥为保管和放置，严禁抛掷。

3. 交叉作业及防止高处坠物伤人　在楼宇上安装维修小型空调器是悬空作业，除了具有高处作业所特有的高空坠落的危险外，由于楼房外墙立面结构的特征，一方面，要采取必要措施，防止悬空作业人员从高空坠落，另一方面，要防止作业环境中的其他特有因素，造成对作业人员和其他现场人员的威胁或伤害。这就涉及防止交叉作业及高处坠物伤人的问题。为避免该类伤害的发生，特提出如下作业要求和要点：

（1）作业人员在户外作业时，除必须系好安全带之外，还应戴好安全帽，并将系绳系好。

（2）多台设备在同一楼宇同一外墙安装，应尽可能避免同时作业，无法避免同时作业的，也力求不在同一垂直线及范围内作业。

（3）作业使用的工具应用系绳拴好，以免脱手坠下伤人。

（4）多人多处在同一立面上交叉作业，现场应设安全监督岗，对现场位置进行协调指挥，并对地坪进行警戒，防止无关人员进入现场造成误伤。

（四）个体安全防护用品

1. 个体安全防护用品的定义和作用　个体安全防护用品，是为使劳动者免遭或减轻事故伤害和职业危害的个人随身穿（配）戴的用品，是保护劳动者安全健康的一项预防性辅助措施，是安全生产、防止职业性伤害的需要，对于减少职业危害起着相当重要的作用。对此，国家的有关法律法规作出了明确的规定，根据《劳动法》第五十四条，用人单位必须为劳动者提供必要劳动防护用品。《安全生产法》第三十七条也明文要求："生产经营单位必须为从业人员提供符合国家标准或者行业标准的劳动防护用品，并监督、教育从业人员按照使用规则佩戴、使用"。因此，生产经营单位必须按照不同工种、不同劳动条件，建立相应的发放制度，同时对使用情况进行监督检查。

个人防护用品是保护劳动者在生产劳动过程中安全与健康所必需的一种预防性装备，也是实现此目的的最后一道防线。要做到安全可靠，并要穿戴舒适方便，经济耐用，不影响工作效率。根据不同的作业条件与环境，不同的职业危害因素，不同的危害程度，正确合理地选择和使用劳动防护用品。

按照国家有关规定，劳动防护用品主要分为七大类：头防护类；呼吸器官防护类；眼、面防护类；听觉器官防护类；防护服装类；手足防护类；防坠落类。就小型空调安装维修作业而言，防坠落的护品主要是安全带。

2. 安全带　高处作业工人预防坠落伤亡的防护用品，由带子、绳子和金属配件组成，总称安全带。小型空调器安装维修人员由于其作业环境往往在十多米乃至几十米的高空，因此，应配置使用的安全带为 T_2XB——通用型悬挂双背带式（有胯带）。

安全带使用及保管：

（1）使用者每次使用安全带，必须事先做一次外观检查，如发现有破损、变质等情况时，应立即更换。检查正常后，严格按照要求佩戴。

（2）在攀登和悬空作业时，作业人员必须佩戴安全带并将安全绳扣在牢固的挂钩设施上，严禁只在腰间佩戴安全带，而不在牢固的挂钩设施上拴挂钩环。

（3）为确保工人操作安全，应高挂低用或平行拴挂，切忌低挂高用，佩戴安全带时，活动卡子系紧，必须把腰带穿到皮套内，否则禁止使用。

（4）在高处作业时，应注意防止摆动碰撞；使用3m以上长绳应加缓冲器（自锁钩用吊绳除外）；缓冲器、速差式装置和自锁钩可以串联使用。

（5）为了防止磨损和日光曝晒，安全绳应有绳套保护，遇有绳套破损时，应及时修补或更换新套。

（6）不许将安全绳打结使用，以免绳结受剪力而被割断，也不许将挂钩直接挂在安全绳上，而必须挂在安全绳的圈环（连接环）上使用。

（7）安全带不宜接触120℃以上的高温、明火、强碱或强酸类物质，以及有锐角的坚硬物体和化学药品。

（8）安全带可放入低温水内用肥皂轻轻擦洗，再用清水漂洗干净，然后晾干，但不允许浸入热水中及在日光下曝晒或用火烤，不得存放在潮湿的环境中。

（9）各部件不得任意拆掉；使用两年后应抽验一次；频繁使用的绳应经常做外观检查，发现异常应立即更换。换新绳时要加绳套。

（10）安全带使用两年后，必须经有关部门检测合格后方可继续使用（检测样品不得继续使用）。

（11）严禁采纳和使用不合格的安全带产品。

3. 安全帽　小型空调器安装维修人员在其安装室外主机作业时，由于常常位于高楼立面上，为避免作业位置上方可能坠下的物体造成对作业者的伤害，要求作业人员在室外施工时应佩戴安全帽。

（1）安全帽的使用和选择。凡施工作业人员，都必须正确佩戴安全帽，要扣好帽带，调整好帽衬间距（一般约40～50mm），勿使轻易松脱或颠动摇晃。作业中不得将其脱下，搁置一旁。

小型空调器安装维修人员，应选择结构有帽箍，下颚带牢靠，小沿、小舌、帽衬舒适可调节，颜色醒目，重量轻的安全帽。

严禁使用只有下颚带与帽壳相连接（没有帽内垂直净空）的帽子；任何受过重击，有褪色、裂缝的安全帽，无论有无损坏现象，均应报废。

（2）安全帽的采购、监督和管理。安全帽的采购：企业必须购买有产品检验合格证和安全鉴定证的产品，购入的产品经验收后，方准使用。

安全帽不应贮存在酸、碱、高温、日晒、潮湿等场所，更不可和硬物放在一起。

安全帽的使用期：从产品制造完成之日计算，植物枝条纺织帽不超过两年；塑料帽、纸胶帽不超过两年半；玻璃钢（维尼纶）橡胶帽不超过三年半。

企业安技部门根据 GB 2811—2007 的规定对到期的安全帽要进行抽查测试，合格后方可继续使用，以后每年抽验一次，抽验不合格则该批安全帽即报废。

三、相关作业的安全技术

（一）电气常识及安全作业基础

1. 电气安全　电气安全主要是防止电能的不正常释放而导致意外事故的发生，包括人身安全与设备安全两方面。人身安全是指在从事电气工作和电气设备操作使用过程中人员的安全；设备安全是指电气设备及有关其他工具的安全。空调机的安装、维修与电工学存在紧密的联系，作为一名安装维修工，切实掌握一些安全用电基本知识是十分必要的。

2. 触电和触电事故的种类及预防

（1）触电。当发生人体触及带电体，带电体与人体之间闪击放电或电弧波及人体三种情况之一时，电流通过人体进入大地或其他导体，形成导电回路，这种情况就叫触电。

（2）触电的种类。触电时，电流通过人体，对人体会造成某种程度的伤害，按其形式可分为电击和电伤两种。

1）电击。电击是由于电流通过人体内部器官在生理上的反应和病变，如刺痛、灼热感、痉挛、昏迷、心室颤动或停跳、呼吸困难或停止等。当人体触及带电的导线、漏电设备的外壳或其他带电体时，以及由于雷击或电容器放电都有可能导致电击。

2）电伤。电伤是电流的热效应、化学效应或机械效应对人体外部造成的局部伤害，如电弧烧伤、烫伤、电烙印等，往往愈合后在人体表皮留下疤痕。电击和电伤也可能同时发生，这在高压触电事故中是常见的。

（3）触电事故的种类。按照人体触及带电体的方式和电流通过人体的途径，触电可分为单相触电、两相触电和跨步电压触电。

1）单相触电。指人体在地面或其他接地导体上，人体某一部位触及一相带电体的触电事故。

2）两相触电。指人体两处同时触及带电设备或电路中的两相带电体的触电事故。两相触电时，作用于人体上的电压为线电压，电流将从一相导体经人体流入另一相导体。这种情况是很危险的，故两相触电的危险性比单相触电的危险性更大。

3）跨步电压触电。指人在电缆接地点附近，由两脚之间所站立的位置电压差而形成的跨步电压引起的触电事故。

（4）防止直接触电的防护措施。

1）绝缘。用绝缘的方法来防止触及带电体。

2）屏护。用屏障或围拦防止触及带电体。

3）障碍。设置障碍以防止无意触及带电体或接近带电体，但不能防止有意绕过障碍去触及带电体。

4）间距。保持间距以防止无意触及带电体。凡易于接近的带电体，应保持在手臂能触及范围之外。

5）漏电保护装置。用一些高灵敏、快速动作的保护装置，当人体触及带电体或绝缘损坏漏电时，在0.1s内切断整个电路，避免使人体造成严重伤害。

6）安全电压。在有触电危险的场合采用相应等级的安全电压。

（5）防止间接触电的防护措施。

1）接地、接零保护：

保护接地是将电气设备正常运行时不带电的金属外壳（或构架）和接地装置之间作良好的电气连接。

保护接零是将电气设备正常运行时不带电的金属外壳（或构架）与电网的零线可靠地连接起来。

保护接地和保护接零的目的都是为了保证人身安全，防止发生触电事故。

2）不导电环境是防止工作绝缘损坏时人体同时触及不同电位的两点，当所在环境的墙和地板均是绝缘体，以及可能出现不同电位的两点之间的距离超过2m时，可满足这种保护条件。

3）电气隔离是采用隔离变压器或有同等隔离能力的发电机供电，以实现电气隔离，防止裸露导体故障带电时造成电击。

4）等电位环境是把所有容易同时接近的裸露导体（包括设备以外的导体）互相连接起来，以防止危险的接触电压。

5）安全电压。根据场所特点，采用相应等级的安全电压（50V，120V——IEC标准）。

3. 触电事故的急救

（1）触电现场急救。触电急救的要点是：抢救迅速、救护得法、切不可惊慌失措。可总结为“迅速、就地、正确、坚持”八字方针。具体做法是：使触电者迅速脱离电源；对触电者进行急救。

（2）使触电者迅速脱离电源——四个原则：“断开关、断电线、移电线、移伤者”。

1）立即断开近处的电源开关或拔出电源插头。

2）用带有绝缘柄的电工钳、木柄斧及锄头等工具迅速切断电源导线。

3）用干燥的衣服、手套、绳索、木板和木棒等绝缘物拉开触电者或抛开导线。

（3）对触电者急救。

1）救护人应沉着、果断，动作迅速准确、救护得法。

2）救护人不可直接用手和潮湿的物体或金属物体作为救护工具，救护人最好用一只手操作，以防自己触电。

3）防止触电者脱离电源后可能的摔伤，当触电者在高处时应采取预防跌伤措施，避免二次伤害。

4）如果触电者脱离电源后未失去知觉，仅在触电过程中曾一度昏迷过，则应保持安静，继续观察，必要时就地治疗。

5）如果触电者脱离电源后失去知觉，但心脏跳动和呼吸还存在，应使触电者舒适、安静地平卧并解开衣服以利呼吸；必要时可给触电者闻闻氨水，摩擦全身使之发热。如气候寒冷时还应注意保温，同时迅速请医生诊治。

6）如果触电者呼吸、脉搏、心脏跳动均已停止时，必须立即施行人工呼吸或心脏按摩进行救护，并在就诊途中不得中断人工呼吸或按摩。

特别提示：触电者出现休克后施救人员要利用“黄金10分钟”的时间将触电者救活。倘若施救人员错过这10分钟的急救时间，则触电者可能有生命危险。

4. 电工常用工具使用安全知识

（1）电工常用工具的使用。电工常用工具有电工钳、电工刀、螺钉旋具刀、活扳手、电烙铁、喷灯及梯子等。其中，电工钳、电工刀、螺钉旋具是电工的基本工具。

1）电工钳。有绝缘柄，使用时手要握在绝缘柄部分，以防止触电。用电工钳剪断导线时，不得同时剪切两根导线，以防止造成短路而损坏电工钳，甚至危及人身安全。

2）电工刀。无绝缘柄，使用时注意有触电危险；在切削导线绝缘时，应选好切削角度并用力适当，以免损伤导线或他人。

3）螺钉旋具。有绝缘柄，使用时手要握在绝缘部分，并注意选用与螺钉头形状大小相吻合的螺钉旋具。

4）活扳手。无绝缘柄，使用时要注意与带电体的距离。

5）电烙铁。属电热器件，使用时要防止烫伤，使用前应检查其是否漏电，暂不用时电烙铁放在金属支架上，用完后要待电烙铁冷却后方可收起。

6）喷灯。属于明火设备，使用前要检查喷灯有无漏气现象。附近不得有易燃、易爆物品。当喷灯不喷火而在疏通喷嘴时眼睛不能直视喷嘴。工作中喷灯火焰与带电体要保持一定的距离，喷灯用完后，应灭火泄压，待冷却后方可放入工具箱内。

7）梯子。梯子是电工在高处作业的常用工具。使用前应检查梯子的牢固程度，接触地面部分有无防滑装置；在单梯子工作时，梯子与地面的夹角在60°左右较平稳。

（2）验电器的使用。验电器是检验设备或电路是否带有电压的器具，分高、低压两种，通过氖光灯或发光二极管发光显示被验设备或电路是否有电。

1）低压验电器（验电笔）的使用：

① 使用前应在确认有电的设备上进行试验，确认验电器良好后再进行验电。

② 在强光下验电时采取遮挡措施，以防发生误判断。

③ 验电笔可判断设备和电路是否有电，还可区分是交流电还是直流电：电笔氖泡两极发光的是交流电，一极发光的是直流电。

2）高压验电器的使用：

① 必须使用电压等级与被试设备的额定电压对应而且是合格的验电器。验电前应在有电的设备上校核验电器，以保证其指示可靠。

② 高压验电时操作者应戴绝缘手套。

③ 使用高压验电器应逐渐靠近带电体，至有声、光出现时即止，不能用验电器直接接触被测的带电体。

④ 使用高压验电器时一般不应接地，但在木构架上验电时，如不接地线不能指示时，可在验电器上接地线，但必须经值班负责人许可，并要防止接地线引起短路事故。

⑤ 注意被试部位各方向的邻近带电体电场的影响，防止误判断。

5. 防止高处作业触电的二次伤害

（1）在进行空调器安装维修作业时，应防止人体不慎触及电路（低压或高压）导致触电事故而从高处坠落。

（2）凡属一楼以上空调器室外机组的安装与维修，均应系好安全带，另一端应牢固固定，以防不慎滑跌或触电时从高处坠落。

（3）当发生触电事故时触电者还清醒，要设法自行脱离电源，当进行自救或互救时，均应注意防止摔伤、撞伤、从高处坠落。施救者切记避免触电而发生意外。

（二）手持式电动工具操作

手持式电动工具是一种以电动机为动力，通过传动机构来驱动工作头的机械化工具。工作时需由工作者将工具用手紧紧握住，进行切割、钻孔、磨削。这类工具有手电钻、冲击钻、手提砂轮、手提电锯等。它们在空调机的安装、维修作业中是必备且使用频繁的工具。但使用者常常因缺乏必要的安全知识或图省事而违章操作，在工作中比较容易因机件、电器的损坏而导致触电事故的发生。故对手持式电动工具在管理、使用、检查和维修方面应给予特别的重视，以保证操作者和工具的安全。手持式电动工具的操作必须遵守 GB/T 3787—2006《手持式电动工具的管理、使用、检查和维修安全技术规程》。

1. 手持式电动工具的管理与维护

手持式电动工具属于低值易耗品，使用人既有固定者，也有临时借用者，管理难度较大。而此类工具又常常会引发触电事故的发生，为保证操作者的安全和工具的完好，应重视手持式电动工具的管理与维护工作。

（1）手持式电动工具的管理。

1）检查工具是否具有国家强制认证标志、产品合格证和使用说明书。

2）监督、检查工具的使用和维修。

3）对工具的使用、保管、维修人员进行安全技术教育和培训。

4）工具必须存放在干燥、无有害气体或腐蚀性物质的场所。

5）使用单位（部门）必须建立工具使用、检查和维修的技术档案。

（2）手持式电动工具的日常检查。为防止手持式电动工具的主要危险——触电伤害事故的发生，必须保证其处于安全状态。故工具在发出或收回时，应由保管人员进行日常检查。在使用前，使用者必须进行日常检查。工具的日常检查至少应包括以下项目：

1）是否有产品认证标志及定期检查合格标志。

2）外壳、手柄有否裂纹或破损。

3）保护接地线（PE）的连接是否完好无损。

4）电源线是否完好无损。

5）电源插头是否完好无损。

6）电源开关动作是否正常、灵活，有无缺损、破裂。

7）工具转动部分是否转动灵活，轻快，无阻滞现象。

8）电气保护装置是否良好。

9）机械防护装置是否完好。

（3）手持式电动工具的定期检查。

1）每年至少检查一次。

2）在湿热和常有温度变化的地区或使用条件恶劣的地方还应相应缩短检查周期。

3）在梅雨季前应及时进行检查。

4）工具的定期检查项目除日常检查规定的项目外，还必须测量工具的绝缘电阻值。绝缘电阻值应不小于表 3-3 规定的数值。

表 3-3 各种类型手持式电动工具的最小绝缘电阻值

测量部位	绝缘电阻/MΩ
Ⅰ类工具带电零件与外壳之间	2
Ⅱ类工具带电零件与外壳之间	7
Ⅲ类工具带电零件与外壳之间	1

注：手持式电动工具的分类可查阅 GB/T 3787—2006。

2. 手持式电动工具的使用

根据 GB/T 3787—2006《手持式电动工具的管理、使用、检查和维修安全技术规程》规定：

1）工具在使用前，操作者应认真阅读产品使用说明书和安全操作规程，详细了解工具的性能和掌握正确使用的方法。使用时，操作者应采取必要的防护措施。

2）在一般作业场所，应使用Ⅱ类工具；若使用Ⅰ类工具时，还应在电气线路中采用额定剩余动作电流不大于 30mA 的剩余电流动作保护器、隔离变压器等保护措施。

3）在潮湿作业场所或金属构架上等导电性能良好的作业场所，必须使用Ⅱ类或Ⅲ类工具。

4）在锅炉、金属容器、管道内等作业场所应使用Ⅲ类工具或在电气线路中装设额定剩余动作电流不大于 30mA 的剩余电流动作保护器的Ⅱ类工具。

Ⅲ类工具的安全隔离变压器，Ⅱ类工具的剩余电流动作保护器及Ⅱ、Ⅲ类工具的电流控制箱和电源耦合器等必须放在作业场所的外面。同时，应有人在外监护。

5）在湿热、雨雪等作业环境，应使用具有相应防护等级的工具。

6）Ⅰ类工具电源线中的绿/黄双色线在任何情况下只能用作保护接地线（PE）。

7）工具的电源线不得任意接长或拆换。当电源离工具操作点距离较远而电源线长度不够时，应采用耦合器进行连接。

8）工具电源线上的插头不得任意拆除或调换。

9）工具的插头、插座应按规定正确接线，插头、插座中的保护接地极在任何情况下只能单独连接保护接地线（PE）。严禁在插头、插座内用导线直接将保护接地极与工作中性线连接起来。

10）工具的危险运动零、部件的防护装置（如防护罩、盖等）不得任意拆卸。

3. 常用手持式电动工具

（1）手电钻。手电钻由电动机、减速箱、手柄、钻夹或圆锥套筒和电源连接装置件等组成。手电钻的电动机有单相串励电动机、三相工频异步笼型电动机等。手电钻的电动机轴上装有冷却风扇（风扇大多采用离心式）。

手电钻的使用方法：

1）不同的钻孔直径应尽可能选用相应规格的电钻，以充分发挥各种规格电钻的钻削性能及结构特点，得到较好的切削效率。

2）避免用小规格电钻加工大的孔，因会使钻头灼伤和手电钻过热，严重者会烧毁钻头和手电钻；若用大规格的电钻加工小的孔，则会降低钻孔效率，且增加劳动强度。

3）外孔时钻头必须锋利且不宜用力过猛，以免过载。表3-4所示为手电钻钻孔时的轴向压力，但在钻孔即将钻通时，用力应当减小。当手电钻因故突然停转时，必须立即切断电源。

表3-4 手电钻钻孔时的轴向压力

钻头规格/mm	4	6	10	13	16	19	23	32	38	49
轴向压力/N	250	350	500	900	1200	1700	2300	3500	4300	6000

4）使用前应检查电源电压与手电钻额定电压是否相符，特别是进口的手持电动工具更要核对。

5）检查手电钻的保护接零是否良好。

6）使用中的手电钻应定期测量绝缘电阻：当绝缘电阻小于0.5MΩ时，应进行干燥处理，直至绝缘电阻大于0.5MΩ时为止；对于长期不用的手电钻在使用前必须用500V兆欧（摇）表测量绕组与机壳间的绝缘电阻。

7）移动手电钻时不能拖着橡胶皮软线工作，以免将导线拉断或割破绝缘而造成触电危险。

（2）冲击电钻。冲击电钻是一种旋转带冲击的钻孔工具，由电动机、齿轮减速器、齿形离合器、调节环、电源开关及电源连接装置件等组成。当调节按钮调到“锤”位置时，它既旋转又冲击；当装上镶有硬质合金的钻头时就可以在混凝土、砖墙及瓷砖等材料上钻孔；当调节按钮到“旋转”位置时，装上普通麻花钻头就可以在金属材料上钻孔。

1）冲击电钻的工作原理。冲击电钻前端头部装有调节环，只有“锤击”功能的冲击电钻则没有调节环。调节环上有“钻头”和“锤子”的标志。当调节环上的“钻头”标志调到前罩壳上的定位标记时，离合器运动件脱离离合器静止件，电动机的旋转运动经齿轮减速后，主轴上的钻夹头便作单一的旋转运动，此状态就像普通手电钻一样；当调节环上的“锤击”标志调到前罩壳上定位标记时，离合器运动件与离合器静止件啮合。此时，电动机的旋转运动便经齿轮减速后带动离合器，主轴上的钻夹头夹持钻头在外施进给力的作用下便产生旋转带冲击的复合运动。如装上旋转及振动用孔芯钻头，冲击电钻则可在建筑物外墙上钻孔。用此法开启的墙孔整洁美观，不会对室内的墙面造成破坏且效率较高。

冲击电钻有双速、无级调速型。当钻大孔时用低速，当钻小孔时用高速。冲击电钻钻头用钻夹头夹持，而钻夹头与主轴用短圆锥或螺纹联接。螺纹联接钻夹头能保证在较强振动情况下工作的钻夹头不易从冲击电钻脱落。

2）冲击电钻的正确使用。

① 冲击电钻使用的钻头有普通直柄麻花钻头和冲击钻头两种。当钻削钢、有色金属、塑料和类似材料时应使用麻花钻头；当钻凿红砖、瓷砖和轻质混凝土时应使用冲击钻头。

② 钻头应保持锋利状态：对于冲击电钻，一般10mm以下的钻头冲凿成孔约25个后便要修磨钻头；当用10～20mm的钻头冲凿成孔15个后便要修磨钻头。

③ 钻孔前应空载运转1min左右，运转时声音应均匀，无异常的周期性杂声，且手握电钻时无明显的麻感。再将调节环转到“锤击”位置，让钻头夹顶在硬木上，此时应有明显而强烈的冲击感；而当转到“钻孔”位置时，则应无冲击现象。

④ 冲击电钻的冲击力是借助操作者施加的轴向进给压力而产生的，但压力不宜过大，

因过大时不仅会降低冲击频率，还会引起电动机过载而损坏冲击电钻。

⑤ 在钻孔深度有要求的部位钻孔时，可借助手柄上的定位杆来控制钻孔深度。

⑥ 在脆性建筑材料上钻凿较深或较大的孔时，应把钻头退出钻凿孔数次，以免因排屑困难而导致钻头发热、磨损、钻孔效率降低和堵转现象产生。

⑦ 当冲击电钻由下向上钻孔时，操作者必须佩戴防护眼镜。

⑧ 冲击电钻工作时会产生较强的振动，使内部的电气节点容易脱落。所以，应尽可能选用Ⅱ类冲击电钻钻孔。除必须实行正确的保护接地外，还应采用安全隔离变压器、漏电保护插头等附加安全措施。否则，操作者必须戴绝缘手套操作。

（三）安装施工现场防火安全

1. 安装施工现场的防火管理　小型空调器在安装维护过程中，难免会动火进行焊割作业，因此，在作业中，一定要根据作业场所的实际情况，采取必要的防火安全措施，防范意外事故的发生。

（1）根据不同作业环境，采用相应的安全措施。小型空调器使用面较广，如宾馆、酒楼、写字楼、住宅及某些工业厂房、库房等。现代建筑的特点之一是密闭程度较高，这从防范火灾事故方面给我们提出了新的问题。为此，我们要根据不同的施工作业场所、作业环境，考虑采取相对应的安全措施，有效防范事故发生。

（2）作业现场可燃物品的清理。在需作动火焊割作业的时候，要对作业现场进行清理，把堆积在作业现场的可燃物品清理干净，使之远离动火地点，尤其是对于一些易燃、易爆物品更要高度重视和注意，以减少可燃物引起的火灾。

（3）做好作业现场通风，防止危险气体积聚。动火焊割作业过程中，要做好通风透气，尤其是在一些密闭程度较高的作业环境更应如此。一方面，要防止动火所使用的液化石油气的外泄，而导致易燃气体在作业场所的扩散；另一方面，也应免除作业场所可能固有的易燃气体积聚，避免事故的发生。

特别提示：对使用环保制冷剂的施工现场更要注意进行强力排风处理至室外高处，在室内基本没有残留制冷剂后，方可“动火”。

（4）作业现场消防器材的准备。凡作动火作业，作业现场均应配置足够的、适用的消防器材，以防患于未然。关于消防器材的适配和特性，详见本章节的“灭火剂及消防设施”。

2. 液化石油气的安全使用　如前所述，在小型空调器的安装过程中，在加工管道时，常常要使用气焊设施。就一般空调安装维修工而言，常常会使用瓶装液化石油气作为燃料源。因此，就不可避免地涉及液化石油气安全使用的问题。

所谓液化石油气，就是为了方便运输和储存，充分利用石油产品中丙烷、丙烯、丁烷、丁烯等烃类物质极易液化的特性，将其加压或降温后盛装在专用的储罐或气瓶中的可燃物质。

液化石油气来源于以油田伴生气和凝析气中提取或从炼油厂的副产气体中提取，目前，从炼油厂催化裂化气中回收液化石油气是国内液化石油气的主要来源。

（1）液化石油气的质量和特性。

1）液化石油气的质量。液化石油气的质量与其来源和提取方法有关，一般从油田伴生气中获取的液化石油气的质量优于从炼油厂石油气中获取的液化石油气。

2）液化石油气的一般特性：①方便性。液化石油气在常温下为气体，稍加压或冷却即可液化。如丙烷在20℃、0.81MPa压力下即成为液体，这给灌装、运输和使用带来了方便。②易燃性。液化石油气主要成分的闪点都很低，其燃点（着火温度）低于500℃，而普通火柴擦燃就可达到1649℃，比其燃点高得多。所以一旦遇到火种，甚至是石头与金属撞击那样微小的火种，都能迅速引起燃烧。③挥发性。储存于容器内的液化石油气如果以液体状态泄漏出来时，由于压力降低，便可迅速汽化，其体积将会骤然膨胀为250倍的气态石油气。此时，周围若有火种就会形成燃烧和爆炸。④溶解性。液化石油气能溶解水，而且随温度升高溶解度增大。当温度降低时，原来溶解的水会部分析出，这部分水在温度降低时，因吸收周围的热量使之形成冰塞，造成管道或阀门堵塞甚至冻裂损坏。液化石油气能使石油产品溶解。用于液化石油气的阀门填料应采用聚四氟乙烯材料，不应使用油浸石棉盘根作阀门填料和管道密封材料，输送和装卸软管须采用耐油胶管。⑤微毒性。如果长期接触浓度较高的液化石油气或在燃烧不完全时，对人的神经系统是有影响的，尤其是当空气中含有超过10%的高碳烃类气体或不完全燃烧产生的CO时，还会使人窒息或中毒。⑥腐蚀性。纯净的液化石油气不会对碳钢和低合金钢产生腐蚀。因此，对盛装液化石油气的金属设备，应定期进行缺陷检验。⑦热值高。⑧易产生静电。液化石油气从容器、设备、管道中喷出时产生的静电压可高达9000V以上。液化石油气中含的液体或固体杂质越多，流速越快，产生的静电荷越多。静电电压为350～450V时，所产生的放电火花就能引起液化石油气的燃烧或爆炸。

3）液化石油气的爆炸危险性。根据我国对可燃性液体火灾危险等级的划分，液化石油气属一级易燃易爆危险品，是最高的危险等级，其危险性主要表现在以下几个方面。①极易燃烧和爆炸。液化石油气是极易着火的一种可燃物质。不论在寒冬还是盛夏，无需加热，遇有火种便可燃烧。同时液化石油气爆炸下限低，爆炸范围宽，受热、承受冲击或遇电火花，接触强氧化剂都能引起燃烧爆炸。因此，相对于汽油、煤油、酒精等易燃物质来说，液化石油气的易燃易爆性更大。②火势猛，灾害损失大。③易挥发，且事故具有隐蔽性。④极限浓度低，继生灾害严重。

因此，在液化石油气的使用中，要加强安全管理，严防液化石油气的外泄。凡盛装液化石油气的容器和管道应具有足够的耐压能力和可靠的密封性；与液化石油气相关的设备及其建筑物要有满足要求的防范保护设施和防火间距。凡与液化石油气相关的站区和环境要杜绝明火、电火花及静电火花的产生，并应有良好的通风条件，不得有使液化石油气积聚、存积的地方。另外，储罐、气瓶等容器充装液化石油气时，要按规定的储装量充装，严禁超装。

（2）预防液化石油气泄漏的安全措施。液化石油气发生泄漏事故的主要部分是储罐、管子、阀门及接口处，一般若发生泄漏，只要操作人员能迅速切断相关阀门，并采取控制火源等措施后，一般不会引发爆炸事故。

预防液化石油气泄漏的技术措施：

1）定期对所使用的气罐、连接管、阀门进行可靠性检查，如外观有无破损、变形及其他不正常状态。不使用超过检验年限的钢罐，定期更换胶管，以防因橡胶老化而发生的破裂泄漏。

2）作业现场要做好宣传管理，尤要防止输气胶管放置于锐利器物及高温物体和火源之上及附近。

3）作业人员应加强检查，注意作业环境有无异常，一旦发生泄漏，应及时切断气源并开启窗户加强通风换气和严禁开启用电设备，避免产生火花和严禁使用明火。

3. 燃烧和爆炸及其控制　火灾和爆炸，是一种在失控条件下发生的对社会威胁较大而且也是很频繁发生的灾害。特别是在小型空调器安装维修中常需使用到的液化石油气，具有闪点低、易扩散、受热后迅速汽化，强热时剧烈汽化而喷发远射、燃烧值大、燃烧温度高、爆炸范围较宽且爆炸下限低等特点。一旦发生火灾事故，除直接破坏财产引起人员伤亡外，还会发生爆炸、建筑物与设备塌崩飞散和引起火情进一步扩大等继生灾害，造成更加严重的后果。因此，应了解和熟悉燃烧、爆炸基本知识和火灾预防措施，掌握灭火的基本方法，以有效地防范火灾和爆炸事故的发生。

（1）燃烧。燃烧是一种同时伴有发光、发热是激烈的氧化反应。发光、发热是物质燃烧的外观特征，发生剧烈氧化反应则是物质燃烧的本质。燃烧必须具备下列三个条件。

1）存在可燃物质。凡能与空气中的氧起剧烈反应的物质，一般都称为可燃物质，如丙烷、丙烯、木柴、汽油、煤油等。

2）存在助燃物质。凡能帮助和支持可燃物质燃烧的物质都叫助燃物质。常见的助燃物质有空气、氧气等。

3）有能导致燃烧的点火源。凡能引起可燃物质燃烧的能量都叫点火源。点火源是物质发生燃烧的能量条件，没有点火源就不会发生燃烧。

可燃物、助燃物和点火源是构成燃烧的三个要素，缺少其中任何一个要素，燃烧便不能发生。大多数可燃物质的燃烧是在其挥发出蒸气气体状态下进行的，由于可燃物的状态不同，其燃烧特点也不同。

可燃气体只要达到其本身氧化条件所需的热量便能迅速燃烧，在极短的时间内全部烧光。这是因为气体扩散能力强，分子之间距离大，容易与空气混合，构成了充分燃烧的条件。液化石油气中的所有组成部分，在常温常压下均为气态，在空间传播迅速，所以非常容易燃烧，甚至能形成爆炸。

可燃液体的燃烧不是液体本身的燃烧，而是液体蒸发汽化与助燃物（空气中的氧）在火源作用下的燃烧，而燃烧又加速了液体汽化，使燃烧得以扩展。由于液体燃烧在火源、升温、汽化等过程的准备阶段需消耗时间和热量，因此液体燃烧要比同种气体物质完全燃烧过程所需的热量多、时间长。由于液化石油气中碳三碳四组分子的沸点都很低，虽然泄漏出来的是液体，但其汽化却十分迅速，燃烧和爆炸的危险性同样很大。

如果可燃物是简单固体物质，如硫、磷等，受热时首先熔化，然后蒸发燃烧，没有分解过程。若是复杂物质，燃后气态产物和液态产物的蒸气着火燃烧。因此，固体燃烧相对于液体、气体较为困难，燃烧速度较为缓慢。

（2）爆炸。物质从一种状态骤然转变成另一种状态，并在瞬间释放出大量的能量，同时产生巨大声响的现象称为爆炸。

（3）爆炸极限。可燃性气体与空气组成的混合物，并不是在任何比例下都可以燃烧或爆炸的，而是具有一定的数量比例，且因条件的变化而改变。由试验得知，当混合物中可燃气体含量接近于理论上完全燃烧所需要的量时，燃烧最快最剧烈。若含量减少或增加，火焰燃烧速度则降低，当浓度低于或高于某一限度值时，便不再燃烧和爆炸。

可燃气体与空气的混合物遇到火源能够发生爆炸燃烧的浓度范围称为爆炸浓度极限，爆炸燃烧的最低浓度称爆炸浓度下限，最高浓度称爆炸浓度上限。爆炸极限一般可用可燃气体在混合物中的体积分数来表示。

液化石油气的爆炸特性：闪点 -104℃，自燃点 446~480℃，爆炸极限范围 1.5%~9.5%。

可燃物质在空气中的浓度低于爆炸浓度下限时，由于可燃物质量不足，空气过剩，不发生爆炸燃烧。当可燃物质在空气中浓度高于爆炸上限时，可燃物质过剩，空气不足，也不发生爆炸。但是，若可燃物质的浓度高于爆炸上限，无论以什么方式或原因补充空气，则又进入爆炸范围，隐藏有爆炸燃烧的潜在危险。

（4）火源。在可燃物、助燃物和点火源三个构成燃烧的条件中，前两个条件在某些特定的生产经营环境下总是同时存在，无法避免的，点火源则是引起可燃物燃烧的主要灾源。因此，了解火源分类，加以控制和消除火源是防火、防爆的关键。

作为小型空调器安装维修作业过程而言，主要的火源是工艺用火，如焊接、切割、喷灯等。这种火源造成的事故居多，不可忽视。凡在生产经营单位内安装维修空调，需用动火作业的，均应按该单位的有关规定办理动火手续，严禁随意动火。

其次，电气火源也不容忽视，如电器火花、静电放电火花等，这也是日常生产生活中常见的致灾火源。电器接触点在启动或断开时产生的火花温度可达几千度，对此，作业人员在火灾危险性类别较高的场所作业时尤要引起高度注意。

此外，如烟火等火源引起的火灾、爆炸事故也不少见，尤其吸烟危害大，烟头的烟火温度为 800℃，足以点燃易燃易爆物质，烟头阴燃时间长，往往待人离开或空气混合物达到爆炸浓度后才引发火灾爆炸事故。所以，安装维修人员应养成良好的习惯，不在客户区域安装维修作业时吸烟动火。

（5）灭火原理及基本方法。

1）灭火原理。前面已对燃烧三个条件作了介绍，可燃物质、助燃物质、点火源三个条件缺少任何一个，燃烧便不能发生。而且三个条件之间要相互作用，并在成分、温度、压力和点火等方面还要有数量值的要求，燃烧才会发生。例如：一根火柴能点爆木粉尘，点燃木刨花，但不能点燃一根木头；烧红的铁丝在助燃充足的纯氧或氯气中能剧烈燃烧，而在空气中却不能燃烧；一般天然可燃物在空气中含氧量低于 14%（体积分数）时也不会燃烧；丙烷在空气中的浓度小于 2% 时就不会被点燃。因而，对已经进行的燃烧，若破坏和消除可燃物或助燃物中的任何一个条件，燃烧便会衰弱终止，这就是灭火的基本原理。

2）灭火的基本方法。按照灭火基本原理的定义，灭火的基本方法是为了破坏燃烧必须具备的基本条件和中止燃烧反应过程所采取的一些措施。具体有以下几种。

①隔离灭火法。隔离灭火法是根据发生燃烧必须具备可燃物质这一条件，将燃烧物体与附近的可燃物隔离或疏散，中断可燃物的供应，使燃烧停止。这是扑救火灾比较常用的一种方法，适用于扑救各种固体、液体和气体的火灾。如将火源附近的可燃、易燃、易爆和助燃物质从燃烧区转移到安全地点；关闭管道阀门，阻止可燃气体或液体；阻拦流散的易燃、可燃液体或扩散的可燃气体；或将单一的燃烧物（如气瓶）从危险区快速转移到安全地带等，形成阻止火势蔓延的空间地带。

②冷却灭火法。冷却灭火法是根据可燃物质发生燃烧时必须达到一定温度这个条件，将灭火剂直接喷洒在燃烧着的物体上，使可燃物质的温度降到燃点以下，从而停止燃烧。如用

大量的水冲泼来降温；用二氧化碳灭火剂来灭火，是由于雪花状固体二氧化碳本身温度很低，接触火源汽化时又吸收大量的热，从而使燃烧区的温度急剧下降。另外，在火场上除用冷却法直接扑灭火灾外，还常常用水来冷却尚未燃烧的可燃物和生产装置，以防止它们引燃或受热爆炸。

③窒息灭火法。窒息灭火法是根据可燃物质燃烧需要足够的助燃物质（空气、氧）这个条件，采取阻止空气进入燃烧区的措施，或断绝氧气而熄灭。这种方法适用于扑救封闭的房间、单一着火体和生产设备内的火灾。如使用沙土、石棉布、湿被等不燃或难燃材料覆盖燃烧物或封闭孔洞；用二氧化碳、氮气或水蒸气充斥燃烧空间等，使可燃物无法获得助燃物质而停止燃烧。

④化学抑制法。化学抑制法就是使灭火剂参与燃烧的连锁反应，使燃烧过程中产生的自由基消失，形成稳定分子或活性低的自由基，从而使燃烧反应停止。近代反应理论认为：燃烧是一种自由基的连锁反应，燃烧的进行是产生的大量自由基间的接触所为。而有些化学物质会产生抑制自由基反应的游离基团，从而阻止了燃烧反应。大多数的灭火剂，除有阻隔空气、降低温度的作用外，都有终止自由基反应链的作用，而兼有化学灭火的功能。

具体灭火中采用哪种方法，应根据燃烧物质的性质、燃烧特点和火场的具体情况，以及消防技术装备的性能来选择。在灭火的实践中，需要使用几种灭火方法，充分发挥各种灭火剂的功能，才能迅速有效地将其扑灭。

4. 常用灭火器材的使用　这里以液化石油气火灾的扑救为例来说明常用灭火器材的使用。液化石油气火灾的扑救主要是指对初起火灾的临场扑救。实践证明，多数火灾都是由小到大，由弱到强，逐步发展成为大火灾的。一般的着火过程可分为初起、发展、猛烈、减弱和熄灭五个阶段。对于液化石油气来说，由于其闪点低、易挥发、燃烧速度快，发展的阶段性不够明显，若对初起的火灾不及时扑救，将会迅速成为恶性火灾爆炸事故。因此，及时扑救初起火灾是极为重要的。

（1）对液化石油气火灾常用采取的扑救方法如下。

1）堵塞泄漏，杜绝火种。消除液化石油气的泄漏，杜绝火种的产生，这是消除其火灾蔓延最重要的步骤。无论火灾是否已发生，当液化石油气从气瓶中外泄时，都要立即采取措施将泄漏点控制住，同时切断电源和严禁一切明火的发生。

2）控制火势，扑灭火灾。在切断气源的同时，应马上启用干粉灭火器、二氧化碳灭火器等消防器材，向着火点喷发灭火剂，以阻断空气与火苗及液化石油气的继续接触，即使气源未能彻底切断，此项工作也要进行。在扑救中，应防止复燃和液化气气雾扩散。

3）冷却降温，防止爆炸。在对着火区进行扑灭的同时，现场人员还要根据火势大小和周围易燃物的情况，及时向邻火容器表面喷水降温，以避免其他液化石油气容器受火焰的烘烤而导致物理爆炸事故。

4）灭火剂及消防设施。凡具有特定灭火性能，能够用于灭火的物质，统称为灭火剂。灭火剂以其特有的冷却、窒息、隔绝空气等功能，破坏燃烧的条件，使燃烧停止。将灭火剂按一定方式装入专门的器具内，以便现场灭火使用的器材设备称为灭火器材或消防器材。

（2）适应液化石油气灭火需要的灭火剂和灭火器材。

1）消防给水。水具有显著的冷却效果。1kg 水能够生成 1700L 蒸汽，水蒸气既能起到冲淡燃烧区可燃气体浓度的作用（水也能稀释某些液体），又能起阻挡空气进入燃烧区的作用，并能浸湿未燃烧物质，使之难以燃烧。尽管水不能扑灭液化石油气火灾，但可用来降低燃烧区的温度，冲淡燃烧区可燃气体浓度，并对盛装液化石油气的容器降温冷却。

2）二氧化碳是一种广泛使用的不导电气体灭火剂，它无色无毒，易于获取，可重复充入灭火器内使用。适用于扑救电器、精密仪器、油类、酸类和可燃性气体等火灾，不适用于扑救钾、钠、镁、铝、乙炔、二硫化碳等物质的火灾，也不能扑救含氧炸药、硝酸纤维及物质内部的阴燃。

① 灭火效能及特点。灭火用的二氧化碳，一般被加压液化后灌入灭火器的承压筒体内，筒内工作压力为9MPa。当灭火器开关被打开时，液态二氧化碳从灭火器内喷出后立即汽化，吸收大量的热，使汽化气体凝结成雪花状物质，即干冰，温度降至－80℃，具有极大的冷却降温作用，当它覆盖在火面上时，又汽化为气体。二氧化碳气体不参加燃烧反应，而且密度比空气大。当空气中二氧化碳含量达12%～15%时，火焰便会熄灭。

二氧化碳能使人窒息，在空气中的含量达8.5%时，人就会感到呼吸困难，含量达到20%～30%时，能导致人的呼吸衰弱，继而因窒息死亡。因此，在空气不流通的场所，使用二氧化碳灭火器应特别注意安全。

② 使用方法。二氧化碳灭火器有鸭嘴式、手轮式和闸刀式三种。使用鸭嘴式灭火器时，用右手拔出保险销子后，紧握喇叭管木柄，左手将舌形开关压动，灭火剂便可喷出；手轮式灭火器向左旋转手轮为开启；闸刀式灭火器使用时要轻轻打开闸式阀。由于二氧化碳从灭火器中喷出后体积膨胀在400倍以上，灭火距离较近，灭火时要距离着火区2～3m处，并站在火区的上风向，从火势蔓延最危险的一边喷射，然后移动，不能留下火星。喷射时，喇叭口对准火源，手要握住喷管木柄，以免冻伤。

③ 二氧化碳灭火器的维护保养。二氧化碳灭火器应放在干燥通风和易于取放的地点，并应避免曝晒。每隔半年要对灭火器进行一次称重检查，若质量减少十分之一，应立即加足。每隔三年，应对灭火器的储筒作21MPa的水压试验，试验合格后才能继续使用。每次用完后，可按要求重新注入二氧化碳，以备下次使用。

3）干粉灭火剂及灭火器。干粉是一种灭火效率高，应用范围广，灭火时间短，没有毒性和腐蚀性的化学灭火剂。干粉是由碳酸氢钠和少量的添加剂制成的干燥细微的固体粉末。干粉的种类较多，目前常用的有小苏打干粉（由碳酸氢钠与滑石粉组成）和改性钠盐干粉（由碳酸氢钠和添加剂组成）两种。

干粉灭火剂适用于扑救石油及其产品、油漆、有机溶剂、天然和电气设备的初起火灾，其灭火效率是同体积泡沫灭火器效率的两倍，灭火时间只是泡沫灭火器的六分之一。但它不能解决复燃问题，因此救火时应干净彻底，不留后患，并进行冷却降温，以免发生复燃。

① 干粉灭火器的构造及性能。干粉灭火器的瓶内装有干粉和高压二氧化碳。按照盛装高压气的动力瓶位置的不同，分为外装式和内装式两种结构。动力瓶安于粉筒体内的，称为内装式；装在筒身外的，称为外装式。按其移动方式有手提式和推车式。手提式干粉灭火器有外装式MFS型和内装式MFS型两种，推车式干粉灭火器有MFT35型、MFT50型等不同规格，主要由推车、干粉罐、CO_2动力瓶、进气瓶、喷粉胶管、喷嘴、压力表、开关等组成。

② 灭火剂及灭火器的使用。使用时将灭火器提环提起，干粉在高压二氧化碳气体的作用下呈雾状喷往火区，在火区内产生分解，一方面吸附燃烧连锁反应中的活性氢基，使反应不能继续进行；另一方面分解反应的吸热有利于火区的降温，分解出的惰性气体和粉雾还有

隔绝空气向火区流入的作用。同时二氧化碳也具有一定降温和隔离作用，从而加快了灭火速度。

使用手提式干粉灭火器灭火时，需将其上下颠倒几次，把筒内的干粉摇松，一手握住喷嘴，垂直提起灭火器对准火源，另一手拔出保险销注的保险销，铅封即被破坏，提住筒身的手随即压下开关，干粉即可喷出。使用推车式干粉灭火器时，一手握住喷粉胶管，对准火源，另一只手逆时针方向旋转动压力瓶手轮，待压力表指针达到 0.98MPa（$10kgf/cm^2$）时，打开灭火器开关，干粉即可喷出。扑灭时要平射，左右摇摆喷管，由近及远快速推进，并要注意防止复燃。

③ 干粉灭火器的维护保养。干粉灭火器平时应置于干燥通风及取用方便的地方，并注意防潮和防日光曝晒。各连接部件要拧紧，每年要检查一次瓶体内干粉的结块情况，无结块或粉末仍为白色易流动状态，可继续使用。动力瓶每三年做一次 21MPa 的水压试验，每半年称重一次，若质量减轻 10%，需补充 CO_2。干粉灭火器可反复使用。

4）卤代烷灭火剂。卤代烷灭火剂是一种液化气体灭火剂，在常温、常压下是无色、无刺激气味的气体，对它适当加压后，可变为液体储存在气瓶内。卤代烷毒性很小，在非密闭的室内使用，可视为无毒。干燥的卤代烷灭火剂可长久储存于金属容器里而不易变质。它的绝缘性良好，可用来扑救高压电气设备的火灾，适用于油类、有机溶剂、电气设施、化工化纤原料等的初起火灾，其灭火效率比二氧化碳高 3.5 倍，且灭火后不留痕迹。在具有爆炸性气体存在的场合，卤代烷只要占到气体容积的 6.75%，就能起到抑制爆炸的作用。它是一种高效、低毒，能扑救多种类型火灾的灭火剂，但不适用于扑救含氧的化学物品、活性金属（如钠、钾、铝等）以及金属氢化物火灾。目前，我国普遍推广使用的卤代烷灭火剂有 1202（即二氟二溴甲烷）。

附录

附录A 湿空气焓湿图

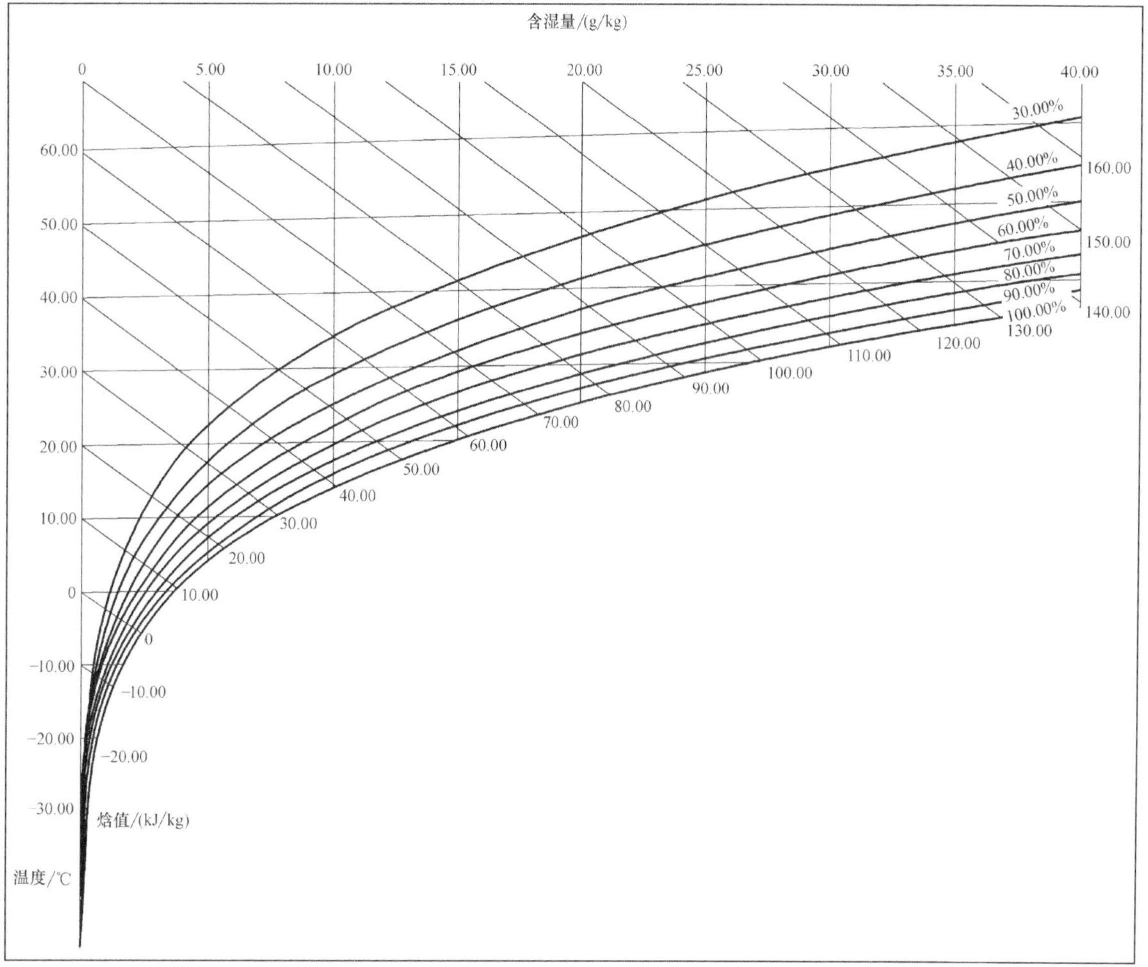

附录B R22压焓图

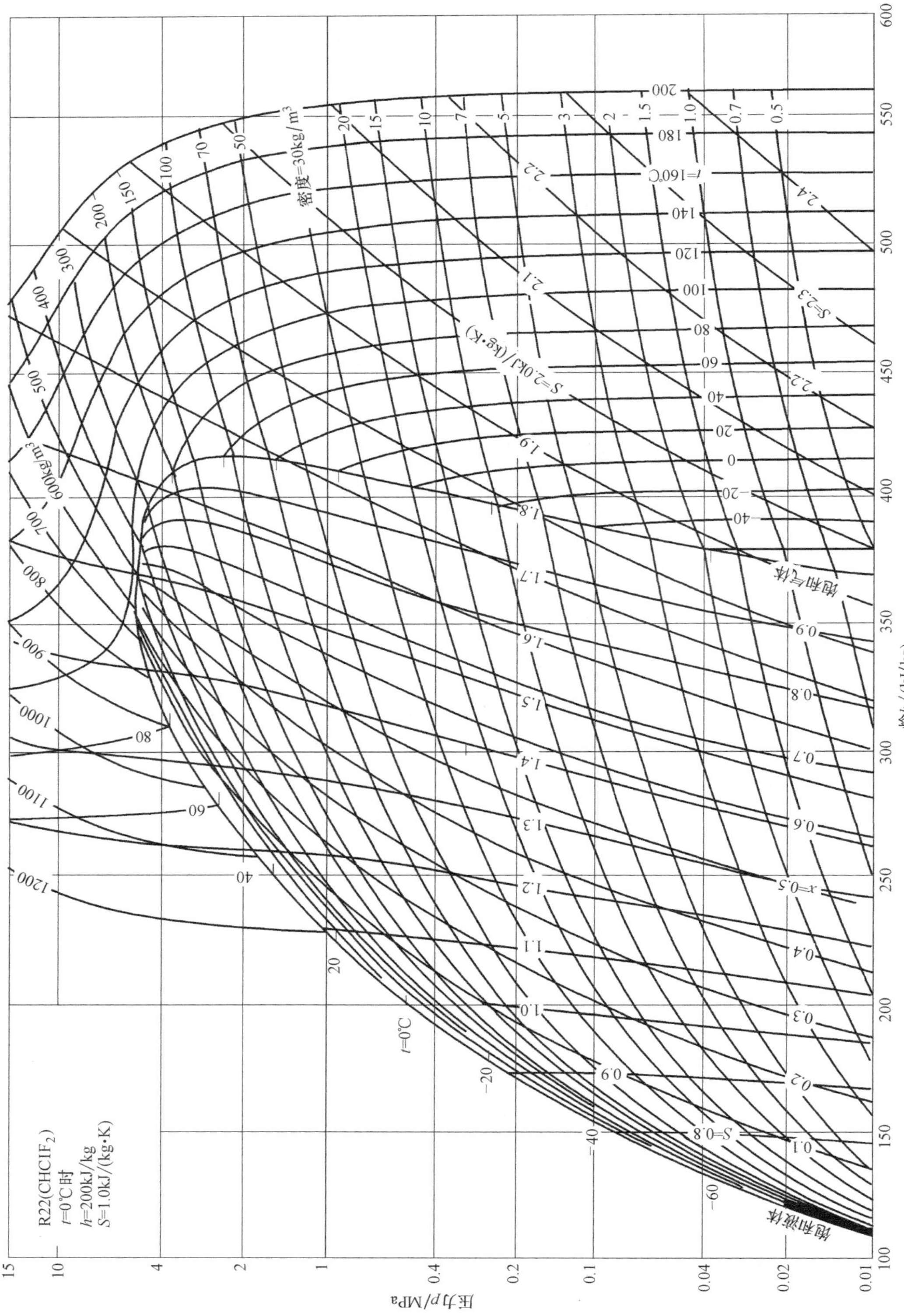
R22($CHClF_2$)
t=0℃时
h=200kJ/kg
S=1.0kJ/(kg·K)
压力p/MPa
焓h/(kJ/kg)
饱和液体
饱和气体
密度=30kg/m3
S=2.0kJ/(kg·K)
t=160℃
x=0.5
S=0.8
t=0℃
S=2.3

附录C　R600a压焓图

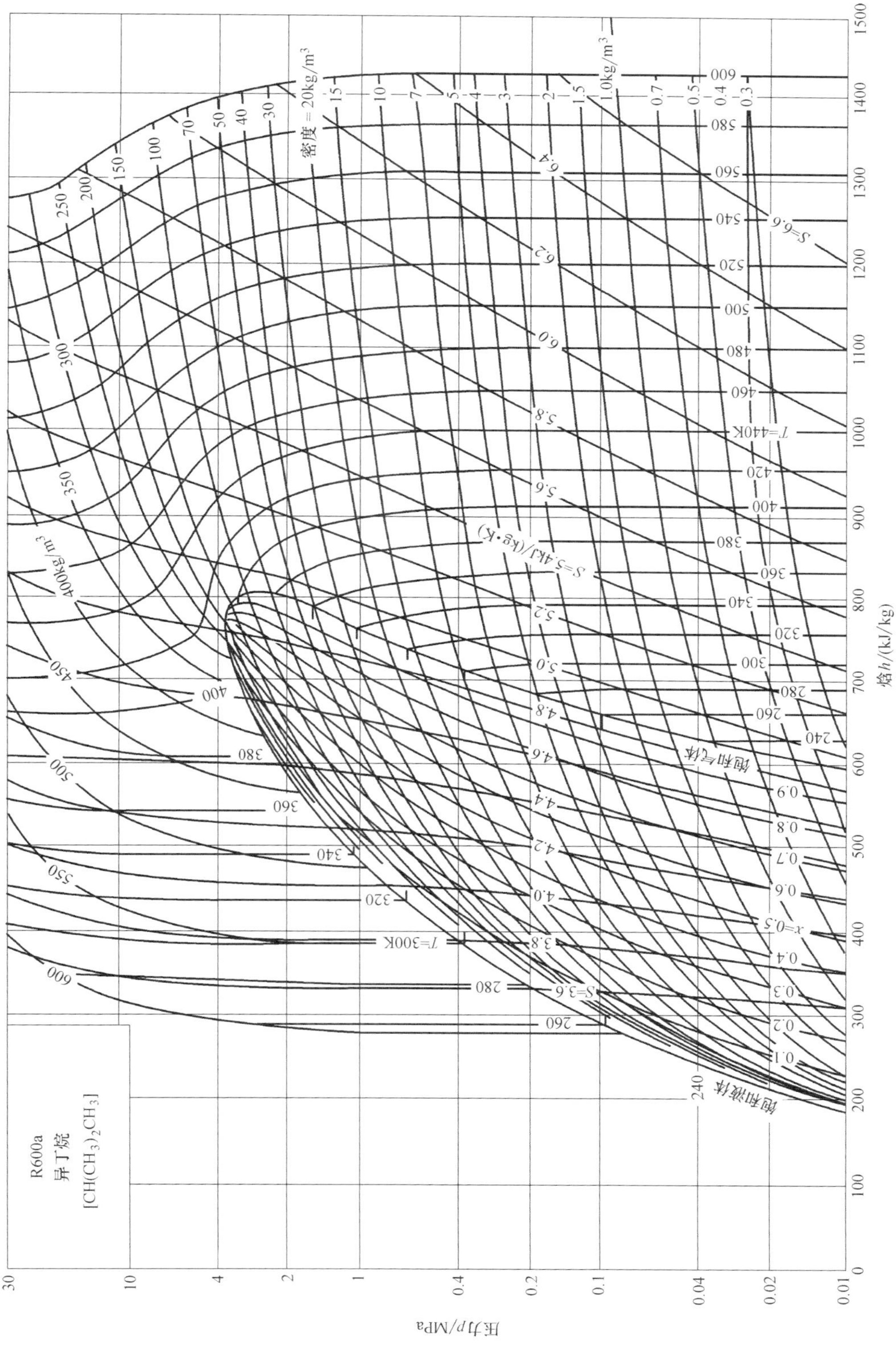

附录D “美的”KFR-36GW/BPY变频空调器室内微控制器电路图

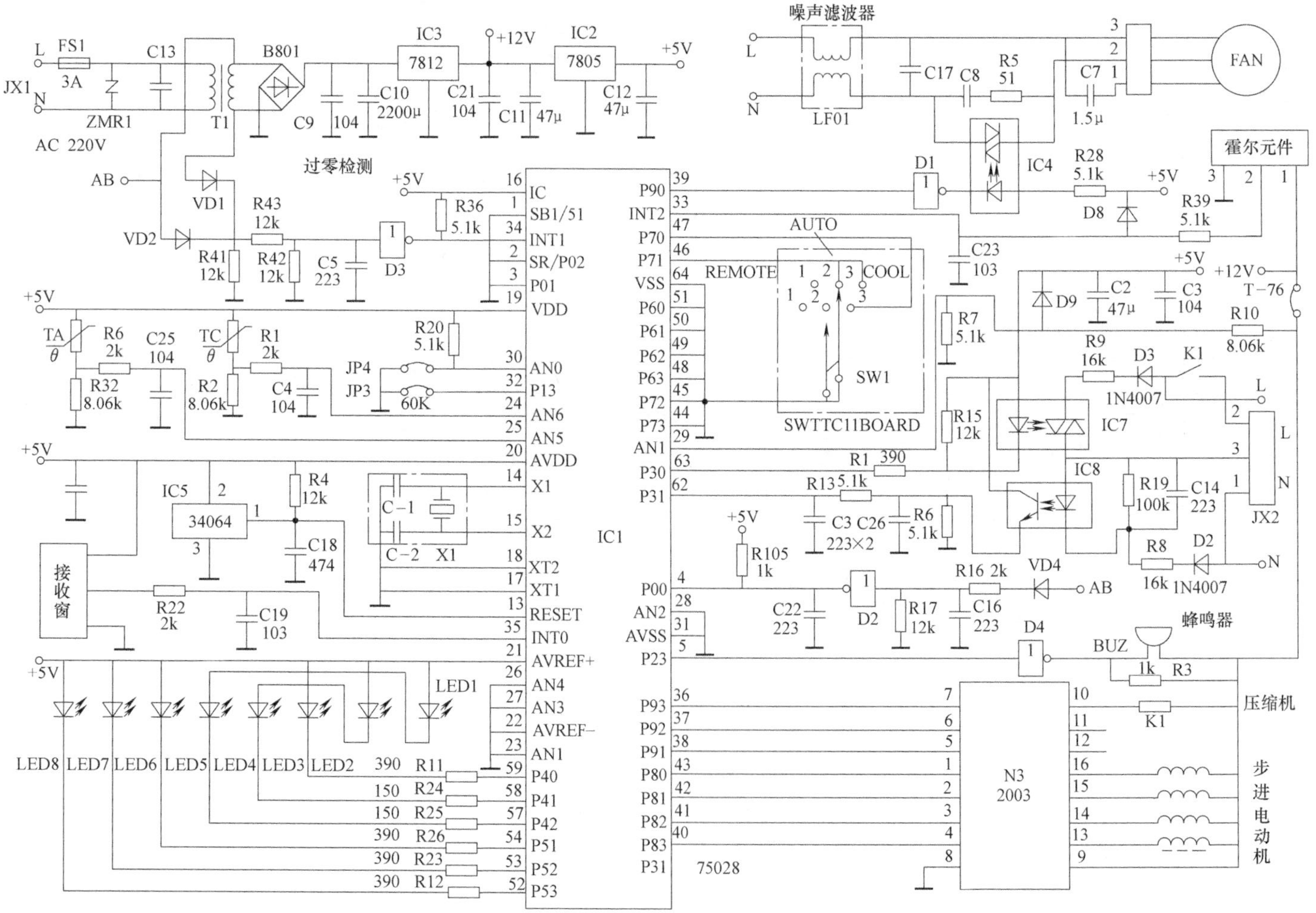

附录E “美的”KFR-36GW/BPY变频空调器室外电路图

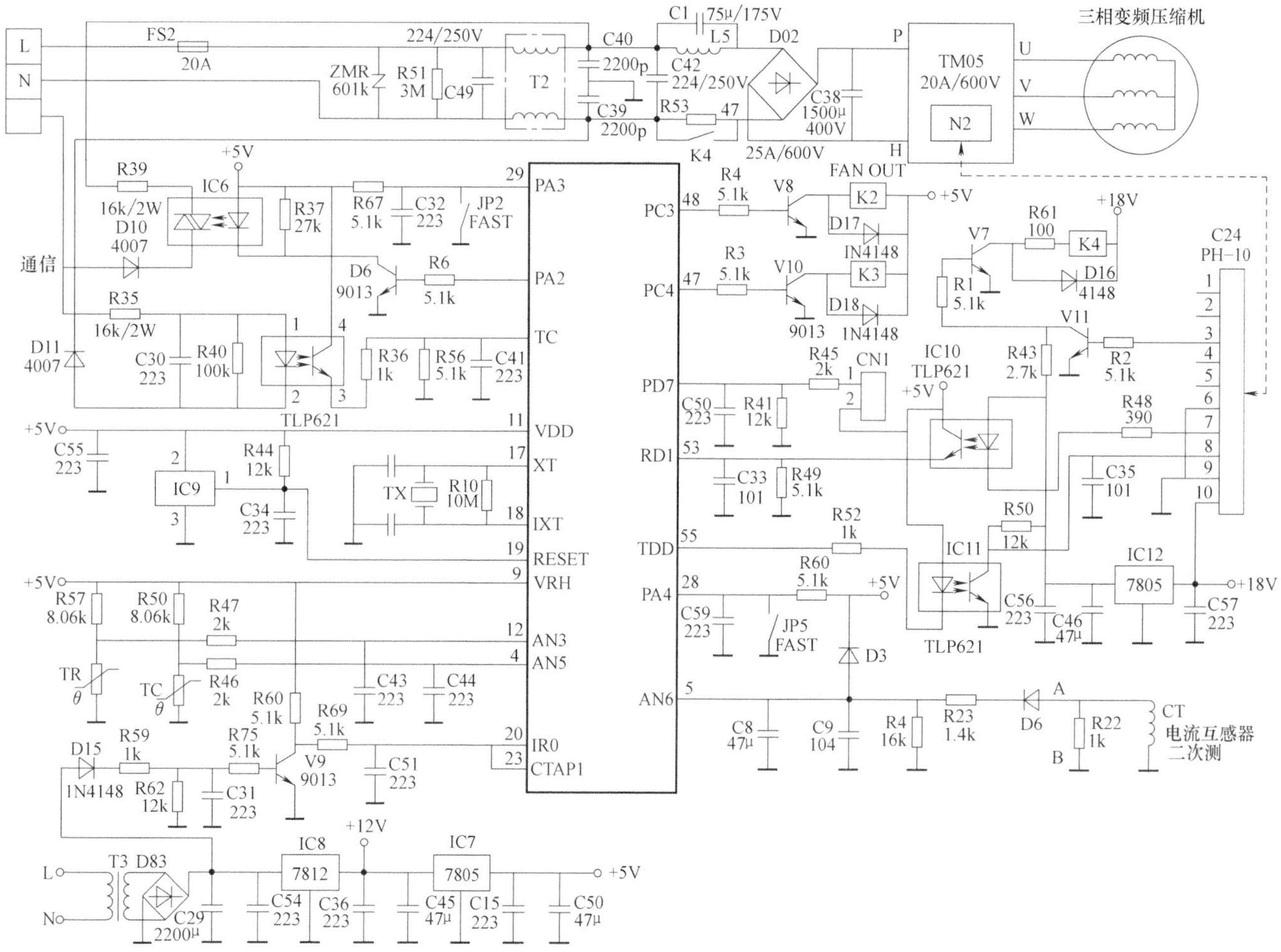

参考文献

［1］卢泓泽，高华增．制冷设备维修培训教程（技师、高级技师）［M］．广州：广东经济出版社，2007.
［2］韩雪涛，吴瑛，韩广兴，等．空调器常见故障实修演练［M］．北京：人民邮电出版社，2008.
［3］李晓东．制冷基本操作技能实训［M］．北京：化学工业出版社，2007.
［4］杜存臣．制冷与空调装置自动控制［M］．北京：化学工业出版社，2009.
［5］邹开耀，张彪．电冰箱、空调器原理与维修［M］．2 版．北京：电子工业出版社，2005.
［6］魏龙编．制冷设备维修工（实训）［M］．北京：化学工业出版社，2008.
［7］傅璞．制冷设备维修工考证实训［M］．北京：化学工业出版社，2007.
［8］李援瑛．中央空调操作与维护［M］．北京：机械工业出版社，2008.
［9］俞炳丰，彭伯彦．CFCs 制冷剂的回收与再利用［M］．北京：机械工业出版社，2007.
［10］周秋淑．冷库制冷工艺（制冷和空调设备运用与维修专业）［M］．北京：高等教育出版社，2006.
［11］刘卫华．制冷空调新技术及进展［M］．北京：机械工业出版社，2004.
［12］周远，王如竹．制冷与低温工程［M］．北京：中国电力出版社，2003.
［13］盛德庄．冷库电气技术应用手册［M］．北京：中国建筑工业出版社，2003.
［14］王一农．冷库工程施工与运行管理［M］．北京：机械工业出版社，2003.
［15］白世贞，周维．冷冻仓库设备安装与应用［M］．北京：中国物资出版社，2003.
［16］孙见君．制冷与空调装置自动控制技术［M］．北京：机械工业出版社，2004.
［17］刘守江．制冷空调设备及其数字电路维修技术［M］．西安：西安电子科技大学出版社，2003.
［18］中国就业培训技术指导中心．家用电子产品维修工第五册（技师技能　高级技师技能）［M］．哈尔滨：哈尔滨工业大学出版社，2004.
［19］陈维刚．制冷工程与设备——原理、结构、操作、维修［M］．上海：上海交通大学出版社，2002.